최신판

한국산업인력공단
새 출제기준에 따른
산업기사 필기시험 대비

농업기계
산업기사 필기

조기현 저

👍⭐ **핵심 요점정리**

- ✓ 농업기계 공작법
- ✓ 농업기계요소
- ✓ 농업기계학
- ✓ 농업동력학

저자 특허품(친환경 트랙터): 특허 제173544호

- ✓ 출제 예상문제 및 종합 평가 문제
- ✓ 최근 8개년 과년도 기출문제 수록

학습지원센터 운영 ☰
https://cafe.naver.com/edumediamon

도서출판 건기원의 수험서에는
미래를 여는 중요한 정보가 있습니다.

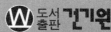
도서출판 건기원

책을 내며...

  농업기계화가 진전되는 과정에서 농업기계의 보유 대수는 해를 거듭할수록 증가되었으나, 최근 UR, WTO, FTA 체제 출범에 따른 '무한경쟁시대'를 맞이하여 국내 농업기계 산업의 구조 조정을 비롯한 많은 부분이 위축되어 가고 있는 지금 수많은 환경의 변화가 수험생들의 미래를 불투명하게 하고 있다.

  이 책은 1999년부터 국가기술자격제도의 자격편제가 기능사, 산업기사, 기사로 변화되면서 응시과목이 변경되어 다년간 기출자료와 강의 경험을 토대로 변화된 자격제도를 다각도로 분석·파악하여 출제 가능한 핵심 내용을 다듬고 기재하였다. 또한 각 편마다 요약 정리와 함께 출제예상문제를 다루었으며 주요 문제는 보충 해설을 통한 이해를 바탕으로 자격증 시험에 접근을 시도하였다. 또한 이번 개정으로 더욱더 완벽을 기할 수 있게 되었고 보충 설명을 대폭 증가해 이해를 돕는데 최선을 다했으며, 특히 신 단위, 핵심내용 정리 부분을 반복 학습하는 것이 효과적이다.

본 교재의 주요 내용

1. **농업기계 공작법**에서는	수공구, 가공 기계, 측정기, 주조 등을 요약하였고 이해를 돕기 위한 다양한 그림과 핵심문제를 적절히 서술하였다.
2. **농업기계요소**에서는	기계요소의 각종 볼트, 축, 베어링, 동력 전달, 마찰차 등에 관한 기초적인 핵심내용을 쉽게 하여 이해를 도왔다.
3. **농업기계학**에서는	각종 경운 작업기와 관계용 기계, 수확기계, 축산 기계 등을 요약하였고 핵심사항을 중심으로 예상문제를 다루었다.
4. **농업동력학**에서는	전동기, 내연기관, 트랙터 및 경운기의 원리와 구조에 대해 서술하였고 핵심이론 소개와 예상문제에 역점을 두었다.
5. **종합평가문제**에서는	그 동안 출제되었던 문제를 토대로 출제 빈도가 높은 문제들만 엄선하여 수록하였다.
6. **과년도 기출문제**에서는	최신 문제를 수록함으로써 출제경향과 문제경향을 쉽게 파악할 수 있게 하였다.

  저자는 이 책자가 농업기계를 공부하는 수험생들의 자격취득을 향상시키고, 기술 이용도를 높이는데 조금이나마 도움이 되기를 바란다.

  끝으로 이 책을 저술하는데 많은 도움을 준 여러 선생님 그리고 도서출판 건기원 대표 및 편집진 여러분, 원고 정리를 해준 제자들에게 고마움을 전하며, 인용한 많은 문헌과 서적 및 미흡한 점, 뜻하지 않은 오류 등은 따뜻한 인도를 바라며 지속적으로 보완할 것을 약속드립니다.

저자 씀

필기시험 과목 및 출제기준

시험 과목	주요 항목	세부 항목	세세부 항목
농업기계 공작법 (출제 : 20)	1. 수가공과 측정	1. 수가공	1. 수가공의 종류와 공구 2. 수가공 작업
		2. 측정	1. 측정의 기초 2. 길이 측정 3. 각도 측정
	2. 절삭가공	1. 절삭가공 이론	1. 절삭가공 이론 2. 절삭제
	3. 비절삭가공	1. 주조	1. 원형의 기초 2. 주형의 기초 3. 주조의 기초
		2. 소성 가공	1. 소성 가공 개요 2. 소성 가공 종류 및 특성
		3. 열처리	1. 열처리 종류 및 특성
		4. 용접	1. 용접 종류 및 특성
	4. 기계조립 및 정비작업	1. 기계조립작업	1. 조립작업용 공구 및 사용법
		2. 분해 및 조립작업	1. 분해, 조립작업 공구 및 사용법
		3. 조정 및 정비작업	1. 조정 및 정비작업 공구 및 사용법
농업기계요소 (출제 : 20)	1. 강도 및 설계기준	1. 기계요소 기초	1. 응력과 안전율 및 응력집중 크리프 등
			2. 치수 공차와 끼워맞춤
	2. 기계요소	1. 체결용 요소	1. 나사(볼트, 너트) 2. 키, 코터, 핀, 스플라인 등 3. 리벳 및 용접이음
		2. 전동용 요소	1. 축과 축이음 2. 베어링 3. 벨트, 체인, 기어, 스프로켓 4. 기타 전동용 요소
		3. 제어용 요소 및 기타 기계요소	1. 브레이크 및 레칫장치 2. 스프링 및 완충장치 3. 플라이휠(fly wheel) 4. 기타 농업기계요소
	3. 유공압 기기와 관로	1. 유공압 기기	1. 유압 기기 2. 공압 기기
		2. 관로	1. 파이프와 파이프 이음 2. 관로의 설계와 누설방지

※ 농업기계요소 과목의 반복적인 학습 내용과 문제 풀이가 합격을 좌우함

※ 4과목 중 평균 60점 이상 합격(1과목 40점 이상일 것)

※ 핵심 내용 중 박스는 필수적으로 암기할 것

시험 과목	주요 항목	세부 항목	세세부 항목
농업기계학 (출제 : 20)	1. 농업기계화	1. 농업기계의 능률과 부담 면적	1. 포장 기계의 능률과 부담 면적 2. 농업기계의 이용비용 3. 농업기계 선택과 이용 4. 농업기계 사용 안전
	2. 경운 및 정지기계	1. 경운 및 정지기계	1. 경운 및 정지 기본 이론 2. 플로우 3. 로터리 경운 4. 정지기계
	3. 이앙기, 파종 및 이식기	1. 이앙기와 파종기	1. 이앙기 2. 파종기
		2. 이식기	1. 이식기
	4. 재배 관리용 기계	1. 제초기 및 관개용 기계	1. 제초기, 배토기 2. 관개용 기계
		2. 방제용 기계	1. 방제용 기계
		3. 비료살포용 기계	1. 비료살포용 기계
	5. 수확기계	1. 곡물 수확기	1. 예취기 2. 탈곡기 3. 콤바인
		2. 기타 수확기계	1. 과일, 채소, 뿌리 수확기 2. 목초 및 기타 수확기계
	6. 농산 가공 기계	1. 곡물 및 농산물 건조기	1. 곡물 및 농산물의 건조이론 2. 곡물 및 농산물 건조방법과 건조시설 3. 곡물 및 농산물 저장시설과 관리
		2. 조제 가공 시설	1. 선별 포장장치 2. 도정장치 3. 이송장치
	7. 기타 농업기계	1. 축산 기계 및 설비	1. 축산용 기계설비
		2. 원예 기계 및 설비	1. 원예용 기계설비
		3. 임업 기계 및 설비	1. 임업용 기계설비
		4. 기타 농작업 기계	1. 식품기계 및 설비 2. 기타 농작업 및 운반기계
농업동력학 (출제 : 20)	1. 전동기	1. 전동기의 종류와 작동원리	1. 직류 전동기 2. 교류 전동기
		2. 전동기의 기동법과 성능	1. 기동법 2. 성능
	2. 내연기관	1. 내연기관의 종류와 작동원리	1. 가솔린 기관 2. 디젤 기관 3. 로터리 기관 등 기타 기관
		2. 주요부의 구조와 기능	1. 헤드 및 실린더와 연소실 2. 흡·배기 밸브 장치 3. 피스톤 및 피스톤 링 4. 크랭크축 및 플라이휠 등
		3. 기관 부속장치	1. 윤활유 및 윤활장치 2. 연료 및 연소장치 3. 소기 및 과급장치 4. 냉각장치 및 기관 부속장치
	3. 트랙터	1. 종류 및 용도	1. 트랙터의 종류 및 용도와 특성
		2. 주요부의 구조, 기능 및 작동원리	1. 동력 전달장치 2. 주행장치 3. 조향장치 4. 제동장치 5. 작업기 장착장치 6. 유압장치 7. 전기장치 8. 안전장치
		3. 성능 및 시험방법	1. 견인 성능 2. 주행 성능 3. 기관 성능과 안정성

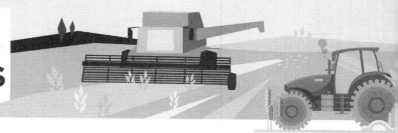

| 이 책의 차례 |

CONTENTS

 제1편 농업기계 공작법

제2편 농업기계요소

제3편 농업기계학

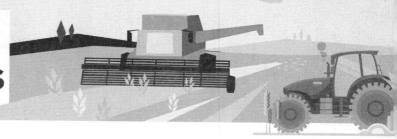

| 이 책의 차례 |

CONTENTS

제4편 농업동력학

제 **1** 편

농업기계 공작법

농업기계 산업기사

제 1 장

수 가공

알고 가기

기계 공작법의 의의
18C 증기기관, 산업혁명을 중심으로 재료를 필요한 방법으로 변형 성형하여 유용한 기계·기구·장치 등을 제조하는 학문이다.

1 수 가공용 공구

1 줄(file)

줄 작업이란 일감의 평면이나 곡면을 깎는 작업이고, 줄의 크기는 자루를 제외한 전체의 길이로 표시하며, 재질은 주로 탄소 공구강을 사용하고 특수한 경우 합금 공구강을 사용한다. 또한, 줄 작업 순서는 거친 정도에 따라 황목·중목·세목 순으로 작업하며, 그 종류는 다음과 같다.

(1) 줄의 종류

① **홑줄날** : 평행 직선 날로 연한 금속 및 박판의 측면 다듬질용
② **겹줄날** : 두 줄의 날을 세워서 교차시킨 것이며 일반 다듬질용
③ **라스프날** : 나무, 가죽, 납 등의 연한 금속을 거칠게 절삭 시 사용

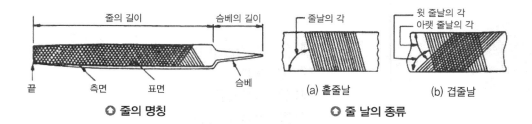

♦ 줄의 명칭   ♦ 줄 날의 종류

(2) 줄질 방법

① **직진법** : 좁고 짧은 평면의 주 가공 다듬질에 적합하다.
② **사진법** : 주 가공으로 거치른 다듬질을 가공한다.

③ **병진법(횡진법)** : 상하 직진법으로 강재의 흑피 제거 시에 사용하며 특히 좁은 곳에 쓰며, 최종 다듬질을 한다.

④ **줄의 청소 방법** : 쇠솔 와이어브러쉬로 눈금 방향으로 청소한다(쇠꼬챙이).

 Tip 줄눈의 크기 표시는 1인치에 대한 눈금수이다.

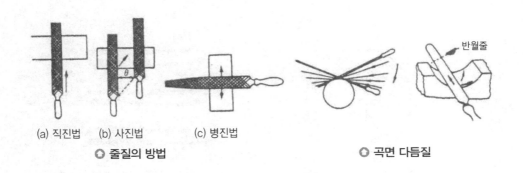

(a) 직진법   (b) 사진법   (c) 병진법   반월줄

❂ **줄질의 방법**   ❂ **곡면 다듬질**

2 탭과 다이스(tap and dies)

탭은 드릴로 뚫은 구멍에 암나사를 낼 때 사용하고, 다이스는 원형 단면봉에 수나사를 깎을 때 사용한다.

(1) 탭 작업 시 주의사항

① 공작물을 수평으로 놓을 것
② 탭 구멍은 드릴로 나사의 골지름보다 다소 크게 뚫을 것
③ 탭 핸들은 양손으로 잡고 돌릴 것
④ 2/3 회전할 때마다 반대로 조금씩 돌릴 것
⑤ 절삭유를 충분히 사용할 것
⑥ 전진하다가 반드시 후진 할 것

(2) 탭 작업

핸들 탭은 3개가 1조로 되어 있으며 1번 탭, 2번 탭, 3번 탭 순으로 차례로 사용하여 나사를 깎는다.

① **1번 탭** : 초벌용으로 55% 절삭
② **2번 탭** : 중간 절삭용으로 25% 절삭
③ **3번 탭** : 다듬질용으로 20% 절삭

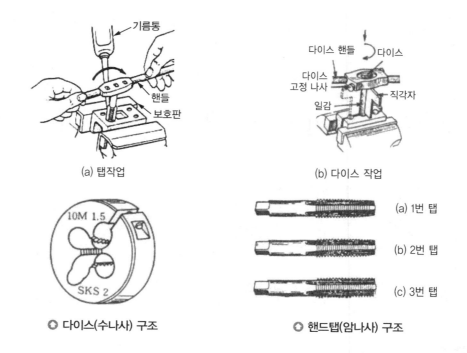

(a) 탭작업　　　　　　　(b) 다이스 작업

⊙ 다이스(수나사) 구조　　　　⊙ 핸드탭(암나사) 구조

(3) 다이스 작업

　　다이스는 수나사의 지름을 조절할 수 있는 것과 없는 것이 있다. 일반적으로 조정 나사가 붙은 원형 다이스가 널리 사용되는데, 나사 지름을 약간 가감할 수 있다. 또한 탭 및 다이스는 탭 돌리개와 다이스 돌리개에 끼워 작업한다.

❸ 스크레이퍼(scraper)

　　공작 기계나 줄로 가공된 평면이나 베어링 내면을 더욱 정밀한 평면 또는 곡면으로 내면을 다듬질할 때 사용한다.

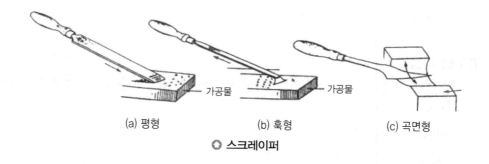

(a) 평형　　　　　　(b) 훅형　　　　　　(c) 곡면형

⊙ 스크레이퍼

4 리머(reamer)

드릴로 뚫은 구멍의 안쪽을 정밀하게 다듬질하는 작업을 리밍(reaming)이라 한다.

■ 리머 작업 시 주의사항
　① 리머의 절삭량은 구멍의 지름 10mm에 대하여 0.05mm가 적당하다.
　② 절삭유를 충분히 공급하여야 한다.
　③ 리머의 진퇴는 항상 절삭방향으로 회전하면서 한다.
　　예 밸브 가이드, 연접봉 부시 교환 작업

5 쇠톱(hack saw)

　쇠톱날의 재질은 공구강을 담금질한 것이며, 톱날의 길이는 양단 구멍 사이의 중심거리로 표시하며 피치는 1 inch사이의 잇수로 표시한다. 그리고 밀 때 절단이 되도록 톱날을 끼워야 한다.

　쇠톱으로 작업할 때는 삼각줄을 이용하여 일감에 시작 자국을 낸 다음 일정한 압력으로 밀 때에는 힘을 주고 당길 때에는 몸의 상체를 일으키는 기분으로 톱날에 힘을 주지 않는다. 절단이 끝날 무렵에는 힘을 빼고 가볍게 절삭하도록 한다(1분에 40~50회 행정의 수로 작업).

6 기타 수 가공용 공구의 종류 및 용도(금긋기 작업)

(1) 정(chisel)

　정은 주로 따내는데 사용하며, 탄소강으로 만든다. 또한, 공작 기계나 줄로 깎아 내기 힘든 곳을 깎아 내거나 주조품이나 단조품의 거스러미 부분을 떼어내는 작업을 한다(홈정, 평정, 기름홈정).

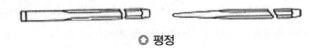

○ 평정

 Tip ┃ 정의 각도 = 경강 : 50°~70°, 연강 : 30°

(2) 정반(surface plate)

　주철이나 석재의 판으로 매우 정밀한 면으로 되어 있어 금긋기나 측정을 할 때 기준면으로 이용되고 일감의 평면도를 검사하는데 사용한다(가로×세로×높이로 크기 표시).

(3) 센터 펀치(center punch)

금긋기 선이나 원의 중심 등의 위치를 확실하게 표시하기 위하여 사용한다(구멍지름으로 크기 표시).

(4) 바이스(vise)

일감을 고정하여 작업을 안전하게 하기 위하여 사용한다(죠의 폭으로 크기 표시).

(5) 망치(hand hammer)

사용 목적에 따라 형상이 달라지며 펀치 작업에는 다소 적은 것을 사용하고, 기계조립 및 분해시 동, 연, 황동, 고무 및 목재 등의 연질 망치를 사용한다.

(6) 서피스 게이지(surface gauge)

공작물에 중심을 잡거나 그림 (b)처럼 정반 위에서 공작물을 이동시켜 평행선을 그을 때 또는 평행면의 검사용 등으로 사용된다(금긋기 공구).

> **Tip** **금긋기 작업 대표 공구**
> ① 정반 ② 서피스 게이지 ③ 스크라이버 ④ 하이트 게이지

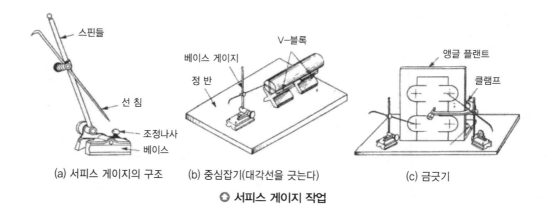

| (a) 서피스 게이지의 구조 | (b) 중심잡기(대각선을 긋는다) | (c) 금긋기 |

❂ **서피스 게이지 작업**

(7) 금긋기용 바늘(스크라이버 ; scriber)

직선자나 평판에 따라서 공작물에 금을 긋는 공구이며, 바늘의 각도는 60°이다.

(8) 트로멜(trommel)

큰 원을 그릴 때 사용하며 빔(beam) 위에 바늘의 위치를 조절하는 장치가 있다.

(9) 조합자(combination sat)

직각, 치수의 옮김, 각도의 측정 등을 하는데 사용한다.

(10) V블록(V-block)

원통형이나 육면체의 금긋기에 사용되고 90° V홈을 가지고 있으며 원통형 외면에 구멍을 뚫을 때 사용되기도 한다(캠축 휨).

> • 목재에서 구멍을 팔 때 쓰는 것 : 치즐
> • 해머의 크기는 : 전체 무게
> • 모루의 크기는 : 자루무게(자중)

측정

제 **2** 장

1 측정기(measurement)

- 정의 : 어떤 측정량을 단위로써 사용되는 다른 양과 비교하는 것이다.
- 측정의 종류
  ① 치수 측정   ② 면의 측정   ③ 각의 측정
  ④ 속도의 측정   ⑤ 나사의 측정   ⑥ 기어의 측정
  ⑦ 질량의 측정   ⑧ 시간의 측정

1 측정기의 측정방법

(1) 직접 측정(절대 측정)

눈금이 있는 측정기를 사용하여 실제 치수를 직접 읽는 측정방법이다.

㉠ 마이크로미터, 버니어 캘리퍼스, 각도자, 표준자

(2) 간접 측정(비교 측정)

제품의 치수와 표준치수의 차이를 측정하여 제품의 치수를 알아내는 방법이다.

㉠ 전기 마이크로미터, 공기 마이크로미터, 옵티미터, 미니미터, 다이얼 게이지

 Tip
- **아베의 원리** : "표준자와 피측정물은 동일축선 상에 위치하여야 한다"는 법칙이며 그렇지 않을 경우에는 측정오차가 발생한다.
- **아베의 원리에 어긋나는 측정기** : 버니어 캘리퍼스
- **필러 게이지(간극 게이지)** : 작은 틈새를 측정한다.
- **다이얼 게이지** : 기어의 원리로 적은 오차를 측정한다.

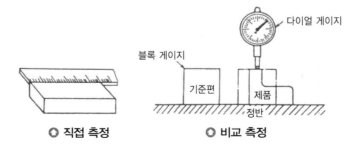

○ 직접 측정   ○ 비교 측정

(3) 측정오차의 종류(error)

오차의 원인은 고정 오차와 우연 오차로 나누며 그 원인과 실 예는 아래와 같다.

오차의 종류		원인	사례
고정 오차	측정기의 고유 오차	측정기의 구조상 또는 취급상에서 일어난다.	눈금, 나사 피치의 백래시, 측정압의 변화, 귀환 오차
	측정자의 개인 오차	측정자의 버릇, 부주의, 숙련도에서 일어난다.	눈금을 읽는 버릇, 시차, 취급 방법
	환경에 의한 오차	실온, 기압, 채광, 진동 등에서 일어난다.	온도 변화, 압력 변화, 탄성 변형, 조명 방법
우연 오차	복잡한 영향에 의한 오차	여러 가지 조건이 겹쳐서 일어나므로 원인 불명인 경우가 많다(반복 측정하여 평균값을 사용한다).	외부 상황의 미세한 변동

※ 오차 =참값 ± 측정치

※ 온도 20℃

2 길이의 측정기

1 선 측정

(1) 버니어 캘리퍼스(vernier calipers)

본 척의 한 눈금 미만의 작은 치수는 부척을 이용하여 읽을 수 있는 기구이다(바깥지름, 안지름, 깊이 측정). 눈금 읽는 법은 어미자의 한 눈금을 1mm로 하고 어미자의 19눈금이 아들자에서는 20등분으로 되어 있다. 따라서, 어미자와 아들자의 한 눈금의 차는 0.05mm이며 이것이 아들자로 읽을 수 있는 최솟값이 된다. 예를 들면 그림 (b)와 같이 아들자의 다섯 번째의 눈금선이 어미자의 눈금선과 일치하였다면 이 측정물의 치수는 0.05mm×5=0.25mm이다. 그림 (c)의 경우에는 아들자의 여덟째 번의 눈금이 어미자의 눈금 선과 일치하므로 측정물의 치수는 12mm+(0.05mm×8)=12.4mm이다. 이와 같이 하면 번거로우므로 실제 읽을 때는 아들자의 여덟 번째 눈금인 4와 일치하므로 그대로 0.4를 읽어서 12를 지난 0.4이기 때문에 12.40mm로 읽으면 된다.

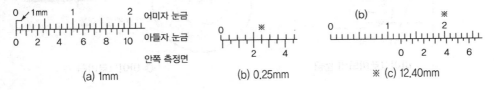

(a) 1mm (b) 0.25mm ※ (c) 12.40mm

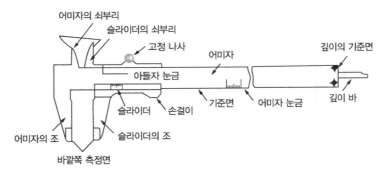

◎ 버니어 캘리퍼스의 눈금 읽기와 구조

■ 버니어 캘리퍼스 종류
① M1형 : 부척을 19mm를 20등분한 것이다.
② M2형 : 부척을 24.5mm를 25등분한 것이다.
③ CB형 : 부척을 12mm를 25등분한 것이다.
④ CM형 : 부척을 49mm를 50등분한 것이다.

(2) 마이크로미터(micrometer)

외측 마이크로미터의 경우 아래의 그림과 같이 스핀들과 같은 축에 있는 1줄 나사인 수나사와 암나사가 맞물려져 있으며 스핀들이 1회전하면 0.5mm이동한다. 즉 마이크로미터는 나사의 원리를 이용한 측정기구이다(단, 래치 스톱은 1~2회전한다 = 500g 측정 압력).
심벌의 원주는 50등분이 되어 있으므로 심벌의 최소 눈금은 0.01mm를 나타내게 된다. 읽는 법은 눈금의 상태가 아래 그림과 같이 되었다면 다음과 같이 계산할 수 있다.

슬리브의 1mm   눈금   4
슬리브의 0.5mm 눈금   0.5
심벌의   0.01mm 눈금 0.27 (+
　　　　　　　　　　　　4.77mm

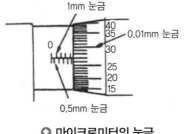

◎ 마이크로미터의 눈금

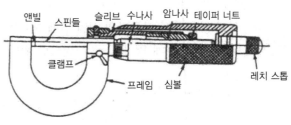

◎ 마이크로미터

(3) 하이트 게이지(height gauge)

정반 위에서 금을 긋거나 높이를 측정하는데 사용하며, 0.02mm까지 읽을 수 있다.

(4) 다이얼 게이지(dial gauge)

일종의 비교측정기로 지침이 1회전하면 스핀들이 1mm 움직이며 원둘레가 100등분되어 있으므로 1눈금은 0.01 mm(1/100)까지 읽을 수 있다.

㉠ 다듬면의 평면도 검사, 축의 휨 및 편심, 기어의 백래시, 원통의 진원도, 축의 트러스트

2 단면 측정

(1) 블록 게이지(block gauge)

공작물 길이 표준용으로 널리 사용되고 횡단면이 직사각형이며, 편평한 측정면을 가진 것으로 호칭치수는 서로 대하는 평행 평면 사이의 거리이다.

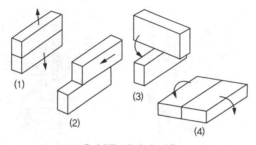

(1) (2) (3) (4)

❍ 블록 게이지 사용

※ 링킹(wringing) : 2개의 블록 게이지를 밀착시킨 것

 Tip
- AA급 : 연구소용(참조용)
- A급 : 표준용
- B급 : 검사용, C급 : 공작용   ※ 측정표준온도 : 20℃

(2) 표준 테이퍼 게이지(standard taper gauge)

오오스테 테이퍼, 브라운 샤프트 테이퍼, 내셔널 테이퍼 등의 측정에 쓰인다.

(3) 표준 게이지

호환성 생산방식에 필요한 게이지로서 드릴 게이지, 와이어 게이지, 틈새 게이지 등을 사용한다. 드릴 및 와이어 게이지는 크기순으로 단계적으로 만든 절입 또는 구멍을 갖는 각형

또는 원형의 박판 등으로 제작한 것이며 틈새 게이지는 두께가 다른 1조의 강제 박편으로 가공물의 형상에 따라 사용하나 이는 적당한 판을 결합하여 측정한다.

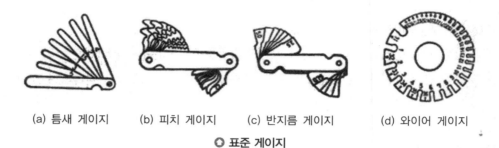

(a) 틈새 게이지   (b) 피치 게이지   (c) 반지름 게이지   (d) 와이어 게이지

○ 표준 게이지

(4) 한계 게이지(limit gauge)

제품을 가공할 때 제품의 허용한계치수를 측정하는 게이지이다. 즉 마멸 여유는 통과측에 준다.

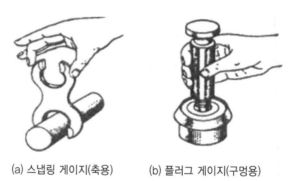

(a) 스냅링 게이지(축용)   (b) 플러그 게이지(구멍용)

○ 한계 게이지

(5) 반지름 게이지(radius gauge)

공작물의 라운딩 부분 측정을 할 때 쓰인다.

(6) 와이어 게이지(wire gauge)

각종 철강선의 굵기 및 박강판의 두께 측정을 할 때 쓰인다.

❸ 각도의 측정

(1) 사인바(sine bar)

종류 : ① 사인바 ② 콤비네이션 세트 ③ 탄젠트 바 ④ 각도 게이지

삼각함수인 사인을 이용하여 임의각도를 만들기 위한 측정 공구이다.

$$\sin\theta = \frac{H-h}{L}$$

여기서, H : 블록 게이지 높은쪽 높이

L : 원통 롤러 중심거리

(100, 200mm)

h : 블록 게이지 낮은쪽 높이

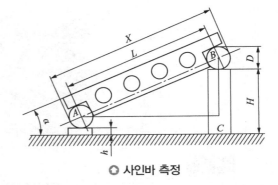

○ 사인바 측정

 Tip 사인 바에서는 45° 이상 되면 측정오차가 커지므로 이보다 큰 각도를 필요로 할 때는 정반에 직각인 면에 대하여 설정하여 각도를 측정하도록 한다.

※ 높이 300mm, 길이 42mm일 때 사인바 각도 경사각은 8°이다.

(2) 탄젠트 바(tanzent bar)

일정한 간격 L로 놓여진 2개의 블록 게이지 H 및 h와 그 위에 놓여진 바에 의해 각도 측정을 한다.

$$\tan\alpha = \frac{H-h}{L}(L = 100\text{mm}, 200\text{mm})$$

$$\therefore \alpha = \tan^{-1}\left(\frac{H-h}{L}\right)$$

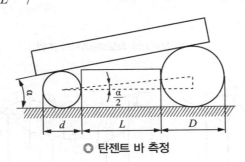

○ 탄젠트 바 측정

(3) 각도 게이지

① 요한슨식 각도 게이지 : 지그 공구 측정기구 등의 검사에 없어서는 안 되는 것이며 박강판을 조합해서 여러 가지의 각도를 만들 수 있게 되어 있다.

② N.P.L식 게이지 : 웨지 블록 게이지라고 하며 측정면의 넓이가 $15 \times 100\text{mm}^2$로 열처리된 블록으로 6″, 18″, 30″, 1′, 3′, 9′, 27′, 1°, 3°, 9°, 27°, 41°의 각도를 가진 12개의 블록을 1조로 한다.

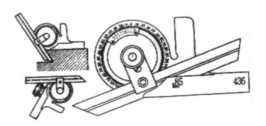

◉ 각도 게이지 구조

문제

N.P.L식 각도 게이지를 그림처럼 조합했을 때 α는? 33° 5′

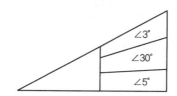

해설

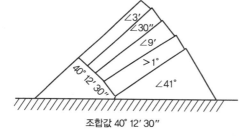

조합값 40° 12′ 30″

도°	분′	초″
	+3′	+30″
	+9′	
+41°		
40°	12′	30″

−1°는 반대 방향으로 겹친다.

◉ N.P.L식 각도 게이지의 조합

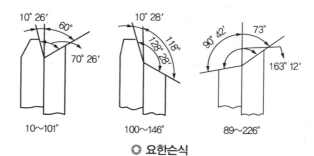

◉ 요한슨식

(4) 콤비네이션 세트

강철자, 직각자, 분도기를 이용한 각도 측정기이다.

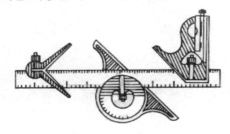

○ 컴비네이션 세트

4 나사의 측정

(1) 유효지름의 측정

나사 마이크로미터, 삼침법(유효지름의 고정도를 측정), 표준나사 게이지가 있다.

(2) 피치의 측정

피치 게이지, 나사 다이얼 게이지가 있다.

(3) 나사산의 각도

투영 검사기

5 면의 측정

(1) 평면도 측정기의 종류

① 수준기에 의한 측정(수평, 직각도 측정)
② 오토 콜리미터에 의한 측정
③ 긴장 강선에 의한 측정
④ 광선 정반에 의한 측정
⑤ 스트레이트 에지에 의한 측정

(2) 표면 거칠기 측정의 종류(surface roghness)

① 표준법과 비교하는 방법
② 광절단법에 의한 방법
③ 촉침법에 의한 방법

※ 공구현미경(tool makers microscope)은 길이, 각도, 형상, 윤곽을 측정

절삭가공

 제**3**장

1 절삭가공(cutting machining)

1 절삭 조건

작업자가 공작 기계를 조작하여 쉽게 조절할 수 있고 또한 절삭률, 단위시간당의 절삭량에 영향을 끼치는 변수들의 조합을 절삭조건이라 부르며, 공구재료와 공구형상, 절삭속도, 절삭 크기, 절삭유 등이 여기에 포함된다.

(1) 절삭속도

공작물이 단위시간에 공구의 날 끝을 통과하는 거리로 표시하며, 공작물과 공구와의 재질 관계, 절삭유의 사용 여부, 가공 정밀도, 절삭깊이, 이송 속도, 사용 공구의 모양 등에 따라 달라진다.

공작물이나 공구의 지름을 D[mm]라 하고, 절삭속도를 V[m/min], 공작물 또는 공구의 회전수를 N[rpm]이라 하면, 다음과 같은 원주 속도식이 성립된다.

■ 원주 속도 구하기

$$V = \frac{\pi DN}{1000}[\text{m/min}]$$

여기서, RPM : (Rev/min)

공작물 재질	공구	재질
	고속도강(m/min)	초경공구
저탄소강	15~20	40~70
고탄소강	6~10	20~40
주 철	10~15	30~40
황 동	15~30	기계의 최고 속도
알루미늄	4~60	기계의 최고 속도

※ 밀링 가공 작업 종류 : ① 평면 가공 ② 각도 가공 ③ 기어 가공 ④ 홈 가공 ⑤ 정면 가공 ⑥ 나선 홈 가공 ⑦ 절단 가공 ⑧ 윤곽 가공 ⑨ 총형 가공

(2) 커터의 절삭 방향 비교

상향 절삭	하향 절삭
• 칩이 절삭을 방해하지 않는다. • 공작물을 확실히 고정해야 한다. • 커터의 수명이 짧고 동력 소비가 적게 낭비된다. • 절삭이 순조롭다. • 절삭면이 곱지 못하다.	• 아버가 휘기 쉽다. • 공작물의 고정이 간단하다. • 커터날의 마모가 적다. • 절삭면이 곱고 정밀하다. • 칩이 끼여서 절삭을 방해한다. • 커터날의 가열이 적다.

※ 장점이 아닌 것에 주의한다.

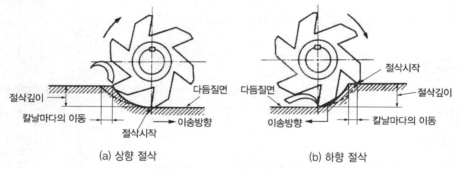

(a) 상향 절삭   (b) 하향 절삭

◎ **밀링 커터에 의한 피드의 방향**

(3) 절삭깊이

가공물의 표면과 가공되는 면과의 거리, 즉 공구의 절삭깊이를 말한다.

(4) 절삭 단면적

절삭될 부분의 단면적, 즉 칩의 단면적을 말한다.

$$A = f \cdot t [\mathrm{mm^2(in^2)}]$$

여기서, A : 절삭 단면적, f : 이송 속도, t : 절삭깊이

 Tip 특수한 형상의 면을 가공하는 커터는 총형커터이다.

(5) 이송 속도

절삭 중 공구와 공작물간의 횡방향의 상대 운동의 크기, 즉 이송 운동의 속도를 말한다.

Tip
- 이송 속도는 구성인선에 큰 영향을 준다.
- 밀링에서 가공할 수 없는 것은 나사 작업
- 분할법 3가지 : 단식 분할법, 직접 분할법, 차동 분할법
- X, Y, Z축을 이송하는 공작 기계는? 밀링

2 칩의 생성 및 형태

칩이 생기는 모양은 공작물 및 절삭공구의 재질, 절삭속도, 공구의 모양, 절삭깊이 등에 따라 달라지는데 다음과 같이 4가지 기본형으로 분류한다.

1 유동형 칩

칩이 공구의 경사면 위를 유동하여 칩의 섭동이 연속적으로 진행되어 절삭작업이 원활하게 된다.

- 원인
  ① 연성 재료의 고속 절삭 시 발생
  ② 절삭량이 적을 때
  ③ 바이트의 경사각이 클 때
  ④ 절삭제를 사용할 때

2 전단형 칩

칩이 공구 경사면 위에서 압축을 받아 어느 면에 가서 전단을 일으키므로 칩은 연속되어 나오지만 섭동 간격이 유동형보다 크며, 진동이 발생한다.

- 원인
  ① 연성 재료의 저속 절삭 시 발생
  ② 바이트의 경사각이 적을 때
  ③ 절삭깊이가 클 때

3 열단형 칩(경작형 칩)

공구의 선단보다도 전방 하부에서 균열이 발생하면서 절삭되는 칩이다. 연하고 질긴 재료에서 발생하기 쉽다.

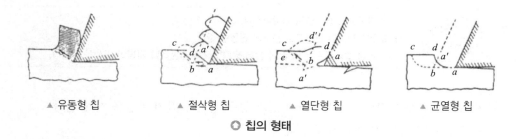

| ▲ 유동형 칩 | ▲ 절삭형 칩 | ▲ 열단형 칩 | ▲ 균열형 칩 |

❂ 칩의 형태

4 균열형 칩

공구선단에서 균열이 열단형 칩에 비하여 전방하부보다는 주로 전방으로 균열이 순간적으로 발생하는 칩이다.

■ 원인
① 주철과 같이 취성이 있는 재료일 때
② 큰 경사각의 바이트로 저속으로 절삭할 때

3 구성인선(built up edge)

구성인선이란 경사면과 여유 면의 일부와 절삭 날에 고착된 퇴적물이며, 공구 절삭 날을 대신하여 절삭 작용을 하는 것을 구성인선이라 말한다. 이는 바이트의 날 끝이 고온·고압에 의하여 칩이 조금씩 응착하여 단단해진 것으로 절삭작용에 악영향을 미치며 0.01 ~ 0.03초의 주기로 발생 → 성장 → 분열 → 탈락이 일어난다.

구성인선 발생 원인	① 경사각이 적을 때 ② 절삭속도가 30~50m/min 이하로 속도가 느릴 때 ③ 절삭깊이가 클 때 ④ 이송이 적을 때 ⑤ 날끝(인선) 경사각이 거칠 때 ⑥ 절삭유가 부적당하거나 날끝 온도가 상승하여 융착 온도가 되었을 때
구성인선 발생 방지법	① 절삭깊이를 적게 한다. ② 경사각을 30° 이상 크게 한다. ③ 공구의 날 끝을 예리하게 한다. ④ 절삭 속도를 크게 한다(120~150m/min 이상). ⑤ 칩과 바이트 사이의 윤활을 완전하게 한다. ⑥ 이송을 크게 한다. ⑦ 날끝 부분이 가공 금속의 재결정온도 이상 되게 한다.

구성인선 영 향	① 가공물의 절삭면이 거칠어진다. ② 절삭저항이 변하므로 공구에 진동을 준다. ③ 초경 합금공구는 날 끝이 함께 탈락하므로 결손이나 치핑이 발생하기 쉽다.

- 윤활성이 좋은 절삭제를 사용하여 칩과 공구 경사면 간의 마찰을 적게 한다.
- 절삭공구의 인선을 예리하게 한다.

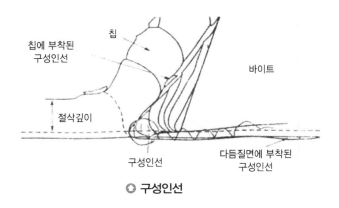

○ **구성인선**

![4] 절삭저항

절삭저항은 공구에 의해서 공작물을 절삭하는 것은 공작물에 큰 소성 변화를 주어서 칩을 분리한 것이며, 그때 공구는 공작물로부터 큰 저항을 받는다. 그리고 미치는 주요 인자는 방향과 크기는 공작 방법이나 절삭 조건, 절삭속도, 가공 재료의 종류에 따라서 여러 가지로 달라진다.

■ 주분력(P_1, tangential component of cutting force)

절삭저항과 평행한 분력이며, 바이트를 하향으로 밀어서 구부러지게 하며 가장 큰 분력이다.

■ 배분력(P_3, radial component of cutting force)

바이트를 가공물에서 밀어내는 힘, 즉 바이트의 뒤에서 작용하는 분력이다.

❸ 횡분력(P_2, axial component of cutting force, 이송 분력)

이송 방향과 평행한 분력이다.

 Tip 주분력>배분력>횡분력
$=P_1 > P_3 > P_2$

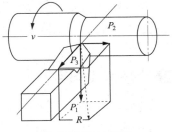
○ 절삭력의 3분력

5 절삭 온도

절삭할 때 공급되어지는 모든 에너지는 여러 가지 형태의 일로 소비되고, 소비 에너지의 일부가 열로 변하면서 이때 공작물 내부에 잔류되어 있는 일정한 양의 열을 절삭 온도라 한다. 절삭에서 나타나는 열은 다음 3가지로 분류할 수 있다.

① 전단면에서 전단 소성 변형에 의한 열
② 칩과 공구 상면과의 마찰열
③ 공구 선단이 절삭 표면을 통과할 때 마찰 등으로 생기는 열

절삭 온도가 높아지면 공구의 날 끝 온도가 상승하여 공구가 빨리 마모되고 공구 수명이 짧아진다. 또한 공작물도 온도상승에 의한 열팽창으로 가공치수가 달라지는 나쁜 영향을 받는다. 이런 온도상승을 방지하기 위한 방법으로는 여러 가지가 복합적으로 작용하지만 절삭액을 충분히 부어서 냉각 효과를 올리면 대부분 방지된다.

6 절삭유

절삭유는 냉각과 공구 수명의 연장에 목적이 있으며, 윤활과 방청은 우수한 가공면을 얻는 목적으로 사용되며, 일감을 절삭할 때에 공구와 칩 및 일감의 접촉 부분에 마찰열에 의한 온도가 상승하게 되는데, 이와 같은 온도의 상승은 일감의 가공면과 공구의 수명에 나쁜 영향을 끼치므로 이를 방지하기 위하여 적절한 절삭유를 사용한다.

❶ 불수용성 절삭유

부식하기 쉬운 비철금속의 가공이나, 강의 고속 절삭가공에 사용되는 경우가 많다[(광물유, 식물유, 농축 절삭유(혼합유), 유화유)].

❷ 수용성 절삭유

물로 희석하여 사용하며 주철, 알루미늄 및 그 합금의 절삭가공에 사용하기도 하지만 연삭가공에 주로 사용한다(수용액, 유화유).

※ 저속에서 중절삭작업할 때는 점성이 큰 윤활유를 사용한다.

❸ 절삭동력

$$N = N_c + N_f$$

(1) 정미 절삭동력

$$N_c = \frac{P_1 V}{75 \times 60}[\text{PS}] = \frac{P_1 V}{102 \times 60}[\text{kW}]$$

여기서, $1\text{PS} = \dfrac{75\text{kgf} - \text{m}}{S}$, $1\text{kW} = 102\dfrac{\text{kgf} - \text{m}}{S}$

N_c : 정미 절삭동력(PS, kW)

P_1 : 절삭저항의 주분력(kg)

V : 절삭속도(m/min)

(2) 이송을 주기 위한 소요동력

$$N_f = \frac{P_2 S}{75 \times 60 \times 1000}[\text{PS}]$$

여기서, N_f : 이송을 주기 위한 소요동력(PS)

S : 이송 속도(mm/min)

P_2 : 횡분력(kg)

❹ 공구의 수명

절삭공구를 계속 사용하여 절삭 날의 마모가 되면, 절삭성이 저하될 뿐만 아니라, 가공치수의 정밀도가 떨어지고 표면 거칠기가 나빠지며 소요 절삭동력이 증가한다. 이와 같이 절삭 날이 손상될 때까지의 실제 절삭 시간의 합을 공구수명이라 하며, 분(min)으로 나타낸다. 다음은 테일러의 공구 수명식을 구하는 방법이다.

$$VT^n = C, \; \theta T^n = C \text{ 에서 } \; V = \frac{C}{T^n}, \; T^n = \frac{C}{V}$$

여기서, T : 공구 수명(min)

θ : 절삭 온도

V : 절삭속도(m/min)

C : 가공물 절삭 면적과 그 형상, 절삭유의 유무
에 따라 결정되는 상수

n : 가공물, 바이트의 재질에 따라 결정되는 상
수이며, $n = 1/5 \sim 1/10$로 한다.

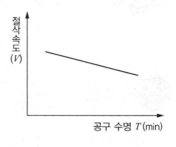

(1) 공구 마멸

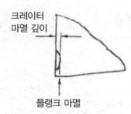

▲ 플랭크 마멸(flank wear)
(공구 측면의 마모 현상)

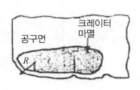

▲ 크레이터 마멸(crater wear)
(표면층 파여짐 현상)

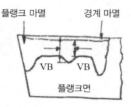

▲ 경계 마멸 (날 끝 일부의
파괴, 탈착 현상)

◎ 공구의 마멸

(2) 공구 수명기준

마멸값		적용
VB	0.2	정밀 경절삭, 비철합금의 다듬질 절삭
	0.4	특수강의 절삭
	0.7	주철, 강 등의 일반절삭
	1~1.25	보통 주철 등의 황삭
KT	0.05~0.1	

5 회전속도율

공작 기계가 낼 수 있는 최대 회전수 N_{max}와 최소 회전수 N_{min}과의 비

$$BR(\text{속도 역비}) = \frac{N_{max}}{N_{min}}$$

비절삭가공

제4장

1 주조

주조란 쇳물을 모래나 금속으로 만든 주형에 부어 냉각 응고시켜 주형의 빈 공간과 동일한 형상의 제품을 만드는 작업이며, 이렇게 하여 제작한 제품을 주물 또는 주조품이라고 부른다.

 Tip │ 주형 : 용해시킨 쇳물을 붓는 틀

（a) 계획(설계 도면)　　　　（b) 원형 제작　　　　（c) 코어 제작

（d) 주형 제작　　（e) 용해　　（f) 주입　　（g) 주형 해체　　（h) 주물

◎ 주조 공정

1 목형

주물을 만들려면 먼저 원형인 모형을 만들어야 한다. 모형은 일반적으로 목재로 만들므로 목형이라고도 하며 금속을 사용한 것은 금형이라 한다.

(1) 목재 수축방지법

① 양질의 목재를 사용한다.

② 여러 개의 목편을 조합하여 목형을 만든다.

③ 장년기의 나무를 겨울에 벌채한다.

④ 칠을 하여 사용한다.

⑤ 잘 건조된 것을 선택한다.

(2) 목형 제작 시 주의사항

① **수축 여유** : 용해된 금속이 냉각 응고할 때 수축이 생기므로 목형을 제작할 때 수축에 해당되는 양의 수축 여유를 두어야 한다.

금속의 수축 여유(1000mm당)	
• 주철 : 8~10mm	• 주강 : 18~20mm
• 알루미늄 합금, 청동 : 12mm	• 황동 : 14mm

> • 순철(pure iron) : 철에 탄소 함유량이 0.02% 이하인 것
> • 강(steel) : 철에 탄소가 0.02~2.11% 함유된 것
> • 주철(cast iron) : 철에 탄소 함유량이 2.11~6.68% 함유된 것

② **가공 여유** : 주조 후 가공할 주물은 그 가공 부분에 여분의 살을 덧붙여 원형을 만드는데 이것을 가공 여유라 한다.

③ **목형 구배** : 주형에서 목형을 뺄 때 6~7mm 여유를 주어 주형의 파손을 방지하기 위하여 목형의 수직면 안팎에 기울기를 두는 것이다.

④ **라운딩** : 목형의 각이진 모서리를 둥글게 하여 쇳물이 응고할 때 주조 조직이 경계가 생겨 약해지는 것을 방지하기 위하여 두는 것이다.

⑤ **코어 프린터** : 코어를 주형 내부에 지지하기 위하여 코어 양쪽 돌기 부분을 만드는데 이 돌기 부분을 말한다. 코어의 위치를 정하거나, 주형에 쇳물을 부었을 때 쇳물의 부력에 코어가 움직이지 않도록 하거나 또는 쇳물을 주입했을 때 코어에서 발생되는 가스를 배출시키기 위해서 코어에 코어 프린트를 붙인다.

⑥ **덧쇳물** : 주조를 할 때 두께가 일정하지 않으면 응고할 때 냉각 속도가 달라서 응력에 대한 변형·균열 등이 발생하는데 이를 방지하기 위하여 목형에 보강제를 삽입하는 것이다(냉각 후 잘라낸다).

> • 주물자 : 목형을 제작할 때 주물 재료별로 수축 여유를 고려해서 만든 자
> • 금속의 수축률을 ϕ, 목형의 길이를 L, 주물의 길이를 l이라 할 때
> • 금속의 수축률 : $\phi = \dfrac{L-l}{L} \times 100\%$

2 목형의 종류

① **골격 목형** : 대형 파이프, 대형 주물
② **부분 목형** : 목형의 일부분만 제작하여 주형의 일부분을 차례로 돌리면서 전체 주형을 만들 때 사용한다(대형 기어, 프로펠러).
③ **고르게(긁기) 목형** : 가늘고 긴 굽은 파이프 제작 시 사용한다.
④ **코어 목형** : 중공부분을 메우는 모래형의 목형(중공의 주물)에 사용한다.
⑤ **매치플레이트** : 소형 제품의 대량 생산에 사용한다.
⑥ **잔형** : 주형에서 목형을 뽑기 곤란한 부분을 왁스로 별도로 만들어 주형 속에 남겨 놓은 형이다.
⑦ **현형** : 제작할 제품과 거의 동일한 형상의 원형에 수축 여유, 가공 여유 등을 고려하여 제작한 목형이다.

단체형	주물의 형상이 간단할 때 사용하는 목형이다(단체형은 목형 제작 시 코어가 필요 없다).
분할형	목형에서 주형을 쉽게 빼내기 위하여 목형을 2개 또는 그 이상으로 나누어서 만든 것이다.
조립형	아주 복잡한 주물 제작 시 사용한다.

 Tip 현형의 크기＝제품의 크기 ＋ 수축 여유 ＋ 가공 여유

문제

농기계 부품 중 주철 성분인 것은? 주풀리

3 주물의 검사법

① 육안 시험
② 기계적 시험
③ 화학분석
④ 금속 현미경 시험
⑤ 비파괴 시험(형광검사법, 초음파 시험, 방사선 시험, 자력결함 검사)

4 목형의 착색 구분

① **주물의 흑피 부분** : 칠하지 않음
② **다듬질면** : 적색

입도 : 모래의 크기를 메시(mesh)로 표시한 것

③ 잔형 : 황색

④ 코어 프린트 : 흑색

5 주형 및 주조법

(1) 주물사의 구비조건

① 성형성이 좋을 것

② 내화성이 크고, 화학반응을 일으키지 않을 것

③ 강도, 경도, 통기도가 좋을 것

④ 열전도성이 불량하고 보온성이 있을 것

⑤ 가격이 싸고 구입이 쉬울 것

(2) 주물의 중량

$$W_m = \frac{S_m}{S_p} W_p$$

여기서, W_m, S_m : 주물의 중량 및 비중

W_p, S_p : 목형의 중량 및 비중

(3) 점결제의 구비조건

① 점결력이 클 것

② 가스의 발생이 적고, 통기성이 좋을 것

③ 불순물의 함유량이 적을 것

④ 내화도가 클 것

⑤ 모래의 회수가 쉬울 것

⑥ 장기간 보존하여도 수분 흡수가 적을 것

⑦ 주조 후 점결성을 잃고 부서지기 쉬울 것

6 통기도(permeability)

주형 속에 발생된 가스나 수증기를 외부로 배출시키는 정도를 통기도라 하며 시험편 속을 일정 압력의 공기가 흐르는 빠르기로 나타낸다.

$$통기도(K) = \frac{Q \cdot h}{P \cdot A \cdot t}$$

여기서, Q : 시험편을 통과한 통기량(공기량) (cc, cm^3) h : 시험편의 높이(cm)

P : 공기압력(kg/cm^2) A : 시험편의 단면적(cm^2)

t : 통과시간(min)

7 주물의 결함

(1) 수축공

수축으로 인하여 쇳물이 부족하게 되어 생기는 공간이며 쇳물 아궁이를 크게 하거나 덧쇳물을 붙이면 방지할 수 있다.

(2) 기공과 균열의 방지방법

기공(blow hole)의 방지방법	균열(crack)의 방지방법
• 쇳물 주입온도를 너무 높게 하지 말 것	• 각부의 온도차를 줄일 것
• 통기성을 높일 것	• 주물을 급랭시키지 말 것
• 주형의 수분 제거	• 라운딩할 것
• 쇳물 아궁이를 크게 할 것	• 주물의 두께 차이를 갑자기 변화시키지 말 것

8 주형의 종류(제작 방법에 따른 분류)

(1) 바닥 주형법 : 바닥 모래에 목형을 넣고 다져 주형을 만드는 방법

(2) 혼성 주형법 : 모래 바닥과 주형 상자를 써서 주형을 만드는 방법

(3) 조립 주형법 : 주형 도마 위에 주형 상자를 2개 또는 3개 겹쳐놓고 주형을 만드는 방법

9 금속의 용해법

큐펄러(용선로)	주철 용해로이며 용량은 1시간당 용해하는 쇳물의 중량으로 표시
용광로	선철 용해로이며 용량은 1일 생산량으로 표시
도가니로	구리합금, 비철합금, 동합금, 경합금, 합금강의 용해로이며 용량은 1회에 용해할 수 있는 구리 중량으로 표시
전로	주강 용해로이며 용량은 1회 제강량을 톤으로 표시
전기로	아크로, 고주파유도로가 있으며 제강 특수 주철의 용해, 금속정련 합금 제조 등에 사용하며 용량은 1회 용해할 수 있는 용해량으로 표시
반사로	동합금을 다량으로 용해, 가단 주철, 칠드 롤러, Al합금 등의 용해에 사용하며 용량은 1회 용해할 수 있는 용해량으로 표시
평로	주강 용해로이며 용량은 1회 용해할 수 있는 용해량으로 표시

⑩ 주형의 계산 문제

$$V = C\sqrt{2 \times g \times h}$$

여기서, V : 유속(cm/s)　　　g : 중력의 가속도(cm/s^2)

　　　　h : 탕구 높이(cm)　　　C : 유량계수

⑪ 덧쇳물(feeder or riser)의 정의

용융금속이 응고할 때 수축으로 인한 쇳물의 부족분을 보충하고 수축공이 없는 치밀한 주물을 만들기 위하여 주물의 두꺼운 부분이나 응고가 늦은 부분에 설치한다.

- **방지방법**
  ① 주형 내의 불순물을 밖으로 내보낸다.
  ② 압력이 가해지므로 치밀한 주물을 얻을 수 있다.
  ③ 주형 내의 공기 제거로 기공의 결함을 줄일 수 있다.
  ④ 응고 시 체적감소에 따른 쇳물 부족을 보충할 수 있다.

⑫ 특수 주조법

(1) 셀 몰드법(shell mould process)

2개의 주형을 합치고 내부에 쇳물을 주입하여 주조하는 방법이며, 짧은 시간에 대량 생산이 가능하고 주물 표면이 깨끗하고 정밀하다.

(2) 원심 주조법

고속으로 회전하는 원통형의 주형 내부에 용해된 쇳물을 주입하면 원심력에 의하여 쇳물은 원통내면에 균일하게 붙게 되며 이것을 그대로 냉각시키면 중공주물이 되는데 이를 원심 주조법이라고 한다(파이프, 피스톤 링, 실린더 라이너).

- **원심 주조법의 장점**
  ① 코어가 필요 없다.
  ② 기공 발생이 적다.
  ③ 가스 배출이 잘 된다.

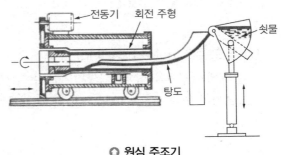

◉ 원심 주조기

(3) 진공 주조법(vacuum casting)

철강을 대기압 이하에서 용해 후 그 용탕을 진공상태에서 가스를 빼고 주조하는 방법이다. 이 방법은 용융금속이 응고할 때 발생하는 가스가 방출이 잘 되므로 핀 홀(pin hole)이나 블로우 홀(blow hole)이 없는 정밀한 주물이 된다.

(4) 이산화탄소법(CO$_2$ process)

규사에 5~6%의 물 유리를 혼합한 주물사로 주형을 제작하고 1~1.4kg/cm^{2}의 압력으로 10~15초 정도 이산화탄소를 주입하면 물 유리와 이산화탄소가 반응하여 실리카겔과 탄산나트륨으로 된다. 이 실리카겔의 결합력에 의해 강도가 높은 주형이 된다.

장점	단점
• 치수 정밀도가 높고, 변형이 없다. • 균일한 제품을 만들 수 있다. • 작업능률이 좋고 설비비가 싸다. • 작고 긴 코어를 만들 수 있고 조립 시 코어 파손이 적고 건조가 필요 없다.	• 사용 중 이산화탄소를 얻게 되므로 가열 장치가 필요하다. • 사용 후 주물사의 재사용이 곤란하다.

(5) 인베스트먼트법(investment casting)

모형을 왁스, 파라핀, 합성수지와 같은 용융점이 낮은 것으로 만들고 그 주위를 내화성 재료로 피복을 한 후 원형을 용해시켜서 주형으로 하고 주입하여 주물을 만드는 방법이다.

(6) 다이캐스팅(die casting)

용해된 금속을 금형에 고압으로 주입하여 주물을 만드는 방법이다.

장점	단점
• 주물 표면이 매끈하고 치수의 정밀도가 높다. • 다듬질할 필요가 없다. • 대량 생산이 가능하고 주조 속도가 빠르다. • 강도가 크며 복잡한 주물 생산에 적합하다.	• 금형 제작 시 비용이 많이 든다. • 용융점이 높은 금속은 주조가 곤란하다. • 금형 구조상 제품의 크기에 제한이 있다.

(7) 칠드 주조(chilled casting)

용해된 쇳물을 금형에 주입하면 표면은 급랭되어 탄화철이 되고 내부는 서냉하여 펄라이트 조직이 되게 하는 주조법이다. 탄화철(백주철), 롤러, 바퀴에 많이 쓰인다.

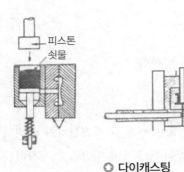

⊙ 다이캐스팅

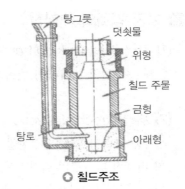

⊙ 칠드주조

 주물사의 제거장치
- **세이크 아웃** : 진동체에 주물을 놓고 진동으로 모래를 제거하는 방법
- **텀블러** : 적당한 크기의 금속볼(steel ball)과 소형 주물을 드럼(drum)에 넣고 회전시켜서 그 상호간의 마찰로 모래를 제거한다.
- **샌드 블래스트 머신** : 모래에 압력을 주어 주물에 분사시켜 모래를 제거한다.
- **주절의 펄라이트 조직** : 강도가 2배이며 절삭가공이 용이하다.
- **피보 왈스 키법** : 고온주철제 제거법이다.

❷ 소성 가공

재료에 외력을 크게 가하면 내부의 응력에 의한 변형이 남는 것을 소성이라 하며 특히 금속의 소성을 이용하여 소재에 힘을 가하여 변형시켜 필요한 형상과 치수를 내는 가공법을 소성가공이라 한다.

❶ 소성 가공의 장점
① 성형되는 치수가 정확하다.
② 재료의 사용량이 경제적이다.
③ 금속 조직을 강하게 한다.
④ 수리하기가 쉽다.
⑤ 균일한 제품을 대량으로 생산할 수 있다.

② 가공 경화와 재결정

(1) 가공 경화(working hardening)

재료에 외력을 가하여 변형시키면 굳어지는 성질을 말한다.

(2) 재결정(recrystallization) 정의

가공 경화된 금속의 결정입자를 적당한 온도로 가열하면 변형된 결정입자가 파괴되어 점차 미세한 다각형의 결정입자로 변화하는 것을 재결정이라고 하며 재결정을 시작하는 가장 낮은 온도를 재결정온도라 한다.

③ 소성 가공방법

재결정온도 이하에서의 가공을 냉간 가공, 재결정온도 이상에서의 가공을 열간 가공이라 한다.

(1) 냉간 가공(cold working)

재결정온도 이하에서 가공하는 것으로 열간 가공보다 가공면이 아름답고 정밀한 형상의 가공면을 얻는다. 또한 가공 경화로 강도가 증가되며 연신율은 감소되고 어느 정도 기계적 성질을 개선시킬 수 있다.

■ 냉간 가공의 특징
① 가공 경화로 강도가 증가한다(기계적 성질 개선).
② 가공면이 아름답다.
③ 연신율이 감소한다.
④ 제품의 치수를 정확히 할 수 있다.

(2) 열간 가공(hot working)

재결정온도 이상에서 하는 가공으로 거친 가공에 적당하고, 재질의 균일화가 이루어진다. 재결정온도 이상으로 가열하므로 가공이 쉽고 정밀한 가공은 곤란하다.

장점	단점
• 가공시간이 짧으며 많은 양을 가공할 수 있다. • 재료가 연하고 소성이 크므로 동력이 적게 든다. • 조직 미세화에 효과가 있다.	• 재료 표면이 산화되어 변질되기 쉽다. • 조직과 기계적 성질이 균일하지 못하다. • 온도 분포가 균일하여도 냉각할 때 치수변화가 많다.

(3) 열간 가공과 냉간 가공 비교

열간 가공	냉간 가공
• 가공하기가 쉽다.	• 가공하기가 힘들다.
• 기계적 성질이 좋지 못하다.	• 기계적 성질이 좋다.
• 제품의 치수가 부정확하다.	• 제품의 치수가 정확하다.
• 소비동력이 적다.	• 소비동력이 많이 필요하다.

④ 소성 가공의 종류

(1) 단조(forging)

재료를 기계나 해머로 두들겨 성형하는 가공이다(해머, 로터리 날, 크랭크축).

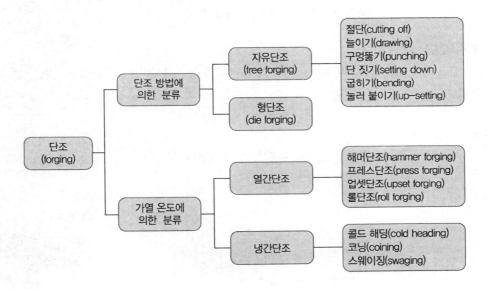

문제

농기계 부품 중 판금물이 아닌 것은? 밋션 케이스

(2) 프레스 가공(press working)

판재를 형틀에 의해서 목적하는 형으로 변형 가공하는 것이다.

(3) 전조(form rolling)

다이나 롤과 같은 성형공구를 회전 또는 직선 운동시키면서 그 사이에 일반적으로 원형의 소재를 밀어 넣어 국부 또는 전체를 성형하는 가공법이다(나사, 기어 등 제작).

(4) 인발가공(drawing)

인발가공이란 테이퍼 구멍을 가진 다이를 통과시켜 재료를 잡아당겨서 재료에 다이의 최소 단면 형상치수를 주는 가공법이다(봉, 관, 선재 등 제작).

$$단면 감소율 = \frac{A_0 - A_1}{A_0} \times 100\%$$

여기서, A_0 : 인발 전의 단면적

A_1 : 인발 후의 단면적

인발력 $P = \dfrac{p\pi(d^2 - d_1^2)}{4}$

P : 인발에 필요한 힘

d, d_1 : 선재를 인발할 때 전후 재료의 지름

p : 단위 단면적을 축소시키는데 필요한 힘

(5) 압출(extruding)

압출은 소성 상태의 재료를 다이에 통과시켜서 압출하여 다이의 구멍과 같은 단면 모양의 긴 것을 제작하는 가공법이다.

(6) 압연가공

두 롤러 사이에 재료를 통과시켜 제품을 생산한다.

$$\mu \geq \tan\theta$$

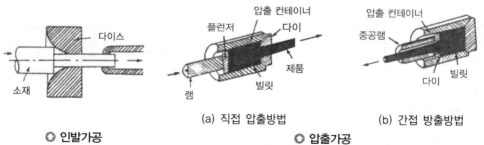

○ 인발가공

(a) 직접 압출방법 (b) 간접 방출방법

○ 압출가공

5 프레스 가공

(1) 전단작업 : 구멍 뚫기, 전단, 트리밍, 세이빙, 브로칭, 노칭

(2) 성형작업 : 굽힘, 비딩, 커링, 시밍, 벌징, 스프닝, 디이프드 로잉

(3) 압축작업 : 압인, 엠보싱, 스웨이징, 버니싱, 충격압축

※ 경운에 로터리 커버는 전단작업에 포함된다.

- 전단 가공에서 전단에 요하는 힘

  $$P = lt\tau\,[\text{kg}]$$

  여기서, P : 힘(kg), l : 전단 길이(mm), t : 판 두께(mm), τ : 전단저항(kg/mm²)

- 전단 가공에서 소요동력

  $$N = \frac{PV_m}{75 \times 60 \times \eta}$$

  여기서, N : 소요동력(PS)　　　　　V_m : 평균 전단속도(m/min)

  　　　　η : 기계효율(0.5~0.7로 한다)　P : 힘(kg)

- **커링작업** : 둥글게, 부드럽게 하여, 강도를 증대시키는 작업
- **인성** : 재료의 저항력으로 질긴 성질
- **전성** : 재료가 넓게 퍼지며 늘어나는 성질
- **취성** : 재료가 부서지고 깨지는 성질
- **연성** : 재료가 가늘고 길게 늘어나는 성질

③ 열처리(heat treatment)

열처리는 목적에 따라 담금질, 풀림, 뜨임, 불림으로 분류할 수 있다.

◪ 담금질(quenching)

고온에서 재료를 급랭시켜 재질을 경화시키는데 목적이 있다. 즉, 강을 A_3 변태점(20~50℃) 이상으로 가열한 후 급랭시켜 강도와 경도를 증가시키는 열처리이다.

- 재질을 경화 : 오오스테나이트 → 마르텐사이트

◪ 풀림(Annealing) = 어닐링

A_3 변태점 이상 20~50℃의 온도로 가열한 후 노중에서 서냉하여 재료를 연화시키는 열처리이다.

- ■ 목적
  ① 열처리로 경화된 재료의 연화
  ② 가공 경화된 재료의 연화
  ③ 가공 중의 내부응력 제거

Tip 풀림 중 재결정 풀림은 냉간 가공을 한 재료를 가열하면 600℃가공 정도, 석출물, 순도 등에 큰 영향을 받는다.

❸ 불림(Normalizing) = 노멀라이징

금속을 A_3 변태점 이상 40~60℃의 온도로 가열한 후 대기 중에서 서서히 냉각시켜 강의 조직을 미세화하고 내부응력을 제거하는 열처리이다(재질 균일).

❹ 뜨임(Tempering) = 템퍼링

담금질한 강에서 인성이 필요할 때 A_1 변태점(723℃) 이하의 적당한 온도로 가열한 후 서냉시켜서 인성을 부여시켜 주는 열처리이다(인성을 증가).

 Tip 담금질 후 조직이 강한 순서 : 시멘타이트＞마르텐사이트＞트루스타이트＞소르바이트＞오오스테나이트＞페라이트

❺ 표면경화법

(1) 화학적 표면경화법

① **침탄법** : 저탄소강의 표면에 탄소를 침투시켜 고탄소강으로 만든 다음 담금질을 하는 것이며 고체 침탄법, 가스 침탄법, 액체 침탄법이 있다.

② **질화법(nitriding)** : NH_3 가스 중에 강을 넣고 장시간 가열하면 N와 철이 작용하여 표면이 질화철이 된다. 이 질화물은 경도가 크고 취성이 있다.

③ **청화법(cyaniding)** : NaCN(질산나트륨), KCN(질산칼륨) 등이 CN과 철이 작용하여 침탄과 질화가 동시에 행해지는 것으로 침탄 질화법이라고도 한다.

(2) 물리적 표면경화법

① **화염 경화법(flame hardening)** : 산소-아세틸렌 불꽃으로 강의 표면만 급가열하여 열이 재료의 중심부까지 전달되기 전에 급랭시켜 표면만을 경화시키는 방법이다.

② **고주파 경화법(Induction hardening process)** : 피가열물 표면에 코일을 감아 고주파 전류를 통하여 표면만 고온으로 가열한 후 급랭시켜 표면만 경화시키는 방법이다.

④ 용접 · 판금

❶ 용접(welding)

접합부를 국부적으로 가열 용융시키거나 반 용융 상태가 되게 하여 접합시키는 작업을 말하며 다음과 같은 장·단점이 있다.

장점	단점
• 재료의 절약 • 기밀, 수밀, 유밀성이 양호하다. • 공정수 감소 및 작업의 간편하다. • 이음 효율 및 제품성능의 향상	• 응력 집중에 민감하다. • 열영향을 받아 모재의 변형이 온다(변형과 수축). • 품질검사가 곤란하다.

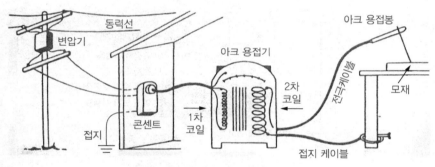

○ 아크 용접기 설치 회로

(1) 용접의 종류

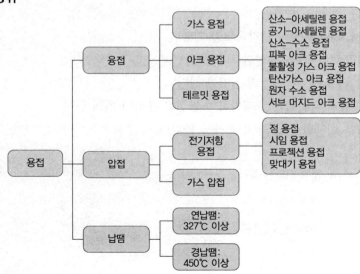

Tip
> 납땜 : 모재를 용융시키지 않고 별도로 용융금속을 접합부에 넣어 용융 접합시키는 방법
>
> 아크 용접의 전원으로 교류와 직류가 있는데 직류의 경우는 (+)극에서 전열량의 60~75%가 발생되므로 전극의 연결 방법에 따라서 정극성과 역극성으로 분류한다. 정극성은 모재에 +극을 전극봉에 (−)극을 연결하는 방법으로 두꺼운 판재의 용접에 쓰이며, 역극성은 그 반대이다.

(2) 아크 용접(arc welding)

모재와 전극 사이에 아크를 발생시켜 아크의 강한 열을 사용하여 모재의 일부분을 녹임과 동시에 전극도 녹아 용접하는 방법이다.

① 아크 용접봉의 피복제 역할

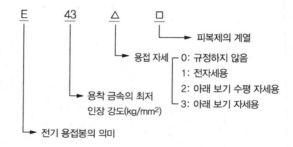

ㄱ 대기 중의 산소. 질소의 침입을 방지하고 용융금속을 보호한다.

ㄴ 전기 절연작용을 한다.

ㄷ 아크를 안정하게 한다.

ㄹ 용융금속의 응고와 냉각속도를 지연한다.

ㅁ 용접금속의 탈산 및 정련 작용을 한다.

ㅂ 용접금속에 합금 원소의 첨가를 한다.

ㅅ 모재 표면의 산화물을 제거하여 완전한 용접이 되게 한다.

ㅇ 용적을 미세화하고, 용착 효율을 높인다.

 Tip
> 용접봉 지름 구하기
> $$D = \frac{T}{2} + 1$$
> 여기서, T : 판의 두께

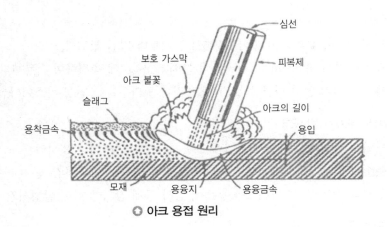

○ 아크 용접 원리

② 아크 용접부의 주된 결함

  ㉠ 오버 랩(over lap) : 용융금속이 모재와 융합되어 모재 위에 겹쳐지는 상태(대전류, 저속 용접의 경우)

  ㉡ 언더 컷(under cut) : 용접선 끝에 생기는 작은 홈(대전류, 용접속도가 빠를 때, 용접봉이 가늘 때)

  ㉢ 슬래그(용입 불량) : 녹은 피복제가 용착금속 표면에 떠 있거나 용착금속 속에 남아 있는 것(소전류, 용접속도가 느릴 때, 피복제의 조성불량)

  ㉣ 기공(blow hole) : 용착금속 속에 공기(가스)가 남아 구멍이 생기는 것

(3) 가스 용접(gas welding)

가연성 가스(아세틸렌가스, 프로판가스, 수소가스)와 산소를 혼합 연소시켜 고온의 불꽃을 용접부에 접촉시켜 용접부를 녹여서 접합하는 방법이다.

장점	단점
• 이동 작업에 적합하다. • 발생 온도조절에 양호하다. • 얇은 재료에 적합하다. • 가스 절단 용이하다.	• 숙련이 필요하다. • 변형이 많이 온다(열영향 범위가 넓다). • 열 집중력이 부족하다. • 두꺼운 재료에는 곤란하다.

① 아세틸렌

  ㉠ 탄소와 수소의 화합물(C_2H_2)로서 불안정한 가스이다.

  ㉡ 비중은 0.91로 공기보다 가볍다.

  ㉢ 다른 액체에 잘 용해된다(1기압, 15℃에서).

  ㉣ 순수한 것은 무취이나 일반적으로 사용되는 것은 악취가 난다.

② 산소

　㉠ 무색, 무미, 무취로 비중이 1.105로 공기보다 약간 무겁다.

　㉡ 35℃에서 150kg/cm^{2}로 압축하여 봄베(bombe)에 충전하여 사용한다.

　㉢ 자신은 타지 않고 다른 물질이 타는 것을 도와주는 조연성 가스이다.

③ 아세틸렌가스 발생기

　㉠ 투입식 발생기 : 물 속에 카바이트를 적당량 투입하여 발생시킴

　㉡ 주수식 발생기 : 카바이트에 물을 적당량 주입하여 발생시킴

　㉢ 침지식 발생기 : 카바이트를 통속에 담아 물에 잠기게 하여 발생시킴

④ 불꽃의 종류

　㉠ 탄화 불꽃(아세틸렌 과잉) : 산소의 양이 아세틸렌보다 적을 때의 불꽃으로 불완전 연소로 인하여 불꽃온도가 낮다. 스텐레스강, 니켈강 등의 용접에 이용된다.

　㉡ 중성 불꽃(표준 불꽃) : 산소와 아세틸렌의 양이 1 : 1인 경우이고 일반적으로 많이 쓰이며 실제 용접 시는 1.1~1.2 : 1로 열효율이 높다.

　㉢ 산화 불꽃(산소 과잉) : 산소의 양이 아세틸렌보다 많을 때의 불꽃으로 황동 용접에 이용된다.

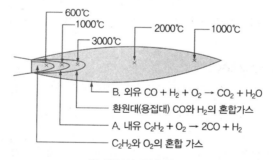

◎ 화염의 각부 온도

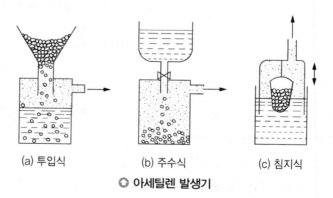

(a) 투입식　　　(b) 주수식　　　(c) 침지식

◎ 아세틸렌 발생기

(4) 가스 절단

① 가스 절단 조건

㉠ 금속의 산화연소 온도가 그 금속의 용융 온도보다 낮을 것

㉡ 연소되어 생긴 산화물의 온도가 그 금속의 용융온도보다 낮고 유동성이 있을 것

㉢ 재료의 성분 중 연소를 방해하는 원소가 적어야 한다.

이상의 조건에 맞는 금속은 연강, 순철, 주강 등이 있다.

② 절단이 곤란한 금속

㉠ 약간 곤란한 금속 : 경강, 합금강, 고속도강

㉡ 어느 정도 곤란한 금속 : 주철

㉢ 절단이 되지 않는 금속 : 구리, 황동, 알루미늄, 납, 주석, 아연 등

※ 주철을 용접할 때 쓰이는 용재 : 탄산소다

(5) 특수 용접법(Special welding)

① 불활성 가스 아크 용접법(inert gas arc welding) : 아르곤, 헬륨 등과 같은 불활성 가스 분위기 속에서 공기의 접촉을 막으면서 모재와 전극 사이에 아크(Arc)를 일으켜 용접하는 방법으로 TIG 용접법과 MIG 용접법이 있다.

• 용접법의 특징

㉠ 용제를 사용하지 않는다.

㉡ 산화, 질화를 방지한다.

㉢ 아크(Arc)의 안정과 균일한 용접이 가능하다.

② 이산화탄소(CO_2) 아크 용접법 : 미그(MIG) 용접에서 불활성 가스 대신 이산화탄소(CO_2) 가스를 사용한 소모식 용접법으로 주로 연강 용접에 많이 이용된다.

• 특징

㉠ 양호한 용착금속을 얻을 수 있다(산화, 질화방지).

㉡ 용착금속 중 수소함유량이 적어 수소로 인한 결함이 거의 없다.

㉢ 용입이 양호하다.

③ 서브 머지드 아크 용접법(submetged arc welding) : 자동 공급되는 용접봉 앞에 입상의 용재가 산포되고 그 속에서 아크를 일으켜 자동으로 용접하는 방법으로 잠호 용접이라 한다. 용도는 선박, 제관, 강관, 압력 탱크 등에 쓰이며 특징은 다음과 같다.

㉠ 용접속도가 빠르다.

㉡ 대전류 사용으로 용입이 깊다.

ⓒ 열손실이 가장 적다.

ⓔ 용착금속의 품질이 양호하다.

ⓜ 아크가 보이지 않는다.

ⓗ 변형이나 잔류응력이 적다.

 Tip 용접 순서 : ① 모재 청소 → ② 치수 확인 → ③ 용접 작업 → ④ 검사 → ⑤ 보관

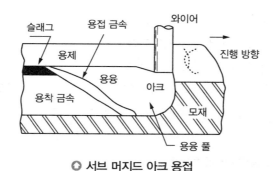

○ **서브 머지드 아크 용접**

④ 테르밋 용접 : 테르밋 혼합 재료[산화철(Fe_3O_4)분말과 알루미늄(Al) 분말을 3 : 1로 혼합]와 그 위에 점화 재료(마그네슘, 과산화바륨 분말)를 놓고 점화하면 테르밋 반응(금속 산화물이 Al에 의해 산소를 빼앗기는 반응)으로 약 2800℃의 열이 발생, 용융 상태의 순철로 되면 이것을 주형 틀에 부어 접합시키는 방법이다)

⑤ 일렉트릭 슬래그 용접(electric resistance welding) : 용융 용접의 일종으로서 아크열이 아닌 와이어와 용융 슬랙 사이에 통전된 전류의 저항열을 이용하여 용접하는 방법이다.

⑥ 플라즈마 아크 용접 : 봉상의 전극과 원통상의 전극 사이에 아크를 발생시키고, 그 주위에 고속기류의 가스를 통과시킴으로써 고속·고온의 분류를 발생시켜 5000~20000℃를 얻는다. 이것은 플라즈마 용접 및 플라즈마 절단에 사용된다.

⑦ 플러그 용접 : 두 판재에 구멍을 모두 채워 두 판을 접합시킨다.

(6) 전기저항 용접법

용접할 금속의 접촉부에 전류를 통하면 접촉면의 전기저항열에 의하여 발열이 되어 접합부가 용융 상태가 될 때 압력을 가하여 접합시키는 방법이다.

 Tip 접합부의 발열량의 식

$Q = 0.24I^2Rt$

Q : 열량(cal), I : 전류(A), R : 전기저항(Ω), t : 시간(sec)

Tip 전기저항 용접법의 종류

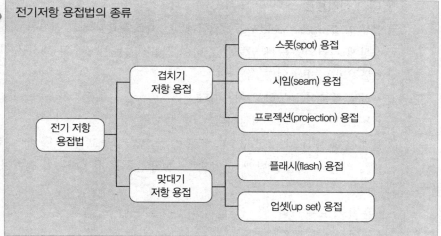

① 겹치기 저항 용접

   ㉠ **점용접**(spot welding process): 리벳 접합은 판재에 구멍을 뚫고 리벳으로 접합시키나, 스폿 용접은 구멍을 뚫지 않고 접합할 수 있는 장점이 있다. 전극 사이에 용접물을 넣고 가압하면서 전류를 통하여 그 접촉 부분의 저항열로 가압 부분을 융합시킨다.

 Tip
- **용접의 3대 요소** : 전류의 세기, 가압력, 통전 시간
- **용접 자세 기호** : F(하향), OH(윗보기), V(수식), H(수평)

   ㉡ **시임 용접**(seam welding process) : 시임 용접은 스폿 용접을 연속적으로 하는 것으로 생각할 수 있다. 스폿 용접의 전극봉 대신 롤러(roller)를 사용하여 용접전류를 공급하면서 롤러(Roller)의 전극을 회전시켜 용접하는 방법이며, 특징은 다음과 같다.
- 박판과 후판의 용접에 사용
- 얇은 용접관을 전기용접에서 연속적으로 제작할 때 사용한다.

   ㉢ **프로젝션 용접법**(projection welding process) : 용접하려고 하는 금속판의 한쪽 또는 양쪽에 돌기 부분을 만들어 놓고 압력을 가하면서 전류를 통하면 전류 및 압력이 집중하게 되므로, 집중열이 발생하여 용접되게 하는 것으로 특징은 다음과 같다.
- 열 응력의 차이가 많은 서로 다른 금속의 접합에서도 좋은 열 평형이 얻어진다.
- 전극의 수명이 길고 작업속도가 빠르다.
- 작은 용접점이 높은 신뢰도 아래에서 쉽게 얻어진다.
- 외관이 아름답다.
- 점 사이의 거리가 작은 스폿 용접이 가능하다.
- 동시에 여러 개의 용접이 가능하고 작업속도가 빠르다.

② 맞대기 전기용접

　㉠ 업셋 용접(upset welding) : 접합 할 두 재료를 맞대놓고 전류를 통하여 접합면이 일정하게 가열되었을 때 압력을 가하여 접합시키는 방법으로 특징은 다음과 같다.

　　• 불꽃의 비산이 없다.

　　• 업셋 부분이 균등하고 매끈하다.

　　• 용접기가 간단하고 저렴하다.

　㉡ 플래시 용접(flash welding) : 전류를 통전시켜 놓고 접할 할 두 재료를 접근시키면 불꽃 비산 → 접합부 발열 → 업셋 → 접합 순서로 용접하는 방법이며, 특징은 다음과 같다.

　　• 용접 강도가 크다.

　　• 전력소모가 적다.

　　• 접합면이 정밀하지 않아도 된다.

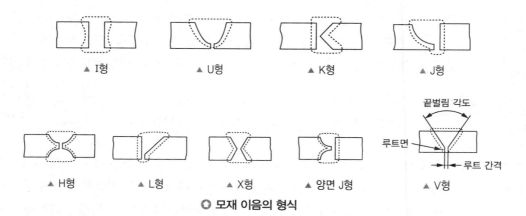

　　▲ I형　　▲ U형　　▲ K형　　▲ J형

　　▲ H형　　▲ L형　　▲ X형　　▲ 양면 J형　　▲ V형

　　끝벌림 각도　　루트면　　루트 간격

◎ 모재 이음의 형식

◎ 용접 치수와 기호 기재법

방법	종류	기호	비고
아크 및 가스 용접	홈 용접	• I형 • V형, X형 • U형, H형 • L형, K형 • J형(양면) • J형 • 플레어 V형 • 플레어 X형	‖ V Y V Ⴑ Ⴈ	• X형은 설명선의 기선에 대칭하게 그 기호를 기재한다. • H형은 기선에 대칭하게 그 기호를 기재한다. • K형은 기선에 대칭되게 이 기호를 넣고, 세로 선은 왼편에 기입한다. • 양면 J형은 기선에 대칭하게 넣는다. • 기호의 세로 선은 왼편으로 한다. • 플레어 X형은 기선에 대칭하게 기호를 넣는다.
		• 플레어 L형 • 플레어 K형	Ⴑ	• 플레어 K형은 기선에 대칭하게 기호를 넣는다.

방법	종류		기호	비고
필터 용접	연속	지그재그	🔺	• 기호의 세로 선은 왼편에 기입한다. • 병렬 용접은 기선에 대칭으로 기입한다. • 뜀 용접은 다음 기호에 의한다.
	• 플러그용접		▽	
	• 밴드 및 덧붙임 용접		▽	• 덧붙임 용접은 기호를 2개 연속해서 기재한다.
저항 용접	• 점용접 • 프로젝션 용접 • 심 용접 • 플래시, 업셋 용접		✳ ⤬ XXXX ⊥	• 기선 중심에 걸쳐서 대칭하게 기재한다. • 기선 중심에 걸쳐서 대칭하게 기재한다. • 기선 중심에 걸쳐서 대칭하게 기재한다.

구분		기호	비고
용접부의 표면 형상	• 평평한 것 • 볼록한 것 • 오목한 것	— ⌒ ⌄	• 기선의 바깥쪽으로 볼록 • 기선의 바깥쪽으로 오목
용접부의 다듬질 방법	• 챔핑 • 연마 다듬질 • 기계 다듬질	C G M	• 다듬질 방법을 구별하지 않을 때에는 F
• 현장 용접 • 전 둘레 용접 • 전 둘레 현장 용접		● ○ ◉	• 전 둘레 용접이 분명할 때는 생략

⬡ 용접부의 결함과 그 대책

결함의 종류	결함의 보기	원인	방지 대책
용입 불량		• 이음설계의 결함 • 용접속도가 너무 빠를 때 • 용접 전류가 낮을 때 • 굵은 용접봉을 선택한 경우	• 루트 간격 및 치수를 조절한다. • 용접속도를 늦춘다. • 슬래그의 성질을 해하지 않는 한도 내로 전류를 높인다. • 홈의 각도를 크게 하거나 용접봉 지름이 작은 것을 사용한다.
언더컷		• 전류가 높을 때 • 용접봉 선택 불량 • 용접속도가 너무 빠를 때 • 용접봉의 유지각도가 부적절 할 때 • 아크 길이가 너무 길 때	• 낮은 전류를 사용한다. • 아크 길이를 짧게 유지한다. • 용접봉의 유지각도를 바꾼다. • 용접속도를 늦춘다. • 적정한 용접봉을 선택한다.

결함의 종류	결함의 보기	원인	방지 대책
오버랩		• 아크 길이가 길어 용착금속의 집중을 저해할 때 • 모재의 용융점보다 용접봉의 용융점이 너무 낮을 때 • 용접 전류가 낮을 때 • 운봉 및 용접봉 유지각도의 불량 • 용접속도가 너무 느릴 때	• 아크 길이를 알맞게 조절한다. • 용접속도를 적당하게 높인다. • 용접봉의 유지각도를 알맞게 선택한다. • 적정 전류를 선택한다. • 적정한 용접봉을 선택한다.
스패터		• 전류가 너무 높을 경우 • 용접봉의 흡습 시 발생 • 아크 길이가 너무 길 때 • 아크 블로가 과다한 경우에 발생	• 모재 두께와 봉 지름에 맞는 낮은 전류까지 내린다. • 용접봉을 건조시켜 사용하고 폭이 넓은 위빙을 한다. • 적절한 아크 길이로 용접한다. • 교류용접기를 사용하며, 어스의 위치를 변경한다.
기공		• 용접부의 녹, 기름, 습기 등이 열에 의해 분해되어 용착금속 내로 침투 시 발생 • 용접부의 급속한 응고 시 • 모재중의 유황 함유량이 많을 때 발생 • 아크 길이, 전류 또는 조작이 부적당할 경우 • 과대 전류사용 및 용접속도가 빠를 때	• 용접봉을 바꾼다. • 위빙을 하여 열량을 늘리거나 예열한다. • 충분히 건조한 저수소계 용접봉을 사용한다. • 정해진 범위 내의 전류로 좀 긴 아크의 사용이 가능하도록 용접봉을 조절한다. • 용접속도를 늦춘다.

Tip 용접 부위 검사방법
강자성 처리 제품을 자화하여 자성 물질을 석유통에 혼합하여 살포 후 결함을 찾는 방법 ➡ 자분 탐상 검사

② 판금

판금이란 얇은 판재(두께 1.6mm 이하)를 굽히거나 잘라서 용기, 가정용 기구, 연통 상자, 파이프 등을 제작하는 작업을 말한다.

(1) 판금 가공의 특징

① 제품이 경량이고 제품의 원가가 저렴하다.
② 복잡한 형상을 쉽게 가공할 수 있다.
③ 표면이 아름답고, 표면처리가 용이하다.
④ 수리가 용이하고, 대량 생산에 적합하다.

(2) 판금 가공의 종류

① 굽힘

② 절단

③ 판 뜨기 : 도면에 표시된 형상이나 치수대로 판재를 그려 자르는 작업

④ 타출

⑤ 프레스 작업

⑥ 리벳 작업 : 경계부의 유체 누설방지를 위해 코킹 작업을 겸함

⑦ 용접 작업

⑧ 파이프 작업

(3) 판금 재료

① 박강판 : 두께가 3mm 미만의 얇은 강판

② 알루미늄판 : 풀림 온도는 350℃

③ 황동판 : 동과 아연의 합금이며 7·3황동판은 소성이 크므로 오므리기, 4·6황동판은 강도가 크므로 평판그대로나 간단한 굽힘 정도에 사용한다.

④ 스테인레스 강판 : 연강판에 비해 단단하므로 가공하기 어려우나 18-8계는 전연성이 풍부하다.

⑤ 도금 강판

　㉠ 아연 도금 강판(함석판) : 양철판에 비하여 값이 싸고 녹이 잘 나지 않는다.

　㉡ 주석 도금 강판(함석판) : 인체에 무해함으로 식료품 용기로 쓰인다.

⑥ 구리판 : 400~450℃에서 풀림한다.

⑦ 알루미늄 합금판

❸ 판금 기계

(1) 전단기

① 직선 전단기(straight shear)

② 갱 슬리터(gang slitter) : 폭이 넓은 판에서 폭이 좁은 판 동시에 절단할 수 있다.

③ 로터리 전단기(rotary shear) : 원형, 곡선 절단하는데 편리하다.

(2) 굽힘 기계

① 폴딩 머신 : 곡절기라고 하며 윗날과 아랫날 사이에 판재를 끼우고 회전날을 회전시켜 판재를 꺾는데 사용한다.

② 비딩 머신 : 2개의 롤러와 관을 통과시켜 홈을 만드는데 사용한다.

③ **프레스 브레이크** : 긴 물체를 굽히는 데 많이 사용한다.

④ **세팅다운 머신** : 원통이나 캔 등의 밑부분을 시임하는 데 사용한다.

⑤ **굽힘 롤러** : 3개의 롤러로 판재를 원통, 원뿔로 마는데 사용한다.

⑥ **그루빙 머신** : 판재를 원통으로 말아서 시임을 하는데 사용한다.

⑦ **탄젠트 벤더** : 플랜지가 있는 제품이나 파형의 판금을 굽히는데 사용한다.

❹ 판금작업

(1) 전단작업의 종류

① **블랭킹** : 판재에서 펀치로 소요의 형상을 뽑는 작업

② **펀칭** : 판재에서 구멍을 만드는 작업으로 뽑힌 부분이 스크랩이 되고 남는 부분이 제품으로 되는 작업

③ **전단** : 판재를 잘라서 형상을 만드는 작업

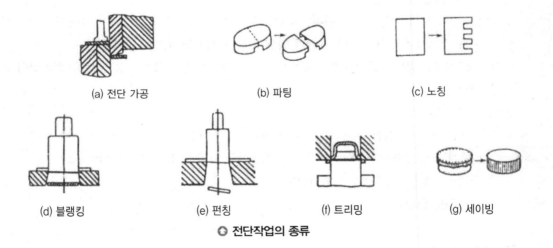

(a) 전단 가공   (b) 파팅   (c) 노칭

(d) 블랭킹   (e) 펀칭   (f) 트리밍   (g) 세이빙

◯ 전단작업의 종류

④ **컬링** : 둘레에 테를 만드는 것

⑤ **트리밍** : 판재를 드로잉 가공으로 만든 다음 둥글게 만드는 작업

⑥ **세이빙** : 뽑기나 구멍 뚫기를 한 제품의 가장자리에 붙어 있는 파단면 등이 편평하지 못하므로 제품의 끝을 약간 깎아 다듬질하는 작업

(2) 스프링 백(spring back)

굽힘 가공을 할 때 굽힘 힘을 제거하면 강판의 탄성 때문에 탄성 변형 부분이 원상태로 돌아가 굽힘 각도나 굽힘 반지름이 열려 커지는 현상을 말한다.

스프링 백이 커지는 요인	스프링 백의 방지책
• 두께가 얇을수록 커진다. • 경도가 높을수록 커진다. • 구부림 각도가 작을수록 크다. • 구부림 반지름이 클수록 크다.	• 펀치의 각도를 소요 각도보다 작게 한다. • 두께가 큰 재료를 사용한다. • 경도가 낮은 재질을 사용한다. • 굽힘 반지름을 작게 한다.

① 굽힘 가공에서 굽힘에 요하는 힘에서 V다이인 경우

$$P_1 = 1.33 \times \frac{bt^2}{L}\sigma_b$$

여기서, P_1 : 펀치에 가하는 굽힘력(kg) b : 판의 폭(mm)

t : 판 두께(mm) L : 다이의 홈 폭(mm) ($L=8t$)

σ_b : 판의 인장강도(kg/mm^2)

② 굽힘 가공에서 굽힘에 요하는 힘에서 U형 굽힘의 경우

$$P_2 = 0.67 \times \frac{bt^2}{L}\sigma_b$$

여기서, P_2 : 펀치에 가하는 굽힘력(kg) b : 판의 폭(mm)

t : 판 두께(mm) L : 다이의 홈 폭(mm) ($L=8t$)

σ_b : 판의 인장강도(kg/mm^2)

문제 벤딩 길이 구하기

그림과 같은 판재의 굽힘 가공에서 소재의 전개 길이는 얼마인가? ④

① 1.9327mm

② 19.321mm

③ 193.27mm

④ 22mm

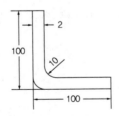

해설

전체 전개길이 C는

$$C = l_1 + l_2 + \frac{(R+t)^x}{4}$$

$$C = 88 + 88 + \frac{(2 \times 10 + 2)3.14}{4} = 22$$

(3) 특수 드로잉 가공

① 마아폼법(marforming) : 다이로 금속을 사용하지 않고 고무를 사용하여 가공하는 것이다.

② 벌징 가공(bulging) : 용기의 입구보다 중앙 부분이 굵은 용기를 만드는 가공이다.

③ 하이드로폼법(hydroforming) : 마아폼법의 고무 대신에 고무 막으로 격리시킨 내부에 액체를 넣어 다이로 사용하는 가공법이다.

(4) 압축가공

① 엠보싱(embossing) : 기계 부품 등에 장식과 보강을 위해 냉간 가공으로 파형의 홈을 만드는 가공법이다(화장지).

② 코닝(coining) : 주화, 메달, 장식품 등의 표면에 여러 가지 모양, 문자 등을 찍어내는 가공법이다.

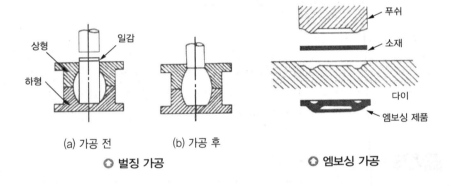

(a) 가공 전   (b) 가공 후

○ 벌징 가공   ○ 엠보싱 가공

(5) 버니싱 작업

1차 가공된 가공물을 안지름보다 큰 강구(볼)를 압입·통과시켜, 가공물의 표면을 소성 변형시키는 작업이다.

제5장

기계조립 및 정비작업

1 조립작업용 공구

기계조립은 기계 제작의 최종 공정이며 조립도에 의해서 정확하게 완성되어야 한다. 조립작업에는 준비작업, 부분 조립작업, 완성 조립작업이 있다. 또는 기술과 숙련하는 중심내기, 끼워 맞추기, 활동면의 다듬질작업 기타 등이 있다.

1 조립용 공구의 종류 및 용도

종류	용도
양구 스패너 편구 스패너	나사를 조이거나 풀 때 사용한다. 크기는 풀림 부분의 치수
복스 렌치	스패너와 같은 목적으로 사용되고, 좁은 곳에 편리하게 사용 또는 조이거나 꼭 조여진 것을 처음 푸는데 사용하면 좋다.
소켓 렌치	각종 핸들, 유니버설 조인트 등과 조합되어 있어서 보통 스패너로 작업이 곤란한 곳에 사용된다.
몽키 스패너	조우로 조정되며, 용도는 스패너와 같다. 크기는 전체 길이로 한다.
파이프 렌치	관이나 환봉 등을 돌릴 때 사용한다(배관 작업).
드라이버	작은 나사 또는 너트의 조임이나 풀 때 사용되며 크기는 인선의 폭과 길이이다.
±자 드라이버	+, − 자 구멍이 있는 작은 나사를 죄이고 푸는데 사용한다.

 문제

헤드볼트나 너트를 조임에 사용하는 공구 : 토크렌치
경운기 힛치 볼트 죔 공구 : 소켓렌치

◎ 렌치 작업

2 분해·조립작업

1 분해·조립의 기본 작업

분해 작업은 장소, 작업 순서, 공구, 부품, 오일, 그리스, 작업자 등을 고려하여 시간을 효율적으로 사용하여야 하며, 그리고 기계의 부품을 조립할 때에는 나사를 체결하는 작업이 대단히 많으므로 체결 작업 시 주의사항은 잘 지켜야 한다.

(1) 일반적인 주의

① 진동이나 충격에 의한 너트의 풀림 방지에 대해서 알고 조립할 것
② 입 폭에 맞는 스패너를 사용할 것
③ 스패너가 몽키 스패너를 망치 대용으로 사용하지 말 것
④ 조립 순서가 정해졌을 때는 그 순서에 의해서 조립할 것
⑤ 볼트 헤드의 시트가 평형하지 않을 때는 평와셔를 사용할 것
⑥ 체결력을 일정하게 할 필요가 있을 때에는 토크 렌치를 사용할 것
⑦ 부러진 나사를 제거할 때는 엑스트렉터를 사용할 것

(2) 너트의 풀림 방지법

① 로크너트에 의한 법
② 철사를 이용하는 법
③ 분할 핀에 의한 법
④ 피스 나사를 이용하는 법
⑤ 스프링 와셔를 이용하는 법
⑥ 특수 와셔에 의한 법

○ 스패너 작업

(3) 조립 시의 주의점

① 바른 순서로 조립한다.
② 방향, 맞춤 표식을 확인한다.

③ 체결 토크, 유격, 간주, 무게 등을 균형 있게 한다.

④ 밀봉을 한다.

⑤ 기타 특수 공구를 사용한다.

3 조정 및 정비작업

▣ 조정

조정의 목적은 여러 가지 장치를 정해진 작업 기준에 따라서 조합 성능의 상태를 맞추거나 기준에 대하여 과부족이 없는 상태로 만드는 것을 말한다.

■ 조정 방법의 종류

① 길이 조정 : 케이블류, 푸시로드 등(자)

② 유격 조정 : 클러치, 브레이크, 조향 유격 등(자)

③ 간극 조정 : 밸브 간극, 점화 플러그 간극, 엔드갭 등(틈새 게이지)

④ 백래시 조정 : 엔드플레이, 심, 와셔 조정 등(다이얼 게이지)

⑤ 프리로드 조정 : 차동장치, 차축 휠 베어링 등(용수철 저울)

⑥ 체결 토크 조정 : 볼트에 작용하는 하중에 따른 특수 볼트류 등(토크렌치)

⑦ 밸런스 조정 : 앞바퀴 정렬, 플라이휠 등(밸런스기)

▣ 정비작업

정비작업은 농기계 운전자들로부터 접수한 기계의 문제점을 확실히 파악·점검하여 고장이나 문제의 원인을 확실하게 밝힌 후 정비작업을 실시하는 것이 원칙이다.

• 점검의 순서 : 고장진단 → 감각의 활용 → 계측 장비의 활용 → 실제 작업 운전 테스트

■ 고장진단 방법

① 기계 일부분만 연결되는 부분(전기, 전자 장치)

② 여러 장치가 하나로 연결되는 부분(조향장치, 제동장치 등)

③ 여러 장치가 동시에 모여 작동하는 부분(엔진 등)

• 경운기의 타이어 공기압 : 0.8~1.5kgf/cm² (저압)
• 노즐테스터기 사용연료 : 경유
• 디젤 기관 압축검사 기계 : 디젤 압축 압력계
• 회전속도 측정기 : 타코미터
• 미소길이를 확대표시하며 래크와 피니언의 원리인 계측기 : 다이얼 게이지
• 부러진 볼트나 나사를 제거하는 공구 : 엑스트랙터
• 트랙터 클러치 유격 : 25~35mm
• 실린더 헤드 변형 측정 : 직선자, 필러 게이지
• 실린더 게이지 : 내경을 측정한다.
• 연접봉 : 피로하중을 받는다.
• 스패너에서 토크 구하기 : 40×0.25mm = 10kgf/m
• 분해 시 처음에는 스피드 핸들로 분해해서는 안 된다.
• 분해는 큰부분에서 세부분해 순으로 한다.
• 제도 도면의 크기 : $1 : \sqrt{2}$
• 녹스 볼트, 너트 분해 시 조치법 : 오일침투, 충격, 산소가열, 조인 후 푼다.

※ 기타 〈기계조립 정비〉 시험에 잘 나오는 내용

출제예상문제

001 다음 수기가공에 사용하는 공구 중 그 용도의 설명이 틀린 것은?

① 스크레이퍼 : 줄질 작업 후 더욱 정밀한 평면 또는 곡면으로 다듬질할 때 사용한다.

② 서피스 게이지 : 공작물에 평행선을 긋거나 선반 작업 시 기준용으로 사용한다.

③ 나사식 잭크 : 가공물을 고정할 때 높이를 조정할 때에 사용한다.

④ 클램프 : 드릴로 뚫은 구멍은 정밀도가 높지 못하므로 구멍을 더 정밀하게 가공하는 공구

002 다음 중 맞는 것은?

① 오차값 =측정값−참값

② 오차값 =최대 측정값−최소 측정값

③ 오차값 =최대 측정값−참값

④ 오차값 =최소 측정값−참값

003 기계 가공 중 발생하는 오차에는 반복적인 오차와 비반복적인 오차가 있다. 반복 오차는 다음 중 어느 것인가?

① 진동에 의한 오차

② 안내 면의 기하학적 오차

③ 열변형 오차

④ 절삭력에 따른 변형 오차

004 호환성 부품제작에 직접 관련이 있는 것은?

① 정화성

② 표면 거칠기

③ 내구성

④ 한계치수

해설 한계치수 : 미리 정한 치수에 대한 사용목적에 따라 대·소 한계를 두는 치수를 말한다.

005 알고 있는 치수의 표준편차를 구하여 치수를 알아내는 방법을 무엇이라 하는가?

① 절대 측정 ② 비교 측정

③ 간접 측정 ④ 기본 측정

해설 비교 측정 : 표준값과의 차를 구하여 피측정물의 치수를 구하는 방법

006 다음 측정기 중 비교 측정기가 아닌 것은?

① 지침 측미기

② 틈새 게이지

③ 전기 마이크로미터

④ 공기 마이크로미터

해설 비교 측정기란 실물의 치수와 표준치수의 차를 측정해서 실물의 치수를 알아내는 것으로 다이얼 게이지, 미니미터, 옵티미터, 공기마이크로미터, 전기마이크로미터 등이 비교 측정에 사용된다.

007 측정기의 분류 중 틀린 것은?

① 길이 측정기 ② 각도 측정기

③ 평면 측정기 ④ 직접 측정기

답 001 ④ 002 ③ 003 ① 004 ④ 005 ② 006 ② 007 ④

008 다음 중 외경, 내경, 깊이를 동시에 측정할 수 있는 것은?

① 버니어 캘리퍼스
② 다이얼 게이지
③ 마이크로미터
④ 시크니스 게이지

009 다음 중 광파 간섭 현상을 이용하여 평면도를 측정하는 기구는 어느 것인가?

① 옵티컬 플랫
② 공급 현미경
③ 오토콜리메이터
④ NF식 표면 거칠기 측정기

010 버니어 캘리퍼스는 부척의 한 눈이 본 척의 $n-1$개의 눈금을 n 등분한 것이다. 본 척의 한 눈금을 S라고 하면 읽을 수 있는 최소 치수는?

① nS
② S/n
③ $nS/(n-1)$
④ $(n-1)/nS$

011 다음 계기 중 아베의 원리를 적용한 것은?

① 하이트 게이지
② 내경 마이크로미터
③ 와이어 게이지
④ 버니어 캘리퍼스

해설 아베의 원리 : 표준척과 피측정물은 동일축선 상에 위치하여야 한다.

012 다음 중 나사의 원리를 이용한 측정기는?

① 다이얼 게이지
② 하이트 게이지
③ 사인바
④ 마이크로미터

013 박스 지그는 주로 어떤 작업에 사용되는가?

① 연삭기로 테이퍼 작업을 다량으로 할 때
② 선반작업에서 크랭크를 절삭할 때
③ 보링 작업 시
④ 드릴 작업에서 다량 생산할 때

014 다음 지그에 관한 설명 중 옳은 것은?

① 지그에서 절삭공구의 안내가 되는 곳은 공구보다 연한 재료를 사용한다.
② 보링 지그의 부시의 길이는 구멍지름보다 짧게 할 필요가 있다.
③ 지그용 고정 부시는 수축 여유를 붙여서 안지름을 다듬는다.
④ 지그를 사용하여 구멍을 뚫을 때 드릴은 센터가 정확하지 않아도 좋다.

015 하이트 게이지(height gauge)의 사용 목적이 아닌 것은?

① 실제 높이를 측정할 수 있다.
② 금긋기를 할 수 있다.
③ 다이얼 게이지를 붙여 비교 측정할 수 있다.
④ 깊이를 측정한다.

해설 하이트 게이지 : 정반 위에서 금을 긋거나 측정하는 데 사용하며, 0.02mm까지 읽을 수 있다.

016 기준 치수로 되어 있는 표준편과 제품을 측정기로 비교하여 지침이 지시하는 눈금의 차를 읽어 측정하는 방법은?

① 절대 측정
② 표준 측정
③ 한계 측정
④ 비교 측정

017 다음 측정방법 중 측정량을 가감할 수 있는 기지량과 균형시켜 그때의 균형량의 크기로부터 측정량을 구하는 방법은?

① 편위법
② 영위법
③ 보상법
④ 치환법

018 표준 드릴에서 날 여유각은 얼마로 하는가? (단, 가공할 재료는 일반 재료이다)

① 12~15°
② 17~20°
③ 20~32°
④ 30~40°

019 드릴의 날끝각은 표준 드릴에서 몇 도인가?

① 118°
② 120°
③ 130°
④ 150°

020 다음 중 드릴로 뚫은 구멍의 안쪽을 매끄럽고 정밀도가 높은 구멍으로 다듬질하는 작업을 무엇이라 하는가?

① 보링
② 리밍
③ 다이스
④ 치핑

021 다음 중 버니어 캘리퍼스로 읽을 수 있는 최솟값은 얼마인가?

① 0.01mm
② 0.02mm
③ 0.05mm
④ 0.1mm

022 다음 중 마이크로미터로 읽을 수 있는 최솟값은 얼마인가?

① 0.1mm
② 0.02mm
③ 0.01mm
④ 0.5mm

023 다음 중 표준형 다이얼 게이지의 큰바늘이 1회전했다면 얼마를 움직인 것인가?

① 0.1mm
② 0.2mm
③ 0.5mm
④ 1mm

024 바이트의 재료가 갖추고 있어야 할 성질 중 다른 하나는?

① 경도가 높아야 한다.
② 강도만 크면 관계없다.
③ 내마멸성이 커야 한다.
④ 온도 변화에 따라 경도의 변화가 적어야 한다.

025 바이트에서 직접 절삭력에 영향을 주고 일감의 표면도 깨끗하게 다듬어지도록 만들어 주는 각을 무엇이라 하는가?

① 윗면 경사각
② 앞면 공구각
③ 옆면 여유각
④ 앞면 여유각

026 바이트에서 일감과의 마찰을 방지하기 위하여 만든 각은?

① 경사각
② 공구각
③ 여유각
④ 절삭각

027 다음은 선반의 일상점검 내용이다. 다른 하나는?

① 놓임새의 안정성

② 윤활유의 순환 상태

③ 정밀도 점검

④ 전동기 접지선의 이상 유무

028 보통 선반의 크기를 나타내는 방법으로 적당한 것은?

① 스윙과 베드의 최소 길이

② 주축 길이와 양 센터 사이의 거리

③ 베드의 스윙과 양 센터 사이의 거리

④ 심압대의 크기

☞ 해설 선반의 크기 : 절삭할 수 있는 소재의 최대 치수를 의미한다.

029 표준 게이지(standard gauge)의 종류가 아닌 것은?

① 표준 블록 게이지

② 표준 봉 게이지

③ 표준 피치 게이지

④ 표준 테이퍼 게이지

030 다음 중 한계 게이지에 대한 설명으로 옳은 것은?

① 양쪽 다 통과하도록 되어 있다.

② 한쪽은 통과하고, 다른 한 쪽은 통과하지 않도록 되어 있다.

③ 양쪽 다 통과하지 않도록 되어 있다.

④ 한쪽은 헐겁게 통과하고, 다른 한쪽은 약간 헐겁게 통과하도록 되어 있다.

☞ 해설 한계 게이지 : 통과측과 정지측으로 구성되며 제품이 통과측으로 들어가고 정지측으로 들어가지 않으면 이 제품은 주어진 공차 내에 있음을 나타낸다.

031 제품의 치수가 허용치수 내에 있는지 여부를 검사하는 게이지는?

① 옵티미터

② 다이얼 게이지

③ 버니어 캘리퍼스

④ 한계 게이지

032 선재의 지름 및 금속 판재 두께를 표시할 때 널리 사용되는 게이지는 어느 것인가?

① 드릴 게이지　　② 다이얼 게이지

③ 블록 게이지　　④ 와이어 게이지

☞ 해설 와이어 게이지 : 선재의 굵기나 판재의 두께를 측정하는 게이지이다.

033 한계 게이지의 마멸 여유는 어느 쪽에 주는가?

① 양쪽 다 준다.

② 통과측에 준다.

③ 정지측에 준다.

④ 양쪽 다 주지 않는다.

034 A급 블록 게이지를 사용하지 않는 곳은?

① 공작용　　　　② 표준용

③ 참조용　　　　④ 검사용

☞ 해설 블록 게이지는 용도별로 구분하면 공작용, 표준용, 검사용, 참조용의 4가지가 있고 이들에 사용되는 등급은 다음과 같다.
- 공작용 : B 또는 C급
- 표준용 : A 또는 B급
- 검사용 : A 또는 B급
- 참조용 : AA 또는 A급

035 230mm의 사인 바를 사용하여 피측정물의 경사면과 사인 바의 측정면이 일치하였을 때 블록 게이지의 높이가 51mm이었다. 각도 α는?

① 9.5° ② 30.2°

③ 15.2° ④ 12.8°

 해설
$$\alpha = \sin^{-1}\frac{H}{L} = \sin^{-1}\frac{51}{230} = 12.8°$$

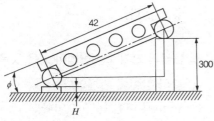

예 $42/300 = 0.14\mathrm{mm} = 80°$

036 사인바에(sin bar)로 각도를 측정할 때 한계값은?

① 45° ② 40°

③ 35° ④ 30°

해설 사인 바에 45° 이상이 되면 측정오차가 커지므로 45° 이하의 각도를 측정한다.

037 컴비네이션 세트로 측정이 불가능한 것은?

① 45° ② 각도

③ 직각 ④ 평면도

해설 컴비네이션 세트는 각도 측정기이다.

038 다음 기구 중 평면도 측정에 관계없는 것은 어느 것인가?

① 옵티컬 플레이트

② 스트레이트 에지

③ 오토콜리미터

④ 와이어 게이지

039 블록 게이지의 측정면 평면도, 밀착 상태, 돌기의 유무를 알아보는 측정기는?

① 정반

② 공구 현미경

③ 옵티컬 플레이트

④ 수준기

040 평면도 검사는 어떤 계기가 필요한가?

① 옵티컬 플레이트

② 블록 게이지

③ 직선자

④ 다이얼 게이지

041 나사의 유효지름 측정에 필요 없는 것은?

① 나사마이크로미터

② 와이어 게이지

③ 삼침법

④ 만능 측정기

해설 나사의 유효지름을 측정하는 데는 나사 측정용 캘리퍼스, 나사용 버니어 캘리퍼스, 나사마이크로미터, 삼침법, 만능 측정기 등이 있다.

042 나사의 유효지름을 측정할 때 가장 정밀도가 좋은 것은?

① 삼침법에 의한 측정

② 투영기에 의한 측정

③ 피치 게이지

④ 마이크로미터에 의한 결정

해설 나사의 유효지름 측정에는 나사 마이크로미터(thread micrometer), 삼침법(three wire method), 공구 현미경(tool maker's microscope), 만능 투영기(profile projector) 등이 있으며 가장 정밀도가 높은 유효지름 측정 게이지는 삼침법이다

043 테일러의 원리에 관계없이 제작되어도 되는 것은?

① 나사 게이지   ② 틈새 게이지

③ 링 게이지   ④ 피치 게이지

해설 테일러의 원리 : "통과 측에는 모든 치수 또는 결정량이 동시에 검사되며 정지 측에는 각 치수가 따로 따로 검사되지 않으면 안 된다"를 말한다.

044 테일러의 공구 수명에 관한 실험식에서 세라믹 공구를 사용할 때 $VT^n = C$, $n = 0.5$, $C = 200$이고 공구 수명을 30분으로 하려면 절삭속도는 얼마로 할 것인가?

① 32.0m/min

② 36.5m/min

③ 40.0m/min

④ 55.0m/min

해설 테일러(Taylor)의 공구 수명식 : $VT^n = C$
여기서, V : 절삭속도(m/min), T : 공구수명(min),
n : 상수로 고속도강(0.05~0.2), 초경합금(0.125~0.25), 세라믹 공구(0.4~0.55) 적용, C : 공구, 공작물 절삭조건에 따라 변하는 값

$$V = \frac{C}{T^m} = \frac{200}{30^{0.5}} ≒ 36.5 \text{m/min}$$

045 드릴링 머신에서 구멍을 똑바로 뚫는데 사용되는 것은 다음의 어느 것인가?

① 안내 부시

② 드릴 검사 게이지

③ 복수 지그

④ 드릴 플레이트

해설 드릴 안내 부시 : 구멍뚫기 지그에 있어서, 정확한 절입 위치에 드릴을 정확하게 안내하는 부시

046 수공구 정(chisel)에 대한 설명 중 옳은 것은?

① 재료는 주강을 사용한다.

② 정의 날 끝은 약한 재료를 깎는 것일수록 크게 하여야 한다.

③ 주철을 깎을 때의 날 끝각은 55°~60° 이다.

④ 정의 머리 부분은 열처리하여 취성을 좋게 한다.

047 줄 눈금의 크기 표시방법이 옳은 것은?

① 줄의 길이에 관계없다.

② 1mm에 대한 눈금 수이다.

③ 1cm에 대한 눈금 수이다.

④ 1inch에 대한 눈금 수이다.

해설 줄 눈의 크기는 길이 1인치에 대한 눈의 수로써 나타낸다. 100mm의 줄에서 황목은 36, 중목 45, 유목 110의 눈 수로 되어 있다.

048 평면의 줄 작업방법 중 옳지 않은 것은?

① 직진법   ② 좌우 직진법

③ 상하 직진법   ④ 사진법

해설 평면에 줄질하는 방법에는 직진법, 사진법, 병진법 (상하 직진법)이 있다. 직진법은 짧은 평면, 정밀다듬질, 사진법은 거친 다듬질, 병진법은 강재의 흑피 제거시에 쓰이는 방법이다.

049 탭작업에서 3번 탭을 사용했을 때 가공율은 얼마인가?

① 20%   ② 25%

③ 55%   ④ 70%

해설 탭작업에서 보통 3개의 탭으로 완전한 암나사를 절삭한다. 1번 탭은 초벌용으로 테이퍼 부분이 길고 55%를 절삭하며, 2번 탭은 중간 절삭용으로 25% 절삭, 3번 탭은 20% 절삭한다.

050 스크레이퍼 작업에서는 가공 정도를 평방 몇 개라고 한다. 이것은 무엇에 대한 접촉면의 수를 말하는가?

① 1mm 평방

② 100cm 평방

③ 1inch 평방

④ 10cm 평방

해설 스크레이퍼 작업의 가공 정도는 1인치 평방의 면적당 접촉점 수로서 나타내는데 거친 가공은 1~6, 정밀가공은 6~19, 초정밀 가공은 20 이상이다.

051 기계 가공의 종류 및 비절삭가공에 속하지 않는 것은?

① 가스 용접

② 인발

③ 방전 가공

④ 브로칭

해설 브로칭(broaching) : 많은 절삭 날을 갖고 있는 공구를 공작물의 외면 또는 내면을 눌러대고 당겨서 1회 통과되는 동안에 절삭이 완료되며, 공구의 단면 형상으로 가공하는 가공법으로 절삭 가공에 사용되는 공구이다.

052 연한 재료의 일감을 고속 절삭 시 생기는 칩의 형태는?

① 유동형

② 균열형

③ 열단형

④ 전단형

해설 절삭가공에서 칩의 기본 형태에는 유동형, 전단형, 열단형, 균열형이 있는데 유동형은 연한 재질을 고속 절삭할 때, 전단형은 연한 재질을 저속 절삭할 때, 경작형은 점성이 있는 재료를 절삭할 때, 균열형은 절삭속도가 느릴 때 발생한다.

053 다음 중 절삭 형태 중 저항이 가장 작은 칩의 형태는 어느 것인가?

① 유동형

② 전단형

③ 열단형

④ 균열형

054 주철의 절삭 시 칩의 형태는?

① 전단형

② 경작형

③ 유동형

④ 균열형

해설 주철과 같이 취성 재료를 작은 공구 윗면 경사각으로 느린 속도로 절삭할 때 나타나는 칩을 균열형이라 한다.

055 납이 포함된 청동 가공 시 칩의 형태는?

① 전단형

② 경작형

③ 유동형

④ 균열형

해설 전단형은 납이 많이 들어 있는 청동, 칩의 두께가 두꺼울 때 나타난다.

056 바이트 날 끝이 고온·고압으로 칩이 조금씩 응착하여 경화된 것을 무엇이라 하는가?

① 구성인선

② 채터링

③ 플랭크

④ 치핑

057 다음 중 구성인선의 발생원인이라고 할 수 없는 것은?

① 절삭속도가 10~50m/min로 느릴 때

② 날 끝의 온도가 상승하여 응착 온도가 되었기 때문에

③ 날 끝의 경사가 5° 이상으로 클 때

④ 절삭깊이가 클 때

058 구성인선(built up edge)의 발생을 억제하는 방법은?

① 절삭깊이의 감소
② 냉각수의 미사용
③ 상면 경사각의 감소
④ 절삭속도의 감소

[예 해설] 구성인선(built-up edge)은 상면 경사각이 클 때, 고속으로 절삭할 때, 윤활유를 사용할 때, 칩의 두께를 감소시킬 때, 칩의 흐름에 대한 저항을 없애면 감소한다.

059 구성인선의 단점과 거리가 먼 것은?

① 가공 표면이 거칠어 제품의 정도가 저하된다.
② 치핑 현상으로 공구 수명이 단축된다.
③ 절삭깊이가 깊어 동력손실을 가져온다.
④ 표면 변질층이 얇아진다.

[예 해설]
• 장점 : 공구의 절인을 보호하여 공구 절삭 날의 수명을 연장하는 경우도 있다.
• 단점 : 주기적으로 발생, 성장, 분열, 탈락이 반복되어 공구 절삭 날의 일부가 떨어져 나가는 경우가 있어 공구 날의 수명을 단축시키고, 절삭깊이가 깊게 절삭되기도 한다.

060 구성인선의 크기를 좌우하는 인자가 아닌 것은?

① 절삭속도
② 공구의 저면 여유각
③ 공구의 상면 경사각
④ 칩의 두께

061 구성인선을 감소시키는 방법 중 옳은 것은?

① 마찰저항이 큰 공구를 사용한다.
② 절삭깊이를 깊게 한다.
③ 절삭속도를 고속으로 한다.
④ 상면 경사각을 작게 한다.

[예 해설] 구성인선(bulit-up edge)을 감소시키는 방법
• 절삭속도의 증대
• 상면 경사각을 크게 할 것
• 감마 냉각액의 사용
• 칩 두께의 감소
• 날 끝을 예리하게 할 것

062 구성인선이 생기는 것을 방지하기 위한 대책이 아닌 것은?

① 바이트의 경사각을 크게 한다.
② 절삭속도는 작게, 윤활성이 보통인 절삭유를 준다.
③ 윤활성이 좋은 절삭유를 준다.
④ 절삭속도를 크게 한다.

[예 해설] 절삭 시 칩의 금속 원자와 공구의 금속 원자가 친화력에 의하여 바이트 끝에 용착하고, 이것이 가공 경화를 받아 높은 경도에 이르면 다시 탈락된다. 이같은 현상을 구성인선이라 한다.

063 고속도강 바이트에서 구성인선이 생기지 않는 바이트의 경사각은?

① 45° 이상
② 30° 이상
③ 21° 이상
④ 12° 이상

064 절삭저항은 3분력으로 나눌 수 있다. 이에 속하지 않는 것은?

① 주분력
② 종분력
③ 횡분력
④ 배분력

[예 해설] 절삭저항의 3분력은 절삭 방향에 평행된 주분력, 이송 방향에 평행된 횡분력, 주분력과 횡분력에 수직인 배분력이다

065 목형 제작 시 고려할 사항에서 주형을 파괴함이 없이 목형을 주형으로부터 뽑아내기 위하여 목형의 수직면에 필요한 사항은?

① 가공 여유　　　　② 수축 여유

③ 기울기　　　　　④ 코어프린트

066 목형용 목재의 구비조건으로 옳지 않은 것은?

① 질이 균일할 것

② 마디 및 흠집이 없을 것

③ 적당히 단단할 것

④ 주물사의 부착이 잘 될 것

067 목재의 수축 방지책이 아닌 것은?

① 완전 건조

② 질이 좋은 재료 선택

③ 여러 개의 조합

④ 장년기 수목을 여름에 벌채

068 목형의 제작 목적은 무엇인가?

① 주물을 만들기 위하여 제작한다.

② 주형을 만들기 위하여 제작한다.

③ 기계 부속품을 만들기 위하여 제작한다.

④ 도자기를 만들기 위하여 제작한다.

해설 주물 형상을 만들기 위해 제작하는 형상으로 목형(wood pattern), 금형(metal pattern), 석고형(plaster pattern), 합성수지형(synthetic resin), 풀 몰드형(full mold pattern) 등이 있다.

069 다음에서 목재의 수축이 많은 순서로 된 것은 어느 것인가?

① 섬유 방향, 연수 방향, 나이테 방향

② 섬유 방향, 나이테 방향, 연수 방향

③ 연수 방향, 섬유 방향, 나이테 방향

④ 나이테 방향, 연수 방향, 섬유 방향

해설 목재는 30~40%가 수분이므로 건조시키면 수축이 생긴다. 목재에는 각 방향에 따라 수축량이 다르며 수축량은 다음과 같다.
- 섬유 방향 : 0.1~0.4%
- 연수 방향 : 2.5~5%
- 나이테 방향 : 6~15%

070 목재를 침수 시즈닝(seasoning)을 한 후 재료로 쓰는 이유는 무엇인가?

① 균열을 방지하고 변형을 막기 위하여

② 목재의 무게를 크게 하기 위하여

③ 목재의 부식을 막기 위하여

④ 목재의 강도를 증가시키기 위하여

해설 침수 건조(water seasoning) : 목재의 원목을 물속에 담가 성장응력 및 수액제거, 가공 후 수축, 팽창의 감소 등의 효과를 얻은 후 꺼내서 건조시키는 방법

071 목재를 건조(seasoning)하는 목적으로 옳지 않은 것은?

① 변형이나 균열이 생기지 않게 하려고

② 목재의 강도를 높이기 위해서

③ 가격을 싸게 하고 표면을 단단하게 하려고

④ 내구성을 강하게 하려고

해설 목재의 건조(seasoning of wood)
- 목재를 건조하면 수분을 잃어 수축 및 변형이 없어지고 무게가 줄어 운반이 쉽다.
- 강도 및 내구력이 증가된다.

072 인공 건조법이 아닌 것은?

① 자재법   ② 야적법

③ 온재법   ④ 훈재법

> **해설** 목재의 건조법에는 자연 건조법과 인공 건조법이 있다. 인공 건조법은 증기나 열풍으로 하는 훈재법, 자재법, 증재법, 열기법, 진공법이 있고, 자연 건조법에는 야적법, 가옥적법이 있다.

073 목재의 방부법 중 틀린 것은?

① 침재법   ② 자비법

③ 도포법   ④ 침투법

> **해설** **목재 방부법**
> - 도포법 : 목재 표면에 페인트를 도포하거나 크레졸유를 주입하는 방법
> - 자비법 : 방부제를 끓여서 목재에 침투시키는 방법
> - 침투법 : 목재에 염화아연, 황산동 수용액을 흡수시키는 방법
> - 충전법 : 목재에 구멍을 뚫어 방부제를 넣어 놓는 방법

074 다음 목형의 제작 순서로 옳은 것은?

① 설계도 → 도면 → 현도 → 가공 → 조립 → 검사

② 설계도 → 현도 → 도면 → 가공 → 조립 → 검사

③ 설계도 → 도면 → 가공 → 현도 → 조립 → 검사

④ 설계도 → 가공 → 도면 → 현도 → 조립 → 검사

> **해설** 현도 : 주물자를 이용하여 제작한 도면

075 목형 제작상의 주의할 사항으로 틀린 것은?

① 수축 여유

② 가공 여유

③ 목형 구배

④ 열전도성

076 현형의 크기를 바르게 나타낸 것은?

① 제품의 크기＋수축 여유＋가공 여유

② 제품의 크기＋목형의 크기＋주형의 크기

③ 제품의 크기＋목형 구배＋코어 프린트

④ 제품의 크기＋가공 여유＋코어 프린트

077 주물을 사용해서 그리는 그림은 어느 것인가?

① 투시도   ② 평면도

③ 현도   ④ 조립도

078 주물자(shrinkage scale)란?

① 주물의 크기를 재는 자

② 수축 여유를 예측해서 특히 길게 만든 자

③ 어느 정도의 철을 녹이면 좋은지를 표시하는 자

④ 주물의 크기를 재는 자

079 목형을 제작할 때 주물자의 선택은 무엇에 의하여 정하는가?

① 목형의 크기

② 주물의 크기

③ 목형의 재질

④ 주물의 재질

080 목형의 길이를 L, 금속의 수축률을 ϕ, 주물의 길이를 l이라 할 때 이들 관계식으로 옳은 것은?

① $\phi = \dfrac{L-l}{L}$ ② $L = \dfrac{\phi - l}{\phi}$

③ $\phi = \dfrac{l-L}{l}$ ④ $L = \phi + \dfrac{\phi - l}{\phi}$

081 목형에 구배를 만드는 이유는 무엇인가?

① 쇳물의 주입이 잘 되게 하기 위하여
② 균열을 방지하기 위하여
③ 목형을 튼튼히 하기 위하여
④ 주형에서 목형을 쉽게 뽑기 위하여

082 목형을 주형에서 뺄 때 주형의 파손을 막기 위해 만든 것은?

① 가공 여유 ② 목형 구배
③ 덧붙임 ④ 라운딩

083 주조 조직의 결정립 성장에 영향을 미치는 것은?

① 코어 ② 목형 구배
③ 라이저 ④ 라운딩

해설 라운딩 : 용융금속이 주형의 모서리 부분에서 응고할 때 결정조직이 경계가 생겨서 약해지기 쉽다. 이것을 방지하기 위해 모서리 부분을 둥글게 하는 것을 라운딩이라 한다.

084 목형의 각 모서리 부분을 둥글게 만드는 이유가 아닌 것은?

① 균열을 방지하기 위하여

② 모서리 부분에 불순물이 석출되어서 약해지기 때문에
③ 주물을 보기 좋게 하기 위하여
④ 주물 모서리 부분의 쇳물 유동을 좋게 하기 위하여

085 덧붙임 목형의 목적은 무엇인가?

① 두께가 고르지 못한 뚜껑 같은 목형에 붙인다.
② 작은 목형을 크게 하기 위하여 붙인다.
③ 목형의 변형을 막기 위하여 붙인다.
④ 가공 여유를 주기 위하여 붙인다.

086 공작도에서 도면에 나타나지 않는 것도 그려야 하는 경우는?

① 치수 ② 코어프린트
③ 주형 ④ 목형

087 목형의 코어는 어디에 사용하는가?

① 외형이 복잡한 주물
② 크기가 큰 주물
③ 둥근 막대 모양의 주물
④ 중공의 주물

088 현도를 그릴 때 고려할 사항이 아닌 것은?

① 가공 여유를 붙일 것
② 코어 프린트를 붙일 것
③ 탕구를 붙일 것
④ 수축 여유를 붙일 것

089 기어나 프로펠러와 같은 대칭으로 만드는 목형은?

① 회전 목형　　② 골격 목형

③ 부분 목형　　④ 긁기 목형

090 코어가 필요 없는 경우는 어떠한 목형으로 제작하는가?

① 회전형　　② 부분형

③ 단체형　　④ 현형

091 상수도관용 밸브류의 주조용 목형은 다음 중 어느 것이 가장 좋은가?

① 조립 목형　　② 회전 목형

③ 골격 목형　　④ 긁기 목형

092 제품과 동일하게 만드는 모형을 현형이라 하는데 이 현형에 속하지 않는 것은?

① 단체형　　② 조립형

③ 부분형　　④ 분할형

🔑 **해설** 목형의 종류인 현형에는 단체 목형, 분할 목형, 조립 목형이 있다.

093 굽은 파이프를 만들 때 사용하는 목형은 어느 것인가?

① 현형　　　② 부분 목형

③ 골격 목형　④ 고르개 목형

094 큰 곡관을 만들 때 적합한 목형의 형태는?

① 회전형　　② 부분형

③ 단체형　　④ 골격형

095 수량이 적고 형상이 클 때 재료를 절약하기 위해 주요한 부분만 제작하여 주형을 제작하는 것은?

① 잔형　　　② 매치플레이트

③ 골격형　　④ 코어형

🔑 **해설** 매치 플레이트 : 소형의 제품을 대량 생산할 때 흔히 사용하는 형

096 W_p 및 S_P는 목형의 중량 및 비중이고 W_m 및 S_m은 주물의 중량 및 비중이라 할 때 이들의 관계식은 어느 것인가?

① $W_m = \dfrac{S_m}{S_p} W_p$

② $W_m = \dfrac{S_p}{W_p} S_m$

③ $W_m = \dfrac{S_p}{S_m} W_p$

④ $W_m = S_p W_p S_m$

097 W_m 및 S_m은 주물의 중량 및 비중, 그리고 W_p 및 S_P는 목형의 중량 및 비중이라 하며, ϕ는 길이 방향의 수축률이라 할 때 관계식은 $W_m = W_p/S_p(1-3\phi)S_m$ 이다. 이 식 중 3ϕ는 무엇을 나타내는가?

① 주물의 비중은 목형 비중의 3배이다.

② 주물의 비중에 대한 수축률은 길이 방향의 3배이다.

③ 주물의 중량에 대한 수축률은 길이 방향의 3배이다.

④ 주물의 체적에 대한 수축률은 길이 방향의 3배이다.

098 목형의 중량이 40kg일 때 주물의 중량은 얼마인가?(단, S_m/S_P의 값은 12.5이다)

① 500kg   ② 250kg

③ 200kg   ④ 150kg

해설

$$W_m = \frac{S_m}{S_p} W_p$$
$$= 12.5 \times 40 = 500\text{kg}$$

099 목형의 중량이 6kg, 비중이 0.6인 적송일 때 주철 주물의 무게는 얼마인가?(단, 주철의 비중은 7.2이다)

① 45kg   ② 48kg

③ 62kg   ④ 72kg

해설

$$W_m = \frac{S_m}{S_p} W_p$$
$$= \frac{7.2}{0.6} \times 6 = 72\text{kg}$$

100 주물사에 통기성을 좋게 하기 위하여 첨가하는 것이 아닌 것은?

① 당밀   ② 톱밥

③ 석탄   ④ 코크스

101 주물사의 입도(mesh)는 무엇으로 나타내는가?

① 1cm 길이에서 체의 눈 수

② 1cm^2 길이에서 체의 눈 수

③ 1inch 길이에서 체의 눈 수

④ 1inch^2 길이에서 체의 눈 수

102 주물사가 갖추어야 할 조건이 아닌 것은?

① 성형성이 좋아야 한다.

② 내화성이 좋아야 한다.

③ 용해성이 좋아야 한다.

④ 통기성이 좋아야 한다.

해설 주물사의 구비조건

• 내화성이 크고 화학적 변화가 생기지 않을 것
• 가격이 싸고 구입이 쉬울 것
• 적당한 강도를 가져서 쉽게 파손되지 않을 것
• 주형 제작이 쉬울 것
• 통기성이 좋을 것

103 주물의 표면을 깨끗하게 하기 위하여 주형의 표면에 칠하는 것은?

① 당밀   ② 볏짚

③ 흑연   ④ 톱밥

104 주형 제작시 성형성과 관계없는 재료는?

① 석탄   ② 코크스

③ 톱밥   ④ 당밀

105 주물사의 설명 중 생형 모래를 옳게 설명한 것은?

① 묵은 모래 4, 하천 모래 6, 소량의 점토를 배합한 것이다. 코어용으로 보인다.

② 규사나 하천 모래를 주성분으로 하여 점토를 가하고, 석탄 코크스 가루 등을 배합한 다음 볏짚, 톱밥, 털 등을 혼합한다.

③ 천연산 산 모래에 적당한 양의 점토, 물 및 석탄가루 등을 혼합한 주형 모래로서 수분은 6% 정도가 좋으며 일반 주철 주물, 비철 금속 주물의 주물사로 쓰인다.

④ 보통 점토에 비하여 Al_2O_3의 양이 적고 MgO, Na_2O 등의 양이 많다. 수분을 가하면 풀과 같이 되어 점결력이 커진다.

106 주물사에 보조제를 배합하는 이유가 아닌 것은?

① 흑연 또는 석탄분말을 블래킹하는 이유
는 주형의 균열을 방지하기 위해서이다.

② 당밀, 곡분은 주강용 주물사, 코어 등에
배합하여 주물사의 점결성을 증가시
킨다.

③ 톱밥, 볏짚은 주형 내의 가스의 방출을
쉽게 하기 위하여 배합한다.

④ 들기름, 오렌지 기름, 규산소다는 코어
의 소결제로서 배합하여 사용한다.

해설 흑연 또는 석탄 분말을 주형에 블래킹하는 것은 주
로 주물의 표면을 깨끗이 하고 모래가 주물 표면에
서 잘 떨어지도록 하기 위해서 사용한다.

107 비철 합금용 주물사에서 가장 문제가 되는
것은?

① 규사　　　　　② 알루미나
③ 보온성　　　　④ 성형성

해설 황동, 청동은 주철보다 용융 온도가 낮으므로 가스
의 발생이 적어 내화성, 통기성보다 성형성이 좋고
주물 표면이 아름다운 주물사를 선택해야 한다.

108 점결제의 구비조건이 아닌 것은?

① 점결력이 크고 내화도가 클 것
② 통기성이 좋고 가스 발생이 클 것
③ 주조 후 점결성을 잃고 부서지기 쉬울 것
④ 불순물의 함유량이 적고 가격이 쌀 것

해설 점결제가 갖추어야 할 구비조건 ①, ③, ④ 외에
• 장기간 보존하여도 수분 흡수가 적을 것
• 가스의 발생이 적고, 통기성이 좋을 것

109 주물사는 내구 강도가 필요하기 때문에 강
도시험을 하는데 주물사의 강도시험이 아닌
것은?

① 압축강도　　　② 인장강도
③ 피로강도　　　④ 굽힘강도

해설 주물사의 강도시험으로는 압축강도, 인장강도, 굽
힘강도 및 전단 강도 등을 측정한다.

110 주물사는 외부 강도가 필요하기 때문에 강
도 실험을 한다. 주물사의 강도실험이 아닌
것은?

① 피로강도　　　② 압축강도
③ 인장강도　　　④ 굽힘강도

111 주형에서 통과 공기량 V는 1800cm^3, 공기
압력 P가 1cm, 시편의 단면적 A가 25cm^2,
높이 h가 10cm, 배기시간 t가 10min일 때
통기도 K는 얼마인가?

① 60cm/min

② 70cm/min

③ 75cm/min

④ 91.67cm/min

해설 $K = (Vh/PAt)$
$= 1800 \times 10/(1 \times 19.635 \times 10)$
$= 91.67 \mathrm{cm/min}$

112 주물사의 결합력을 측정하는 시험은?

① 입도 시험

② 성분분석 시험

③ 통기도 시험

④ 점결성 시험

113 주물사의 통기도를 조사하였다. 통과한 공기량 2000cc에 대한 배기시간이 15분이였다면 통기도는 몇 cm/min인가?(단, 압력차는 수주로 10mm이고, 시험편의 지름은 50.8mm, 높이는 75mm이다)

① 38.76cm/min

② 49.34cm/min

③ 34.25cm/min

④ 28.24cm/min

해설 통기도(K) = $\dfrac{Qh}{PAt}$

$$= \dfrac{2000 \times 7.5}{1 \times \dfrac{\pi \times 5.08^2}{4} \times 15}$$

$$\fallingdotseq 49.34 \,\mathrm{cm/min}$$

Q : 시험편을 통과한 공기량$(\mathrm{cm^3})$

h : 시험편 높이(cm)

P : 공기압력$(\mathrm{g/cm^2})$

A : 공기가 통과하는 시험편의 단면적$(\mathrm{cm^2})$

t : 공기통과시간(min)

114 주형용 기계로 옳지 않은 것은?

① 혼사기   ② 모형기

③ 분쇄기   ④ 분사기

115 다음 기계 중 주물사 처리로서 옳지 않은 것은?

① 혼사기   ② 자기 분리기

③ 원심 분리기   ④ 샌드 블렌더

116 주물의 표면을 깨끗이 하는 주형용 기계로 옳은 것은?

① 전마기   ② 샌드 슬링거

③ 샌드 밀   ④ 자기 분리기

117 주형에 대한 설명이 옳은 것은?

① 건조형이 생형보다 강도가 크다.

② 주형을 수리할 때에는 물을 사용하지 않는다.

③ 수분이 많을수록 강도가 크다.

④ 주형은 다질수록 통기성이 좋다.

118 주형 제작법에서 모래 바닥과 주형 상자를 써서 주형을 만드는 방법으로 옳은 것은?

① 코어 주형법   ② 혼성 주형법

③ 조립 주형법   ④ 바닥 주형법

해설 주형 제작방법에 의한 분류

• 혼성 주형법 : 바닥과 주형 상자를 사용하여 주형 제작

• 바닥 주형법 : 바닥을 수평으로 주형 제작하는 방법, 상형이 없다.

• 조립 주형법 : 주형 도마 위에 주형상자를 2~3개를 겹쳐 놓고 주형 제작

119 제품의 균일한 단면을 가지며, 가늘고 긴 주물을 만들 때 사용하는 주형법은 어느 것인가?

① 회전주형

② 고르개 주형

③ 혼성주형

④ 조립주형

120 다음 중 쇳물의 수축으로 부족한 양을 보충하는 부분의 이름은?

① 플로 오프

② 냉각쇠

③ 피이더(라이저)

④ 주입구

121 주형을 만들 때 냉각쇠를 사용하는 경우는?

① 용융금속량이 대단히 많을 때

② 수축과 편석을 방지하기 위해서

③ 주물의 두께가 같지 않을 경우

④ 용융금속의 주입을 조용히 빠르게 하는 경우

122 주물이 500×500mm의 각재이고 쇳물 아궁이의 높이가 100mm, 주철의 비중량이 7200kg/m³일 때 상형을 들어 올리는 힘은?

① 180kg

② 18kg

③ 1.8kg

④ 1800kg

예해설 쇳물의 압상력 $F = SPH$

S: 투영면적, P: 주입 금속의 비중량, H: 주물의 윗면에서 주입구 면까지 높이

$F = SPH = (0.5 \times 0.5) \times 7200 \times 0.1$
$\qquad = 180kg$

123 덧쇳물(feeder)의 역할이 아닌 것은?

① 균열이 생기는 것을 방지한다.

② 주형 내의 쇳물에 압력을 준다.

③ 금속이 응고할 때 수축으로 인한 쇳물 부족으로 보충한다.

④ 주형 내의 불순물과 용재를 밖으로 배출한다.

124 다음에서 옳은 것은 어느 것인가?

① 탕구계는 쇳물받이, 탕도로 구성된다.

② 탕구계는 쇳물받이, 탕구, 탕도로 구성된다.

③ 탕구계는 쇳물받이, 탕구로 구성된다.

④ 탕구계는 쇳물받이, 탕구, 주입구 등으로 구성된다.

125 탕도의 역할은 무엇인가?

① 주형에 용탕이 차고 남는 것을 배출하는 부분이다.

② 탕도는 용탕이 쇳물받이에서 주로 본체로 들어가게 하는 길이다.

③ 탕도는 쇳물받이에서 들어온 용탕을 저장했다가 모자라는 부분에 보충하는 역할을 한다.

④ 탕도는 유속을 느리게 하고, 쇳물받이에서 제거하지 못한 불순물을 일부 제거한다.

예해설 탕구는 쇳물이 흘러 들어가는 통로이고, 탕도는 유속을 느리게 하고 쇳물받이에서 제거하지 못한 불순물을 일부 제거한다.

126 주철에 포함되는 탄화철의 양이 증가하면 나타나는 현상은?

① 재질을 저하시키는 유해원소로서, 유동성을 저하시키고 수축량이 많다.

② 탕의 유동성은 좋아지나 터지기 쉽고, 얇은 주물이나 강도를 필요로 하지 않는 경우에는 양을 증가시킨다. 일반으로 0.5% 이하로 제한한다.

③ 유연하고, 응고가 느리며, 유동성이 증가한다. 또 수축이 적다.

④ 굳고, 취성이 있고, 용융점이 저하하며, 응고가 빠르고, 용탕의 유동성이 좋지 못하다.

127 다음은 큐플러의 유효높이에 관해서 한 설명들이다. 알맞은 것은?

① 출탕구에서 굴뚝 끝까지의 높이를 직경으로 나눈 값이다.

② 유효높이는 송풍구에서 장입구까지의 높이이다.

③ 유효높이는 출탕구에서 송풍구까지의 높이를 말한다.

④ 유효높이는 가급적 낮추는 것이 열효율이 높아지므로 바람직하다.

128 도가니노의 크기를 옳게 나타낸 것은?

① 1시간에 주철을 용해할 수 있는 중량

② 1시간에 동합금을 용해할 수 있는 중량

③ 1회에 주철을 용해할 수 있는 중량

④ 1회에 동합금을 용해할 수 있는 중량

129 주조용 금속을 용해시키는 용해로가 아닌 것은?

① 용광로　　　　② 전로

③ 전기로　　　　④ 큐플러

해설　용해로에는 큐플러(용선로), 도가니로, 반사로, 전로, 평로 및 전기로가 있다. 이중 용광로는 철광석으로 선철을 만드는 것이다.

130 동합금을 용해시키는데 대표적인 노(furnace)는 다음 중 어느 것인가?

① 전로　　　　　② 전기로

③ 반사로　　　　④ 큐플러

131 다음 중에서 1시간당 용해하는 쇳물의 중량으로 용량을 표시하는 노(furnace)는 어느 것인가?

① 용광로　　　　② 용선로

③ 전기로　　　　④ 전로

해설　용선로 : 매 시간당 용해할 수 있는 중량

132 아크 전기로의 용해량의 단위는 어느 것인가?

① 1회당 용해량　　② 1일당 용해량

③ 시간당 용해량　　④ 연간 용해량

133 전로의 규격은 다음 중 어느 것인가?

① 제강량 ton/1시간

② 제강량 ton/1회

③ 제강량 ton/1분

④ 제강량 ton/1일

134 알루미늄 합금으로 정밀도가 높으며 대량 생산을 목적으로 하는 주조법은 어느 것인가?

① 생형사 주조　　② 칠드 주물

③ 다이캐스팅　　④ 원심 주조법

135 주철관, 실린더 라이너, 피스톤 링 등과 같이 속이 빈 주물을 제작하는 데 가장 적합한 주조법은 다음 중 어느 것인가?

① 셀몰딩법

② 인베스트먼트 주조법

③ 다이캐스팅

④ 원심 주조법

136 베벨 기어를 주조할 때 사용하는 방법은 어느 것인가?

① 셀몰드 주조　② 칠드 주조
③ 다이캐스팅　④ 원심 주조

> **해설** 기어를 제조하는 방법에는 절삭가공, 주조 등이 있다. 기어는 서로 상대하는 이와 마찰을 하기 때문에 내마모성이 있어야 하므로 칠드 주조법으로 만든다.

137 주물의 내부 경도는 낮고 표면은 경도가 높은 것은?

① 셀몰드 주조
② 칠드 주조
③ 다이캐스팅
④ 원심 주조

> **해설** **칠드주조** : 용융 주철을 열전도성이 좋은 주형에 주입하면 급랭이 되기 때문에 흑연의 석출이 저지되고, 표면은 경해지고 내부는 연질조직이 된다.

138 다음 중 합성수지를 이용한 주조는 어느 것인가?

① 셀 주조　② 칠드 주조
③ 다이캐스팅　④ 원심 주조

139 정밀 주조법에서 쇳물 아궁이, 쇳물–통로 등을 모두 왁스로 만들고, 여기에 내화물질을 바르는 것은 다음 중 어느 방법인가?

① 인베스트먼트법
② 몰드법
③ 크로닝법
④ 칠드법

140 다이캐스팅으로서 제작이 어려운 것은 어느 것인가?

① 계량기　② 계산기 부품
③ 기차바퀴　④ 라디오 및 TV부품

141 다이캐스팅에서 일반적으로 많이 사용되고 있는 금속은 다음 중 어느 것인가?

① 구리와 아연의 합금
② 주석과 아연의 합금
③ 아연과 텅스텐의 합금
④ 아연과 코발트의 합금

142 주물에 기포(또는 기공)가 생기게 하는 가장 큰 원인은 다음 중 어느 것인가?

① 너무 높은 주입 온도
② 너무 빠른 주입 속도
③ 가스 배출의 불충분
④ 주형의 표면 불량

143 주형 제작 시 상형과 하형의 밀착이 불량했을 때 생기기 쉬운 것은 다음 중 어느 것인가?

① 핀　② 편석
③ 수축공　④ 기공

144 주물의 결함 중 기공(blow hole)을 방지하는 방법이 될 수 없는 것은 어느 것인가?

① 쇳물의 주입 온도를 필요 이상 높게 하지 말 것
② 주형의 수분을 제거할 것
③ 통기성을 좋게 할 것
④ 쇳물 아궁이를 작게 할 것

145 주물 각 부위의 냉각속도 조절을 목적으로 주물표면 또는 내부에 설치하는 열흡수성이 좋은 재료를 무엇이라 하는가?

① chill block
② blind riser
③ shrinkage cavity
④ core print

해설 주물의 두께에 차이가 있으면 냉각속도에 차이가 생기므로 되도록 이것을 적게 하기 위해 주물의 두께가 두꺼운 부분에 강, 주철 등의 냉각쇠(chiller)를 붙인다.

146 소성 가공의 장점이 될 수 없는 것은?

① 복잡한 형상의 제품을 만들기 쉽다.
② 대량생산으로 균일한 제품을 얻는다.
③ 금속의 조직을 강하게 만든다.
④ 주물에 비하여 성형되는 치수가 정확하다.

147 금속을 냉간 가공하면 기계적 성질 중에서 어느 것이 저하되는가?

① 인장강도   ② 항복점
③ 신연율   ④ 탄성한계

148 주물의 유황의 함유량이 많을 때 나타나는 현상은?

① 열간 취성   ② 냉간 전성
③ 열간 전성   ④ 냉간 취성

해설 유황은 화합탄소의 분해를 방해하고 흑연의 생성을 억제하기 때문에 주물을 굳고 여리게 한다.

149 재료에 외력을 가하면 단단해지는 성질을 무엇이라 하는가?

① 외력 경화   ② 가공 경화
③ 표면경화   ④ 시효 경화

150 가공 경화 현상과 관계없는 것은?

① 변형저항   ② 냉간 가공
③ 부품의 강도   ④ 변태점

151 탄소강선의 냉간 인발에 있어서 가공 경화가 나타나서 계속작업이 어려울 때 조직을 소르바이트화시키는 데 이용되는 방법으로 염욕로 중에서 항온 변태를 일으키게 하는 열처리 방법은?

① 스페로다이징
② 마르퀜칭
③ 패턴팅
④ 완전 어니일링

152 금속의 결정입자를 적당한 온도로 가열하면 변형된 결정입자가 파괴되어 점차로 미세한 다각형 모양의 결정입자로 변화되는 것을 무엇이라고 하는가?

① 균열   ② 열처리
③ 편석   ④ 재결정

153 금속을 소성 가공할 때, 열간 가공과 냉간 가공의 구별은 어떤 온도를 기준으로 하는가?

① 단조 온도   ② 재결정온도
③ 변태 온도   ④ 담금질 온도

154 항온 열처리 방법은 (1), (2), (3) 등 3종의 변화를 1도 표시로서 표시하여, 목적한 열처리 경도 및 조직을 얻을 수 있는 데 대량 생산에 대단히 편리하며 널리 사용되고 있다. (   )에 각각 들어갈 적합한 용어는?

① 온도, 시간, 변태
② 시간, 변태, 경화
③ 경화, 온도, 시간
④ 변태, 경화, 온도

155 열간 가공의 정의는?

① A_1 변태점 이상에서 가공
② 600℃ 이상에서 가공
③ 재결정온도 이상에서 가공
④ A_2 변태점 이상에서 가공

해설 재결정온도 이상에서 가공하는 것을 열간 가공이라 한다.

156 소성 가공에서 냉간 가공이 열간 가공보다 좋은 점은 어느 것인가?

① 가공하기가 쉽다.
② 유동성이 좋아진다.
③ 가공면이 아름답고 정밀하다.
④ 신연율이 증가한다.

157 금속의 가공도와 재결정온도와의 관계는 어떠한가?

① 가공도는 재결정온도의 제곱에 비례한다.
② 가공도와 재결정온도는 서로 관계가 없다.

③ 가공도가 크면 재결정온도가 높아진다.
④ 가공도가 크면 재결정온도가 낮아진다.

158 단조의 장점에 대하여 설명한 것 중 옳지 않은 것은?

① 재료의 가격이 싸다.
② 사용재료의 손실이 비교적 적다.
③ 금속 결정이 치밀해지고, 기계적 성질이 향상된다.
④ 재료가 연화되어 성형성이 우수하다.

159 열간 단조가 아닌 것은?

① 업셋 단조   ② 콜드 헤딩
③ 프레스 단조   ④ 해머 단조

160 금속의 단조 온도에 관한 다음 설명 중 옳은 것은 어느 것인가?

① 단조 완료 온도가 제일 중요하며, 완료 온도가 낮으면 결정입자는 미세해지나 내부 응력이 남아서 국부적인 취성을 갖게 될 우려가 있다.
② 단조 완료 온도가 높으면 변태점까지 냉각되는 동안 재결정이 일어나지 않으므로 좋다.
③ 용융 온도 이하로 가열하고 재료가 과열되지 않는 온도까지 단조가 끝나면 된다.
④ 온도가 높을수록 변형 저항이 감소하므로 단조하기 쉽고, 결정입자의 성장을 억제할 수 있어서 좋다.

161 냉간 단조에 속하지 않는 것은?

① 업셋 단조

② 콜드 헤딩

③ 코닝

④ 스웨이징

해설 냉간 단조에는 콜드 헤딩(볼트나 리벳의 두부제작에 이용), 코닝(프레스로써 매끈한 표면과 정밀한 치수를 얻는데 사용), 스웨이징(봉재나 파이프의 지름을 축소하거나 또는 테이퍼를 만드는 데 이용)이 있다.

162 탄소강에서 단조 온도와 탄소량의 관계는?

① 탄소량이 많을수록 가열 온도가 높다.

② 탄소량이 많을수록 단조 온도가 높다.

③ 탄소량이 적을수록 단조 온도가 낮다.

④ 탄소량이 적을수록 가열 온도가 높다.

163 금속 재료에 타격을 주거나 가공 변형을 시킬 때 받침 공구로 사용하는 것은?

① 탭　　　　　② 정

③ 엔빌　　　　④ 집게

164 특별한 형상을 만드는데 가장 널리 사용되는 것은?

① 다듬게　　　② 해머

③ 이형공대　　④ 엔빌

165 가열재를 축방향으로 타격 가압하여 높이를 줄이고 단면적을 넓히는 작업을 무엇이라 하는가?

① 단짓기　　　② 자르기

③ 업세팅　　　④ 늘리기

166 다음 중 소재를 축 방향으로 압축하여 길이를 짧게 하는 작업의 명칭은 어느 것인가?

① 단짓기(setting down)

② 자르기

③ 업세팅(up setting)

④ 늘리기(drawing down)

167 다음 중 단조 작업에는 적합치 않는 것은?

① 금속의 가단성은 성분이 순수할수록 단조하기가 쉽다.

② 강에 P과 S의 함유량이 많으면 단조하기가 좋다.

③ 탄소 함유량이 증가할수록 단조가 곤란하다.

④ 재료의 항복점이 낮고 연신율이 클수록 소성 변형이 쉬워 단조가 쉽다.

168 단조 작업에 대한 다음 설명에서 틀린 것은?

① 형단조는 금형에 소재를 넣고 해머로 두드려 금형의 공간과 같은 모양의 것을 만드는 방법이다.

② 봉재 길이의 1/3 이상의 굵기가 있으면 업세팅이 가능하다.

③ 단조 표면의 거칠기는 과도로 가열하는 데 원인이 있다.

④ 강의 단조 터짐을 방지하기 위하여 500~600℃ 부근에서의 작업을 피한다.

169 인발 작업에서 지름 5.5mm의 와이어를 3mm 로 만들었을 때 단면 수축률은?

① 50.25% ② 60.25%

③ 70.25% ④ 82.25%

해설 단면 수축률 $= \dfrac{A_0 - A_1}{A_0} \times 100$

$= \dfrac{5.5^2 - 3^2}{5.5^2} \times 100$

$= 70.25\%$

170 인발 작업에서 지름 5mm의 와이어를 3mm 로 만들었을 때 가공도는?

① 36% ② 40%

③ 49% ④ 53%

해설 가공도 $= \dfrac{A_1}{A_0} \times 100$

$= \dfrac{3^2}{5^2} \times 100 = 36\%$

171 2개의 롤러 사이에 재료를 통과시켜 성형하 는 가공법은 어느 것인가?

① 압연가공 ② 단조 가공

③ 인발가공 ④ 압출가공

172 단조 완료 온도가 너무 높을 때 나타나는 현 상은?

① 잔류응력이 남는다.

② 적열 취성

③ 내부응력이 잔류

④ 결정립 조대화

해설 단조 완료 온도가 높을 경우에는 변태점까지 냉각 하는 동안에 재결정이 일어나며, 결정이 성장하므 로 단조 후의 조직이 조대화하므로 열처리를 해야 할 필요가 있다.

173 기차 레일은 다음 가공법 중 어느 것으로 만 드는가?

① 인발가공 ② 압연가공

③ 단조 가공 ④ 압출가공

174 판재 압연에서 α는 접촉각, μ는 롤과 재료 간의 마찰계수일 때 자력으로 재료가 롤로 물려 들어가서 압연이 가능해지는 조건은?

① $\mu \geq \tan \alpha$

② $\mu > \tan \alpha$

③ $\mu \leq \tan \alpha$

④ $\mu < \tan \alpha$

175 압하율을 크게 하는 것과 관계가 없는 것은?

① 지름이 큰 롤을 사용한다.

② 압연재는 가공 경화된 것을 쓴다.

③ 롤의 회전속도를 늦춘다.

④ 압연재의 온도를 높인다.

176 압연가공에서 압하율을 나타내는 식은 어느 것인가?(단, H_0는 압연 전의 두께, H_1은 압 연 후의 두께이다)

① $\dfrac{H_1 - H_0}{H_1} \times 100\%$

② $\dfrac{H_0 - H_1}{H_0} \times 100\%$

③ $H_1 - \dfrac{H_0}{H_1} \times 100\%$

④ $H_1 + \dfrac{H_0}{H_1} \times 100\%$

177 압연가공에서 롤 통과 전의 두께가 20mm이던 것이 통과 후의 두께가 10mm로 되었다면 압하율은 얼마인가?

① 20%   ② 25%

③ 30%   ④ 50%

 해설

압하율$= \dfrac{H_0 - H_1}{H_0} \times 100\%$, 압연 전 두께: H_0,

압연 후 두께: H_1

압하율$= \dfrac{H_0 - H_1}{H_0} \times 100$

$\quad = \dfrac{20-10}{20} \times 100 = 50\%$

178 압연 롤러와 압연재 사이의 마찰계수를 μ로, 반지름 방향의 압하력은 P라 할 때 이 재료를 끌어당기기 위해서는 다음 어느 관계가 성립되어야 하는가?

① $\mu \geq \tan \theta$ ② $\mu > \tan \theta$

③ $\mu \leq \tan \theta$ ④ $\mu < \tan \theta$

해설

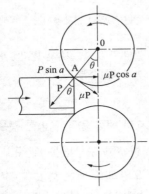

- $\mu P \cos\theta \geq P \sin\theta \rightarrow \therefore \mu \geq \tan\theta$
  - P: 압연시 롤이 판재를 누르는 힘
  - μ: 마찰계수
  - θ: 롤과 판재의 접촉각
- θ가 작거나 마찰계수 μ(0.1~0.3)가 커지면 스스로 압연이 가능

179 프레스 가공에서 전단작업으로 옳지 않은 것은?

① 블래킹   ② 비딩

③ 세이빙   ④ 트리밍

180 프레스 가공에서 성형작업으로 옳지 않은 것은?

① 블래킹   ② 시밍

③ 스피닝   ④ 비딩

181 나사나 기어를 소성 가공하는데 가장 많이 사용되는 가공방법은?

① 전조법

② 단조 가공법

③ 압연가공법

④ 압출가공법

해설 **전조법**: 축 대칭형 소재를 2개 이상의 공구 사이에서 굴림으로써 그 외형 또는 내면의 모양을 성형하는 소성 가공으로 주로 링, 나사, 기어, 차축 등의 제조에 사용한다.

182 프레스 가공에서 압축작업이 아닌 것은?

① 압인   ② 엠보싱

③ 벌징   ④ 스웨이징

183 다이 구멍에 재료를 통과시켜 지름을 감소시키는 가공방법은?

① 압연가공

② 인발가공

③ 전조가공

④ 압출가공

184 인발가공에서 역장력을 가할 때 생기는 결과가 아닌 것은?

① 다이 벽면에서 마찰력이 증가한다.
② 다이의 마멸이 작고 수명이 증대한다.
③ 다이 벽면에서 마찰력이 감소한다.
④ 다이의 지름에 가까운 지름의 제품을 얻을 수 있다.

185 컨테이너 속에 재료를 넣고 램으로 압력을 가해 가공하는 것은 어느 것인가?

① 전조가공
② 인발가공
③ 압출가공
④ 압연가공

186 탄피나 치약 튜브를 만들 수 있는 방법은 어느 것인가?

① 전조가공
② 인발가공
③ 압출가공
④ 압연가공

예 해설 압출가공은 소재를 컨테이너 속에 넣어 램으로 압력을 가해 다이 구멍으로 소재를 밀어내어 제품을 만드는 소성 가공법이다.

187 소재의 두께를 변화시키지 않고 상하형이 서로 대응하는 다이 사이에 넣는 성형법은?

① 코닝
② 엠보싱
③ 벌징
④ 커링

188 판금 제품의 앞뒤를 달리 볼록 나오거나 오목 들어가게 하는 작업은?

① 압인 가공
② 엠보싱
③ 비딩
④ 벌징

189 다음 설명에서 옳은 것은?

① 펀치와 다이 사이의 물림 틈새가 작으면 제품의 처짐, 뒤말림이 커진다.
② 피니싱 다이에서는 펀치 및 다이 구멍의 치수를 같은 크기로 한다.
③ 블랭킹에서는 다이 구멍을 치수와 같이 만들고, 펀치와 클리어런스를 둔다.
④ 시어에서 윗날에 붙인 시어 각은 두꺼운 판을 전단할 때 작게 하고, 얇은 판을 절단할 때 크게 한다.

190 스프링 백의 양이 커지는 것과 관계없는 것은?

① 소성이 큰 재료일수록
② 구부림 반지름이 클수록
③ 탄성 한계가 높을수록
④ 경도가 높을수록

예 해설 스프링 백의 양
• 같은 두께의 판재에서는 구부림 반지름이 클수록 크다.
• 같은 두께의 판재에서는 구부림 각도가 작을수록 크다.
• 같은 판재에서 구부림 반지름이 같을 때에는 두께가 얇을수록 커진다.

191 스프링 백을 옳게 설명한 것은?

① 판재를 구부렸을 때 구부린 부분이 활 모양으로 되는 현상
② 판재를 구부릴 때 하중을 제거하면 탄성에 의해 약간 처음 상태로 돌아오는 것
③ 스프링의 피치를 나타낸다.
④ 스프링에서 장력의 세기를 나타내는 척도

192 스프링을 쇼트 피이닝(shot penning)했을 때의 장점이 될 수 없는 것은 어느 것인가?

① 표면 경도가 커진다.

② 피로 한도가 높아진다.

③ 기계적 성질이 좋아진다.

④ 연성을 감소시키고 균열을 일으킨다.

해설 가공물 표면에 작은 볼을 투사하면 피로강도가 증가하고 표면 경도가 증가하며, 기계적 성질이 향상되는 반면에 부적당한 쇼트 피이닝을 하면 연성이 감소되어 균열의 원인이 된다.

193 스프링 백 현상에 대한 설명 중 틀린 것은?

① 탄성 한도가 높고 또한 단단한 재료일수록 스프링 백의 양은 커진다.

② 스프링 백을 방지하려면 주어진 일감의 각도보다 공구의 각도를 크게 하는 것이 좋다.

③ 같은 판재에서 굽힘 반지름이 같을 때 판 두께가 얇을수록 스프링 백의 양은 커진다.

④ 같은 재료에서 구부림 반지름이 클수록 스프링 백의 양은 커진다.

194 아르곤, 헬륨 등의 불활성 가스 속에 텅스텐 봉을 사용하는 용접은?

① 서브 머지드 용접

② TIG 용접

③ CO_2 용접

④ MIG 용접

195 다음 설명 중 틀린 것은 어느 것인가?

① 구부림 가공에서는 판금의 압연 방향과

구부림 방향에 관계없이 잘라낸다.

② 구부림 가공 뒤에 하중을 제거하면 판은 재료의 탄성에 의하여 제품의 구부림 반지름, 구부림 각이 가공할 때보다 조금 되돌아간다. 이것을 스프링 백이라 한다.

③ 압연 방향으로는 연신율이 크므로 구부림선 방향이 압연 방향과 직각일 때는 같은 방향일 때보다 최소 구부림 반지름을 작게 할 수 있다.

④ 판금의 최소 구부림 반지름이란 균열이 없이 굽힐 수 있는 반지름의 최솟값이며, 재질과 판 두께에 관계된다.

196 플러그 컷 연삭에 대한 옳은 설명은?

① 숫돌축이 축방향으로 이송하는 평면연삭

② 테이블이 축방향으로 이송하는 원통연삭

③ 숫돌축이 축방향으로 이송하는 원통연삭

④ 축방향으로 이송하지 않는 원통연삭

해설 플러그 컷형
• 숫돌을 테이블과 이동시켜 연삭한다.
• 단이 있는 원통, 테이퍼형, 곡선윤곽 등 전체 길이를 동시에 연삭한다.
• 숫돌의 너비가 일감의 연삭너비보다 크다.
• 플러그 컷 연삭은 공작물이나 세로 이송은 주지 않고 절삭깊이만 주어 연삭하는 방법이다.

197 드로잉 가공에서 소재를 뽑을 때 당기는 방향과 반대의 장력을 역장력이라 하는데 역장력의 장점이 아닌 것은?

① 드로잉의 효과가 크다.

② 다이면의 접촉압력이 감소된다.

③ 다이의 마멸이 적어진다.

④ 다이를 열처리하지 않아도 된다.

198 드로잉 가공법이 아닌 것은 어느 것인가?

① 형 드로잉   ② 스피닝법

③ 타출법   ④ 탄젠트 벤더

199 열처리로 경화된 합금강을 연삭할 때의 연삭 입자는 어느 것을 사용하는가?

① A   ② WA

③ C   ④ GC

해설 연삭 입자재료를 일반적으로 알루미나(Al_2O_3)와 탄화규소(SiC)가 사용된다. 알루미나에는 순도가 낮고 암갈색인 A입자가 있어 연강, 경강의 연삭에, 순도가 높은 백색의 WA입자는 담금질강, 특수강의 연삭에 쓰인다. 또 탄화규소 입자에는 순도가 낮고 회색인 G입자는 주철, 비철금속, 비금속의 연삭에 쓰인다. 또 탄화규소 입자에는 순도가 낮고 회색인 G입자는 주철, 비철금속, 비금속의 연삭에, 순도가 높고 녹색인 GC입자는 초경합금 연삭에 쓰인다.

200 합금강 경화 처리한 것을 연삭할 때 사용할 연삭입자는 다음 중 어느 것인가?

① 석영   ② 탄화규소

③ 산화알루미늄   ④ 다이아몬드

201 강을 A1 변태점 이상으로 가열하여 급랭시켜 경도를 증가시키는 열처리는?

① 담금질   ② 풀림

③ 뜨임   ④ 불림

202 담금질한 것에 인성을 부여하고 조직을 균일화하는 열처리는?

① 항온 열처리   ② 노멀 라이징

③ 어니이링   ④ 템퍼링

203 가공 경화된 재료를 연한 재질 상태로 돌아가게 하는 열처리는?

① 담금질   ② 풀림

③ 뜨임   ④ 불림

204 금속의 경화 열처리 중 해당하지 않는 것은 어느 것인가?

① 표면 연화처리   ② 항온 열처리

③ 계단 열처리   ④ 연속 냉각 열처리

205 마르텐사이트 조직을 얻기 위한 열처리는?

① 담금질   ② 풀림

③ 뜨임   ④ 불림

해설 강을 A1, 변태점 이상으로 가열하여 급랭시키면 Ferrite 변태가 저지되고 탄소가 과포화로 고용된 고용체가 나오는데 이것을 마르텐사이트라 한다. 이와 같이 강을 A1변태 이상으로 가열하여 급랭시키는 열처리를 담금질이라 한다.

206 항온 열처리의 요소 중에 관계없는 것은 어느 것인가?

① 온도   ② 시간

③ 재결정온도   ④ 변태

207 항온 열처리 조직과 계단 열처리 조직 중 다른 것은?

① 펄라이트   ② 마르텐사이트

③ 오스테나이트   ④ 베이나이트

208 다음 조직 중에서 어느 것이 경도가 가장 높은가?

① 소르바이트   ② 마르텐사이트

③ 오오스테나이트   ④ 트루스타이트

209 강을 열처리 할 때의 조직이 변화하는 순서는 어느 것인가?

① 오오스테나이트 → 마르텐사이트 → 트루스타이트 → 소르바이트

② 소르바이트 → 오오스테나이트 → 마르텐사이트 → 트루스타이트

③ 마르텐사이트 → 트루스타이트 → 소르바이트 → 오오스테나이트

④ 트루스 타이트 → 소르바이트 → 오오스테나이트 → 마르텐사이트

210 다음 중 강의 표면에 탄소를 침투시켜 강의 표면을 단단하게 하는 방법은?

① 항온 처리법　　② 질화법

③ 청화법　　　　④ 침탄법

211 다음은 표면경화의 효과를 얻기 위한 방법들을 기술한 것이다. 이 중 잘못된 것은?

① 화염 경화법　　② 질화법

③ 탈탄법　　　　④ 청화법

212 강의 표면경화법에서 침탄법은?

① 화염 경화　　② 고주파 경화

③ 청화법　　　④ 질화법

해설 • **침탄법** : 재료의 표면에 탄소를 침투시켜 담금질을 하므로 표면이 경화되는 표면경화법이다.
• **청화법** : 재료 표면에 탄소와 질소를 침투시켜 담금질하므로 표면이 경화되는 방법이다.

213 질화 처리한 것의 특징으로서 적합하지 않은 것은 어느 것인가?

① 600℃ 이하의 온도에서는 경도가 감소되지 않고, 산화가 잘 안 된다.

② 질화 처리 후 담금질하기 때문에 변형이 작다.

③ 마모 및 부식에 대한 저항이 크다.

④ 경화층은 얇고 침탄한 것보다 경도가 크다.

해설 표면경화법 중에서 질화법의 특징 ①, ③, ④ 외에 질화 처리 후 담금질을 할 필요가 없다.

214 서브제로(sub zero) 처리를 옳게 설명한 것은?

① 강철 표면을 화학적으로 깨끗이 처리하는 것

② 기름으로 냉각한 다음 물로 다시 냉각하는 것

③ 담금 후 바로 템퍼링 하기 전에 얼마동안 0℃에 두었다가 템퍼링하는 것

④ 담금 후 계속 0℃ 이하로 냉각시켜 잔류 오스테나이트를 감소시키는 것

해설 담금질한 강이 실온이 되었을 때 다시 −0℃ 이하로 냉각하여 변태를 진행시켜 잔류 오스테나이트를 마르텐사이트로 변태시키는 목적의 처리법이다.

215 질화법의 장점으로 옳지 않은 것은?

① 변형이 적다.

② 마모 및 부식에 대한 저항이 크다.

③ 질화층이 두껍다.

④ 담금질할 필요가 없다.

216 고체 침탄법에서 촉진제로 옳지 않은 것은?

① $NaCO_3$　　　② $BaCO_3$

③ $NaCl$　　　　④ 석회질소

217 표면경화법이란 강인성 있는 재료에 특수한 열처리를 하여 그 표면층을 경화시키는 것을 말하는데, 강재의 화학 조성은 변화되지 않고 표면만 경화시키는 방법은?

① 질화법
② 침탄 질화법
③ 금속 침투법
④ 숏피닝법

218 용접부에 생기는 잔류응력을 없애는 방법은?

① 담금질을 한다.
② 뜨임을 한다.
③ 풀림을 한다.
④ 불림을 한다.

219 용접에 대한 설명 중 옳지 않은 것은?

① 전기용접에서 비트 끝에 오목하게 파인 곳을 크레이터라 한다.
② 전기용접은 가스 용접에 비하여 용접부 주위의 변형이 많이 생긴다.
③ 전기용접부에 생기는 잔류응력을 없애기 위해서는 풀림 처리한다.
④ 용접부의 피니싱 작업은 용접금속부의 인장응력을 완화하는데 큰 효과가 있다.

220 용접 후 피닝을 하는 목적은?

① 모재의 재질을 검사하기 위하여
② 응력을 강하게 하고 변형을 적게 하기 위해서
③ 용접 후의 변형을 방지하기 위해서
④ 도료를 없애기 위해서

221 비드의 표면을 덮어서 급랭, 산화 또는 질화를 방지하고 용접금속을 보호하는 역할을 하는 것은?

① 용제
② 슬래그
③ 아크
④ 스패터

해설 용접 시 비드 표면에는 슬래그가 생기는데 이는 비드 표면을 덮어 용착금속에 공기가 접하지 않도록 하여 산화나 질화를 막고 또 용접부가 급랭되지 않도록 한다.

222 용접 시에 가접을 하는 이유로 옳은 것은?

① 응력 집중을 크게 하기 위해서
② 용접 중의 변형을 방지하기 위해서
③ 제품의 치수를 크게 하기 위해서
④ 용접 자세를 일정하게 하기 위해서

223 그림은 V형 맞대기 용접기호이다. 바른 설명은?

① 홈의 깊이 : 25mm
② 루트의 간격 : 0mm
③ 루트의 반지름 : 0mm
④ 루트의 간격 : 25mm

224 용접의 종류 중 압접은 어느 것인가?

① TIG 용접
② 레이저 용접
③ 원자 수소 용접
④ 전기저항 용접

225 강관을 길이 방향으로(이음매) 용접하는데 가장 적합한 용접은?

① 시임 용접
② 프로젝션 용접
③ 점용접
④ 업셋 맞대기 용접

226 전기저항 열을 이용하는 용접으로 틀린 것은?

① 스포트 용접

② 시임 용접

③ 프로젝션 용접

④ 엘렉트로 슬래그 용접

227 얇은 용접관을 전기용접에서 연속적으로 제작할 때는 어떤 방식이 사용되는가?

① 시임 용접

② 비트 용접

③ 연속 아크 용접

④ 스폿 용접

228 용융 용접의 일종으로서, 아크열이 아닌 와이어와 용융 슬랙 사이에 통전된 전류의 저항열을 이용하여 용접하는 방법은?

① 일렉트로 슬랙 용접

② 플라즈마 용접

③ 원자 수소 아크 용접

④ 테르밋 용접

229 용접 작업의 순서로 옳은 것은?

① 용접 모재 → 청정 → 예열 → 용접 → 검사

② 용접 모재 → 검사 → 용접 → 예열 → 청정

③ 용접 모재 → 예열 → 용접 → 검사 → 청정

④ 용접 모재 → 용접 → 예열 → 검사 → 청정

230 방사선 투과 시험으로 검사가 가능한 것은?

① 기공의 유무　　② 열 영향부 경화

③ 설퍼밴드　　　④ 조직 상태

231 산소에 대해서 가장 잘 표현한 것은?

① 타는 것을 도와준다.

② 공기보다 가볍다.

③ 스스로 탄다.

④ 냄새가 난다.

232 다음은 용접 자세의 기호를 설명한 것 중 맞는 것은?

① V – 하향 자세　　② OH – 위 보기

③ F – 수평 자세　　④ F – 수직 자세

233 아세틸렌의 설명 중 틀린 것은?

① 무색 무취이다.

② 폭발위험성이 있다.

③ 여러 가지 액체에 잘 용해된다.

④ 공기보다 무겁다.

234 아세틸렌이 가장 많이 용해되는 것을 고르면?

① 물　　　　　② 아세톤

③ 벤젠　　　　④ 석유

235 용해 아세틸렌의 누설 검사는 어느 것이 좋은가?

① 산소　　　　② 비눗물

③ 황산 구리액　④ 촛불

236 용해 아세틸렌은 몇 기압 이하로 사용하는 것이 안전하다고 보는가?

① 2.5기압   ② 2기압

③ 1.5기압   ④ 1.3기압

237 산소-아세틸렌가스 용접에서 전진법과 후퇴법을 비교 설명한 것이다. 틀린 것은 어느 것인가?

① 전진법은 용접에 의한 변형이 크고 후퇴법은 작다.

② 전진법은 산화의 정도가 심하고 후퇴법은 약하다.

③ 전진법은 용착금속의 냉각 속도가 빠르고 후진법은 느리다.

④ 전진법은 비드의 관찰이 용이하고 후퇴법은 곤란하다.

238 가스 용접에서 용제를 사용하는 목적은 무엇인가?

① 용접봉의 용융 속도를 느리게 하기 위하여

② 침탄이나 질화 작용을 돕기 위하여

③ 용접 중 산화물 등의 유해물을 제거하기 위하여

④ 모재의 용융 온도를 낮게 하기 위하여

239 용적 50l의 산소용기의 고압력계에서 90기압이 나타났다면 300l의 팁으로서 몇 시간 용접할 수 있는가?(단, 산소와 아세틸렌의 혼합비는 1 : 1이다)

① 7.5시간   ② 12시간

③ 15시간   ④ 25시간

예 해설 $50 \times 90 = 4500l$(용기 속에 있는 아세틸렌양), 이것을 $300 l/h$로 사용하면 $4500/300 = 15$시간

240 산소 봄베 속에 산소가 완전 충전되었을 때 압력이 35℃에서 몇 기압(kg/cm^2)이 되겠는가?

① 200kg/cm^2 ② 150kg/cm^2

③ 100kg/cm^2 ④ 50kg/cm^2

예 해설 산소 : 비중은 1.105로 공기보다 무겁고, 산소병의 산소는 35℃, 150kgf/cm^2 고압 충전하여 봄베이에 저장

241 다음 중 금속의 용접 때 사용되는 불꽃과 연결이 잘못된 것은?

① 연강-표준 불꽃

② 스테인리스강-탄화 불꽃

③ 알루미늄-산화 불꽃

④ 황동-산화 불꽃

예 해설 중성 불꽃은 일반적인 용접에 쓰이고, 탄화 불꽃은 산화작용이 잘 일어나는 스테인리스강, 알루미늄 등의 용접에 산화 불꽃은 열을 받으면 용해되어 증발하는 금속, 즉 아연 등의 용접에 쓰인다.

242 주철을 산소-아세틸렌 용접할 때 가장 적합한 불꽃의 종류는?

① 환원 불꽃   ② 중성 불꽃

③ 산화 불꽃   ④ 약한 탄화 불꽃

243 가스 용접에서 용접봉과 모재 두께와의 올바른 관계식은?

① $D = t/2$ ② $D = (t/2) + 1$

③ $D = (t/2) - 1$ ④ $D = (t/2) + d$

244 다음 중 가스 절단 속도에 영향을 주지 않는 것은 어느 것인가?

① 산소압력(저압 게이지에 나타난 압력)

② 산소의 순도

③ 볼 구멍의 모양

④ 봄베 속의 가스 압력

예 해설 산소 아세틸렌가스 절단에서는 산소의 순도, 사용 압력, 불꽃의 조정, 팁 구멍의 형상, 토치의 절단 각도 등의 영향은 받으나 봄베 속의 가스 압력과는 관계없다.

245 다음 중 산소-아세틸렌가스로 가장 잘 절단 할 수 있는 금속은?

① 연강

② 스테인리스강

③ 구리

④ 알루미늄

246 다음 중 정극성에 대한 설명에서 잘못된 것은?

① 두꺼운 판 용접에 널리 사용된다.

② 모재 쪽에서 발생하는 열이 60~75% 정도가 된다.

③ 모재 쪽의 용입이 얕다.

④ 모재를 (+)극에 용접봉을 (−)극에 연결한다.

247 다음 E4301에서 43이 뜻하는 것은?

① 아크 용접시의 사용전류

② 피복제의 종류와 용접자세

③ 용착금속의 최저 인장강도

④ 피복제의 종류

예 해설 연강용 아크 용접에서 그 규격을 나타낼 때 E43△ ■으로 표시

• E : 전기용접봉(electrode)의 약자, 43 : 용착금속의 최저 인장강도(kgf/mm^2)

• △ : 용접자세(0과 1은 전자세, 2는 아래 보기와 수평 및 필렛 자세)

• ■ : 피복제의 계통

248 아크 용접 중 언더컷 현상이 일어나는 원인은?

① 모재가 과열되었을 때

② 운봉 속도가 느릴 때

③ 용입이 안될 때

④ 용접 전류가 낮을 때

249 피복제에 습기가 있을 때 용접의 결과는?

① 오버랩 현상이 일어난다.

② 기공이 생긴다.

③ 언더컷 현상이 일어난다.

④ 크레이터가 생긴다.

250 아크 용접 중 오버랩 현상의 원인이 아닌 것은?

① 모재가 과열되었을 때

② 극성의 연결을 잘못했을 때

③ 운봉 속도가 느릴 때

④ 용접 전류가 높을 때

251 아크 용접 시 비드의 끝에 약간 움푹 들어간 부분을 무엇이라 하는가?

① 슬래그 섞음   ② 오버랩

③ 크레이터   ④ 스패터

252 아크 용접에서 어떤 경우에 크레이터가 생기겠는가?

① 용접속도가 느릴 때
② 아크를 중단시켰을 때
③ 용접 전류를 세게 했을 때
④ 용접 전압을 높게 했을 때

253 아크 용접에서 용입 부족의 원인이 될 수 없는 것은?

① 모재가 과열되었을 때
② 홈의 각도가 좁을 때
③ 용접속도가 빠를 때
④ 용접 전류가 낮을 때

254 직류 아크 용접기의 장점이 아닌 것은?

① 극성의 변화가 쉽다.
② 자기 쏠림이 적다.
③ 아크의 안정
④ 감전의 위험이 적다.

255 용접의 고속화와 자동화를 기하기 위한 용접법 중 입상의 용제를 사용하는 용접법은?

① 시임 용접
② 버트 용접
③ 업셋 용접
④ 서브 머지드 아크 용접

256 용접 방법 중 열손실이 가장 적은 것은?

① 피복 아크 용접
② 서브 머지드 용접
③ 가스 용접
④ 플랫 맞대기 용접

해설 서브 머지드 용접은 용재를 용접부 표면에 덮고 심선이 용제 속에 들어있어 아크가 발생될 때 열방산이 적은 특징을 가지고 있다.

257 납땜하기가 곤란한 것은?

① 아연판
② 함석판
③ 구리판
④ 스테인리스 강판

258 땜납은 어느 것의 합금인가?

① 구리와 아연
② 납과 주석
③ 아연과 주석
④ 납과 아연

259 아크 용접을 할 때 수하(垂下) 특성이 요구되는 것은?

① 전기 소비량을 적게 하기 위해
② 전압의 값을 일정하게 하기 위하여
③ 개로 전압을 낮추기 위하여
④ 전류의 변화를 적게 하기 위하여

해설 **수하 특성** : 부하 전류가 증가하면 단자전압이 저하되는 특성으로 아크를 안정시키는데 필요하다.

260 점 용접의 3대 요소에 속하지 않는 것은?

① 통전 시간
② 용접 전류
③ 가압력
④ 도전율

해설 **점 용접의 특징**
• 열 전단률이 다른 금속과의 사이에는 용접이 곤란하다.
• 두 전극 간에 2장의 판을 끼우고 가압하면서 전류를 통하면 용접된다.
• 점 용접은 가압력, 통전 시간, 전류 밀도를 잘 조절해야 한다.

261 전기저항 용접에 속하지 않는 것은?

① 점 용접　　② 시임 용접
③ 테르밋 용접　④ 맞대기 용접

262 가스 용접의 특징으로 옳지 않은 것은?

① 가스 용접은 강려의 조절이 비교적 자유롭다.
② 열의 집중성이 아크 용접보다 나쁘다.
③ 가스 용접의 설비는 간단하고 가격이 싸다.
④ 열효율이 아크 용접보다 높다.

263 테르밋 용접이란 무엇인가?

① 원자 수소의 발열을 이용한 용접법이다.
② 액체 산소를 이용한 가스 용접법의 일종이다.
③ 전기용접과 가스 용접법을 결합한 방법이다.
④ 산화철과 알루미늄의 반응열을 이용한 용접법이다.

해설 테르밋 용접은 설비비가 싸고, 작업이 간단하며 용접 변형이 적고, 용접시간이 짧다.

264 경납 접합법에 해당하지 않는 것은 어느 것인가?

① 접합부를 닦아서 깨끗이 한 뒤 용제 등으로 기름을 제거한다.
② 용제를 배합한 경납가루를 접합부에 바른다.
③ 용제를 접합면에 바르고 납 인두로 경납을 녹여서 흘러 들어가게 한다.

④ 가스 토치 또는 노 속에서 가열하여 접합한다.

265 목형을 만들 때 목형구배를 두는 이유로 맞는 것은?

① 목형을 쉽게 뽑기 위해서
② 쇳물의 주입이 잘 되게
③ 쇳물을 추가하는 여유
④ 모서리를 둥글게 하여 주물의 파손방지

266 잇수 70개, 바깥지름 504mm인 스퍼 기어를 절삭할 때 기어의 모듈 M은 얼마인가?

① 4　　　　　② 5
③ 6　　　　　④ 7

해설
$$M(\text{모듈}) = \frac{PCD(\text{피치원 지름})}{Z(\text{잇수})},$$
$$D_0(\text{바깥지름}) = PCD + 2M$$
$$= MZ + 2M = M(Z+2)$$
$$M = \frac{D_0}{Z+2} = \frac{504}{70+2} = 7$$

267 만능 밀링 머신으로 다음 분할핀을 사용하여 60등분하려고 한다. 분할이 바르게 된 것은?

사용 분할핀	15구멍판, 16구멍판, 17구멍판
	18구멍판, 19구멍판, 20구멍판

① 16구멍판 사용, 12구멍씩 이동
② 17구멍판 사용, 12구멍씩 이동
③ 20구멍판 사용, 12구멍씩 이동
④ 18구멍판 사용, 12구멍씩 이동

해설
$$n = \frac{40}{N} = \frac{40}{60} = \frac{2}{3} = \frac{2 \times 6}{3 \times 6} = \frac{12}{18}$$
(18구멍판을 사용하여 12구멍씩 회전한다)
크랭크 40회전에 주축이 1회전한다.

제 **2** 편

농업기계요소

농업기계 산업기사

제**1**장

기계요소의 기초

농업기계요소는 농업용 기계 설계 시 사용되는 각종 부품들, 즉 볼트, 너트, 와서, 축, 베어링, 벨트, 브레이크, 용접, 기어, 스프링, 키, 코터 등 각종 기계요소를 설계하는 분야이다. 따라서 이들 요소들은 일반적인 계산 방법에 의하여 설계되는 부분과 각종 규격치를 응용 적용하여 설계되는 부분 등으로 나누어진다. 또한, 때로는 각 설계 현장에서 경험에 의한 변수들을 적용하여 설계하는 경우도 볼 수 있다. 그러나 그 기본적인 설계기술은 기계요소 설계의 계산 또는 이용 방법에 의존하는 것으로 볼 수 있다.

1 기계요소 기초

1 하중, 응력 및 변형율

(1) 응력(stress)

어떤 물체에 하중이 작용할 경우 그 물체 내부에서는 저항력이 발생한다. 이렇게 발생된 저항을 응력이라고 부르며 작용하는 하중, 하중을 받는 단면적과 관계가 있다.

① 수직 응력 : 축 또는 물체의 길이 방향으로 하중을 받을 때 발생하는 응력

 ㉠ 인장응력(축 방향으로 잡아 당길 때 생기는 응력)

$$\sigma_t = \frac{P}{A}[\mathrm{kg_f/mm^2}]$$

여기서, P : 하중, A : 축의 단면적 σ_t(sigma)

 ㉡ 압축응력(축 방향으로 누를 때 생기는 응력)

$$\sigma_c = \frac{P}{A}[\mathrm{kg_f/mm^2}]$$ τ(tau)

② 전단응력(shearing stress) : 단면에 평행하게 서로 미끄러지게 힘이 작용할 때 생기는 응력

$$\tau_s = \frac{P}{A}[\mathrm{kg_f/mm^2}]$$

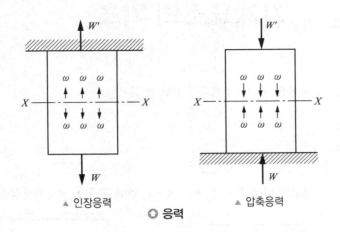

▲ 인장응력 　　　　　　　　　 ▲ 압축응력

◎ **응력**

③ **굽힘 응력**(bending stress) : 하중에 의해 재료가 휘어질 때 횡단면에 발생하는 응력

$$\sigma_b = \frac{M}{Z}$$

여기서, M : 굽힘 모멘트(kg-m), Z : 단면 계수

④ **비틀림 응력**(torsion stress) : 막대 축선의 둘레에 짝힘(비틀림 하중)이 작용하여 막대가 비틀어질 때 받는 응력

　㉠ 비틀림 응력

$$\tau_t = \frac{T}{Z_p}$$

여기서, T : 비틀림 모멘트, Z_p : 극단면 계수

◎ **비틀림 응력**

　㉡ 비틀림 토크

$$T = \tau Z_p$$

　㉢ 비틀림 각

$$\theta = \frac{Tl}{GI_p}[\text{rad}]$$

여기서, l : 봉의 길이, I_p : 극단면 2차 모멘트, G : 횡탄성 계수

(2) 변형률

　응력을 받는 재료는 변형이 일어나게 된다. 이때 일어나는 변형의 양을 원래의 길이로 나눈 것으로 변형률이라고 한다.

① 종 변형률 : 하중 방향의 신장량

$$\varepsilon = \frac{\lambda}{l}$$

여기서, λ : 변형량(mm), l : 재료의 변형 전 길이

② 횡 변형률

$$\varepsilon' = \frac{d'-d}{d} = \frac{\delta}{d}$$

여기서, d : 재료의 변형 전 직경, d' : 재료의 변형 후 직경. δ : 직경 변화량($d'-d$)

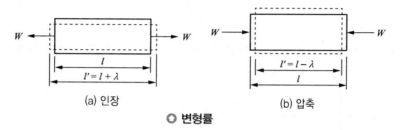

(a) 인장   (b) 압축

◎ 변형률

③ 전단 변형률

$$\gamma = \frac{\lambda_s}{l} = \tan\phi$$

여기서, λ_s : 전단 길이(cm), l : 두 평탄 사이의 길이(cm), ϕ : 전단각(rad)

(3) 후크의 법칙(hooke)

탄성 한도 내에서 전단응력(σ)과 전단 변형률(ε)은 비례한다.

$$E = \frac{\sigma}{\varepsilon} = \frac{\dfrac{P}{A}}{\dfrac{\delta}{l}} = \frac{Pl}{A\delta} [\mathrm{kg/mm^2}]$$

(4) 탄성 계수

① 종탄성 계수(modules of longitudinal elasticity)

$$E = \frac{\sigma}{\varepsilon} \quad 강철의 \quad E = 2.1 \times 106 \mathrm{kgf/cm^2}$$

② 횡탄성 계수(modules of laternal elasticity)

$$G = \frac{\tau}{\gamma} \quad 강철의 \quad G = 0.81 \times 106 \mathrm{kgf/cm^2}$$

(5) 포와송의 비

$$\mu = \frac{\varepsilon'}{\varepsilon} = \frac{1}{m} \qquad m = \text{포와송의 수라 한다.}$$

또한, $\varepsilon = \dfrac{\lambda}{l}$, $\varepsilon' = \dfrac{\delta}{d}$ 이므로 $\mu = \dfrac{\varepsilon'}{\varepsilon} = \dfrac{\dfrac{\delta}{d}}{\dfrac{\lambda}{l}} = \dfrac{\delta l}{d\lambda}$

포와송비 μ는 1보다 적으며 따라서 포와송 수 m은 1보다 크다.

(6) 안전율(factor of safety)

안전율 S는 재료의 기준강도와 허용응력과의 비이다. 안전율 $S = \dfrac{\sigma_b(\text{탄성 강도})}{\sigma_a(\text{허용응력})}$ 이다.

$$\therefore \sigma_a = \frac{\sigma_b}{S}$$

여기서, σ_a : 허용응력, σ_b : 탄성 강도

 Tip | 탄성 한도 > 허용응력 ≥ 사용 응력

■ 안전율의 선정 시 고려사항
　① 사용재료의 품질 정도
　② 사용장소 및 응력의 성질
　③ 설계의 정확성 여부
　④ 가공 정밀도 및 가공방법
　⑤ 하중의 종류와 응력의 선정

(7) 크리프(creep) 정의

　재료에 하중이 걸릴 경우 그 하중이 허용응력(σ_a)을 지나 최대 인장강도(σ_b)를 넘어 설 경우 어느 점에 도달하면 더 이상의 하중 W가 가해지지 않아도 재료가 계속 변형을 일으키고 결국 파단되게 된다. 이렇게 하중 W가 더 이상 증가하지 않아도 스스로 연속변형을 일으켜 파손되는 현상을 크리프 현상이라고 한다.

(8) 피로 한도(fatigue limit)

　재료가 시간적으로 변동하는 응력을 받는 것은 피로파괴라 하며, 파괴를 일으키지 않고 견딜 수 있는 최대 응력을 말한다.

Tip 피로 한도에 영향을 미치는 요소
자국, 치수 효과, 표면 거칠기, 부식, 압입 가공, 하중의 반복 속도와 온도 등

(9) 응력 – 변형률 선도

물체에 작용하는 하중을 점차로 증가시키면서 물체가 파괴될 때까지의 응력과 변형률과의 관계를 나타낸 것이다.

① O_Q : 하중을 제거하면 변형된 재료가 원래의 상태로 돌아가는 구간으로 탄성구간이라 한다(후크의 법칙).

② Q : 이점의 응력을 재료의 항복 강도라 한다.

③ ON : 탄성구간 내에서 변형률이 응력에 비례하는 구간이고 N의 응력을 비례 한계라 하며, 이때의 비례상수를 재료의 탄성 계수라 한다.

④ R : 응력의 최대점이며 재료의 극한 강도라 한다.

⑤ S : 재료의 파단점

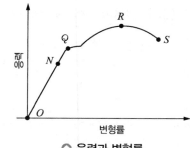

● 응력과 변형률

Tip 항복 강도 : 미소한 영구 변형을 일으키는 응력

2 치수 공차와 끼워맞춤

(1) 치수 공차 정의

최대 허용치수와 최소 허용치수와의 차이며, 즉 윗치수 허용차와 아래 치수 허용차와의 차를 말한다. 여기서 말하는 허용치수라 함은 실 치수가 그 사이에 들어가도록 정한 대·소 2개의 허용되는 치수의 한계를 표시한 치수를 뜻한다.

① **최대 허용치수** : 실 치수에 대하여 허용되는 최대 치수

② **최소 허용치수** : 실 치수에 대하여 허용되는 최소 치수

③ **기준 치수** : 허용 한계치수의 기준이 되는 치수

④ **치수 허용차** : 최대 허용치수에서 최소 치수를 뺀 값

⑤ **아래 치수 허용차** : 최소 허용치수에서 기준 치수를 뺀 값

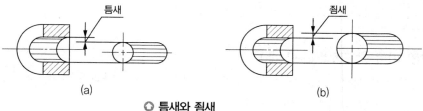

(a)   (b)

● 틈새와 죔새

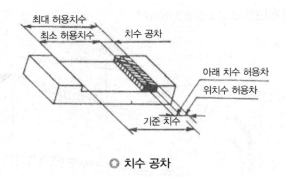

◎ **치수 공차**

(2) 끼워맞춤

축과 구멍의 맞추어지는 관계를 끼워맞춤이라 하고 축의 지름이 구멍의 지름보다 작을 때의 지름 차를 틈새라 하고, 축의 지름이 구멍의 지름보다 클 때의 지름 차를 죔새라 한다. 이때 축쪽의 공차는 영문 알파벳의 소문자와 아라비아 숫자로 표시하며 구멍쪽의 공차는 영문알파벳의 대문자와 아라비아숫자로 표시한다(**예** 축의 공차 h7, 구멍의 공차 H7).

① **헐거운 끼워맞춤** : 항상 틈새가 생기는 끼워맞춤

② **중간 끼워맞춤** : 실 치수에 따라 틈새가 생기는 수도 있고 죔새가 생기는 수도 있는 끼워맞춤

③ **억지 끼워맞춤** : 항상 죔새가 생기는 끼워맞춤

억지 끼워맞춤 (구멍의 최대 치수 ≤ 축의 최소 치수)	헐거운 끼워맞춤 (구멍의 최소 치수 > 최대 구멍지름)
최대 죔새 = 최대 축지름 ― 최소 구멍지름	최대 틈새 = 최대 구멍지름 ― 최소 축지름
최소 죔새 = 최소 축지름 ― 최대 구멍지름	최소 틈새 = 최소 구멍지름 ― 최대 축지름

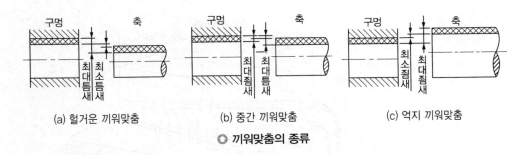

(a) 헐거운 끼워맞춤   (b) 중간 끼워맞춤   (c) 억지 끼워맞춤

◎ **끼워맞춤의 종류**

(3) 구멍 및 축기준 끼워맞춤 방식

구멍과 축을 끼워 맞추어 여러 가지 상태를 만드는데 다음의 두 방식이 있다.

① 구멍 기준 끼워맞춤(basic bore system)

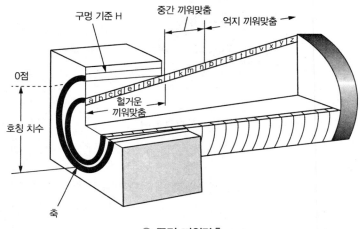

○ 구멍 끼워맞춤

※ 구멍지름 치수가 $10^{+0.35}_{-0.12}$ 일 때 공차는 0.47이다.

H5~H10의 6종의 구멍을 기준 구멍으로 하고, 이 구멍에 끼워 맞추는 축은 적당한 종류의 축을 선택하여 필요한 틈새 또는 죔새가 생기게 하는 끼워맞춤 방식이며, 기준구멍의 아래치수 허용차는 0이 되는 구멍을 사용한다.

② 축기준 끼워맞춤(basic shaft system)

h4~h9의 6종의 구멍을 기준으로 하여 이것이 적당한 종류의 구멍을 선택하여 필요한 틈새 또는 죔새가 생기게 하는 끼워맞춤 방식이며, 기준축은 의치수 허용차가 0인 축을 사용한다.

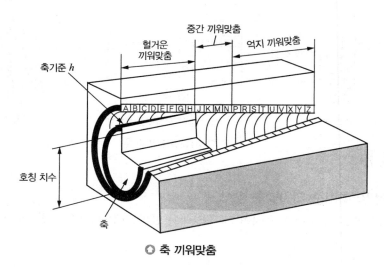

○ 축 끼워맞춤

제 2 장 체결용 요소

1 체결용 요소

기계는 수많은 부품의 결합으로 이루어져 있으며, 이들 기계의 부품의 이음에 사용되는 기계요소를 체결용 요소라 한다.

① 나사(screw) ② 볼트(bolt)
③ 너트(nut) ④ 키(key)
⑤ 핀(pin) ⑥ 코터(cotter)
⑦ 리벳(rivet) ⑧ 용접(welding)

1 나사

(1) 삼각나사(체결용 나사) 종류와 특징

구분 ＼ 나사의 종류		미터 나사	휘트워드 나사	유니파이 나사	관용 나사
단위		mm	inch	inch	inch
호칭기호		M	W	UNC : 보통 나사 UNF : 가는 나사	PF PT
나사산의 각도		60°	55°	60°	55°
나사의 모양	산	편편하다	둥글다	편편하다	둥글다
	골	둥글다	둥글다	둥글다	둥글다
호칭법	보통 나사	M 5	W1/2	UNC5/8	PT : 관용 테이퍼 나사 PS : 관용 평행 암 나사 PF : 관용 평행 나사
	가는 나사	M 5×1피치	W1/2-16산수	UNC5/8-24산수	

문제

나사 중 효율이 낮아서 체결용으로 가장 많이 사용하는 나사는? 삼각나사

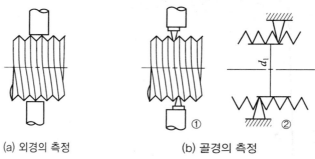

(a) 외경의 측정　　　　(b) 골경의 측정

● 나사 외경 및 골경의 측정

암나사의 호칭지름
측정은 암나사에 맞는 수나사의 외경 측정으로 표시한다(바깥지름).

(2) 나사의 표시법

① 미터나사(M나사)

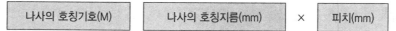

| 나사의 호칭기호(M) | 나사의 호칭지름(mm) | × | 피치(mm) |

예 M 5 : 미터 보통나사 호칭지름 5mm임

　M 5×0.75 : 바깥지름 5mm, 피치 0.75mm임

즉, 보통나사는 나사의 호칭기호와 나사의 호칭지름만 표기하면 되며 가는 나사의 경우는 반드시 피치를 표기해야 한다.

● 미터나사　　　● 휘트워드 나사　　　● 유니파이 나사

※ 나사 크기는 : 바깥지름

② 휘트워드 나사

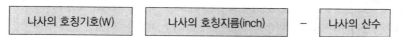

| 나사의 호칭기호(W) | 나사의 호칭지름(inch) | − | 나사의 산수 |

예 W 1/2 : 휘트워드 보통나사 1/2inch

　W 1/2 −18 : 휘트워드 가는 나사 1/2inch, 산수 18

③ 유니파이 나사(인치 나사)

| 나사의 호칭기호(UNC, UNF) | 나사의 (숫자 또는 번호) | – | 나사의 산수 |

예 UNC 3/8 : 유니파이 3/8inch, 산수 16

UNF 3/8 —36 : 유니파이 3/8inch, 산수 36

여기서, UNC는 유니파이 보통나사

UNF는 유니파이 가는 나사를 나타내며 산수는 1인치당 산의 수이다.

각도는 60°이다.

④ 관용 나사에서 유체 누설을 막기 위해서 1/16의 테이퍼를 둔다.

(3) 운동(동력) 전달용 나사

① 사각나사 (나사산각＝90°) : 힘의 전달용이며, 나사프레스, 나사 잭, 바이스 등에 사용한다.

• 특징

㉠ 힘이 작용하는 방향이 일정하며, 항상 축선과 평형하다.

㉡ 마찰저항이 적고, 나사 효율이 좋다.

㉢ 수나사의 축심이 어긋나기 쉽다.

㉣ 제작과 마모 시 조정이 어렵다.

❂ 사각나사

② 사다리꼴나사(애크미 나사) : 공작 기계의 이송용, 선반의 리드, 나사프레스, 바이스 등에 사용한다.

• 특징

㉠ 사각나사보다 제작이 쉽고, 정밀도가 높다.

㉡ 마모에 의한 조정이 쉽다.

㉢ 강도가 크고 동력 전달이 정확하다.

㉣ 나사산의 각도는 미터계(TM, 30°)와 인치계(TW, 29°)가 있다.

③ 톱니나사 : 한쪽 방향으로만 힘을 전달하며 30°와 45°의 것이 있으며 바이스, 프레스에 사용하며, 나사산은 직각삼각형이다.

④ 둥근 나사(Knuckle thread) : 나사산이나 골이 둥글게 되어 있어 아주 큰 힘을 받는 곳이나 먼지, 모래 등이 나사산에 들어가도 나사 작용에 지장이 없는 매몰용, 전구나 호스의 이음부 등에 사용한다.

Tip　너트의 호칭경은 수나사의 바깥지름으로 표시

기타. 테이퍼 나사의 기울기는 $\frac{1}{16}$ 이다.

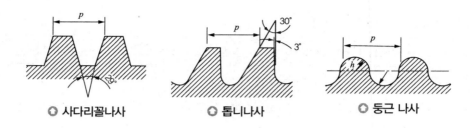

◎ 사다리꼴나사 　　　 ◎ 톱니나사 　　　 ◎ 둥근 나사

(4) 리드와 피치

① 리드(lead, l) : 나사를 한 바퀴 돌릴 때 축방향으로 이동한 거리

② 피치(pitch, p) : 서로 인접한 나사산과 나사산 사이의 수평거리

$$l = np$$

여기서, n : 줄 수(1줄 나사이면 $l = p$, 2줄 나사면 $l = 2p$)

　　　　p : 피치

$$\tan\alpha = \frac{p}{\pi d_e}$$

여기서, α = 나선 각(리드각, 경사각), d_e : 유효지름

 Tip

볼나사

마찰이 적고, 공작 기계 위치 결정 및 자동차, 트랙터, 핸들 조향 기어 등에 사용된다.

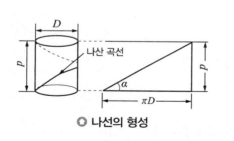

◎ 나선의 형성

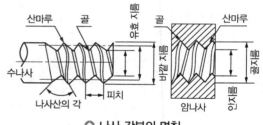

◎ 나사 각부의 명칭

(5) 나사의 역학

① 나사의 마찰 및 회전 토크

$$T = F \times L = P\frac{d_e}{2} = Q\frac{d_e}{2}\tan(\alpha + \rho) = Q\frac{d_e}{2} \times \frac{p + \mu\pi d_e}{\pi d_e - \mu p}\,[\text{kg–mm}]$$

나사의 체결력 $P = Q_{\tan}(\alpha + \rho) = Q\dfrac{\tan\alpha + \tan\rho}{1 - \tan\alpha\tan\rho} = Q\dfrac{p + \mu\pi d_e}{\pi d_e - \mu p}$

여기서, d_e : 유효지름, p : 피치, Q : 축방향의 하중(kg)

② 나사의 효율

$$\eta = \frac{\text{마찰이 없는 경우의 회전력}}{\text{마찰이 있는 경우의 회전력}} = \frac{\tan\alpha}{\tan(\alpha+\rho)}$$

$$\text{사각나사 } \eta = \frac{Q\,p}{2\pi T} = \frac{\tan\alpha}{\alpha+\rho} = \frac{p}{\pi d_e} \frac{\pi d_e - \mu p}{p + \mu \pi d_e}$$

삼각나사는 공식 μ 대신 μ'를 대입(단, $\mu' = \dfrac{\mu}{\cos\dfrac{\theta}{2}} = \tan\rho'$)

③ **나사의 자립 조건(self locking)** : 조여진 나사에 외력을 제거하여도 나사가 저절로 풀리지 않기 위해서는 마찰각(ρ)이 경사각(α) 보다 커야 한다. 이것을 나사의 자립 조건이라 한다.

$$\alpha \leq \rho$$

자립 상태를 유지하는 나사의 효율은 반드시 50% 이하이다.

❷ 볼트(Bolt)

(1) 육각 볼트(체결용)

① **관통 볼트** : 가장 많이 쓰이는 것으로 관통되는 구멍에 볼트를 끼우고 너트를 조여 두 부분을 체결한다.

② **탭 볼트** : 볼트가 관통할 수 없는 경우에 너트를 사용하지 않고 그 부품의 한 쪽에 암 나사를 직접 깎아 죄는 볼트이다.

③ **스텃 볼트** : 볼트의 양끝에 나사를 만들고 한 쪽은 기계 본체에 돌려서 끼우고 다른 한 쪽은 너트로서 조이도록 한 볼트이다.

◎ 관통 볼트   ◎ 탭 볼트   ◎ 양너트 볼트

④ **양너트 볼트** : 볼트 양끝에 나사를 만들고 양쪽에서 너트로 조일 수 있도록 한 볼트이다.

(2) 특수 볼트

① **아이 볼트** : 볼트 머리부에 핀이 있어 핀을 축으로 하여 회전할 수 있게 되어 있는 볼트

로써, 물건을 들어 올릴 때 사용한다(경운기 엔진).

② **기초 볼트** : 기계류를 콘크리트 기초에 고정시키도록 한 쪽이 콘크리트에 묻혀 빠지지 않는 볼트이다.

③ **T 볼트** : 공작 기계로 가공 시 공작물을 고정하는데 사용하는데 볼트로 죌 때 볼트가 너트와 함께 회전하지 않게 머리부를 4각형으로 하여 T홈을 끼운다.

④ **고리 볼트** : 중량물을 올리기 위하여 훅을 걸 수 있도록 고리가 있는 볼트이다.

⑤ **스테이 볼트** : 두 물건의 간격을 일정하게 유지시켜 주는 볼트이다.

⑥ **나비 볼트** : 볼트의 머리부가 나비모양으로 스패너가 없이도 죄이는 볼트이다.

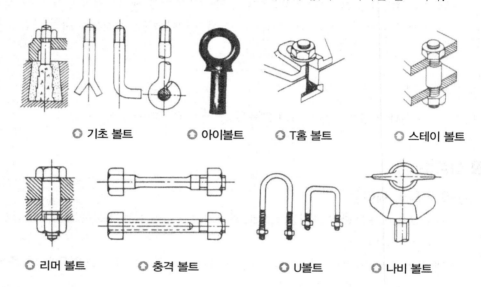

◎ 기초 볼트   ◎ 아이볼트   ◎ T홈 볼트   ◎ 스테이 볼트

◎ 리머 볼트   ◎ 충격 볼트   ◎ U볼트   ◎ 나비 볼트

(3) 볼트의 설계

① 축방향으로 인장하중만을 받는 경우(훅. 아이볼트)

$$\sigma = \frac{W}{A} = \frac{W}{\frac{\pi d_1^2}{4}} = \frac{4W}{\pi d_1^2}[\text{kg/mm}^2]$$

$$d_1 = \sqrt{\frac{4W}{\pi \sigma_a}}[\text{mm}]$$

볼트가 3mm 이상인 나사에서는 보통 $d_1 > 0.8d$이므로 $d_1 \fallingdotseq 0.8d$로 하므로

$$\sigma = \frac{4W}{\pi (0.8d)^2}[\text{kg/mm}^2]$$

$$d = \sqrt{\frac{2W}{\sigma_a}} \, [\text{mm}]$$

여기서, d : 볼트의 바깥지름

② 축하중과 비틀림 모멘트를 동시에 받는 경우(윈치, 잭, 압력용기)

이 경우는 축 방향의 하중만 작용하는 경우에 $\left(1 + \dfrac{1}{3}\right)$배의 하중이 작용하는 것으로 가

정한다.

$$d = \sqrt{\frac{2\left(1 + \dfrac{1}{3}\right)W}{\sigma_a}} \, [\text{mm}]$$

여기서, d : 나사의 바깥지름

③ 전단 하중을 받는 경우

$$\tau = \frac{W}{\pi d^2 / 4} \qquad \therefore \; d = \sqrt{\frac{4W}{\pi \tau}} \, [\text{mm}]$$

❸ 너트

(1) 너트의 종류

① **육각 너트** : 일반적으로 가장 많이 사용

② **사각 너트** : 건축용, 목공용으로 사용

③ **나비 너트** : 공구가 필요치 않고 손으로 조일 수 있는 너트

④ **둥근 너트** : 6각 너트를 사용하기 곤란한 곳에 사용

⑤ **플랜지 너트** : 너트가 풀어지지 않게 와셔를 붙인 모양의 너트(볼트 구멍이 크거나 큰 면
압이 걸려서는 안 되는 부분에 사용)

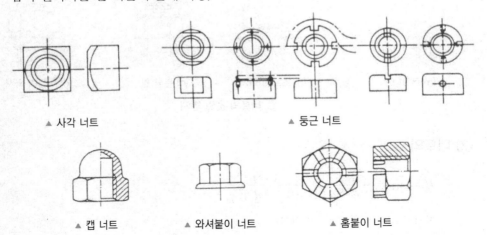

▲ 사각 너트   ▲ 둥근 너트

▲ 캡 너트   ▲ 와셔붙이 너트   ▲ 홈붙이 너트

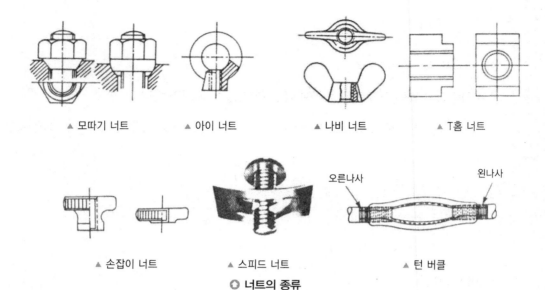

| ▲ 모따기 너트 | ▲ 아이 너트 | ▲ 나비 너트 | ▲ T홈 너트 |

| ▲ 손잡이 너트 | ▲ 스피드 너트 | ▲ 턴 버클 |

○ **너트의 종류**

(2) 너트의 풀림 방지방법

① 와셔에 의한 방법(스프링 와셔, 이붙이 와셔)

② 로크너트(lock nut)에 의한 방법

③ 분할 핀이나 또는 작은 나사를 사용하는 방법

④ 철사를 써서 잡아 메는 방법

⑤ 너트의 회전 방향에 의한 방법

⑥ 세트 스크루(set screw)를 사용하는 방법

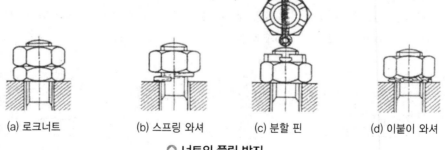

| (a) 로크너트 | (b) 스프링 와셔 | (c) 분할 핀 | (d) 이붙이 와셔 |

○ **너트의 풀림 방지**

(3) 너트의 높이

$$H = Np = \frac{Wp}{\pi d_e h q_a} = \frac{4\,Wp}{\pi\,(d_2 - d_1)^2\,q_a}\,[\mathrm{mm}]$$

여기서, H : 암 나사 부의 길이

나사산의 수 $N = \dfrac{W}{\pi d_e h q_a} = \dfrac{4W}{\pi (d_2 - d_1)^2 q_a}$

여기서, N : 끼워지는 부분의 나사산수　　　　p : 피치

　　　　W : 축방향 하중　　　　　　　　　q_a : 허용 접촉면 압력(kg/mm^2)

　　　　d_1 : 골 지름　　　　　　　　　　d_2 : 바깥지름(외경)

　　　　d_e : 유효지름$= (d_2 + d_1)/2$　　　h : 나사산의 높이$= (d_2 - d_1)/2$

❹ 키(key), 핀(pin), 코터(cotter), 스플라인(spline) 등

(1) 키의 종류

① 안장 키(saddle key) : 보스에만 키 홈을 파서 키를 박는 것으로 마찰력에 의해 힘 전달
　→ 큰 힘의 전달이 부적당

② 평 키(flat key) : 키가 닿는 면만을 평평하게 깎은 것(축 쪽을) → 안장키보다 큰 힘 전달

③ 성크 키(sunk key) : 축과 보스에 홈 가공으로서 가장 널리 쓰이며 가장 큰 힘을 전달
한다.

④ 접선 키(tangential key) : 직사각형의 키를 축의 접선 방향으로 끼운다. 역전을 가능토록
하기 위해 120° 각도로 2개 끼운다. 90°로 배치한 것을 케네디 키(kenndey key)라고
한다.

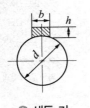 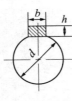 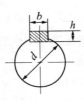

　　❖ 새들 키　　　　　❖ 평 키　　　　　❖ 성크 키　　　　　❖ 접선 키

⑤ 미끄럼키(페더키 : feather key or sliding key) : 회전력의 전달과 동시에 보스를 축방
향으로 이동시킬 필요가 있을 때 사용한다.

⑥ 스플라인(spline) : 축의 둘레에 4~20개의 턱을 만들어 큰 회전력 전달시 사용한다.

 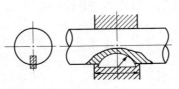

　　❖ 미끄럼 키　　　　　❖ 반달 키　　　　　❖ 핀 키

⑦ 세레이션(seration) : 축에 작은 3각형의 키와 홈을 만들어 축과 보스를 고정시킨 것으로 전동력이 크다.

⑧ 반달키(woodruff key) : 공작이 용이하나 보스의 홈과 접촉이 자동 조정되는 이점이 있으나 축의 강도가 약해진다(작은 지름의 축에 사용).

⑨ 둥근키(handle key) : 가벼운 부하에 사용한다.

> **Tip**
> 토크 전달이 큰 순서 : 안장키 < 평키 < 성크키 < 페더키 < 접선키 < 스플라인
> ※ 둥근키의 용도 : 핸들 고정 시

(2) 키의 강도

① 축과 보스의 접촉면에서 전단이 될 경우

$$\tau_s = \frac{W}{bl} = \frac{2T}{bld}[\mathrm{kg/mm^2}]$$

여기서, τ_s : 전단응력$(\mathrm{kg/mm^2})$

② 키의 측면이 압축력을 받아 압축되는 경우

$$\sigma_c = \frac{W}{A} = \frac{W}{tl} = \frac{2T}{\frac{h}{2}ld} = \frac{4T}{hld}[\mathrm{kg/mm^2}]$$

여기서, σ_c : 압축응력$(\mathrm{kg/mm^2})$

W : 키 측면에 작용하는 하중(kg)

b : 키 폭(mm)

h : 키 높이(mm)

l : 키 길이(mm)

$$T = W \times \frac{d}{2}[\mathrm{kg \cdot mm}]\ 회전\ 토크,\ W = \frac{2T}{d}$$

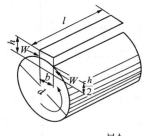

키의 전단

키의 압축파괴

키의 크기는 $b \times h \times l = 15 \times 10 \times 75$로 표시한다.

③ 스플라인이 전달하는 토크는 다음 식과 같으며, 인벌류우트 스플라인의 압력각은 20°이다.

$$T = (h - 2c)lqz\frac{(d_1 + d_2)}{4}\eta\ (단,\ c = 0)$$

여기서, z : 잇수, h : 이의 높이

η : 이 측면의 접촉 효율$(\eta = 0.75)$

D : 스플라인의 바깥지름(큰 지름)

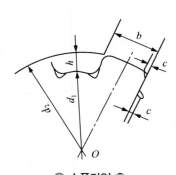

○ 스플라인 축

d : 스플라인의 안지름(작은 지름)

P_m : 이 측면의 허용면 압력

l : 보스의 길이

㉠ 전달할 수 있는 축동력(PS)

$$T = 716200 \frac{H}{N} \text{에서} \quad H = \frac{TN}{716200} [\text{PS}]$$

여기서, T : 토크(kg·mm)

㉡ 전달할 수 있는 축동력(kW)

$$T = 97400 \frac{H}{N} \text{에서} \quad H = \frac{TN}{97400} [\text{kW}]$$

여기서, T : 토크(kg·mm)

(3) 핀의 종류

너트의 풀림 방지용, 핸들이나 축의 고정, 맞추는 부분의 위치 결정 등 경하중이 작용하는 곳에 사용된다(핀의 재질은 연강, 황동, 구리).

① **평행 핀** : 둥글고 평행하고, 끝 모양이 둥근 것과 사다리꼴형인 것이 있으며, 기계 부품의 조립 및 고정할 때 부품의 위치를 결정하는데 사용된다.

② **코터 핀** : 두 부분의 결합용의 핀으로 핀의 양끝에 분할 핀용의 구멍이 있고 주로 너클에 쓰인다.

③ **스프링 핀** : 세로 방향으로 쪼개져 있어 구멍의 크기가 정확하지 않아도 해머로 때려 박을 수가 있다.

④ **테이퍼 핀** : 둥글며 1/50의 테이퍼가 있고, 축에 보스를 고정시킬 때 사용되며, 가는 쪽의 지름을 호칭지름으로 한다.

⑤ **분할 핀** : 전체가 갈라진 핀으로 너트의 풀림 방지 및 핀이 빠지지 않도록 하는 데에 쓰이며, 핀의 크기는 입구의 지름으로 표시한다(경운기 주 클러치 축 고정너트).

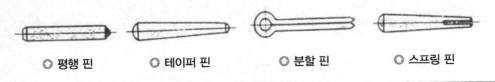

❂ 평행 핀　　　❂ 테이퍼 핀　　　❂ 분할 핀　　　❂ 스프링 핀

 Tip

• **핀의 호칭법**

핀의 크기는 핀의 중간 지름으로 표시하며, 테이퍼 핀은 작은 쪽의 지름으로 한다.

| 명칭 | : | 등급 | → | d | → | l(길이) |

> • 농기계 표준화 목적
> 부품 공용화로 사후 봉사 신속 및 유통구조 개선의 효과가 있음

(4) 코터(예 엔진 밸브 리테이너 록)

① 코터 : 축방향에 인장 또는 압축을 받는 두 축을 연결하는 쐐기로서 자주 분해할 필요가 있을 때 사용하며, 로드, 소켓, 코터 등으로 구성된다(나사 풀림방지 요소는 아님).

② 코터의 기울기는 보통 1/20이며, 반영구적인 곳은 1/100, 분해 조립이 용이한 곳은 1/5~1/10으로 한다.

③ 코터의 자립 조건 : 코터 사용 중에 자연적으로 풀리지 않으려면 경사각이 마찰각보다 작아야 한다.

ㄱ 한쪽 기울기의 경우 $\alpha \leq 2\rho$ 여기서, α : 경사각, ρ : 마찰각

ㄴ 양쪽 기울기의 경우 $\alpha \leq \rho$

④ 코터의 전단응력

$$\tau = \frac{W}{A} = \frac{W}{2bt}$$

여기서, b : 폭, W : 하중, t : 두께

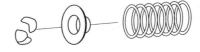

○ 코터

2 리벳 및 용접이음

1 리벳이음의 개요(rivet)

(1) 리벳이음

리벳을 사용하여 2개 이상의 판 또는 형강 등을 겹쳐서 고정하는 영구적인 체결요소이다.

 Tip | 리벳이음 : 구조가 간단하고 생산성이 높으며 각 재료사이에 작용하는 힘을 전달하는 능력이 크므로 철골구조물, 선박, 교량 등에 많이 이용된다.

① 고온에서 리벳팅하는 경우(직경 10mm 이상)

② 상온에서 리벳팅하는 경우(직경 8mm 이하)

③ 리벳의 지름 25mm까지는 핸드 리벳팅을 한다.

④ 판의 두께가 5mm 이상일 때(기밀을 요하는 경우)

⑤ 구멍 뚫기는 리벳 지름보다 약간 크게 한다.

- **코킹** : 판 끝을 75~85°로 깎아 코킹 공구로 때려서 기밀을 요하는 방법이다. 5mm 이하의 판은 코킹이 곤란하므로 안료를 묻힌 베, 종이, 석면 등의 패킹을 끼운 후 리 벳팅한다.
- **플러링** : 더욱 기밀을 유지하기 위해 끝이 넓은 끌로 때리는 작업

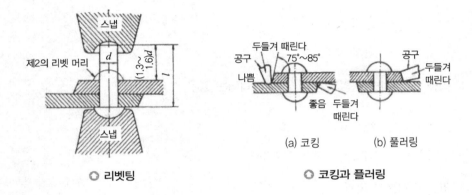

○ 리벳팅

○ 코킹과 플러링

(a) 코킹   (b) 플러링

(2) 리벳이음의 강도와 효율

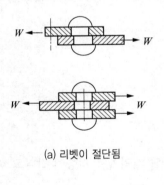

(a) 리벳이 절단됨

(b) 리벳 구멍 사이에서 하중 방향과 직각으로 강판이 절단됨

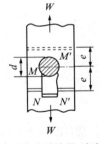

(c) 리벳과 강판 끝 사이에 강판이 절단됨

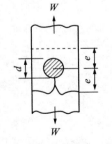

(d) 강판이 하중 방향으로 찢어짐

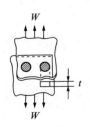

(e) 리벳 또는 강판이 압축되어짐

① 리벳이 절단되는 경우

$$\tau = \frac{W}{\frac{\pi d^2}{4}n}[\text{kg/mm}^2]$$

여기서, τ : 리벳의 전단응력, n : 리벳의 수, d : 리벳의 직경

② 리벳 구멍사이에서 판이 절단되는 경우

$$\sigma_t = \frac{W}{(p-d)t}[\text{kg/mm}^2]$$

여기서, σ_t : 판의 인장응력

③ 리벳 또는 리벳 구멍의 벽이 압축 파괴되는 경우

$$\sigma_c = \frac{W}{d\,t\,n}[\text{kg/mm}^2]$$

여기서, σ_c : 리벳 또는 판의 압축응력

④ 리벳의 지름과 피치

리벳이 절단되는 경우와 압축 파괴되는 경우, 전단저항과 압축저항이 같다고 하면

㉠ $\tau = \dfrac{W}{\frac{\pi d^2}{4}n} \rightarrow W = \dfrac{\pi d^2 n \tau}{4}$

㉡ $\sigma_c = \dfrac{W}{dtn} \rightarrow W = \dfrac{dtn\sigma_c}{4}$

㉠, ㉡에서 $d = \dfrac{4t\sigma_c}{\pi\tau}$

또, 리벳이 전달되는 경우의 전단저항과 판이 절단될 때의 인장저항이 같다고 하면

$$\tau = \frac{W}{\frac{\pi d^2}{4}n} \rightarrow W = \frac{\pi d^2 n \tau}{4}$$

$$\sigma_t = \frac{4W}{(p-d)t} \rightarrow W = \sigma_t pt - \sigma_t dt\text{에서}$$

$$p = d + \frac{\pi d^2 n \tau}{4\sigma_t t}\text{이다.}$$

⑤ 리벳의 효율

㉠ 판의 효율 : 1피치 내 리벳구멍이 뚫린 판과 구멍이 없는 판의 저항비

$$\eta_t = \frac{p-d}{p} = 1 - \frac{d}{p} \, (d\text{는 리벳의 구멍지름})$$

ⓒ 리벳의 효율 : 1피치 내 리벳의 전단저항에 대한 구멍이 없는 판의 저항비

$$\eta_s = \frac{n\pi d^2 \tau}{4pt\sigma_t} \, (d\text{는 리벳 지름})$$ ※ 리벳 효율의 안전율은 1.8이다.

❷ 용접(weld)

(1) 용접이음의 장·단점

장점	단점
• 공정수가 감소된다. • 자재가 절약된다(10~15% 절감). • 제품의 성능과 수명이 향상된다. • 이음 효율이 향상된다. • 기밀을 요할 수 있다.	• 응력 집중에 대하여 극히 민감하다. • 용접 모재가 열 영향을 받아 변형된다. • 품질검사가 곤란하다.

(2) 맞대기 용접이음(butt weld joint)

$$\sigma = \frac{W}{tl}$$

여기서, σ : 용접부의 인장응력

t : 판의 두께

l : 용접 조인트의 길이

❍ **맞대기 용접이음**

(3) 필렛 용접이음(fillet weld)

직교하는 2개의 면을 접합하는 용접으로 삼각형 단면을 갖는다. 이 이음에서 삼각형의 빗변으로부터 이음의 루트까지의 거리를 목 두께라 한다. 용접선의 방향이 힘의 방향과 직각인 것을 전면 필렛 용접이라 한다.

① 전면 필렛 용접이음

$$\sigma = \frac{W}{2tl} = \frac{W}{2 \times 0.707 \times f \times l} \, [\text{kg/mm}^2]$$

$$t = f\cos 45° = \frac{f}{\sqrt{2}} = 0.707f$$

여기서, t : 목 두께, f : 용접 사이즈

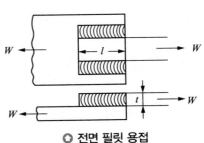

❍ **전면 필릿 용접**

② 측면 필렛 용접

$$\tau = \frac{W}{\text{목단면}} = \frac{W}{2 \times 0.707 \times f \times l} = \frac{W}{2\,t\,l}\,[\text{kg/mm}^2]$$

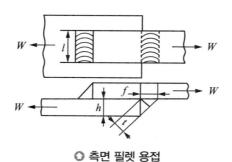

◎ **측면 필렛 용접**

잔류응력 제거방법 : 풀림 처리

이음 효율 = 형상계수 × 용접계수

제**3**장 전동용 요소

1 전동용 요소

1 축과 축이음

(1) 축의 종류

① 작용하는 하중에 의한 분류

ㄱ 차축(axle) : 휨 하중을 주로 받는 회전 또는 정지축으로 사용된다.

ㄴ 스핀들(spindle) : 비틀림 하중을 주로 받는 회전축으로 사용된다.

ㄷ 전동축(transmission shaft) : 휨 하중과 비틀림 하중을 주로 받으며 동력 전달을 주 목적으로 사용되는 회전축이다.

② 형상에 따른 분류

ㄱ 직선 축

ㄴ 크랭크축

ㄷ 플렉시블 축 : 전동축에서 휠 수 있는 성질을 갖게 한 것으로 작은 동력에 사용한다.

ㄹ 주축 : 원동기에서 직접 회전운동을 받는 것

 Tip
- 축 설계상의 고려해야 할 사항 : 강도, 휨 변형, 비틀림 변형, 진동, 열 응력
- 교번 하중(alternate load) : 하중의 크기와 그 방향이 충격 없이 주기적으로 변화하는 것

(2) 축의 설계

① 굽힘 모멘트를 받는 축

ㄱ 중실축

$$\sigma_a = \frac{M}{Z}, \ Z = \frac{\pi d^3}{32}$$

$$\therefore d = \sqrt[3]{\frac{32M}{\pi \sigma_a}}$$

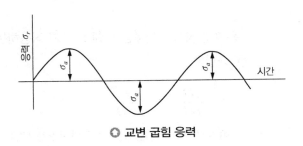

◎ 교번 굽힘 응력

ⓒ 중공축

$$\chi = \frac{d_1}{d_2}$$

$$\sigma_a = \frac{M}{Z}, \ \ Z = \frac{\pi(d_2^4 - d_1^4)}{32\,d_2} = \frac{\pi d^4}{32}(1 - \chi^4)$$

$$\therefore \ d_2 = \sqrt[3]{\frac{32M}{\pi \sigma_a(1 - \chi^4)}}$$

② 비틀림 모멘트를 받는 축

ⓐ 중실축

$$\tau = \frac{T}{Z_p}, \ \ Z_p = \frac{\pi d^3}{16} \quad \therefore \ \ d = \sqrt[3]{\frac{16\,T}{\pi \tau}}$$

ⓒ 중공축

$$\tau = \frac{T}{Z_p}, \ \ Z_{P} = \frac{\pi(d_2^4 - d_1^4)}{16\,d_2} = \frac{\pi d_2^4}{16}(1 - \chi^4)$$

$$\therefore \ d_2 = \sqrt[3]{\frac{16\,T}{\pi \tau(1 - \chi^4)}}$$

③ 굽힘과 비틀림 모멘트를 동시에 받는 경우

ⓐ 상당 비틀림 모멘트

$$T_e = \sqrt{M^2 + T^2} \quad \therefore \ d = \sqrt[3]{\frac{16\,T_e}{\pi \tau_a}}$$

ⓒ 상당 굽힘 모멘트

$$M_e = \frac{1}{2}(M + T_e) = \frac{1}{2}(M + \sqrt{M^2 + T^2}) \quad \therefore \ d = \sqrt[3]{\frac{32M_e}{\sigma_a \pi}}$$

④ 축의 강성설계(비틀림 모멘트 T 가 작용하는 경우)

ⓐ 중실축

$$\theta = \frac{Tl}{GI_p}, \ \ I_p = \frac{\pi d^4}{32}$$

여기서, θ : 비틀림각, I_p : 극단면 2차 모멘트

㉡ 중공축

$$\theta = \frac{Tl}{GI_p},\ \ I_p = \frac{\pi(d_2^4 - d_1^4)}{32}$$

⑤ 굽힘 강성 설계(베어링간 거리 l인 축의 중앙에 수직력 P가 작용하는 경우)

㉠ 처짐량

$$\delta = \frac{Pl^3}{48EI}$$

여기서, I: 단면 2차 모멘트

㉡ 최대 처짐각

$$\beta = \frac{Pl^3}{16EI}$$

⑥ 축의 전달마력

$$\frac{\text{모멘트(하중)}\times\text{회전수}}{716.2} = [\text{PS}]$$

둥근축의 모멘트와 단면계수

축단면	단면 2차 모멘트 I	극단면 2차 모멘트 $I_P = 2I$	단면 계수	극단면 계수 $Z_P = 2Z$
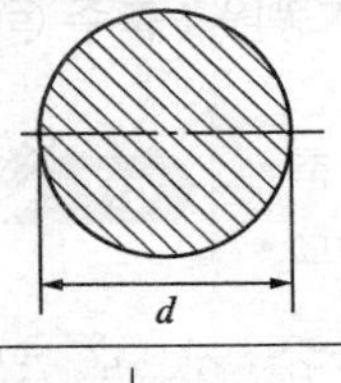	$\frac{\pi d^4}{64}$	$\frac{\pi d^4}{32}$	$\frac{\pi d^3}{32}$	$\frac{\pi d^3}{16}$
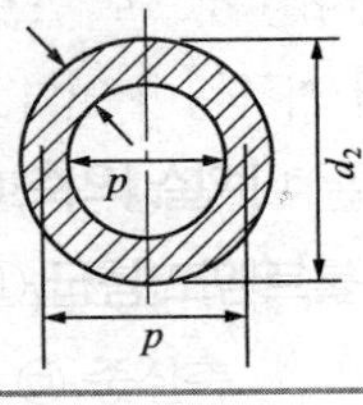	$\frac{\pi}{64}(d_2^4 - d_1^4)$	$\frac{\pi}{32}(d_2^4 - d_1^4)$	$\frac{\pi}{32d_2}(d_2^4 - d_1^4)$	$\frac{\pi}{16d_2}(d_2^4 - d_1^4)$

(3) 축 이음 요소

축 이음이란 두 축을 연결하는데 사용하는 기계요소이다.

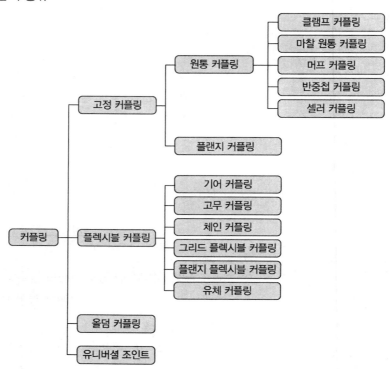

> Tip
> • 고정 이음(영구 이음) : 커플링(coupling)
> • 단속 이음 : 클러치
> • 두 축이 동일한 직선상에서 연결되는 경우 : 커플링
> • 두 축이 교차하는 경우 : 만능 이음(universal joint)
> • 두 축이 같은 평면 내에도 있고, 평행한 것 : 올덤 커플링

① 축 이음의 종류

- 커플링
  - 고정 커플링
    - 원통 커플링
      - 클램프 커플링
      - 마찰 원통 커플링
      - 머프 커플링
      - 반중첩 커플링
      - 셀러 커플링
    - 플랜지 커플링
  - 플렉시블 커플링
    - 기어 커플링
    - 고무 커플링
    - 체인 커플링
    - 그리드 플렉시블 커플링
    - 플랜지 플렉시블 커플링
    - 유체 커플링
  - 올덤 커플링
  - 유니버셜 조인트

㉠ 고정 커플링(fixed coupling) : 일직선상에 있는 두 축을 연결하는 것으로 볼트 또는 키를 사용하여 결합한다. 이 커플링에는 원통 커플링과 플랜지 커플링이 있다.

㉡ 플렉시블 커플링(flexible coupling) : 두 축이 일직선상에 있는 것을 원칙으로 하나 결합 시 고무나 가죽 등을 사용하므로 중심선이 일치되지 않는 경우나 진동을 완화할 때도 사용한다.

㉢ 올덤 커플링(oldham's coupling) : 2개의 축이 평행하고 그 축의 중심선이 약간 어긋 났을 때 각속도의 변화 없이 회전동력을 전달하는 축 이음이다.

㉣ 만능 이음(자재 이음, universal joint) : 두 축이 어느 각도로 교차되고 그 사이의 각도가 운전 중 다소 변화하더라도 자유로이 운동을 전달할 수 있는 축 이음이다. 구동축이 90° 회전 시마다 피동축이 증감속한다.

② 축 이음 시 주의사항

㉠ 조립과 분해가 용이할 것

㉡ 축의 중심선을 일치시킬 것

㉢ 쉽게 이완되지 않게 할 것

㉣ 회전 중심이 잘 잡혀있게 할 것

㉤ 설계상 충분한 강도를 갖게 할 것

㉥ 회전부에는 돌기부가 없게 하여 사고를 미연에 방지할 것

③ **마찰 클러치(friction clutch)** : 구동축의 회전력(동력)을 신속하게 전달 및 차단시키는 장치

㉠ 물림 클러치 : 클러치 중에서 가장 간단한 구조로 플랜지에 서로 물릴 수 있는 돌기 모양의 이가 있어 이 이가 서로 물려 동력을 단속하게 된다.

㉡ 마찰 클러치 : 축방향으로 미는 힘을 받아 마찰력에 의해 동력을 전달하는 클러치이며 회전 중에도 단속 작용할 수 있다(원판 클러치, 원추 클러치).

 Tip

> **마찰 재료의 구비조건**
> • 마찰계수가 크고, 내마모성이 클 것
> • 단속 작용이 원활하고 균형 상태를 유지할 것
> • 마찰면은 고온에 견디고 장시간 변질되지 않을 것
> • 기계적 성질이 우수할 것

㉢ 유체 클러치(hydraulic clutch) : 유체가 들어 있어 유체로 동력을 전달하는 클러치

(4) 축 이음의 설계

① 원통 커플링

㉠ 마찰력(F)

$$F = \mu \pi dp\,L = \mu \pi P$$

$$※\ p = \frac{P}{dl}$$

㉡ 축의 비틀림 모멘트(T)

$$T = F \times \frac{d}{2} = \frac{\mu \pi P d}{2}$$

여기서, P : 원통을 졸라매는 힘(kg) q : 원통과 축사이의 압력(kg/cm^2)

μ : 마찰계수 l : 축과 원통의 접촉 길이(mm)

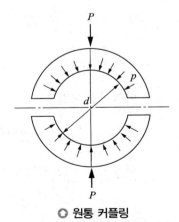

○ 원통 커플링

② 클램프 커플링 : 주철 또는 주강제의 2개 반원통 속에 축을 넣고 볼트로 죄어 이음을 하는 것은 축을 이동하지 않는 채 죈다. 분해할 수 있는 이점이 있다.

③ 플랜지 커플링

④ 유니버설 커플링 : 두 축이 일직선상에 있지 않거나 서로 교차하는 경우에 사용되는 이음이다. 두 축의 교차각을 α라 하면 구동축을 일정한 각속도로 돌려주면 이때에 종동축의 회전은 일정하지 않고 순간적으로 그 각속도는 축의 1/2 회전할 때마다 최소 $\cos\alpha$ 배로부터 최대 $1/\cos\alpha$ 배까지 사이에 변동한다. 교차각 α는 30° 이하에서 사용하고 특히 5° 이하가 바람직하고 45° 이상은 불가능하다.

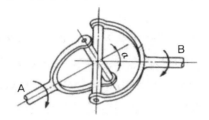

◎ 유니버설 커플링

(5) 클러치

① 원판 클러치

㉠ 축방향으로 밀어붙이는 힘

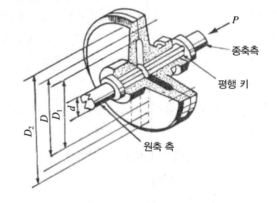

$$P = \pi D_m \frac{\pi}{4}(D_2^2 - D_1^2)q_m$$

여기서, q_m : 접촉면 평균 압력

$$D_m = \frac{D_2 + D_1}{2}$$

$$b = \frac{D_2 - D_1}{2}$$

㉡ 마찰저항 모멘트

$$T = \mu p \frac{D_m}{2}, \quad Z = \frac{\mu \pi D_m^2 \, bqZ}{2}$$

여기서, Z : 다판 클러치 접촉면의 수 D_m : 평균지름

        μ : 마찰계수 b : 원추 접촉면의 폭

② 원추 클러치

㉠ 축방향의 추력

$$P = Q(\sin\alpha + \mu\cos\alpha) = Q(\sin\alpha + \mu\cos\alpha)$$

$$= \pi D_m bq(\sin\alpha + \mu\cos\alpha)$$

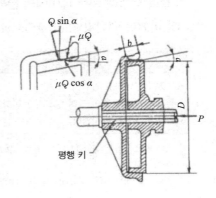

ⓛ 마찰면에 작용하는 수직력

$$Q = \pi D_m bq$$

ⓒ 원추 마찰면이 전달해야 할 회전 모멘트

$$T = \frac{\mu Q D_m}{2} = \frac{\mu \pi D_m^2 bq}{2}$$

ⓔ 원추 클러치의 안지름과 바깥지름

$$D_1 = D_m - b\sin\alpha, \ D_2 = D_1 - 2b\sin\alpha = D_m + b\sin\alpha$$

❷ 베어링

(1) 베어링 설계 시 유의사항

① 구조가 간단하여 수리나 유지비가 작아야 한다.

② 마찰저항이 적고 손실 동력이 되도록 작아야 한다.

③ 친숙성이 좋아서 유동성이 있어야 한다.

④ 내열성이 있어서 고열에도 강도가 떨어지지 않아야 한다.

(2) 베어링의 종류

① 하중의 작용 방향에 따른 분류

㉠ 레디얼 베어링 : 축에 직각으로 하중을 받는 베어링

ⓛ 스러스트 베어링 : 축 방향으로 하중을 받는 베어링

ⓒ 테이퍼 베어링 : 축 방향과 직각 방향으로 하중을 받는 베어링

 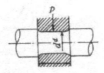

(a) 엔드 베어링   (b) 중간 베어링

✿ 레이디얼 베어링

 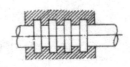

(a) 절구 베어링   (b) 칼라 스러스트 베어링

✿ 스러스트 베어링

② 접촉 방법에 의한 베어링의 분류

　㉠ 미끄럼 베어링(sliding bearing) : 미끄럼 베어링에는 부시와 분할형 베어링이 있다.

장점	단점
• 구조가 간단하고 가격이 싸다. • 충격에 견디는 힘이 크며 수리가 용이하다. • 베어링 수리가 용이하다.	• 시동할 때 마찰저항이 크다. • 규격화되어 있지 않다. • 윤활유의 주유에 주의하여야 한다.

　※ 저속 고부하에는 고점도 윤활

　㉡ 롤러 베어링(rolling bearing) : 내륜, 외륜, 전동체, 리테이너 4가지로 구성되어 있다.

장점	단점
• 마찰저항이 적다. • 동력손실이 적다. • 축심을 정확하게 유지할 수 있다. • 과열의 위험이 적고, 기계를 소형화 할 수 있다. • 저널의 길이를 짧게 할 수 있다. • 윤활 방법이 편리하고 밀봉 장치의 교정이 쉽다.	• 소음이 발생하기 쉽고, 충격에 약하다. • 가격이 비싸다. • 축사이가 아주 짧은 곳에는 사용할 수 없다. • 설치하기가 힘들다. • 외경이 크게 된다.

(3) 롤러 베어링의 호칭

형식 기호	치수 기호	안지름 번호	등급 기호

① 형식 기호

　1 : 복열 자동 조심형

　2 : 자동조심 롤러형

　3 : 테이퍼 롤러

　6 : 단열 깊은 홈형

　7 : 단열 앵귤러형

　N : 원통 롤러

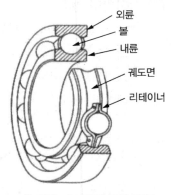

❍ **구름 베어링의 각부 명칭**

② 치수 기호(지름기호)

　01 : 특별 경하중형

　02 : 경하중용

　03 : 중하중용

　04 : 특별중하중용

　※ 20~500mm는 5로 나눈 값으로 표기함

③ 베어링 내경(안지름)

62<u>00</u> : 1 0 mm, 01 : 12mm, 02 : 15mm, 03 : 17mm, 04 : 20mm

※ 04부터는 5로 곱한 값이 베어링 내경임(**예** 08 : 40mm)

④ 등급 기호

무기호 : 보통급   H : 상급   P : 정밀급   SP : 초정밀급

※ 경우에 따라 시일 또는 실드 기호, 틈새 기호, 등급 기호 등의 보조 기호 등을 병행하여 표기한다.

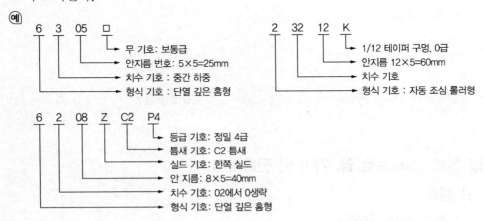

(4) 구름 베어링의 수명 및 계산식

① **정격수명(계산 수명)** : 동일 조건에서 사용되는 동일 베어링 군의 90%가 피로에 의해 박리를 일으키지 않고 회전한 총 회전수

② **기본동 정격하중** : 총 회전수가 100만 회전으로써 정격 수명이 되는 하중

③ **기본부하용량** : 수명을 시간으로 표시할 때에는 보통 500시간을 기준으로 한다. 따라서 100만 회전의 수명에 맞추기 위해서는 33.3×60×500=100만이므로 33.3rpm에서 500만 시간의 수명에 견디는 하중이 되며 이를 기본부하용량이라고 한다.

④ **베어링의 계산 수명**

$$L_n = \left(\frac{C}{P}\right)^r \times 10^6 \, [\text{rev}]$$

※ 볼 베어링일 경우 r= 3, 롤러(구름) 베어링일 경우 r=(10/3)

⑤ **속도계수**

$$f_n = \sqrt[r]{\frac{33.3}{N}}$$

⑥ 수명 계수

$$f_h = \frac{C}{P} \times f_n = \frac{C}{P} r \sqrt{\frac{33.3}{N}}$$

⑦ 베어링의 최대 회전수

$$N_{\max} = \frac{dN(베어링의\ 한계\ 속도\ 지수)}{d(베어링\ 안지름)}$$

⑧ 사용 하중

$$P = f_w(하중\ 계수) \times P_{th}(이론\ 하중)\ 하중\ P = \frac{f_n}{f_h} C$$

 Tip ┃ 니들 베어링 : 길이에 비해 지름이 작은 바늘 모양의 롤러를 사용한 베어링이다.

❸ 벨트, 스프로켓 휠, 기어 및 전동장치

(1) 벨트

① 벨트 전동의 특징

㉠ 축간 거리가 길어도 10m 정도까지 사용할 수 있다.

㉡ 이완축을 위쪽으로 하는 이유는 접촉각이 크고, 미끄럼이 작기 때문이다.

㉢ 단차를 이용하여 자유로운 변속이 가능하다.

㉣ 전동 효율이 높다(95%). 그리고 장치가 간단하고 저가이다.

㉤ 급격한 하중 증가에도 미끄럼에 의해 안전하다.

② 벨트 거는 방법

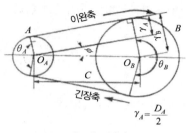

◉ 바로걸기

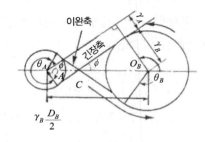

◉ 엇걸기

③ 속도비(i)

$$i = \frac{N_2}{N_1} = \frac{D_1}{D_2}, \quad V = \frac{\pi D_1 N_1}{60 \times 1000} [\text{m/s}]$$

④ 벨트의 접촉각(θ)

㉠ 평행 걸기

$$\theta_1 = 180° - 2\sin^{-1}\left(\frac{D_2 - D_1}{2C}\right), \ \theta_2 = 180° + 2\sin^{-1}\left(\frac{D_2 - D_1}{2C}\right)$$

㉡ 십자 걸기

$$\theta_1 = \theta_2 = 180° + 2\phi = 180° + 2\sin^{-1}\left(\frac{D_2 + D_1}{2C}\right)$$

⑤ 벨트의 길이(L)

㉠ 평행 걸기

$$L = 2C + \frac{\pi}{2}(D_1 + D_2) + \frac{(D_2 - D_1)^2}{4C} [\text{mm}]$$

㉡ 십자 걸기

$$L = 2C + \frac{\pi}{2}(D_1 + D_2) + \frac{(D_2 + D_1)^2}{4C} [\text{mm}]$$

⑥ 벨트의 장력

㉠ 벨트의 속도 $V \leq 10\text{m/s}$ 인 경우(원심력 무시)

$$e^{\mu\theta} = \frac{T_t}{T_s}, \ T_t = \frac{e^{\mu\theta}}{e^{\mu\theta} - 1}P, \ T_s = \frac{1}{e^{\mu\theta} - 1}P$$

㉡ 벨트의 속도 $V > 10\text{m/s}$ 인 경우(원심력 고려)

$$e^{\mu\theta} = \frac{T_t - \dfrac{\omega v^2}{g}}{T_s - \dfrac{\omega v^2}{g}}, \ T_t = \frac{e^{\mu\theta}}{e^{\mu\theta} - 1}P + \frac{\omega v^2}{g}$$

$$T_s = \frac{1}{e^{\mu\theta} - 1}P + \frac{\omega v^2}{g}$$

여기서, μ : 마찰계수, ω : 벨트의 단위길이 당 무게

⑦ 전달 동력 HPS

㉠ 벨트의 속도 $V \leq 10\mathrm{m/s}$ 인 경우(원심력 무시)

$$H = \frac{PV}{75} = \frac{T_t V}{75} \frac{(e^{\mu\theta} - 1)}{e^{\mu\theta}} \, [\mathrm{ps}]$$

㉡ 벨트의 속도 $V > 10\mathrm{m/s}$ 인 경우(원심력 고려)

$$H = \frac{PV}{75} = T_t V \left(1 - \frac{\omega V^2}{T_t g}\right) \frac{(e^{\mu\theta} - 1)}{e^{\mu\theta}} \, [\mathrm{ps}]$$

⑧ 벨트의 이음 효율

$$\eta = \frac{T_t}{b t \sigma_a}$$

여기서, b : 벨트의 폭, t : 벨트의 두께, T_t : 긴장측 장력, σ_a : 허용응력

⑨ 벨트의 가닥수

$$Z = \frac{H}{H_0 k_1 k_2}$$

여기서, H_0 : 한 가닥이 전달 가능한 동력, K_1 : 접촉각 수정계수, K_2 : 부하 수정 계수

⑩ V벨트의 경우

㉠ V벨트의 특징

- 미끄럼이 적고 속도비가 크다.
- 운전이 정숙하고 고속운전이 가능하다.
- 이음이 없으므로 전체가 균일한 강도를 가진다.
- 장력이 적으므로 베어링에 걸리는 부담 하중도 가볍다.
- 벨트가 벨트 풀리에서 벗어나는 일이 없다.

㉡ V벨트의 규격 : KS에 의하면 단면형으로 M, A, B, C, D, E 의 6종류가 있고 표준각 도는 $40°$이다.

(2) 스프로킷 휠

스프로킷 휠은 체인을 수동하는 기계요소로, 모양은 그림과 같다. 원동축에는 작은 스프로킷 휠을, 종동축에는 큰 스프로킷 휠을 고정하는 것이 보통이며, 이를 체인으로 연결하여 원동축 스프로킷 휠로 구동한다.

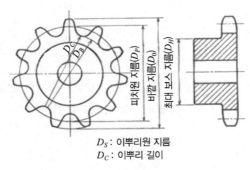

D_S : 이뿌리원 지름
D_C : 이뿌리 길이

✪ 스프로킷 휠

(3) 체인

① 체인의 종류

(a) 사일런트 체인과 스프로켓

(b) 링크 체인

(c) 블록 체인

◎ 체인의 종류

② 체인 전동

ㄱ 체인 전동의 특징

• 미끄럼이 없는 일정한 속도비를 얻는다.

• 유지 및 수리가 용이하다.

• 진동과 소음이 발생하기 쉽다.

• 어느 정도 충격을 흡수할 수 있다.

• 큰 동력을 전달할 수 있고 전동 효율이 95% 이상이다.

• 축간 거리가 긴 경우는 고속 전동이 불가능하다.

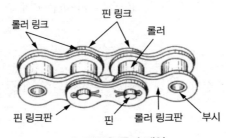

✪ 동력용 롤러 체인

ⓛ 속도비

$$i = \frac{N_2}{N_1} = \frac{Z_1}{Z_2}$$

여기서, N_1, N_2 : 구동 스프로킷 휠과 피동 스프로킷 휠의 회전속도(rpm)

Z_1, Z_2 : 구동 스프로킷 휠과 피동 스프로킷 휠의 잇수

ⓒ 체인의 속도

$$V = \frac{pZN}{60 \times 1000} [\mathrm{m/s}]$$

여기서, p : 체인의 피치

ⓔ 체인의 링크 수

$$L_n = \frac{2C}{p} + \frac{1}{2}(Z_1 + Z_2) + \frac{0.0257p(Z_2 - Z_1)^2}{C}$$

ⓜ 체인의 길이

$$L = L_n \times p$$

ⓗ 전달마력

$$H = \frac{PV}{75} = \frac{\frac{F_B}{S}V}{75K}$$

여기서, F : 체인의 유효장력(T_t : 긴장측의 장력)

F_B : 체인의 파단 하중

K : 부하계수

S : 안전율

단위는 kW로 한다.

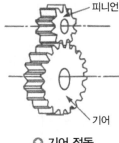

피니언

기어

◈ **기어 전동**

(4) 마찰차

마찰에 의해 회전력을 전달시키는 용도로 사용하는 바퀴의 조합을 마찰차라고 한다.

① 마찰차의 특성

㉠ 구름 접촉을 한다.

㉡ 미끄럼 발생으로 정확하거나 강력한 동력 전달이 어렵다.

㉢ 운전이 정숙하다.

㉣ 무단 변속이 가능하다.

ⓜ 전동의 단속이 쉽다.

ⓗ 과부하에 의한 손상을 방지할 수 있다.

ⓢ 효율이 낮다.

② 마찰차의 종류 및 특징

　ⓐ 원통 마찰차 : 주로 평행한 두 축 사이에 전동

　ⓑ 원추 마찰차 : 교차하는 두 축 사이에 전동

　ⓒ 구 마찰차 : 평행 또는 교차하는 두 축에 사용

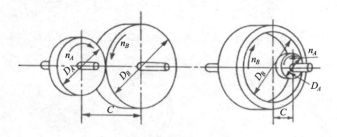

❂ 원통 마찰차

③ 마찰차의 설계식

　ⓐ 중심거리 $c = \dfrac{D_1 + D_2}{2}$

　ⓑ 전동 마력 $H = \dfrac{\mu QV}{75}[\text{PS}]$ 또는 $H = \dfrac{\mu QV}{102}[\text{kW}]$

　ⓒ 전동력 $P = \mu Q$

(5) 기어

① 기어의 특징

　ⓐ 동력 전달이 확실하다.

　ⓑ 회전비가 정확하다.

　ⓒ 큰 동력을 전달할 수 있다.

　ⓓ 큰 감속비를 얻을 수 있다.

　ⓜ 축압력이 적으며, 전동효율이 높다.

　ⓗ 소음과 진동이 발생한다.

② 기어의 종류

　ⓐ 두 축이 서로 평행한 기어 : 스퍼 기어, 헬리컬 기어, 더블 헬리컬 기어, 내접 기어, 랙
　　과 피니언

ⓒ 두 축이 만나는 기어 : 베벨 기어

ⓒ 두 축이 만나지도 평행하지도 않는 기어 : 하이포이드 기어, 스크루 기어, 웜과 워엄
　기어

　※ 웜 기어는 역전이 안 되며, 기어비는 1/35이다.

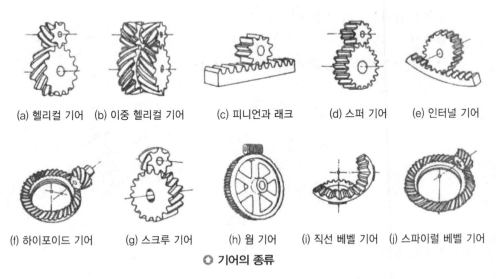

(a) 헬리컬 기어　(b) 이중 헬리컬 기어　(c) 피니언과 래크　(d) 스퍼 기어　(e) 인터널 기어

(f) 하이포이드 기어　(g) 스크루 기어　(h) 웜 기어　(i) 직선 베벨 기어　(j) 스파이럴 베벨 기어

◎ 기어의 종류

③ 기어의 각부 명칭

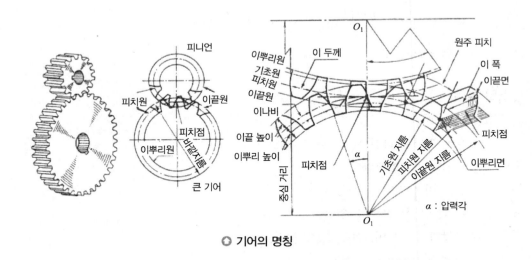

◎ 기어의 명칭

ⓐ 원주 피치 : 피치원 위에서 측정한 2개의 이웃하는 이에 대응하는 부분간의 거리이다.

ⓑ 피치원 : 기어의 중심과 피치점과의 거리를 반지름으로 한두 기어가 구름 접촉을 하는
　가상의 선

ⓒ 이의 유효높이 : 두 기어의 이가 접촉하는 반지름 방향의 실제 높이, 즉 두 기어의 이

끝 높이를 합한 높이

ⓔ **이끝원** : 기어에서 모든 이 끝을 연결하여 이루어진 원

ⓜ **이 끝 높이** : 피치점에서 이 끝까지 반지름방향으로 측정한 값

ⓑ **압력각** : 맞물리고 있는 두 기어의 기초원의 공통 접선

ⓢ **기초원** : 이 모양 곡선을 만드는 원이다.

ⓞ **이 나비** : 기어의 축 방향으로 측정한 이의 길이

ⓩ **백래시** : 한 쌍의 기어를 물렸을 때 이의 뒷면에 생기는 간격이다.

④ **기어 이의 크기와 표시방법**

㉠ **기초원 지름**

$$D_g = D\cos\alpha$$

여기서, D : 피치원 지름, α : 압력각

㉡ **법선 피치**

$$p_m = \frac{\pi D_g}{Z} = \frac{\pi D\cos\alpha}{Z} = p\cos\alpha$$

㉢ **원주(기초원) 피치** : 피치원의 원주를 이의 수로 나눈 값

$$p = \frac{\pi D}{Z} = \pi \cdot m \,[\mathrm{mm}]$$

㉣ **중심거리**

$$C = \frac{D_1 + D_2}{2} = \frac{m(Z_1 + Z_2)}{2}$$

㉤ **회전비**

$$i = \frac{N_2}{N_1} = \frac{D_1}{D_2} = \frac{mZ_1}{mZ_2} = \frac{Z_1}{Z_2}$$

㉥ **모듈율** : 피치원의 지름을 이의 수로 나눈 값

$$m = \frac{D}{Z} = \frac{p}{\pi}$$

㉦ **기어 잇수 구하기**

$$\frac{D_B}{m}$$

문제

모듈이 5mm이고 중심길이가 160mm인 한 쌍의 평기어가 있다. 피니언과 기어의 속도비는 3 : 1이다. 피니언과 기어의 잇수를 결정하고, 원주 피치를 구해보자.

해설 중심거리가 160mm이므로 피니언과 기어의 피치원 지름을 각각 D_A, D_B라 하면, $D_A + D_B = 2 \times 160 = 320$mm가 된다. 또, 속도비가 3 : 1인 경우 $D_B : D_A = 3 : 1$이므로, 두 식을 이용하여 D_A와 D_B를 구하면, $D_A = 80$mm, $D_B = 240$mm가 된다.

잇수를 구하면 피니언 잇수 $Z_A = \dfrac{D_A}{m} = \dfrac{80}{5} = 16$개

기어의 잇수 $Z_B = \dfrac{D_B}{m} = \dfrac{240}{5} = 48$개가 되고,

원주 피치 $= m\pi = 5\pi = 15.7$mm

◎ 피치원 지름

$$D = mZ = \frac{pZ}{\pi} = \frac{D_0 Z}{Z+2} = \frac{Z}{D.P}$$

$$\pi D_0 = pZ \rightarrow Z_1 = \frac{\pi D_0}{p}$$

지름 피치 $D.P = \dfrac{Z}{D} = \dfrac{\pi}{p}$ [inch]

바깥지름 $D_0 = m(Z_1 + Z_2)$

ⓩ 피치원 속도

$$V = \frac{\pi D_1 N_1}{60 \times 1000} = \frac{\pi m Z_1 N_1}{60 \times 1000} \text{[m/s]}$$

⑤ 치형의 곡선

치형 곡선의 조건은 일정 각 속도비, 즉 모든 위치에서 2개의 기어의 각속도비가 일정하여야 한다.

㉠ 가장 널리 쓰이는 치형

- 인벌류트 곡선 : 원에 실을 감아 실의 한 끝을 잡아당기면서 풀어 나갈 때 실의 한 점이 그리는 궤적
- 사이클로드 곡선 : 원 둘레의 외측 또는 내측에 구름원을 굴렸을 때 구름원의 한 점이 그리는 궤적

ⓛ 인벌류트 곡선과 사이클로드 곡선의 특징

인벌류트 곡선의 특징	사이클로드 곡선의 특징
• 호환성이 우수하다. • 치형의 제작 가공이 용이하다. • 이 뿌리 부분이 튼튼하다. • 치형의 정밀도가 크다. • 중심거리가 약간 변화해도 속도비가 일정하게 전동된다.	• 효율이 높다. • 공작이 어렵고 호환성이 적다. • 접촉점에서 미끄럼이 적으므로 소음이 적다. • 중심거리가 맞지 않으면 원활한 물림이 안 된다. • 이의 마멸이 적고, 잇수가 적은 것을 만들 수 있다.

⑥ 치형의 작용에서 일어나는 현상

  ㉠ 이의 간섭 : 주로 인벌류트 치형에서 발생하는 현상으로 한 쪽 기어의 이 끝이 상대편 기어의 이뿌리에 닿아서 정상적으로 회전이 안 되고 이뿌리면을 깎아 내는 현상이다.

    • 방지방법

      – 치형의 이끝면을 깎아낸다.

      – 이의 높이를 줄인다.

      – 압력각을 증가시킨다.

      – 피니언의 반경 방향의 이뿌리면을 파낸다.

  ㉡ 언더컷 : 랙공구나 호브로 기어를 절삭하는 경우에 이의 간섭을 일으키면 회전을 저지하게 되어 기어의 이뿌리 부분을 커터의 이 끝 부분 때문에 파여져 가늘게 된다.

    • 방지방법

      – 이 높이를 낮게 하는 방법

      – 한계 잇수 이상으로 한다.

      – 전위기어를 만든다.

      – 압력각을 크게 한다.

    • 언더컷을 발생방지를 위한 한계 잇수 : Z_0

$$Z_0 \geq \frac{2a}{m \sin^2\alpha}$$

여기서, a : 이의 높이, m : 모듈율, α : 압력각

 Tip   언더컷을 방지하기 위하여 낮은 이를 사용한다. 이것을 전위기어라 한다.

⑦ 전위기어의 사용목적

  ㉠ 중심거리를 변화시키고자 할 때

  ㉡ 언더컷을 피하고 싶을 때

ⓒ 기어 강도를 개선할 때

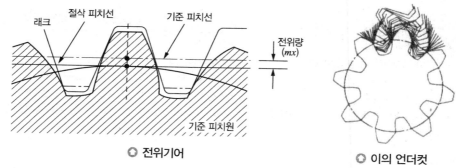

○ 전위기어

○ 이의 언더컷

⑧ 전위기어의 장·단점

　　㉠ 장점

　　　• 모듈에 비해 기어가 강하다.

　　　• 최소 치수로 설계할 수 있다.

　　　• 물림율이 증대된다.

　　　• 중심거리의 설계가 쉬어진다.

　　　• 각종 기어에 응용가능하다.

　　㉡ 단점

　　　• 호환성이 없다.

　　　• 베어링하중이 증대된다.

　　　• 계산이 복잡해진다.

⑨ 평 기어

　평행인 두 축간에 회전운동을 전하며 잇줄이 직선이고 축에 평행인 기어를 평 기어라고 한다.

　　㉠ 외 기어 : 원통의 외측에 이빨을 붙인 보통의 기어이며 두 축의 회전 방향이 반대가 된다.

　　㉡ 내 기어 : 원통의 내측에 이를 붙인 것이며, 두 축의 회전 방향이 동일하다.

　　㉢ 랙 : 기어의 피치원의 반경이 무한대가 된 것이며, 이는 직선상에 나열된다. 회전운동을 직선 운동으로 변환시키는 데 사용된다.

⑩ 헬리컬 기어

　평 기어를 무수한 엷은 철판으로 만들어 각 철판을 조금씩 빗나가게 겹치면 잇줄은 헬릭스 라인이 된다. 이와 같은 기어를 헬리컬 기어라고 한다.

　　㉠ 이에 가하여지는 하중

$$P_n = \frac{P}{\cos\beta}$$

　　여기서, P : 피치원상의 접선력

ⓒ 축방향의 트러스트

$$P_a = P \tan\beta$$

여기서, β : 이의 피치원상에서 측정한 비틀림 각

ⓒ 피치원상의 접선력

$$P = P_n \cos\beta = \frac{P_a}{\tan\beta}$$

ⓔ 중심거리

$$C = \frac{D_{S1} + D_{S2}}{2} = \frac{m_s(Z_{s1} + Z_{s2})}{2} = \frac{m_n(Z_{s1} + Z_{s2})}{2\cos\beta}$$

축직각 모듈율 $m_s = \dfrac{m_n}{\cos\beta}$

여기서, m_n : 치직각 모듈율

ⓜ 비틀림각

$$\beta = \cos^{-1}\left[\frac{m(Z_1 + Z_2)}{2C}\right]$$

ⓗ 상당 잇수

$$Z_e = \frac{Z}{\cos\beta^3}$$

⑪ 베벨 기어

서로 교차하는 두 축 사이에 동력 전달용으로 사용되는 기어를 베벨 기어라고 한다. 특히, 변속기에 사용되는 헬리컷 베벨 기어는 소음이 적다.

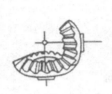

(a) 직선 베벨 기어   (b) 헬리컬 베벨 기어   (c) 스파이럴 베벨 기어

㉠ 속도비

$$i = \frac{N_2}{N_1} = \frac{D_1}{D_2} = \frac{Z_1}{Z_2} = \frac{\sin\delta_1}{\sin\delta_2}$$

ⓛ 피치 원추각

- $\tan\delta_1 = \dfrac{\sin\theta}{\dfrac{1}{i} + \cos\theta}$, 90°일 때 $\tan\delta_1 = i$

- $\tan\delta_2 = \dfrac{\sin\theta}{i + \cos\theta}$, 90°일 때 $\tan\delta_2 = \dfrac{1}{i}$

ⓒ 원추 모선(꼭짓점)의 길이(원추 거리)

$$L = \frac{D_1}{2\sin\delta_1} = \frac{D_2}{2\sin\delta_2}$$

ⓔ 기어의 바깥지름

스퍼 기어 바깥지름	헬리컬 기어 바깥지름	베벨 기어 바깥지름
$D_k = m(Z_1 + Z_2)$	$D_k = D_s + 2m_n$ $= \left(\dfrac{Z_s}{\cos\beta} + 2\right)m_n$	$D_{k1} = (D_1 + 2a\cos\delta_1)$ $= (Z_1 + 2a\cos\delta_1)m$ $D_{k2} = (Z_1 + 2\cos\delta_2)m$

⑫ 기타 기어

두 축이 다른 평면상에 있으며, 평행도 아니고 교차하지도 않은 경우의 동력 전달에 사용되는 기어로서 하이포이드 기어, 스크루 기어, 웜 기어 등이 있다.

(6) 기타 전동장치(트랙터 앞차축)

- 유성 기어(planet gear) : 구이 암으로 연결되고 암 끝에 한 쌍의 기어가 서로 물려 있어서, 두 기어 각각 회전함과 동시에 한 쪽 기어의 축을 중심으로 회전하는 기어 장치를 유성기어장치라 한다. 이때 회전 중심이 되는 축에 고정된 기어를 선 기어(sun gear)라 하고 회전하는 축에 고정된 기어를 캐리어 기어(carier gear)라 하며, 외주에 링 기어(ring gear)가 있다.

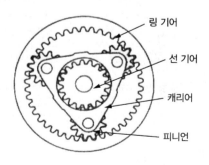

○ 유성기어의 구조

제**4**장 제어용 요소 및 기타 요소

1 제어용 요소

1 브레이크 및 래칫 장치

브레이크는 움직이는 물체의 운동 에너지를 흡수하여 그 운동을 감속 또는 제동하는 장치이며, 블록 브레이크, 밴드 브레이크, 원판 브레이크, 확장 브레이크, 캘리퍼 원판 브레이크 등이 있다.

(1) 회전 토크(제동 토크)

$$\mu \times P$$

$$T = f\frac{D}{2} = \mu P \frac{D}{2} [\text{kg} \cdot \text{mm}]$$

$$f = \mu P$$

여기서, μ : 마찰계수

　　　　f : 제동력

　　　　P : 브레이크 드럼을 누르는 힘

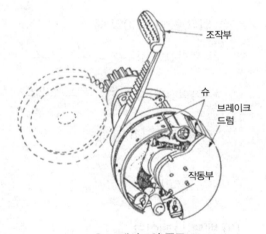

○ 브레이크의 구조

 Tip

브레이크 재료 구비조건
- 마찰계수가 클 것
- 내열성이 클 것
- 내마멸성이 클 것
- 제동 효과가 클 것

(2) 단식 브레이크

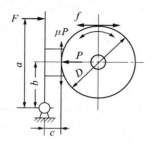

(a) 제1형식 내작용선용 $c > 0$

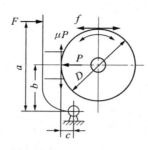

(b) 제2형식 내작용선용 $c < 0$

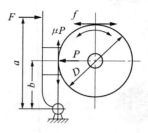

(c) 제3형식 내작용선용 $c = 0$

① 내작용선($c > 0$)일 때

㉠ 우회전일 경우 $F = \dfrac{f\,(b + \mu c)}{\mu a}$

㉡ 좌회전일 경우 $F = \dfrac{f(b - \mu c)}{\mu a}$

② 외작용선($c < 0$)일 때

㉠ 우회전일 경우 $F = \dfrac{f(b - \mu c)}{\mu a}$

㉡ 좌회전일 경우 $F = \dfrac{f\,(b + \mu c)}{\mu a}$

③ 중작용선($c = 0$)일 때

$$F = \dfrac{f\,b}{\mu\,a}$$

(3) 밴드 브레이크

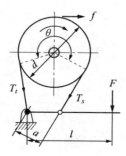

(a) 단동식 밴드 브레이크

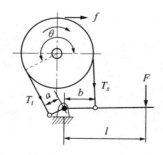

(b) 차동식 밴드 브레이크

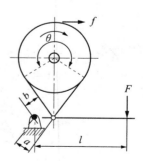

(c) 합동식 밴드 브레이크

❂ 밴드 브레이크의 종류

① 단동식 밴드 브레이크

㉠ 우회전일 경우 $Fl = T_s a \Rightarrow F = f\dfrac{a}{l}\dfrac{1}{e^{\mu\theta}-1}[\mathrm{kg}]$

㉡ 좌회전일 경우 $Fl = T_t a \Rightarrow F = f\dfrac{a}{l}\dfrac{e^{\mu\theta}}{e^{\mu\theta}-1}[\mathrm{kg}]$

② 차동식 밴드 브레이크

㉠ 우회전일 경우 $Fl = T_s b - T_t a \Rightarrow F = \dfrac{f(b - ae^{\mu\theta})}{l(e^{\mu\theta}-1)}[\mathrm{kg}]$

㉡ 좌회전일 경우 $Fl = T_t b - T_s a \Rightarrow F = \dfrac{f(be^{\mu\theta} - a)}{l(e^{\mu\theta}-1)}[\mathrm{kg}]$

③ 합동식 밴드 브레이크

$$Fl = T_t a + T_s a \Rightarrow F = f\dfrac{a}{l}\dfrac{e^{\mu\theta}+1}{e^{\mu\theta}-1}[\mathrm{kg}]$$

(4) 브레이크 압력

$$q = \dfrac{P}{A} = \dfrac{P}{de}$$

여기서, A : 브레이크 블록의 마찰면적

P : 접촉면에 작용하는 힘

b : 블록의 너비

e : 블록의 길이

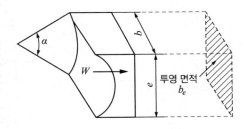

$$H = \dfrac{\mu P V}{75}\text{에서 } P = \dfrac{75H}{\mu V},\ f = \mu P$$

① 브레이크 용량

$$\mu q v = \mu\dfrac{P}{A}v = \dfrac{75H}{A}(\text{여기서, } H = \dfrac{\mu p v}{75} \to \mu p v = 75H)$$

② 블록 브레이크

㉠ 특징

브레이크 드럼에 브레이크 블록을 밀어 붙여, 드럼과 블록 사이의 마찰로 드럼을 제동하는 브레이크이다. 열차 차량이나 이륜차의 브레이크로 사용하며, 바퀴가 브레이크 드럼의 역할을 하는 경우가 많다.

ⓛ 단식 블록 브레이크의 면적과 토크

$$A = \frac{75H}{\mu q v}$$

$$T = \mu P \frac{D}{2}$$

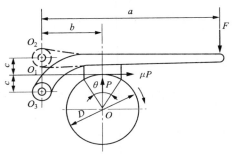

◉ 블록 브레이크

(5) 폴 브레이크

① 래칫 휠 : 축의 역전 방지 기구로서 사용되나 폴 브레이크의 일부로서도 사용하는 장치이다.

② 래칫 휠의 설계

㉠ 외측 휠의 설계

 Tip
- 래칫 휠을 사용하는 브레이크는 폴 브레이크이다.
- 한쪽 방향으로 토크를 전달한다.

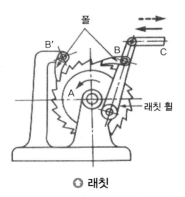

◉ 래칫

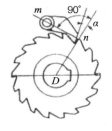
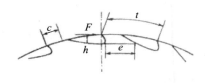

◉ 폴 브레이크 설계

$$p = \frac{\pi D}{Z}, \; M = \frac{D}{Z}, \; T = F\frac{D}{2}$$

$$\therefore F = \frac{2T}{D} = \frac{2\pi T}{Z_p}$$

여기서, F : 폴에 작용하는 힘 D : 래칫의 외접원의 지름

       Z : 원주 피치(6~25) p : 원주 피치(mm)

       M : 모듈율(10~18) T : 래칫에 작용하는 회전 토크(kg·mm)

   ⓛ 래칫 휠의 면압력

$$q = \frac{F}{bh}$$

(a) 외측 폴 브레이크

(b) 내측 폴 브레이크

(c) 마찰 폴 브레이크

◎ 폴 브레이크 종류

② 스프링 및 완충장치

스프링은 에너지를 흡수 또는 저장할 수 있는 기계요소로 유연성과 일정한 크기의 힘을 제공할 수 있으며 충격과 진동을 완화하는 데 사용한다.

(1) 스프링의 기능

① 충격 에너지의 흡수 : 승강기의 완충 스프링

② 진동 완화 : 차량용 현가 스프링

③ 에너지의 축척 : 시계의 태엽, 축음기

④ 하중의 측정 : 스프링 저울, 안전밸브 스프링

⑤ 복원성의 이용 : 밸브 스프링

(2) 모양에 따른 분류

① 코일 스프링 : 원형이나 각형의 철사를 나선형으로 감아서 만들며, 제작이 쉽고 기능이 확실하며 가볍고 소형으로 만들 수 있기 때문에 가장 널리 사용한다(압축 코일 스프링, 인장 코일 스프링, 비틀림 코일 스프링).

② 판 스프링 : 폭이 좁고, 얇은 판으로서 하중을 지지하도록 사용하는 것이다.

겹판 스프링의 특징
- 부착 방법이 간단하다.
- 구조용 부재로서 기능을 겸할 수 있다.
- 에너지 흡수 능력이 크다.
- 재조 가공이 비교적 쉽다.

③ 스파이럴 스프링 : 단면이 일정한 박강판을 와선 모양으로 감은 스프링이다.

 스파이럴 스프링의 특징
- 한정된 공간에서 큰 에너지를 축적할 수 있다.
- 시계, 장난감의 태엽으로 사용한다.
- 압축·인장응력을 받는 스프링은 (링 스프링)이다.

④ 토션 바 스프링 : 원형 축의 탄성을 이용하여 원형 축이 스프링의 역할을 하도록 만든 것이다.

⑤ 공기 스프링 : 압축공기의 탄성을 이용한 일종의 유체 스프링이다.

(3) 스프링의 상수 및 탄성 에너지

① 스프링 상수(k)

$$\delta = \frac{W}{k}\,[\text{kg/mm}] \quad \therefore \; K = \frac{W}{\delta}$$

㉠ 직렬인 경우 $\dfrac{1}{k} = \dfrac{1}{k_1} + \dfrac{1}{k_2}$

㉡ 병렬인 경우 $k = k_1 + k_2$

② 탄성 에너지

$$U = \frac{1}{2}\,W\delta = \frac{1}{2}\,k\delta^2$$

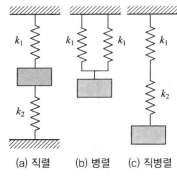

(a) 직렬　(b) 병렬　(c) 직병렬

○ 스프링 상수(k)

(4) 코일 스프링

① 최대 전단응력($\tau_{\max}$)

$$T = W\frac{D}{2} = \tau\frac{\pi d^3}{16} \rightarrow \tau_{\max} = k\frac{8WD}{\pi d^3}$$

② 스프링 지수(C) : 스프링 제조상 5 이상으로 한다($5 < C < 12$).

$$C = \frac{D}{d}$$

③ 와알의 수정 계수

$$K = \frac{4C-1}{4C-4} + \frac{0.615}{C}$$

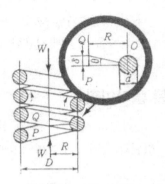

○ 압축 코일 스프링

④ 코일의 처짐

$$\delta = \frac{64nR^3W}{Gd^4}$$

※ 스프링 코일 처짐량은 3배이다.

⑤ 서징 현상 : 스프링에 작용하는 진동수가 스프링의 고유 진동수와 같거나 또는 공진을 하여 국부적으로 큰 응력이 생겨 스프링 파괴의 원인이 되는 현상을 말한다.

 서징을 방지하기 위해서는 고유 진동수를 캠의 최대 회전속도의 8배로 잡아야 한다.

(5) 판 스프링

구분	삼각판 스프링	겹판 스프링	겹판 스프링이 양단 지지 보로 되어 있는 경우
굽 힘 응력	$\sigma_b = \dfrac{6Wl}{bh^2}$	$\sigma_b = \dfrac{6Wl}{nbh^2}$	$\sigma_b = \dfrac{3Wl}{2 \times nbh^2}$
자유단에 생기는 처짐	$\delta = \dfrac{4Wl^3}{bh^3E}$	$\delta = \dfrac{4Wl^3}{nbh^3E}$	$\delta = \dfrac{3Wl^3}{8n\,bh^3E}$

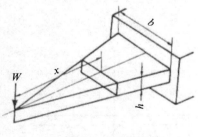

○ 삼각형 스프링의 원리

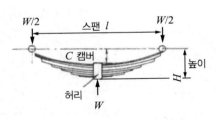

○ 겹판 스프링

(6) 방진 고무

고무는 스프링과 같이 탄성이 크기 때문에, 에너지를 흡수하거나 저장할 수 있으며 충격과 진동을 완화할 수 있으나, 노화되기 쉽고 기름에 약한 결점이 있다. 주로 압축, 휨, 비틀림 하중을 받는데 사용한다.

❸ 플라이휠

동력원과 작업기 사이에 설치하여 운동 에너지를 저장할 수 있는 에너지 저장장치이며, 동력원과 작업기 사이의 부하변동을 감소시킨다.

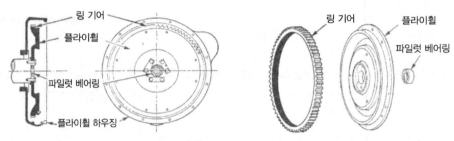

◎ 플라이휠의 구조

(1) 플라이휠의 특성

그림에서 보는 4사이클 단동 디젤 엔진의 토크 곡선에 있어서 이 토크 곡선과 횡축으로 둘러싸인 면적의 대수합을 구하여서 이것을 4π로 나누면 평균 토크 T_m이 된다. 즉, 저축된 에너지 ΔE에 의하여 최대의 각속도 변동이 생긴다.

※ 플라이휠은 관성 모멘트를 가지며, 주기적으로 반복 운동 에너지를 저장한다.

$$\Delta E = \frac{I(\omega_1^2 - \omega_2^2)}{2}, \ \delta = \frac{\omega_1 - \omega_2}{2}$$

여기서, I : 플라이휠의 관성 모멘트 ω : 평균 각속도
ω_1, ω_2 : 각각 최대 및 최소 각속도

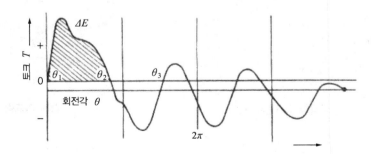

또, 근사적으로 $\omega = \dfrac{\omega_1 + \omega_2}{2}$

따라서, $\Delta E = I\omega^2 \delta$

δ를 각속도 변동률이라 한다. 그림에서 1사이클 중에서 얻어지는 에너지는

$$E = 4\pi T_m \qquad \frac{\Delta E}{E} = \xi$$

ξ를 에너지 변동계수라 한다.

(2) 플라이휠의 강도

• 관성 모멘트(I) : 그림에서 플라이휠은 림에 관성 모멘트(I)가 집중한다고 생각하여 계산하고 림 이외의 보스 암 등은 생략한다. W를 림의 중앙, r_m를 림의 평균 반지름이라 하면 다음 식으로 나타낸다.

$$I = \frac{W}{g} r_m^2$$

그림에 있어서 림의 안지름을 r_1, 바깥 반지름을 r_2, 축방향의 폭을 b, 재료의 비중량을 r, 림의 반지름 r의 곳의 반지름 방향의 미소(微小) 방향의 두께를 d_r, 바퀴의 중량을 d_W라 하면 다음과 같다.

$$I = \int r^2 \frac{dW}{g} = \int_{r_1}^{r_2} r^2 (2\pi r\, dr) b \frac{r}{g}$$

$$= \frac{2\pi b r}{g} \int_{r_1}^{r_2} r^3 dr = \frac{2\pi b r}{g} \times \frac{r_2^4 - r_1^4}{4} = \frac{\pi b r}{2g}(r_2^4 - r_1^4)$$

관성 모멘트는 플라이휠의 무게와 림까지의 반지름의 제곱에 비례하므로 플라이휠의 무게와 림까지 반지름이 클수록 증가한다. 따라서, 전동축이 저속일수록, 저장할 에너지가 많을수록, 낮은 속도 변동률이 요구되도록 무게가 크고 림까지의 반지름이 큰 플라이휠을 설치해야 한다.

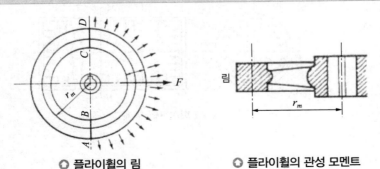

◉ 플라이휠의 림   ◉ 플라이휠의 관성 모멘트

4 압력 용기, 관로 및 체크 밸브

(1) 파이프의 안지름

파이프의 안지름은 유량으로 결정한다. 파이프 내의 흘러가는 유체는 파이프의 중앙부에서 빠르고 관벽면에서는 마찰 때문에 흐름은 늦게 되어 0으로 되기 때문에 속도 분포는 포물선으로 분포된다.

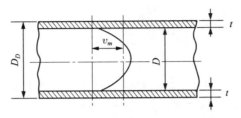

◯ 파이프 내의 속도 분포

$$Q = A v_m = \frac{\pi}{4}\left(\frac{D}{1000}\right)^2 v_m [\mathrm{m^3/sec}]$$

$$\therefore\ D = 2000\sqrt{\frac{Q}{\pi v_m}} = 1128\sqrt{\frac{Q}{v_m}}\ [\mathrm{mm}]$$

여기서, Q : 유량($\mathrm{m^3/sec}$). A : 파이프 내의 단면적($\mathrm{m^2}$). v_m : 평균 유속(m/sec)

(2) 얇은 원통의 두께

$$t = \frac{pd}{200\sigma_a\eta} + C = \frac{pds}{200\sigma\eta} + C[\mathrm{mm}]$$

여기서, C : 정수

σ : 강판의 인장강도($\mathrm{kg/mm^2}$)

σ_a : 재료의 허용인장응력($\mathrm{kg/mm^2}$)

η : 이음 효율

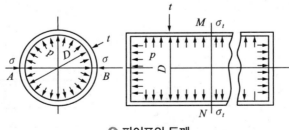

◯ 파이프의 두께

(3) 파이프 이음

① 파이프 이음의 종류

　㉠ 가스파이프 이음 : 관용 나사에 의하여 관을 연결하는데 사용되는 것으로서 엘보우, 티이 크로스, 래터널, 밴드, 리턴, 유니언, 니플, 부시, 플러그, 캡 등이 있다.

　㉡ 소켓 이음 : 판 끝의 소켓에 다른 한끝을 넣어 맞추고 그 사이에 대마사, 무명사 등의 패킹을 굳게 다져 넣고 다시 납이나 시멘트로 밀폐한 이음을 말한다.

　㉢ 신축 이음 : 관로에 신축 밴드, 파형관, 미끄럼 이음 등을 연결하여 열응력에 따른 신축을 고려한 이음이다(보일러 관, 자동차 배기관).

　• 배관이 받는 온도차로 생기는 신축의 흡수

　• 진동원과 배관과의 완충

　• 오랫동안 사용에 의한 배관축의 변위 조정

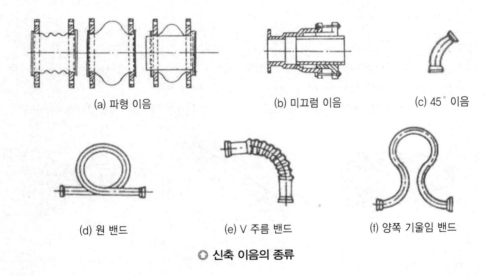

(a) 파형 이음　　　　(b) 미끄럼 이음　　　　(c) 45˚ 이음

(d) 원 밴드　　　　(e) V 주름 밴드　　　　(f) 양쪽 기울임 밴드

◎ 신축 이음의 종류

　㉣ 플랜지 이음 : 지름이 비교적 큰 관에 사용되며, 관을 가끔 분해할 필요가 있는 경우에 사용된다.

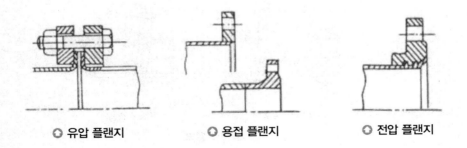

◎ 유압 플랜지　　　　◎ 용접 플랜지　　　　◎ 전압 플랜지

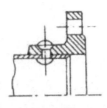

◎ 리벳 플랜지

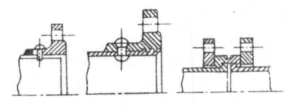

◎ 조합 플랜지

② 파이프 이음의 설계

$$W = \frac{\pi}{4} D_m^2 \, p$$

$$M = Wl, \ l = \frac{D_b - (D + 2S)}{2}$$

$$M = \sigma_b z = \frac{\pi D_f t^2}{6} \sigma_b$$

$$\therefore t = \sqrt{\frac{6\,Wl}{\pi D_f \sigma_b}}$$

여기서, σ_b : 허용 굽힘 응력(kg/mm^2) Z : 단면 계수

　　　　D_m : 가스킷의 평균지름(mm) D_f : 플랜지 보스의 지름($D + 2S$)(mm)

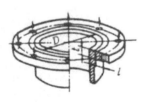 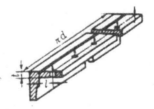 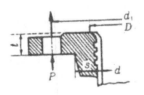

③ 체크 밸브

　한쪽 방향으로만 유체를 흐르게 하는 역류 방지용 밸브이며, 밸브 무게와 밸브 양쪽의 압력차를 이용하여 자동으로 작동된다(트랙터 유압장치).

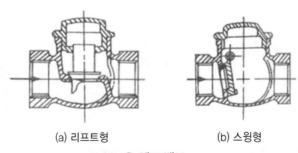

(a) 리프트형   (b) 스윙형

◎ 체크 밸브

001 나사가 축방향에 인장하중 W만을 받을 때 나사의 외경 d는 다음 식 중 옳은 것은?(단, 허용인장응력은 σ_a)

① $d = \sqrt{\dfrac{3W}{2\sigma_a}}$　　② $d = \sqrt{\dfrac{2\sigma_a}{3W}}$

③ $d = \sqrt{\dfrac{\sigma_a}{3W}}$　　④ $d = \sqrt{\dfrac{2W}{\sigma_a}}$

해설 $\sigma = \dfrac{4W}{\pi(0.8d)^2}$

$\therefore d = \sqrt{\dfrac{2W}{\sigma_a}}$

002 나사이음에 있어서 마찰각을 ρ, 나사의 리드각을 λ라 할 때 나사의 효율 η?

① $\eta = \dfrac{\tan\lambda}{\tan(\lambda+\rho)}$

② $\eta = \dfrac{\tan(\lambda+\rho)}{\tan\lambda}$

③ $\eta = \dfrac{\cos\lambda}{\cos(\lambda+\rho)}$

④ $\eta = \dfrac{\tan\lambda}{\tan(\lambda-\rho)}$

003 볼베어링 붙이기용 나사로 옳은 것은?

① 둥근나사
② 사다리꼴나사
③ 미터 가는나사
④ 사각나사

004 볼트의 한 끝을 영구적으로 나사 박음을 해야 되는 경우에 사용하는 볼트는?

① 기초 볼트　　② 탭 볼트
③ 관통 볼트　　④ 스텃 볼트

해설 스텃 볼트 : 볼트의 양끝에 나사를 만들고 한 쪽은 기계 본체에 돌려서 끼우고 다른 한 쪽은 너트로서 조이도록 한 볼트이다.

005 먼지 모래 등이 들어가기 쉬운 장소에 사용되는 나사는?

① 둥근나사　　② 톱니나사
③ 사각나사　　④ 사다리꼴나사

해설 둥근 나사(너클 나사) : 큰 힘이 작용하는 경우이며 충격이나 먼지가 많이 끼는 전구나 소켓에 사용한다.

006 볼트구멍의 관통이 불가능할 때 사용하는 볼트는?

① 스텃 볼트　　② 탭 볼트
③ 아이 볼트　　④ 리머 볼트

해설 탭볼트는 소재에 직접 탭을 낸 후에 볼트를 체결하는 방식이다.

007 나사프레스에 사용하는 나사는?

① 사각나사　　② 미터나사
③ 둥근나사　　④ 톱니나사

해설 사각나사는 고하중용으로 사용한다.

008 추력을 받아서 정확한 운동전달을 시키려고 할 때 사용하는 나사는?

① 사각나사   ② 미터나사

③ 둥근나사   ④ 사다리꼴나사

해설 사다리꼴나사(애크미 나사) : 공작 기계의 이송용. 선반의 리드, 나사 프레스, 바이스 등에 사용한다.

009 커버 등을 번번히 분해하거나 또는 무거운 물건을 들어 올리는 경우에 사용되는 볼트는?

① 스텃 볼트   ② 아이 볼트

③ 나비볼트   ④ 탭 볼트

해설 아이 볼트 : 물건을 들어 올리거나 분해가 빈번할 때 사용한다.

010 미터 보올 나사는 호칭지름을 몇 mm의 범위에서 사용되는가?

① 3mm 이하   ② 9mm 이하

③ 12mm 이하   ④ 15mm 이하

011 위치를 조정할 때 또는 축과 풀리 등의 미끄럼 방지에 사용되는 체결용 요소는?

① 리벳   ② 탭 볼트

③ 스텃 볼트   ④ 세트 스크루

해설 세트 스크루 : 볼트를 2개로 하여 풀림 방지에 사용한다.

012 두께가 t, 외경 D의 원형 와셔에 있어서 볼트의 외경을 d라 할 때 그 치수가 옳은 것은?

① $D = 2d$, $t = \dfrac{d}{2}$ ② $D = 3d$, $t = \dfrac{d}{3}$

③ $D = 2d$, $t = \dfrac{d}{3}$ ④ $D = 2d$, $t = \dfrac{d}{5}$

013 파이프 나사에 대한 다음 글 중 옳은 것은?

① 가는 나사보다 피치는 크나 나사산의 높이가 낮다.

② 가는 나사보다 피치는 작고 나사산의 높이가 높다.

③ 가는 나사보다 피치는 크고 나사산의 높이가 높다.

④ 가는 나사보다 피치는 작고 나사산의 높이가 낮다.

014 전구의 입구 쇠붙이는 다음 나사를 이용한다. 옳은 것은?

① 톱니나사   ② 둥근나사

③ 4각 나사   ④ 유니파이 나사

015 너트 중에서 쬠용 공구가 필요 없는 것은?

① 캡너트   ② 링너트

③ 나비너트   ④ 홈붙이 너트

016 4각 나사에서 회전 모멘트 T는 축하중을 Q, 마찰각을 ρ, 리드각을 λ, 유효직경을 d_2라 할 때 회전 모멘트 T는?

① $T = Q\dfrac{d_2}{2}\tan(\rho - \lambda)$

② $T = Q\dfrac{d_2^2}{2}\tan(\rho + \lambda)$

③ $T = Q\dfrac{d_2}{2}\tan(\rho + \lambda)$

④ $T = \dfrac{d_2}{2Q}\tan(\rho + \lambda)$

해설 $T = 힘 \times 거리 = Q\dfrac{d_2}{2}\tan(\rho + \lambda)$

017 공작 기계에 공작물을 고정하려고 할 때 사용하는 볼트는?

① 아이 볼트   ② T 볼트

③ 기초 볼트   ④ 전단 볼트

예해설 T볼트 : 바닥에 볼트를 고정시킨 후 사용한다.

018 왼편 나사를 깎는 대표적인 실례는?

① 턴 버클   ② 호스

③ 잭   ④ 프레스

019 나사의 이완 방지방법으로 맞지 않는 것은?

① 분할 핀   ② 와셔

③ 세트 스크루   ④ 캡 너트

020 나사가 자립 상태를 유지하고 있을 경우 나사의 효율은 몇 %보다 낮아야 하는가?

① 50%   ② 55%

③ 80%   ④ 90%

예해설 나사의 자립조건
- 나사가 스스로 풀리지 않을 조건으로 나사를 풀기 위해 힘을 주어야 하는 경우
  - $\rho > \gamma$ 일 때 $Q > 0$ 이며, 나사를 풀 때 힘이 필요함
  - $\rho = \gamma$ 일 때 $Q = 0$ 이며, 평형상태로 임의의 위치에 정지시킬 수 있음 → 자동결합상태
  - $\rho < \gamma$ 일 때 $Q < 0$ 이며, 힘을 가하지 않아도 자연히 풀어져 내려오는 상태
- 자립상태에서의 나사효율($\rho \geq \gamma$ 일 때의 효율)

  $e = \dfrac{\tan\rho}{\tan 2\rho} = \dfrac{1}{2} - \dfrac{1}{2}\tan^2\rho < 0.5$ 로 50%를 넘지 못함

  ※ $\tan 2\rho = \dfrac{2\tan\rho}{1 - \tan^2\rho}$

021 보올 나사의 장점 중 틀린 것은?

① 고속으로 회전하더라도 소음이 생기지 않는다.

② 나사의 효율이 좋다.

③ 백래시를 작게 할 수 있다.

④ 고정밀도를 오래 지속할 수 있다.

022 350kg의 하중이 걸리는 죔나사에 있어서, 허용인장응력을 4.8kg/mm²이라 할 때 다음 미터 보통나사 중에서 가장 옳은 것은?

① M10   ② M12

③ M16   ④ M30

예해설 죔나사는 축방향 하중과 비틀림 하중을 동시에 받는다.

$$d = \sqrt{\dfrac{8W}{3\sigma_a}}$$

$$= \sqrt{\dfrac{8 \times 350}{3 \times 4.8}} = 13.9\text{mm}$$

023 나사의 유효 직경 d_2가 63.5mm, 피치 $p = 3.17$mm의 스크루 잭으로써 4.5ton의 무게를 올리려고 할 때, 유효길이 l은 몇 mm인가?(단, 레버를 돌리는 힘을 30kg, 마찰계수는 0.1이다)

① 224.3mm   ② 363.4mm

③ 526.4mm   ④ 560.4mm

예해설

$$T = W\dfrac{d_2}{2} \times \dfrac{p + \mu\pi d_2}{\pi d_2 - \mu p}$$

$$= 4500\dfrac{63.5}{2} \times \dfrac{3.17 + 0.1\pi \times 63.5}{\pi \times 63.5 - 0.1 \times 3.17}$$

$$= 16811.6\text{kg.mm}$$

$T = Fl$ 에서

$$l = \dfrac{T}{F} = \dfrac{16811.6}{30}$$

$$= 560.4\text{mm}$$

024 볼트의 머리가 고리모양으로 되어 있고, 이것을 기계에 설치하여 고리에 로프를 걸어서 올리는데 사용하는 볼트는?

① 아이볼트　　② 기초볼트
③ 스테이 볼트　④ 고리볼트

025 60mm 이하의 작은 축 중에서 특히 테이퍼 축에 적합한 키는?

① 성크키　　② 원추키
③ 절선키　　④ 반달키

해설 반달키 : 반달 모양으로 생긴 키로 자동적으로 홈의 접촉이 조절된다. 일명 우드리프키라고도 한다.

026 축에 홈을 파지 않는 키는?

① 새들키　　② 성크키
③ 페더키　　④ 반달키

해설 새들키 : 축은 그대로 두고 보스에만 키를 박아 마찰에 의해 회전력을 전달하므로 큰 힘의 전달에는 부적합하다(안장키).

027 스플라인키와 같은 운동을 하는 키는?

① 새들키　　② 성크키
③ 페더키　　④ 반달키

해설 페더키 : 슬라이딩키라고도 하며, 회전력을 전달함과 동시에 보스를 축방향으로 이동시킬 필요가 있는 경우에 사용한다.

028 일반적으로 테이퍼 키에 붙이는 기울기는?

① 1/60　　② 1/80
③ 1/90　　④ 1/100

029 성크 키에 있어서 조립할 때 바퀴를 축에 끼우고 드라이빙 키를 두드려 박을 때 키의 길이가 키의 전체 길이의 몇 곱 이상이어야 하는가?

① 2배　　② 3배
③ 4배　　④ 5배

해설 성크키 : 축과 보스에 키 홈을 가공하여 키를 끼우는 방식으로서 가장 널리 사용된다.

030 코터가 힘을 받는 상태에 대한 설명 중 옳은 것은?

① 코터는 축 방향에 직각으로 집어넣고 주로 토크를 받는다.
② 코터는 축 방향에 직각으로 집어넣고 주로 전단력을 받는다.
③ 코터는 축 방향으로 집어넣고 주로 굽힘 모멘트를 받는다.
④ 코터는 축방향에 집어넣고 주로 전단력을 받는다.

해설 코터 : 축방향에 인장 또는 압축을 받는 두 축을 연결하는 쐐기로서 자주 분해할 필요가 있을 때 사용하며, 로드, 소켓, 코터 등으로 구성된다.

031 미끄럼키와 같은 마찰 운동기구를 사용하는 키는?

① 성크키
② 원추키
③ 스플라인키
④ 반달키

해설 스플라인키 : 축의 둘레에 4~20개의 턱을 만들어 회전력을 전달할 경우에 쓰인다.

032 양쪽 기울기 코터가 자연히 빠져 나오지 않으려면 경사각을 α라 하고 코터와 로드, 소켓 등의 사이의 마찰각이 같다고 하여 ρ로 표시하면 다음 조건 중 옳은 것은?

① $\alpha \leq 3\rho$ ② $\alpha \leq 2\rho$

③ $\alpha \leq \rho$ ④ $\alpha < \rho$

예 해설 코터 기울기 : 분해 조립이 용이한 곳은 1/5~1/10 정도, 보통은 1/20 정도, 반영구적인 곳은 1/100로 한다.

033 축에 키 홈을 파기 어려운 경우에 사용되고 임의의 위치에 정확하게 고정시킬 수 있는 키로써 옳은 것은?

① 성크키 ② 원추키

③ 스플라인키 ④ 반달키

예 해설 원추키 : 축에 키 홈을 파기 어려운 경우에 사용되고 임의의 위치에 정확하게 고정시킬 수가 있으므로 정확하게 고착시킬 필요가 있는 곳에 사용된다. 바퀴가 편심되지 않는다.

034 묻힘 키 10×6×80에서 첫 번째 숫자인 10은 무엇을 표시하는가?

① 키의 너비 ② 키의 높이

③ 키의 길이 ④ 키의 기울기

035 키의 설계에 있어서 주로 강도상 검토되는 것은 어느 것인가?

① 키 전단파괴와 압궤 파괴

② 키의 좌굴과 압축파괴

③ 키의 인장파괴와 압궤 파괴

④ 키의 인장파괴와 전단파괴

036 축방향으로 활동할 수 없는 키 중 옳은 것은?

① 스플라인키, 묻힘키, 새들키, 접선키

② 스플라인키, 묻힘키, 페더키, 접선키

③ 반달키, 묻힘키, 새들키, 평키

④ 접선키, 평키, 새들키, 스플라인키

037 핀에 대한 설명 중 옳지 않은 것은?

① 스플릿은 나사의 이완방지에도 쓰인다.

② 핀에는 스플릿 핀, 평형핀, 테이퍼 핀의 3종류가 있다.

③ 기계 부품을 서로 연결하거나 고정시킬 때, 하중이 가볍게 걸리는 곳에 사용된다.

④ 핀은 주로 인장력을 받아 파괴된다.

038 키에 있어서 T : 키가 전달시키는 토크, d : 축경, b : 키의 폭, h : 키의 높이, l : 키의 길이, τ : 키의 전단응력이다. 압축응력 σ_c는?

① $\sigma_c = \dfrac{2T}{hld}$ ② $\sigma_c = \dfrac{4T}{hld}$

③ $\sigma_c = \dfrac{T}{hld}$ ④ $\sigma_c = \dfrac{2Td}{hl}$

예 해설

$$\sigma_c = \frac{W}{A}l = l\frac{W}{tl}l$$

$$= \frac{W}{\dfrac{h}{2}l} = \frac{2W}{hl}$$

$$= \frac{2\left(\dfrac{2T}{d}\right)}{hl}$$

$$= \frac{4T}{hld}\,[\text{kg/cm}^2]$$

$(T = W \times d/2$에서 $W = 2T/d)$

039 키가 전달시키는 토크를 T, d : 축경, b : 키의 폭, h : 키의 높이, l : 키의 길이, τ : 키의 전단응력이다. 다음 식 중 옳은 것은?

① $\tau = \dfrac{2T}{bld}$ ② $\tau = \dfrac{4T}{bld}$

③ $\tau = \dfrac{T}{bld}$ ④ $\tau = \dfrac{2Td}{bl}$

040 세레이션의 종류로서 옳지 않은 것은?

① 맞대기 세레이션
② 삼각치 세레이션
③ 인벌류트 세레이션
④ 사이클로이드 세레이션

041 성크키의 길이가 200mm, 하중 $P = 14000$N, $b = 1.5h$라 하고, 허용전단응력 $\tau_a = 2$N/mm^{2}이라 할 때 키의 높이는 약 몇 mm로 설계할 것인가?

① 24mm   ② 28mm
③ 32mm   ④ 40mm

예 해설 $P = \tau bl$

$\therefore b = \dfrac{P}{\tau l} = 35$mm

$h = \dfrac{b}{1.5} = \dfrac{35}{1.5} ≒ 23.3$mm

042 용접이음이 리벳에 비하여 우수한 점이 아닌 것은?

① 재료를 절감할 수 있다.
② 기밀성이 좋다.
③ 변형하기 어렵고 잔류응력을 남기지 않는다.
④ 중량을 경감시킨다.

043 용접 후 피이닝을 하는 목적은?

① 용접 후의 변형을 방지하기 위해서
② 모재의 재질을 검사하기 위해서
③ 도료를 없애기 위해서
④ 응력을 강하게 하고 변형을 적게 하기 위해서

예 해설 피이닝 : 용접 후 잔류응력을 제거하고 기계적 성질을 향상시키기 위함

044 용접이음이 리벳이음에 비하여 장점에 속하는 것은?

① 재질이 균일하고 견고한 것이 얻어지고 보수가 쉽다.
② 진동을 쉽게 감소시킨다.
③ 응력 집중에 대하여 둔하다.
④ 용접부의 비파양성 검사가 용이하다.

045 접합하는 재료를 단이 다르게 겹치든가 또는 재료 위에 다른 재료를 세우든지 해서 거의 직각으로 된 두 면을 용접하는 이음은?

① 필렛이음
② 플러그 용접
③ 그루브 용접
④ 비트 용접

046 용접이 주조품에 비하여 우수한 점은?

① 변형하기 어렵다.
② 잔류응력이 발생하지 않는다.
③ 용접부의 비파양성 검사법이 용이하다.
④ 균열 등의 결합이 없고 중량이 절감된다.

047 용접부에 생기는 잔류응력을 없애려면 어떻게 하면 되는가?

① 뜨임을 한다.
② 풀림을 한다.
③ 담금질을 한다.
④ 불림을 한다.

해설 용접부는 열을 받기 때문에 변형이나 응력이 있다. 이를 없애는 방법으로 풀림 처리를 한다.

048 용접부의 종류 중 틀린 것은?

① 모서리 용접　② 필렛 용접
③ 그루브 용접　④ 비트 용접

049 맞대기 용접이음에서 강판의 두께가 가장 두꺼운 형은 다음 형식 중 어느 것인가?

① H형　② I형
③ V형　④ X형

050 그림과 같은 측면 필렛용접이음에서 허용전단응력이 5N/mm²일 때 하중 W를 구하면?

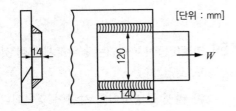

[단위 : mm]

① 1071N　② 13857.2N
③ 1547.6N　④ 1237.25N

해설 측면 필렛 용접이음이므로
$$W = 2tl\tau = 2h0.707l\tau$$
$$= 2 \times 14 \times 0.707 \times 140 \times 5$$
$$= 13857.2N$$

051 용접에 있어서 실제용접효율은 다음과 같이 표시된다. 옳은 것은?

① $\eta = $ 사용계수 $\times$ 용접계수
② $\eta = $ 사용계수 $\times$ 용접계수 $\times$ 형상계수
③ $\eta = $ 형상계수 $\times$ 용접계수
④ $\eta = \dfrac{\text{사용계수} \times \text{용접계수}}{\text{형상계수}}$

052 강판의 두께를 h, 하중을 p, 용접 길이를 l이라 할 때 필릿 용접이음의 T이음에서 인장응력 σ_t는 다음과 같이 표시된다. 옳은 것은?

① $\sigma_t = \dfrac{P}{hl}$
② $\sigma_t = \dfrac{0.707P}{hl}$
③ $\sigma_t = \dfrac{hl}{0.707P}$
④ $\sigma_t = \dfrac{P}{0.707hl}$

해설
$$\sigma_t = \frac{P_n}{0.707\,h\,l} = \frac{P}{h\,l}$$
여기서, $P_n = P\sin 45° = 0.707\,P$(인장력)

053 실제로 사용되는 용접이음의 형식에는 다음의 종류가 있다. 틀린 것을 고르면?

① 맞대기 용접이음, T형 용접이음
② 플러그 용접이음, 아크 용접이음
③ 한쪽 덮개판 맞대기 용접이음, 양쪽목판 맞대기 용접이음
④ 겹치기 용접이음, 가장자리 용접이음

054 리벳팅을 한 후에 코킹(caulking) 작업을 하는 목적은?

① 기체 또는 액체가 누설하지 않도록 하기 위하여 행한다.
② 강판의 가로 탄성 계수를 증가하기 위하여 행한다.
③ 보일러 리벳이음의 효율을 증가시키기 위하여 행한다.
④ 보일러 동판의 강도를 좋게 하기 위하여

해설 코킹 : 리벳 작업 후 기밀, 누설방지를 위해 리벳 머리 주위와 강판의 가장자리를 끌과 같은 공구로 때리는 작업으로 강판의 가장자리는 75~85° 기울어지게 절단하며, 강판의 두께가 5mm 이하일 때는 효과가 없다.

055 리벳은 직경이 몇 mm 이상일 때 열간 작업을 해야 하는가?

① 15mm   ② 18mm
③ 10mm   ④ 6mm

056 리벳이음에서 동판의 효율은 리벳의 직경을 d, 피치를 p라 할 때 다음 중 옳은 것은?

① 1피치 폭에 있어서 구멍이 있는 강판의 인장강도/1피치 폭에 있어서 구멍이 없는 강판의 인장강도
② 1피치 폭에 있어서 구멍이 있는 강판의 전단 강도/1피치 폭에 있어서 구멍이 없는 강판의 인장강도
③ 1피치 폭에 있어서 구멍이 없는 강판의 인장강도/1피치 폭에 있어서 구멍이 있는 강판의 인장강도

④ 1피치 폭에 있어서 구멍이 있는 강판의 인장강도/1피치 폭에 있어서 구멍이 없는 강판의 전단 강도

057 코킹과 플러링 작업은 동판의 두께가 몇 mm 이하는 할 수 없는가?

① 5mm   ② 3mm
③ 10mm   ④ 8mm

해설 플러링 : 더욱 기밀을 유지하기 위해 끝을 끌로 때리는 작업

058 리벳 구멍은 리벳 직경에 비하여 다음 중 옳은 것은?

① 구멍의 크기를 리벳 직경보다 작게 뚫고 억지 끼워맞춤으로 맞춘다.
② 구멍의 크기는 리벳 지름보다 1~1.5mm 크게 뚫는다.
③ 구멍의 크기는 리벳 지름보다 0.5mm 정도 크게 뚫는다.
④ 구멍의 크기는 리벳 직경과 같게 한다.

059 리벳이음이 파괴되는 경우로서 틀린 것은 어느 것인가?

① 리벳 구멍사이의 강판이 찢어진다.
② 강판의 가장자리가 끊어진다.
③ 리벳이 굽혀져서 끊어진다.
④ 리벳이 전단으로 파괴된다.

해설 리벳은 판 두께와 동일하게 접촉되므로 굽힘은 발생하지 않는다.

060 코킹 작업은 강판의 두께가 몇 mm 이하면 할 수 없는가?

① 5mm ② 10mm

③ 3mm ④ 8mm

061 리벳 작업 시 해머로 리베팅할 수 없는 것은?

① 10mm 이하 ② 15mm 이상

③ 20mm까지 ④ 25mm 이상

해설 리베팅을 할 때는 리벳에 스냅을 대고, 해머나 압축 공기 또는 수압으로 작동하는 리베팅 머신을 사용 하여 행한다. 리벳 지름이 25mm 이상은 해머로 할 수 없다.

062 리벳이음의 길이 l은 리벳 죔하는 강판의 죔 두께를 g라 하고, 리벳의 지름을 d라 하면 다음 과정에서 가장 알맞은 것은?

① $l = g + 0.5d + 1$

② $l = g + (1.3 \ 1.8)d$

③ $l = 0.8g + 3d$

④ $l = 0.7g + 2d$

063 리벳이음에 가장자리피치 e는 리벳의 직경을 d라 할 때 다음 중 어느 것이 가장 적당한 치수인가?

① $e = 1.5d$ ② $e = 3d$

③ $e = 0.5d$ ④ $e = 2d$

064 리벳의 줄의 중심사이의 거리 e는 리벳의 직경이 d라 할 때 다음 중 어느 것이 가장 적당한 값인가?

① $e = 2d$ ② $e = 4d$

③ $e = d$ ④ $e = 3d$

065 리벳의 지름이 같을 때 가장 큰 리벳의 전단력을 갖고 있는 이음은?

① 1열 겹치기 이음

② 2열 겹치기 이음

③ 양쪽 겹판 2열 맞대기 이음

④ 1열 맞대기 이음

066 리벳의 지름이 몇 mm까지 손의 힘으로 리벳 팅 작업을 할 수 있는가?

① 5mm ② 10mm

③ 15mm ④ 25mm

067 코킹 작업을 하려면 강판의 가장자리를 몇 도 가량 경사지게 절단하는가?

① 75~85° ② 60~75°

③ 50~60° ④ 30~40°

068 강판이 리벳 구멍 가장자리에서 절단될 때, 그 절단력 W는 가장자리 피치를 e, 강판의 두께를 t, 강판의 전단응력을 τ라 하면 다음에서 맞는 것은?

① $W = \dfrac{2\varepsilon\tau}{\pi t}$ ② $W = 2te\tau$

③ $W = te\tau$ ④ $W = 2\pi et\tau$

해설

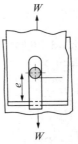

$$\tau = \frac{W}{2e \times t}, \ W = 2\,et\tau$$

069 리벳의 지름 d는 이론적으로는 강판의 두께를 t, 전단응력 τ을 , 압축응력을 σ_c라 하면 다음과 중에서 옳은 것은?

① $d = \dfrac{4t\sigma}{\pi\tau}$ 　　② $d = \dfrac{\sigma t}{4\pi\tau}$

③ $d = \dfrac{4t\tau}{\sigma\pi}$ 　　④ $d = \dfrac{4\pi\sigma}{t\tau}$

해설
- 리벳의 전단: $W = \dfrac{\pi}{4}d^2\tau$
- 리벳 또는 리벳구멍의 압축: $W = dt\sigma_c$

$P = \dfrac{\pi}{4}d^2\tau_r = dt\sigma_c$이므로 $d = \dfrac{4t\sigma_c}{\pi\tau}$

070 강판의 두께 $t = 14$mm, 리벳 죔 후의 직경 20.2mm, 피치 48mm의 1줄 겹치기 리벳이음이 있다. 1피치마다의 하중을 1200N이라 일 때 강판에 생기는 인장응력은 몇 N/mm²인가?

① 3.1N/mm²

② 4.5N/mm²

③ 2.8N/mm²

④ 6.2N/mm²

해설
$$\sigma_t = \dfrac{W}{t(p-d)}$$
$$= \dfrac{1200}{14 \times (48 - 20.2)}$$
$$= 3.1\text{N/mm}^2$$

071 위 문제에서 리벳에 생기는 전단응력은 몇 N/mm²인가?

① 2.6N/mm²

② 3.8N/mm²

③ 4.8N/mm²

④ 5.8N/mm²

해설
$$\tau = \dfrac{4W}{\pi d^2}$$
$$= \dfrac{4 \times 1200}{3.14 \times 20.2^2} = 3.8\text{N/mm}^2$$

072 피치가 48mm, 리벳 죔 후의 직경이 20.2mm일 때 강판의 효율은 몇 %인가?

① 78.8% 　　② 62.8%

③ 57.8% 　　④ 48.1%

해설
$$\eta_t = \dfrac{p-d}{p} \times 100$$
$$= \dfrac{48 - 20.2}{48} = 57.8\%$$

073 직경 500mm, 압력 12atm의 보일러의 강판의 두께는 몇 mm로 하면 좋은가?(단, 강판의 인장응력은 35N/mm²이라 하고 안전율을 4.이라 한다. $\eta = 0.58$로 한다)

① 6.05mm 　　② 6.91mm

③ 8.02mm 　　④ 7.04mm

해설
$$\sigma = \dfrac{35}{4} = 8.75\text{N/mm}^2$$
$$t = \dfrac{pD}{200\eta} + 1$$
$$= \dfrac{12 \times 500}{200 \times 8.75 \times 0.58} + 1 = 6.91\text{mm}$$

074 비틀림과 굽힘을 동시에 받고 있는 수직 응력을 받는 축은?

① 엔진의 크랭크축

② 방직기의 스핀들축

③ 배의 플로펠러축

④ 공장의 전동축

075 축의 강성 설계에서 바하의 축공식으로 옳은 것은?

① $l = 100d$에 대하여 비틀림축이 $1/4°$ 이내가 되는 조건

② 축의 길이를 l, 직경을 d라 하고 $l = 20d$에 대하여 비틀림 각이 $1°$ 이내가 되는 조건

③ 1m에 대하여 비틀림 각이 $1°$ 이내가 되는 조건

④ 축길이 1m에 대하여 비틀림 각이 $1/4°$ 이내가 되는 조건

076 축에 있어서 직경을 d, 축재료의 전단응력을 τ라 하면 비틀림 모멘트 T는 어느 것인가?

① $T = \dfrac{\pi}{16} d\tau$ ② $T = \dfrac{\pi}{32} d\tau$

③ $T = \dfrac{\pi}{32} d^3\tau$ ④ $T = \dfrac{\pi}{16} d^3\tau$

 해설

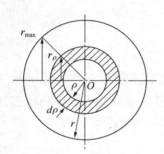

$P = dA r_p = \dfrac{\tau\rho}{r} dA$와 $dA = 2\pi p dp$에서

$P = \dfrac{\tau\rho}{r} 2\pi p dp = \dfrac{2\pi\tau\rho^2}{r} dp$

$T = $힘$\times$거리이므로

$dT = \dfrac{2\pi r p^2}{r} dp \times p = \dfrac{2\pi r \rho^2}{r} dp$

$T = \displaystyle\int_0^r \dfrac{2\pi r p^3}{2} dp = \dfrac{2\pi r}{r} \int_0^r p^3 dp = r\dfrac{\pi d^3}{16} = r Z_p$

이다.

$d = \sqrt[3]{\dfrac{16T}{\pi r}} = \sqrt[3]{\dfrac{5.1T}{r}}$

그리고 $T = r Z_p = r\dfrac{I_P}{e} = r\dfrac{\dfrac{\pi d^4}{32}}{\dfrac{d}{2}} = r\dfrac{\pi d^3}{16}$ 로도

표현할 수 있다.

077 일반적으로 전동축에서 길이를 l이라 할 때 최대 처짐($\delta_{\max}$)은?

① $\delta_{\max} \leq \dfrac{l}{3000}$

② $\delta_{\max} = \dfrac{l}{1500}$

③ $\delta_{\max} = \dfrac{l}{2000}$

④ $\delta_{\max} \leq \dfrac{l}{1000}$

해설 길이 l이고, 하중이 중앙에 작용하는 축을 단순보로 생각하면 최대처짐(δ)과 처짐각(θ)은

$\delta = \dfrac{Pl^3}{48EI}, \ \delta = \dfrac{Pl^2}{16EI} \rightarrow \dfrac{\delta}{\theta} = \dfrac{l}{3}$

그리고 일반적으로 전동축 최대 처짐각을 $1/1000$rad, 이하로 제한하므로

$\delta = \theta \dfrac{l}{3} \leq \dfrac{l}{3000}$

078 축의 전동에서 위험속도를 방지하려면 전후의 상용 회전수를 그 축의 고유진동수의 몇 % 이내에 가까이 오지 않도록 하여야 하는가?

① 35%   ② 25%

③ 5%   ④ 10%

해설 축의 운전속도를 결정할 때에는 회전축의 고유진동수 보다 25% 이상 낮게 유지하는 것을 권장하고 있다.

079 축에서 다음 설명 중 맞는 것은?

① 전단응력은 비틀림 모멘트에 반비례하고, 축경의 3승에 정비례한다.

② 전단응력은 비틀림 모멘트에 반비례하고, 축경의 3승에 반비례한다.

③ 전단응력은 비틀림 모멘트에 정비례하고, 축경의 3승에 정비례한다.

④ 전단응력은 비틀림 모멘트에 정비례하고, 축경의 3승에 반비례한다.

해설

$T = \dfrac{\pi}{16} d^3 \tau$ 에서 $\tau = \dfrac{16 T}{\pi d^3}$

080 전동축에서 토크 T는 kW를 동력(kW), N을 회전수(rpm)라 하고, τ를 전단응력이라 할 때, 다음 중 옳은 것은?

① $T = 7162 \dfrac{Hps}{N} [\text{kg} \cdot \text{cm}]$

② $T = 97400 \dfrac{Hkw}{N} [\text{kg} \cdot \text{cm}]$

③ $T = 71620 \dfrac{N}{Hps} [\text{kg} \cdot \text{mm}]$

④ $T = 716.2 \dfrac{Hps}{N} [\text{kg} \cdot \text{m}]$

해설

• 분당 회전 수($n =$rpm : rev/min) 계산

$W = 2\pi Tn \left[\dfrac{N \cdot m \cdot re V}{min} \right]$

$= 2\pi T \dfrac{n}{60} \left[\dfrac{N \cdot m \cdot re V}{sec} \right]$

$= Tw(w$는 각속도 $\dfrac{2\pi n}{60})$

• 1[PS](마력)$= 75 [\text{kgf} \cdot \text{m/s}]$
$= 75 \times 9.81 [\text{N} \cdot \text{m/s}]$

이므로 이를 고려할 때의 토크

$T = \dfrac{60 \times 75 \times 9.81 PS}{2\pi n} [\text{N} \cdot \text{m}]$

$\fallingdotseq 7026 \dfrac{1}{n} PS [\text{N} \cdot \text{m}]$

$\fallingdotseq 716.2 \dfrac{1}{n} PS [\text{kgf} \cdot \text{m}]$

081 위 문제에서 축경 $d[\text{cm}]$를 구하는 식은 어느 것인가?

① $d = 71.5^3 \sqrt{\dfrac{\tau N}{H}} [\text{cm}]$

② $d = 71.5^3 \sqrt{\dfrac{\tau}{HN}} [\text{cm}]$

③ $d = 71.5^3 \sqrt{\dfrac{H}{\tau N}} [\text{cm}]$

④ $d = 71.5^3 \sqrt{\dfrac{HN}{\tau}} [\text{cm}]$

해설

$T = \dfrac{\pi}{16} d^3 \tau$ 와 $T = 71620 \dfrac{Hps}{N}$ 에서

$d = 71.5^3 \sqrt{\dfrac{H}{\tau N}}$

082 전동축의 최대 처짐각 θ는 몇 라디안인가?

① $\dfrac{1}{1000}$ ② $\dfrac{1}{500}$

③ $\dfrac{1}{30000}$ ④ $\dfrac{1}{1500}$

083 상당 비틀림 모멘트(T_e)로써 축의 지름(d)을 구할 때 맞는 것은 어느 것인가?(단, τ는 허용전단응력이다)

① $d = ^3\sqrt{\dfrac{5\tau}{T_e}}$ ② $d = ^3\sqrt{\dfrac{5T_e}{\tau}}$

③ $d = ^3\sqrt{\dfrac{10 T_e}{\tau}}$ ④ $d = ^3\sqrt{\dfrac{10\tau}{T_e}}$

해설

$\tau = \dfrac{T_e \times \dfrac{d}{2}}{I_p} = \dfrac{T_e \times \dfrac{d}{2}}{\dfrac{\pi d^4}{32}}$

$\therefore d = ^3\sqrt{\dfrac{5T_e}{\tau}}$

084 동력원에서 직접 동력을 받는 축의 이름은?

① 기계축   ② 중간축

③ 주축   ④ 스핀들축

085 차축에 있어서 힘의 작용 중 맞는 것은 어느 것인가?

① 주로 굽힘만을 받는다.

② 압축과 비틀림을 동시에 받는다.

③ 주로 비틀림만 받는다.

④ 비틀림과 굽힘을 동시에 받는다.

해설 차축 : 휨 하중을 주로 받는 회전 또는 정지축으로 사용된다.

086 바하(bach)의 축 공식에 대한 다음 설명 중 맞는 것은?

① 바하의 공식은 축의 직경을 축소의 견지에서 설계하려고 할 때 사용되고, 1m에 대하여 1°의 비틀림 각 이내가 되는 조건에서 구한 공식이다.

② $d = 12 \sqrt[3]{\dfrac{Hps}{N}}$ [cm]로서 축의 지름을 구한다. 단, N는 [rpm], Hps는 전달 [ps]마력이다.

③ $d = 14.4 \sqrt[3]{\dfrac{Hps}{N}}$ 로서 축의 지름을 구한다.

④ $d = 12 \sqrt[4]{\dfrac{Hps}{N}}$ 로서 축의 직경을 구한다.

087 축의 위험속도 N에 관한 던컬레이(Dun-kerley)의 공식에서 맞는 것은?

① $\dfrac{1}{N_e^2} = \dfrac{1}{N_0^2} + \dfrac{1}{N_1^2} + \dfrac{1}{N_2^2} + \cdots\cdots$

② $\dfrac{1}{N} = \dfrac{1}{N_0} + \dfrac{1}{N_1} + \dfrac{1}{N_2} + \cdots\cdots$

③ $\dfrac{1}{N} = \dfrac{2}{N_0} + \dfrac{1}{N_1} + \dfrac{1}{N_2} + \cdots\cdots$

④ $\dfrac{1}{N_e^2} = \dfrac{2}{N_0^2} + \dfrac{1}{N_1^2} + \dfrac{1}{N_2^2} + \cdots\cdots$

해설 아래 식에서 소문자 n을 대문자 N으로 변경

$$\dfrac{1}{N_e^2} = \dfrac{1}{N_0^2} + \dfrac{1}{N_1^2} + \dfrac{1}{N_2^2} + \cdots$$

▨ 전체에 대한 위험속도

- n_0 : 축만의 경우 위험속도
- n_1, n_2 : 풀리가 각각 단독으로 설치되었을 때의 위험속도

088 스핀들에 대한 다음 글 중 옳은 것은?

① 굽힘을 받아서 작업을 하는 정동축이다.

② 비틀림을 받는 짧은 축이고 정밀하게 다듬질된 작업축이다.

③ 굽힘을 받는 축의 일종이다.

④ 좌굴을 일으키는 긴축을 일반적으로 스핀들 축이라 부른다.

089 굽힘과 비틀림이 동시에 작용할 때 상당 비틀림 모멘트 (T_e)는 어느 것인가?

① $T_e = \sqrt{M^2 + T^2}$

② $T_e = \sqrt{M + T}$

③ $T_e = \dfrac{1}{2}\sqrt{M^2 + T^2}$

④ $T_e = 2\sqrt{M^2 + T^2}$

해설 상당굽힘모멘트 M_e와 상당비틀림모멘트 T_e

- $M_e = \dfrac{1}{2}\left(M + \sqrt{M^2 + T^2}\right)$: 최대주응력설(재료가 취성재료일 때)
- $T_e = \sqrt{M^2 + T^2}$: 최대전단응력설(재료가 연성재료일 때)

090 베어링사이의 길이를 l이라 하고 축경을 d라 할 때 강도 측면에서 받침 보로 볼 때 l을 구하는 식은?

① $l = 220\sqrt{d}$

② $l = {}^{3}\sqrt{d}$

③ $l = 100\sqrt{d}$

④ $l = 125d$

091 축경을 d라 하고, 강도의 전지에서 축길이를 계산할 때, 연속보로 될 때 중간구간의 길이 l을 구하면?

① $l = 100\sqrt{d}$

② $l = 140\sqrt{d}$

③ $l = 125\sqrt{d}$

④ $l = 150\sqrt{d}$

092 축에는 단면의 형식에 의하여 다음과 같은 종류가 있다. 맞지 않는 것은?

① 스플라인축

② 원축

③ 각축

④ 휨축

093 300rpm으로 3kW를 전달시키고 있는 축의 비틀림 모멘트는 몇 kg·mm인가?

① 4260　　　② 4630

③ 6320　　　④ 9740

해설

$$T = 9.74 \times 10^5 \frac{H}{N}$$

$$= \frac{9.74 \times 10^5 \times 3}{300}$$

$$= 9740 \text{kg.mm}$$

094 350N-m의 비틀림 모멘트를 받고 있는 축의 직경은 몇 mm가 가장 적합한가?(단, 허용전단응력 $\tau = 6\text{N/mm}^2$이라 한다)

① 70　　　② 30

③ 60　　　④ 35

해설

$$d = {}^{3}\sqrt{\frac{5.1\,T}{\tau_a}}$$

$$= {}^{3}\sqrt{\frac{5.1 \times 3.5 \times 10^5}{6}}$$

$$= 66.7 \fallingdotseq 70\text{mm}$$

095 실제단면이 120N-m의 비틀림 모멘트와 50N-m의 굽힘 모멘트를 동시에 받을 때 직경은 몇 mm인가?(단 $\tau_a = 5\text{N/cm}^2$로 한다)

① 216　　　② 226

③ 240　　　④ 246

해설

$$(T_e) = \sqrt{M^2 + T^2}$$

$$= \sqrt{(120)^2 + (50)^2}$$

$$= 130\text{N·m} = 130 \times 10^3 \text{N·mm}$$

$$\therefore d = {}^{3}\sqrt{\frac{5.1\,T}{\tau_a}}$$

$$= {}^{3}\sqrt{\frac{5.1 \times 130 \times 10^3}{5 \times 10^{-2}}}$$

$$= 236.6 \fallingdotseq 240\text{mm}$$

096 롤러 베어링이 슬라이딩 베어링에 비하여 좋은 점이 아닌 것은?

① 마찰계수가 아주 작고 (1/10) 또는 그 이상으로 할 수 있다.

② 충격에 강하다.

③ 시동손실이 적다.

④ 시동할 때 저항이 적다.

097 볼 베어링의 수명(L_n)에 대한 설명 중 옳은 것은?

① L은 하중의 3승에 반비례한다.
② L은 하중의 3승에 비례한다.
③ L은 하중의 2승에 반비례한다.
④ L은 하중의 2승에 비례한다.

₪ 해설 레이디얼 볼베어링 : 하중이 축의 직각방향으로 작용할 때 사용

098 롤러 베어링의 기본 기호가 아닌 것은?

① 베어링 계열 기호
② 접촉각 기호
③ 내경 기호
④ 궤도륜 형태 기호

099 앵귤러 커넥터 보올 베어링에 대한 설명 중 옳은 것은?

① 접촉각이 작거나 없기 때문에 분리할 수 있는 외륜의 홈은 한쪽에만 턱이 있고 추력은 절대로 받을 수 없는 한 줄 레이디얼 보올 베어링이다.
② 내외륜을 분리할 수 없다.
③ 축 중심의 편심을 자동적으로 조정하는 볼 베어링이다.
④ 큰 접촉각을 가지도록 되어 있는 것으로 가로하중 이외에 추력 하중에 대한 부하용량이 큰 볼베어링이다.

100 베어링의 종류에 대한 설명 중 틀린 것은?

① 베어링에 작용하는 힘이 축의 방향에 작용하는 베어링을 레이디얼 베어링이라 부른다.

② 베어링면과 저널면이 미끄럼 접촉하는 베어링을 슬라이딩 베어링 또는 플레인 베어링이라 부른다.
③ 베어링과 축과의 접촉면에 보올 또는 롤러를 넣어 구름 접촉을 하는 것을 롤링 베어링이라 부른다.
④ 베어링에 작용하는 힘이 축의 중심선의 방향에 작용하는 것을 트러스트 베어링이라 부른다.

101 볼 베어링에 대한 설명 중 틀린 것은?

① 볼 베어링에는 부시메탈이 필요하다.
② 볼 베어링에는 충격에 약하다.
③ 볼 베어링에는 리테이너가 필요하다.
④ 레이디얼 베어링의 일종이다.

102 롤러 베어링에 있어서 기본 부하용량을 C, 베어링에 걸리는 하중을 P라 할 때 관계식이 옳은 것은?

① $C = \dfrac{수명\ 계수}{속도\ 계수} \times P$
② $C = \dfrac{속도\ 계수}{수명\ 계수} \times P$
③ $C = \dfrac{수명\ 계수}{(속도\ 계수 \times P)}$
④ $C = \dfrac{(수명\ 계수 \times P)}{속도\ 계수}$

103 다음 베어링에서 추력을 완전하게 받을 수 있는 것은 어느 것인가?

① 마그넷 베어링
② 미끄럼 베어링
③ 원통 롤러 베어링
④ 앵귤러 콘택트 베어링

104 6208ZC2P4라는 베어링 번호에서 08은 무엇을 나타내는가?

① 실드 기호

② 내경 기호

③ 조합기호

④ 베어링 계열 기호

해설 08은 베어링 내경을 나타내며 08×5=40mm의 내경을 갖게 된다.

105 긴축에 많은 롤링 베어링을 설치하려면 다음 중 어느 것으로 하면 되는가?

① 어댑터　　　② 세레이션

③ 스플라인　　④ 스프링 와셔

106 만능이음에 대한 설명 중 옳은 것은?

① 두 축이 교차하고 있는 경우에 사용되는 커플링의 일종이다.

② 두 축이 교차하고 있는 경우에 사용되는 클러치의 일종이다.

③ 두 축이 교차하고 있는 경우에 사용되는 베어링의 일종이다.

④ 두 축이 평행할 때 사용하고 운전 중 단속할 수 있다.

107 마찰 클러치의 마찰 재료가 구비하고 있어야 될 조건 중 틀린 것은?

① 강도가 클 것

② 내유성이 크고, 기름이 묻더라도 기름의 특성이 변화하지 않을 것

③ 내유성이 크고 냉각에 대한 열전도가 작을 것

④ 내충격성이 좋고, 상대편을 손상시키지 않을 것

108 원판 클러치에서 클러치를 밀어붙이는 힘을 P, 평균지름을 D_m이라 하면, 회전 모멘트 T는 어느 것인가?(단, μ : 마찰계수)

① $T = \dfrac{PD_m}{2\mu}$　　② $T = \dfrac{\mu PD_m}{2}$

③ $T = \dfrac{2\mu P}{D_m}$　　④ $T = \dfrac{PD_m}{\mu}$

109 원추 클러치의 원추각 α은 어느 것이 가장 적당한가?

① 8~10°　　② 10~12°

③ 18~20°　　④ 20~22°

110 마찰클러치 중 반경방향에서 힘이 작용하는 클러치는 다음 종류 중 아닌 것은?

① 블록 클러치

② 원추 클러치

③ 분할륜 클러치

④ 밴드 클러치

111 두 축이 교차하고 있는 경우에 사용되는 커플링은 어느 것인가?

① 올덤 커플링

② 플랜지 커플링

③ 유니버설 커플링

④ 셀러 커플링

해설 만능 이음 : 두 축이 교차하는 경우

112 마찰 클러치에서 속하지 않는 클러치를 다음 중에서 골라라?

① 원심 클러치　　② 원판 클러치
③ 밴드 클러치　　④ 원추 클러치

113 커플링의 설계에서 고려되는 사항 중 틀린 것은?

① 원추균형이 완전하도록 할 것
② 설치, 분해 등이 용이하도록 설계할 것
③ 경량이고 값이 싸게 설계할 것
④ 전동능력을 갖게 하기 위하여 대형으로 설계할 것

114 축방향에 인장력이 작용하는 경우에는 다음 원통 커플링 중 어느 것을 사용하는 것이 좋은가?

① 반경침 커플링
② 분할원통 커플링
③ 세일러 커플링
④ 마찰원통 커플링

115 올덤 커플링은 어느 경우에 사용되는가?

① 두 축이 어느 각도로서 교차하고 있는 경우에 사용된다.
② 두 축이 직각으로 교차하는 경우에 사용된다.
③ 두 축이 약간의 거리로서 평행하고 있는 경우에 사용된다.
④ 두 축이 정확하게 일직선상에 있는 경우

예 해설　올덤 커플링 : 두 축이 평행하여 그 거리가 비교적 짧은 경우에 쓰이는 것으로 접촉면의 마찰저항이 커 윤활이 필요하다.

116 마찰 원판 클러치에서 축방향에 밀어붙이는 힘 P는 원판의 나비를 b, 평균 직경을 D_m, 접촉압력을 q라 할 때 다음 식 중 옳은 것은?

① $P = \dfrac{bqD_m}{\mu}$
② $P = \pi b q D_m$
③ $P = \dfrac{2bqD_m}{\mu}$
④ $P = 2\mu bqD_m$

예 해설
$$T = \frac{\mu P D_m}{2} = \frac{\mu \pi D_m^2 bq}{2}$$
$$P = \pi bq D_m$$

117 원추클러치에서 원추각이 마찰각 또는 그 이상으로 되면 다음 결과 중 옳은 것은?

① 형상이 소형이 되므로 공작이 용이하다.
② 시동할 때 클러치의 물리는 상태가 아주 원활하기 때문에 충격이 일어나지 않는다.
③ 내원추를 잡아 빼내는데 힘이 들어 불편하다.
④ 축방향으로 밀어붙이는 힘 P가 크게 된다.

118 마찰 클러치의 조작기구로서 사용하는데 부적당한 것은?

① 캠 장치
② 공기압
③ 유압장치
④ 스프링 장치

119 올덤 커플링에 대한 설명 중 틀린 것은?

① 마찰효과가 크므로, 고속 회전하는 축의 연결에 사용하면 효과적이다.
② 구동축과 종동축의 각속비는 일정하다.
③ 마찰부분이 많고, 진동을 일으키기 쉽다.
④ 두 축이 평행하게 약간 떨어져 있을 경우에 사용된다.

120 마찰 클러치의 토크는 다음과 같이 표시된다. 맞는 것은?

① 접촉면 압력×평균 반경×접촉 면적
② 마찰계수×평균 반경×접촉 면적
③ 접촉 면적×접촉면 압력×속도×평균 반경
④ 접촉면 압력×마찰계수×평균 반경×접촉 면적

121 밴드 클러치의 밴드는 원동축과 종동축의 어느 쪽에 붙여야 되는가?

① 어느 쪽에 붙여도 좋다.
② 종동축에 붙인다.
③ 원동쪽에 붙인다.
④ 원동쪽과 종동쪽 모두 붙여야 한다.

122 플렉시블 커플링에서 토크의 변동 때문에 생기는 충격 등을 완화하기 위하여 사용하는 것 중 틀린 것은?

① 코터와 핀
② 얇은 강판 로프
③ 스프링, 가죽원판, 고무 원판 벨트
④ 기어 및 롤러 체인

123 다음 중 고정축 이음이 아닌 것은?

① 머프 커플링
② 플렉시블 커플링
③ 마찰 원통 커플링
④ 셀러 커플링

해설 고정축 커플링에는 원통형 커플링과 플랜지 커플링이 있으며, 원통형 커플링에는 커플링, 분할 원통 커플링, 셀러 커플링 등이 있다.

124 2개 축의 축선이 정확하게 일직선으로 되지 않을 경우 충격 진동을 완화하는 이음은?

① 올덤 커플링　　② 플렉시블 커플링
③ 플랜지 커플링　　④ 셀러 커플링

해설 플렉시블 커플링 : 두 축이 일직선상에 있는 것을 원칙으로 하나 결합기 고무나 가죽 등을 사용하므로 중심선이 일치되지 않는 경우나 진동을 완화할 때 사용한다.

125 종동축의 회전속도가 원동축의 회전속도 이상이 되면 자동적으로 동력 전달이 끊어지며 역전이 방지되는 축이음은?

① 유체클러치
② 래치 클러치
③ 스플릿링 클러치
④ 클로우 클러치

126 2개의 축의 축선이 대체로 일직선으로 되고, 충격 진동을 완화한 커플링은?

① 플렉시블 커플링
② 올덤 커플링
③ 유니버설 커플링
④ 플랜지 커플링

127 마찰 클러치에서 원동축에 마찰 재료를 라이닝하고 종동축에는 그대로 금속을 사용하는 것은?

① 전동을 원활하게 위하여

② 눌러 붙음을 방지하기 위하여

③ 미끄럼을 방지하기 위하여

④ 종동차에 마찰 재료를 부딪히면 갑자기 변동하중이 작용하며 종동차가 불균일하게 마멸되어 전동이 불가능하게 되기 때문에

128 80kW, 270rpm의 동력을 전달시키는 축의 플랜지커플링에 직경 22mm의 볼트 4개를 사용하였을 경우 볼트에 생기는 전단응력은 몇 N/mm²로 되는가?(단, 접촉면에 마찰이 없는 것으로 하고 볼트 피치원의 직경을 235mm라 한다)

① 15.8   ② 20.2

③ 18.3   ④ 21.5

예 해설

$$T = 974000 \times \frac{H}{N}$$

$$= 974000 \times \frac{80}{270}$$

$$= 288592 \, \text{kg} \cdot \text{mm}$$

$$\tau_b = \frac{8T}{\pi \delta^2 Z D_p}$$

$$= \frac{8 \times 288592}{3.14 \times 22^2 \times 4 \times 235}$$

$$= 1.615 \, \text{kg/mm}^2 = 15.83 \, \text{N/mm}^2$$

129 접촉면의 내경 60mm, 외경 180mm의 단판 클러치에서 2kW, 1450rpm을 전달시킬 때, 밀어붙이는 힘은 몇 N으로 되는가?(단, 마찰계수 $\mu = 0.2$)

① 1035N   ② 1135N

③ 1646N   ④ 1335N

예 해설

$$T = 974000 \times \frac{H}{N}$$

$$= 974000 \times \frac{2}{1450}$$

$$= 1343.4 \, \text{kg} \cdot \text{mm}$$

$$D_m = \frac{1}{2}(D_1 + D_2) = \frac{60 + 100}{2}$$

$$= 80 \, \text{mm}$$

$$\therefore P = \frac{2T}{\mu D_m Z} = \frac{2 \times 1343.4}{0.2 \times 1 \times 80}$$

$$= 137.9 \, \text{kgf} = 1645.7 \, \text{N}$$

130 축방향에서 힘을 가하는 브레이크는?

① 캠 브레이크   ② 블록 브레이크

③ 원추 브레이크   ④ 내확 브레이크

131 브레이크 접촉면압력을 q, 속도를 v, 마찰계수를 μ라 할 때 브레이크 용량은?

① $\mu q / v$ ② $\mu q v$

③ $\mu q v^2$ ④ $\mu q / v^2$

132 평블록 브레이크는 보통 브레이크 드럼의 직경이 몇 mm 이상에서 사용되는가?

① 30mm   ② 40mm

③ 50mm   ④ 60mm

133 중작용선형($C = 0$)의 경우 단동식 브레이크의 조작력 F를 구하는 식은?(단, f는 마찰력, a, b는 막대의 치수)

① $F = \dfrac{fa}{\mu b}$ ② $F = \dfrac{fb}{\mu a}$

③ $F = \dfrac{\mu a}{fb}$ ④ $F = \dfrac{\mu b}{fa}$

134 자동 하중브레이크의 종류로 옳은 것은?

① 웜 브레이크, 나사브레이크, 원추브레이크

② 래치 브레이크, 캠 브레이크, 원심브레이크

③ 폴 브레이크, 나사브레이크, 원심브레이크

④ 캠 브레이크, 나사브레이크, 웜 브레이크

135 원심 브레이크는 다음 중 어느 브레이크에 속하는가?

① 유체 브레이크

② 전기 브레이크

③ 심향 브레이크

④ 자동 하중 브레이크

136 단동식 밴드 브레이크에 있어서 우회전할 때 조작력 F는?

① $F = f\dfrac{l}{a}\dfrac{1}{e^{\mu\theta}-1}$

② $F = f\dfrac{a}{l}\dfrac{1}{e^{\mu\theta}-1}$

③ $F = f\dfrac{a}{l}\dfrac{e^{\mu\theta}}{e^{\mu\theta}-1}$

④ $F = f\dfrac{a}{l}\dfrac{1}{1-e^{\mu\theta}}$

해설 단동식 밴드 브레이크

• 우회전의 경우

$$Fl - T_2 a = 0, \quad F = \frac{T_2 a}{l} = \frac{Pa}{l}\cdot\frac{1}{e^{\mu\theta}-1}$$

• 좌회전의 경우

$$Fl - T_2 a = 0, \quad F = \frac{T_2 a}{l} = \frac{Pa}{l}\cdot\frac{e^{\mu\theta}}{e^{\mu\theta}-1}$$

137 브레이크 용량을 표시하는 식은?

① 마찰계수×속도 압력 계수

② 마찰계수×속도 변화율

③ 마찰계수×속도

④ 마찰력×속도계수

138 자동하중 브레이크에 대한 설명 중 틀린 것은?

① 정회전의 경우에 자동적으로 브레이크가 걸린다.

② 역회전의 경우에 자동적으로 브레이크가 걸린다.

③ 정회전의 경우에는 저항이 없다.

④ 역회전의 경우 저항이 있다.

139 래칫 휠에 대한 다음 중 틀린 것은?

① D를 크게 하면 폴에 걸리는 힘 F도 크게 된다.

② D를 크게 하면 원주 속도가 빨라진다.

③ 휠의 직경 D를 크게 하면 작용하는 힘 F는 작게 된다.

④ 힘 F를 작게 하면 충격이 커진다.

140 래칫 휠의 작용 중 틀린 것은?

① 역전방지

② 보내기 기구 등의 나눔 작업

③ 포크 및 힘의 전달

④ 완충작용

해설 래칫에서 사용하는 브레이크는 포올브레이크이다.

141 브레이크 용량의 크기에 대한 다음 설명 중 틀린 것은?

① 크기가 크면 브레이크에 축적하는 열의 소산(消散)이 잘 되지 않아 습도가 상승한다.

② 온도가 상승하여 눌어붙음이 생기므로 브레이크 블록의 치수를 크게 하여야 한다.

③ 사용자료, 브레이크 압력, 속도 등을 고려하여 $\mu q v$를 어느 한도로 제한하여야 된다.

④ 브레이크 블록의 단상면적의 치수를 작게 잡아 열의 발산을 작게 하여야 한다.

142 내작용선의 단식블록브레이크 의하여 4500kg·mm의 브레이크 토크를 얻으려면 주는 조작력 F는 몇 kg인가?(단, $a =$ 800mm, $b =$ 150mm, $c =$45mm, $D =$ 400mm, $\mu =$0.2 우회전한다)

① 16.5kg   ② 19.8kg

③ 22.2kg   ④ 24.8kg

 해설

$$F = \frac{f(b+\mu c)}{\mu a}$$

$$f = \frac{2T}{D} = \frac{2 \times 4500}{400} = 22.5\text{kg}$$

$$F = \frac{f(b+\mu c)}{\mu a} = \frac{22.5(150+0.2 \times 45)}{0.2 \times 800}$$

$$= 22.2\text{kg}$$

143 브레이크 드럼이 브레이크 블록을 밀어붙이는 힘 W=170kg, 마찰계수 μ=0.25, 드럼의 직경 D=400mm이라 할 때 토크는 몇 kg·mm인가?

① 4500kg·mm   ② 6500kg·mm

③ 8500kg·mm   ④ 9500kg·mm

해설

$$T = \frac{fD}{2} = \frac{\mu WD}{2} = \frac{0.25 \times 170 \times 400}{2}$$

$$= 8500\text{kg.mm}$$

144 중작용선형(c=0)의 단식 블록브레이크에 있어서 레버에 작용시키는 조작력은 몇 kg인가?(단, a=600, b=350, c=30mm)

① 18kg   ② 22kg

③ 30kg   ④ 35kg

해설

$$F = W\frac{b}{a}$$

$$= \frac{20 \times 350}{0.2 \times 1600} = 21.9\text{kg}$$

145 열간 가공의 스프링강(KS B 2402)은 가열온도를 몇 ℃를 초과해서는 안 되는가?

① 800℃   ② 850℃

③ 950℃   ④ 1000℃

146 압축 코일 스프링에서 스프링 지수 C와 왈의 압력수정계수 K 사이의 관계에 대한 설명 중 틀린 것은?

① K의 값은 C의 값이 크게 되면 1에 가까워진다.

② K의 값은 C의 값이 작게 되면 전단응력이 크게 발생하므로 C를 너무 작게 하지 않는 것이 좋다.

③ K의 값을 1로 하려면 C의 값을 12 이상으로 잡아야 된다.

④ K의 값은 C의 값이 작게 되면 무한대로 되므로 K의 값이 20 이상으로 취하여야 된다.

147 압축 코일 스프링에서 왈의 압력수정계수 K는 스프링 지수를 C라 할 때 다음 중 옳은 것은?

① $K = \dfrac{4C-4}{0.615} + \dfrac{C}{4C-1}$

② $K = \dfrac{4C-4}{4C} + \dfrac{0.615}{C}$

③ $K = \dfrac{4C}{4C-4} + \dfrac{0.615}{C}$

④ $K = \dfrac{4C-1}{4C-4} + \dfrac{0.615}{C}$

해설 왈 공식(Wahl Formula)
곡률효과 고려

$$\tau = K_w \frac{8WD}{\pi d^3} = K_w \frac{8WC}{\pi d^2} = K_w \frac{8WC^3}{\pi D^2}$$

왈 계수(Wahl factor) $K_w = \dfrac{4C-1}{4C-4} + \dfrac{0.615}{C}$

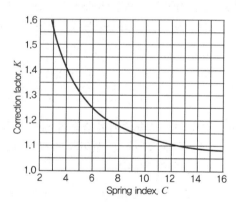

148 압축 코일 스프링의 직경을 D, 소재의 직경을 d라 할 때 D/d를 무엇이라 하는가?

① 스프링 상수
② 스프링 지수
③ 스프링 계수
④ 스프링 사용계수

149 다음 그림에서 스프링 상수 $k_1 = 0.2\text{kgf/mm}$, $k_2 = 0.4\text{kgf/mm}$이고 하중 W가 12kgf일 때 변위는?

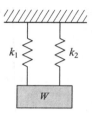

① 10mm
② 20mm
③ 57.6mm
④ 90mm

해설 $k_{eq} = k_1 + k_2 = 0.2 + 0.4 = 0.6\,\text{kg/mm}$

$F = k_{eq}\delta$에서 $\delta = \dfrac{F}{k_{eq}} = \dfrac{12}{0.6} = 20\text{mm}$

150 초기 압력의 문제는 다음 스프링 중에서 어느 스프링에서 문제가 되는가?

① 비틀림 코일 스프링
② 인장코일 스프링
③ 링 스프링
④ 토션바

151 다음 스프링 중에서 비틀림 스프링이 아닌 것은?

① 겹판 스프링
② 토션바
③ 스파이얼 스프링
④ 비틀림 코일 스프링

해설 겹판 스프링은 판스프링으로 굽힘하중을 받는다.

152 압축 코일 스프링에서 하중 W, 스프링의 직경 D, 소재의 직경 d, 처짐 δ, 감은 수 n, 스프링 상수 k, 저축에너지 u, 응력수정계수 K, 횡탄성 계수를 G라 할 때 스프링의 전단응력 τ는?

① $\tau_t = K\dfrac{8\,WDn}{\pi d^3}$

② $\tau_t = K\dfrac{8\,WD}{\pi d^3}$

③ $\tau_t = K\dfrac{16\,WD}{\pi d^3}$

④ $\tau_t = K\dfrac{16\,WD}{\pi d^3}$

해설

$$\tau = K\frac{8\,WD}{\pi d^3} = K\frac{8\,WC}{\pi d^2} = K\frac{8\,WC^3}{\pi D^2}$$

153 위 문제에서 스프링 상수 k는?

① $k = \dfrac{Gd^4}{8nD^3}$

② $k = \dfrac{Gd^3}{8nD^3}$

③ $k = \dfrac{Gd^2}{8nD^3}$

④ $k = \dfrac{Gd^4}{16nD^3}$

해설

$$k = \frac{W}{\delta} = \frac{Gd^4}{8D^3 n} = \frac{Gd}{8C^3 n}$$

154 다음 그림과 같은 스프링 장치에서 각 스프링의 상수 $k_1 = 2\text{kg/cm}$, $k_2 = 3\text{kg/cm}$, $k_3 = 4\text{kg/cm}$이며 하중 방향 처짐이 $\delta = 200\text{mm}$일 때 하중 P는 얼마인가?

① $P = 1.8$ ② $P = 0.18$

③ $P = 18$ ④ $P = 180$

해설 스프링에 걸리는 하중 P는 $P = k \cdot \delta$

여기서, k는 스프링 상수(kg/cm), δ는 처짐(cm)이다. 그림에서 직렬연결이므로 조합 스프링 상수 k는 $\dfrac{1}{k} = \dfrac{1}{k_1} + \dfrac{1}{k_2} + \dfrac{1}{k_3}$

$$\frac{1}{k} = \frac{1}{2} + \frac{1}{3} + \frac{1}{4} = \frac{13}{12} \quad \therefore \ k = 0.9\text{kg/cm}$$

$$P = 0.9 \times 20 = 18\text{kg}$$

155 코일 스프링에서 세팅 작업의 목적은?

① 스프링에 서징 현상이 일어나지 않게 하기 위하여

② 스프링 재료 내에 생기는 응력을 작게 해서 강도를 강하게 하기 위하여

③ 스프링 재료의 표면 경도를 높이게 하기 위하여

④ 스프링 충격저항을 크게 하기 위하여

156 각형 단면의 압축공기 스프링의 특성 중 가장 중요한 것은?

① 효율이 아주 좋다.

② 변형 에너지의 흡수력이 강하다.

③ 경도가 증가된다.

④ 하중과 처짐의 비열관계가 아주 정확하다.

157 계량기용 스프링으로서 다음 중 어느 스프링이 가장 적당한가?

① 각형 압축 코일 스프링

② 원형 인장 코일 스프링

③ 볼류트 스프링

④ 토션바

158 비선형 스프링이 아닌 것은?

① 접시 스프링

② 인장 코일 스프링

③ 드럼 코일 스프링

④ 원추 코일 스프링

159 다음 중 금속 스프링 재료로서 사용되지 않는 것은?

① 강철

② 스테인레스

③ 듀랄루민

④ 놋쇠

해설 스프링 재료는 높은 탄성이 필요하다.

160 겹판 스프링에서 쇼트 피이닝 작업의 목적은?

① 모양을 아름답게 하기 위하여

② 처짐을 작게 하기 위하여

③ 진동을 완화하기 위하여

④ 표면을 경화시켜서 피로한도를 높이기 위하여

161 토션 바에 대한 설명 중 틀린 것은?

① 단부(端部)의 가공이 어렵다.

② 간단해서 좁은 곳에 사용된다.

③ 단부의 가공에 비용이 든다.

④ 단위체적마다 저축되는 탄성 에너지가 적기 때문에 경량이다.

162 겹판 스프링에서 양단받침의 형식일 때 스팬의 길이를 l, 하중 W, 장수 n, 판자의 폭 b, 두께 h라 할 때 굽힘 응력 σb는?

① $\dfrac{2}{3}\dfrac{lW}{nbh^2}$

② $\dfrac{3}{2}\dfrac{lW}{nbh^3}$

③ $\dfrac{3}{2}\dfrac{lW}{nbh^2}$

④ $\dfrac{3}{2}\dfrac{lW^2}{nbh^2}$

해설 중앙부분 응력

$$\sigma_b = \frac{M_b \times y_{max}}{I_y}$$

$$= \frac{\left(\dfrac{W}{2} \times \dfrac{l}{2}\right) \times (h/2)}{\dfrac{nbh^3}{12}} = \frac{3}{2}\frac{Wl}{nbh^2}$$

163 위 문제에서 처짐 δ는?

① $\dfrac{2}{3}\dfrac{ElW}{nbh^2}$

② $\dfrac{1}{4}\dfrac{ElW}{nbh^3}$

③ $\dfrac{3}{2}\dfrac{ElRW}{nbh^2}$

④ $\dfrac{3}{2}\dfrac{ElW^2}{nbh^2}$

해설 중앙 부분 처짐

$$\delta_{max} = K\frac{Wl^3}{48EI_y} = K\frac{Wl^3}{48E\dfrac{nbh^3}{12}} = \frac{1}{4}K\frac{Wl^3}{nbh^3E}$$

164 공기 스프링이 금속 스프링에 비하여 우수한 점이다. 관계없는 것은?

① 서징 현상이 발생하여 감쇠능력이 우수하다.

② 방음효과가 우수하다.

③ 공기 스프링 자신의 내구성이 우수하다.

④ 스프링 상수를 낮게 취할 수 있다.

165 압축코일 스프링에서 단위체적마다 흡수되는 에너지를 크게 하는 방법 중 틀린 것은?

① 스프링 지수 C를 크게 하여야 된다.

② 전단응력 τ를 크게 하여야 한다.

③ 감은 수 n을 많이 해야 한다.

④ 와알의 응력수정계수 K를 크게 하여야 한다.

166 70kg의 하중을 받고, 휨이 18mm, 생기는 코일 스프링에 있어서 $D=15$mm, $d=3$mm, $G=0.84\times10^4$이라 할 때, 유효권수 n는 몇 개로 되는가?

① 7   ② 12

③ 13   ④ 15

예 해설

$$n=\frac{Gd^4\delta}{8WD^3}$$

$$=\frac{0.84\times10^4\times3^4\times18}{8\times70\times15^3}$$

$$=6.48 \fallingdotseq 7$$

167 위 문제에서 스프링 재료에 생기는 전단응력은 몇 kg/mm²인가?

① 110kg/mm²   ② 130kg/mm²

③ 150kg/mm²   ④ 180kg/mm²

예 해설

$$C=\frac{D}{d}=\frac{15}{3}=5$$

$$K=\frac{4C-1}{4C-4}+\frac{0.165}{C}=\frac{4\times5-1}{4\times5-4}+\frac{0.165}{5}$$

$$=1.311\text{kg/mm}^2$$

$$\tau_t=K\frac{8WD}{\pi d^3}=1.311\frac{8\times70\times15}{\pi3^3}$$

$$\fallingdotseq 129.8\text{kg/mm}^2$$

168 벨트의 속도가 몇 m/sec 이상일 때 원심장력을 고려하면 되는가?

① 5m/sec   ② 10m/sec

③ 15m/sec   ④ 20m/sec

169 벨트 전동장치에서 유효장력을 P, 긴장측의 장력을 T_t, 이완측의 장력을 T_s, 접촉각을 θ, 마찰계수를 μ라 할 때 긴장측의 장력은?

① $T_t=P_e\dfrac{1}{e^{\mu\theta}-1}$

② $T_t=P_e\dfrac{e^{\mu\theta}}{e^{\mu\theta}-1}$

③ $T_t=P_e\dfrac{e^{\mu\theta}-1}{e^{\mu\theta}}$

④ $T_t=P_e(e^{\mu\theta}-1)$

170 위 문제에서 인장측 장력은?

① $T_s=P_e\dfrac{1}{e^{\mu\theta}-1}$

② $T_s=P_e\dfrac{e^{\mu\theta}}{e^{\mu\theta}-1}$

③ $T_s=P_e\dfrac{e^{\mu\theta}-1}{e^{\mu\theta}}$

④ $T_s=P_e(e^{\mu\theta}-1)$

171 십자 걸기에서 벨트의 길이는?

① $L = 2C + 1.57(D_A + D_B) + \dfrac{(D_A + D_B)^2}{2C}$

② $L = 2C + 1.57(D_A + D_B) + \dfrac{(D_A + D_B)^2}{4C}$

③ $L = C + 1.57(D_A + D_B) + \dfrac{(D_A + D_B)^2}{4C}$

④ $L = C + 1.57(D_A + D_B) + \dfrac{(D_A + D_B)^2}{4C}$

해설 평행 걸기

$$L = 2C + \frac{\pi}{2}(D_1 + D_2) + \frac{(D_2 - D_1)^2}{4C}\,[\mathrm{mm}]$$

십자 걸기(엇걸기)

$$L = 2C + \frac{\pi}{2}(D_1 + D_2) + \frac{(D_2 + D_1)^2}{4C}\,[\mathrm{mm}]$$

172 V벨트의 V홈의 각도는 대체로 몇 도가 적당한가?

① $30°$ ② $40°$

③ $45°$ ④ $60°$

173 벨트 전동장치에서 바로 걸기형과 엇걸기형에서 접촉각에 대한 설명 중 옳은 것은?

① 엇걸기의 경우가 언제든지 크다.
② 엇걸기의 경우가 때로는 작게 되는 수도 있다.
③ 엇걸기와 바로 걸기 모두 같다.
④ 속비가 3 이상이면 엇걸기의 경우가 크게 된다.

174 풀리에 대한 다음 설명 중 틀린 것은?

① 변속장치에 사용되는 평풀리에는 단차가 사용된다.

② 평풀리는 중앙부를 약간 높게 하는 것은 벨트를 잘 벗길 수 있도록 하기 위해서이다.
③ 풀리의 재질은 일반적으로 주철이 쓰여지고 고속회전의 경우에는 강 또는 경합금을 사용한다.
④ 구동차의 풀리의 회전수보다 종동차의 풀리의 회전수는 2~3% 늦다.

175 엇걸기의 벨트 전동에서 속비 $e = 1$일 때 양쪽 풀리의 접촉중심각 θ_1, θ_2 사이에 다음 중 옳은 것은?

① $\theta_1 = 120°$, $\theta_2 = 180°$
② $\theta_1 = 150°$, $\theta_2 = 180°$
③ $\theta_1 = \theta_2 = 180°$
④ $\theta_1 = \theta_2 = 120°$

176 V벨트 전동이 평벨트 전동보다 우수한 점을 기술한 것 중 틀린 것은?

① 정숙한 운전을 할 수 있고 충격을 완화시킬 수 있다.
② 고속 운전할 수 있다.
③ 큰 속비를 얻을 수 있다.
④ 양쪽 어느 방향으로도 운전을 할 수 있으며, 그 길이를 조정하기 쉽다.

177 벨트 전동에 있어서 동력손실의 원인으로 옳지 않은 것은?

① 미끄럼 손실
② 베어링의 마찰손실
③ 미스터리 손실
④ 진동손실

답 171 ② 172 ② 173 ① 174 ② 175 ③ 176 ④ 177 ③

178 벨트 전동장치의 전달동력에 대한 다음 중 틀린 것은?

① 원심장력이 클수록 전달동력이 커진다.

② 장력비가 클수록 전달동력이 커진다.

③ 접촉각이 클수록 대동력을 전달시킬 수 있다.

④ 마찰계수 μ의 값이 클수록 큰 동력을 전달시킬 수 있다.

179 벨트와 풀리 장치에서 풀리에서 벨트가 벗겨지지 않는 역할을 하는 바퀴는 어느 것인가?

① 인장차   ② 안내차

③ 플라이휠   ④ 스냅 풀리

여 해설 안내차는 벨트의 경로를 안전하게 안내하며 인장차는 벨트의 적절한 인장력을 유지시킨다.

180 벨트 전동에서 바로 걸기형과 엇걸기형에서 다음 중 옳은 것은?

① 바로 걸기는 고속이고 소마력에 적합하다.

② 바로 걸기는 저속 대마력 때에 사용하면 적합하다.

③ 엇걸기는 고속 대마력 때에 사용하면 효과적이다.

④ 엇걸기는 벨트의 폭이 좁고 작은 마력 전동에 적합하다.

181 벨트 전동장치에서 미끄럼에 의한 회전수의 감소를 방지하는 방법은?

① 긴장차   ② 플라이휠

③ 나뭇잎차   ④ 안내차

182 V풀리의 홈각도를 α라 할 때 V벨트가 자립 상태에 있을 조건은?(단, 마찰계수는 μ)

① $\mu > \tan\alpha$

② $\mu < \tan\alpha$

③ $\mu > \tan(\alpha/2)$

④ $\mu = \tan\alpha$

183 벨트 전동에서 원심장력은?[단, ω : 단위길이마다의 무게(kg/m), v : 벨트의 속도(m/sec), g : 중력 가속도, R : 풀리 반경(mm)]

① $\dfrac{\omega v}{g}$ ② $\dfrac{\omega v^2}{g}$

③ $\dfrac{\omega v^2}{gR}$ ④ $\dfrac{gR}{\omega v^2}$

184 V벨트 장치의 장점이 아닌 것은?

① 고속 운전할 수 있다.

② 미끄럼이 적다.

③ 운전 중 진동소음이 적다.

④ 축간 거리가 20m까지 행할 수 있다.

185 평벨트를 평행형으로 감을 때 위쪽을 이완측으로 하는 잇점 중 관계없는 것은?

① 동력손실이 감소된다.

② 벨트의 수명이 크게 된다.

③ 접촉각이 크게 되어 전동능력이 증가된다.

④ 접촉각이 증대된다.

186 V벨트 전동의 장점 중 틀린 것은?

① 장력이 적어도 되므로 베어링의 부담이 가볍다.

② 장소가 좁아도 좋다.

③ 충격의 완화 작용이 있다.

④ 전동이 확실하다.

187 벨트에 장력을 가하는 방법 중 틀린 것은?

① 보조차에 의한 방법

② 유성기어에 의한 방법

③ 원심력에 의한 경우

④ 탄성변형에 의한 방법

188 평벨트 장치에서 긴장측의 장력 $T_t = 200N$, 이완측의 장력 $T_s = 120N$이라 할 때 유효장력은?

① 50N

② 60N

③ 70N

④ 80N

해설 $P_e = T_t - T_s$
$= 200 - 120 = 80N$

189 다음 체인 중 전동용 체인으로 가장 널리 사용되는 것은?

① 코일 체인

② 롤러 체인

③ 링크 체인

④ 블록 체인

190 롤러 체인의 구성에 대한 다음 설명 중 맞는 것은?

① 롤러, 부시, 핀의 3가지로 구성

② 롤러, 링크, 부시의 3가지로 구성

③ 핀, 링크, 롤러의 3가지로 구성

④ 핀, 링크, 부시의 3가지로 구성

191 롤러 체인 전동에서 속도는 다음 중 어느 정도인가?

① 1~4m/sec

② 5~12m/sec

③ 8~15m/sec

④ 10~13m/sec

192 체인전동의 특징 중 틀린 것을 고르면?

① 초기 장력을 줄 필요가 없고 정지할 때 장력이 작용하지 않는다.

② 미끄럼이 상당히 있어 일정한 속비를 얻을 수 없다.

③ 내열성이 강하다.

④ 큰 동력을 전달시킬 수 있고 그 효율도 95% 이상이다.

193 사일런트 체인의 축간거리 C는 피치를 P라 할 때, 대체로 다음 범위에 있다. 맞는 것은?

① $C = (20 \sim 30)P$

② $C = (30 \sim 50)P$

③ $C = (60 \sim 70)P$

④ $C = (70 \sim 80)P$

194 사일런트 체인의 면각으로 쓰이지 않는 각도를 다음 중에서 고르면?

① $52°$

② $50°$

③ $60°$

④ $90°$

해설 **사일런트 체인** : 체인에 마멸이 생기면 물림의 상태가 불량하게 되어 소음이 발생하는 결점을 보완한 것으로 이것은 높은 정밀도가 요구되어 공작이 어려우나 원활하고 조용한 운전, 고속 회전을 시키려 할 때 사용된다.

195 체인전동에서 다음 사항 중 틀린 것은?

① 체인전동에서 긴장축이 아래쪽으로 오도록 하여야 한다.

② 체인전동에서 접촉각은 전달마력에 관계없다.

③ 롤러체인 전동에서는 링크 수가 홀수일 때는 끝의 링크는 편심 링크로서 연결한다.

④ 체인전동은 같은 조건의 벨트 전동에 비하여 베어링 마찰손실이 적다.

① $\dfrac{pzn}{6000}$ ② $\dfrac{6000}{pzn}$

③ $\dfrac{pn}{6000z}$ ④ $\dfrac{zn}{6000p}$

해설 • 체인의 속도는 스프로킷 휠의 원주속도(= 반지름×각속도)와 같다.

$$v = \frac{D}{2} \times \frac{2\pi n}{60} = \frac{\pi D n}{60}$$

• 스프로킷 휠에서 $pz \fallingdotseq \pi D$ 이므로 체인의 속도(m/sec)는 다음과 같다.

$$v = \frac{pzn}{60 \times 1000}$$

196 체인 전동에서 바퀴의 이름은 다음 중 어느 것인가?

① 플라이휠(fly wheel)

② 스프로켓 휠(sprocket wheel)

③ 시브 풀리(sheave pulley)

④ V풀리

199 롤러 체인 전동에서 스프로킷 휠의 수에 대한 다음 글 중 알맞은 것은?

① 체인의 장력을 고르게 하기 위하여 짝수로 한다.

② 마모를 고르게 하려면 되도록 홀수로 하는 것이 좋다.

③ 마모를 균일하게 하려면 되도록 짝수로 하는 것이 좋다.

④ 체인의 장력을 일정하게 하기 위하여 되도록 홀수로 하는 것이 좋다.

197 롤러 체인 전동에서 충격 없이 원활히 운전하려면 다음 중 옳은 것은?

① 잇수는 많고 피치가 클수록 좋다.

② 잇수는 적고 피치는 클수록 좋다.

③ 잇수도 적고 피치도 작을수록 좋다.

④ 잇수가 많고 피치가 작을수록 좋다.

200 체인에 대한 설명 중 옳지 않은 것은?

① 속도비는 1~5 : 1 이상할 수 없다.

② 체인의 링크 수는 홀수로 하는 것이 좋다.

③ 4m 이하의 축간 거리에 사용한다.

④ 체인의 피치가 늘어나면 소리가 난다.

해설 체인 전동에서 속도비는 5 : 1까지가 적당하나 최대로 7 : 1까지도 한다.

198 롤러 체인의 속도 v[m/sec]는 피치를, p[mm] z를 스프로킷 휠의 잇수, 회전수를 n[rpm]이라 할 때, 다음 식 중 맞는 것은?

201 체인 전동장치의 설명 중 옳은 것은?

① 큰 동력을 전달할 수 있고, 효율은 95% 이상이다.

② 속도비가 일정하지 않으므로 미끄럼이 있다.

③ 체인의 탄성으로 어느 정도의 충격에도 견디지 못하며 유지와 보수가 어렵다.

④ 1회전하는 동안의 각 속도비가 일정하지 않기 때문에 고속 회전을 할 경우에는 사용하지 않는다.

202 4.9kW를 전달시키는 롤러 체인의 번호는? (단, 롤러 체인의 평차 속도를 2m/s, 안전율을 14.5라 한다)

① 60번(3200kg)

② 80번(5650kg)

③ 40번(1420kg)

④ 50번(2210kg)

해설
$$F = \frac{102 \times H}{V} = \frac{102 \times 4.9}{2}$$
$$= 249.9\text{kg}$$

파단 하중은 $F \times S = 249.9 \times 14.5 = 3623.6$

따라서 80번을 고른다.

203 202번 문제에서 롤러 체인을 축간 간극 500mm, 단수가 각각 14, 44의 스프로켓 휠에 감을 때 링크의 수는?(단, 피치 $p = $ 25mm)

① 51 　　② 61

③ 71 　　④ 91

해설
$$L_n = \frac{2C}{p} + \frac{Z_1 + Z_2}{2} + \frac{(Z_1 - Z_2)^2 p}{4C\pi^2}$$

$$= \frac{2 \times 500}{25} + \frac{14 + 44}{2} + \frac{(44 - 14)^2 \times 25}{4 \times 500 \times \pi^2}$$

$$\fallingdotseq 40 + 29 + 1.1399 \fallingdotseq 70.13$$

링크 수는 71개

204 203번 40번의 롤러 체인은 평균속도 5m/s의 경우 몇 kW을 전달시킬 수 있는가?(단, 안전율 10이고, 40번의 파괴하중 1420kgf라 한다)

① 5.5kW

② 7.5kW

③ 7.0kW

④ 10.5kW

해설 40번의 체인의 전달하중은 1420kg이므로 안전율 20이라 하면 허용하중 $F = \dfrac{1420}{10} = 142\text{kg}$

$v = 5\text{m/s}$

전달마력 $H = \dfrac{Fv_n}{102}$

$$= \frac{142 \times 5}{102} \fallingdotseq 6.96\text{kW}$$

205 피치 $p = 15.88$mm, 잇수 35의 롤러 체인이 매분 500회전할 때, 이 체인의 평균속도는 몇 m/sec인가?

① 3.27m/sec

② 4.63m/sec

③ 5.56m/sec

④ 6.35m/sec

해설
$$V = \frac{PNZ}{60 \times 1000}$$

$$= \frac{500 \times 15.88 \times 35}{60 \times 1000}$$

$$= 4.63\text{m/sec}$$

206 마찰차에 대한 다음 특성으로 옳지 않은 것은?

① 운전이 정숙하게 행하여진다.

② 미끄럼이 전연 수반되지 않으므로 정확한 운동전달이 가능하다.

③ 전동의 회전이 무리 없이 행하여진다.

④ 과부하의 경우 미끄럼에 의하여 다른 부분을 방지시킬 수 있다.

207 마찰전동장치에 있어서 다음 중 알맞은 것은?

① 비금속 재료를 마찰 재료로서 원동차에 라이닝하는 것이 좋다.

② 마찰 전동의 효율은 그다지 좋지 못하다.

③ 마찰차의 접촉 표면은 구름 접촉을 한다.

④ 클립 마찰 장치는 강력하게 밀어 붙여서 큰 마력을 전달시킬 수 있는 구조로 한다.

208 마찰차 전동에서 원동차에 비금속 마찰 재료로서 라이닝하는 이유는 어느 것인가?

① 대마력을 전달시키기 위하여

② 원동 풀리가 고르게 마모되기 위하여

③ 마찰계수를 크게 하기 위하여

④ 베어링에 걸리는 하중을 작게 하기 위하여

209 무단 변속으로서 이용할 수 없는 마찰차는?

① 홈 마찰차

② 원판 마찰차

③ 크라운 마찰차

④ 이반스 마찰차

해설 홈 마찰차는 홈의 면에 의한 마찰로 동력 전달을 하며, 따라서 무단 변속이 어렵다.

210 원추 마찰 장치에 있어서 A차의 원추각 α, 회전수 N_A[rpm]이라 하고 B차의 원추각 β, 회전수를 N_B[rpm]이라 할 때 다음 식 중 옳은 것은?(단, $\theta = 90°$)

① $\cos\alpha = \dfrac{N_A}{N_B}$

② $\cos\alpha = \dfrac{N_B}{N_A}$

③ $\sin\alpha = \dfrac{N_B}{N_A}$

④ $\sin\alpha = \dfrac{N_A}{N_B}$

해설 $\tan\alpha = \dfrac{\sin\theta}{\cos\theta + \dfrac{N_A}{N_B}}$, $\tan\beta = \dfrac{\sin\theta}{\cos\theta + \dfrac{N_B}{N_A}}$

축각 $\theta = 90°$ 인 경우는

$\tan\alpha = \dfrac{N_B}{N_A}$, $\tan\beta = \dfrac{N_A}{N_B}$

211 750rpm의 주축에서 3kW 마력을 원추 마찰차에 의하여 400rpm의 종동축에 전달시키는 데 종동축의 지름을 475mm로 하여 차를 밀어붙이는 힘은 몇 N인가?(단, $\mu = 0.3N$)

① 350N

② 536N

③ 552N

④ 703N

해설 $V = \dfrac{\pi D N}{60 \times 1000} = \dfrac{\pi \times 475 \times 750}{60 \times 1000}$

$= 18.65 \text{m/s}$

$H_{kw} = \dfrac{\mu P V}{75}$

$\therefore P = \dfrac{102H}{\mu V} = \dfrac{102 \times 3}{0.3 \times 18.65}$

$= 54.69 \text{kgf} = 536\text{N}$

212 직경 500mm, 800rpm으로 회전하는 원동 마찰차로서 12.5kW를 전달시키려면 몇 kg 으로 밀어 붙어야 되는가?(단, 마찰계수 $\mu=0.3$)

① 180.36kg

② 190.34kg

③ 202.96kg

④ 231.58kg

해설

$$V=\frac{\pi DN}{60\times 1000}$$

$$=\frac{\pi\times 500\times 800}{60\times 1000}$$

$$=20.94\text{m/s}$$

$$H_{KW}=\frac{\mu PV}{102}$$

$$\therefore P=\frac{102\times 12.5}{0.3\times 20.94}=202.96\text{kg}$$

213 꼭지각 $2\alpha=60°$의 원추 마찰차에서 추력 400kg이 작용하면, 전달 동력은 약 몇 kW 인가?(단, 마찰차의 원주 속도를 9.2m/sec 로 하여, 마찰계수를 0.35)

① 25.25m/sec

② 28.25m/sec

③ 29.19m/sec

④ 32.15m/sec

해설

$$H_{KW}=\frac{\mu PV}{102\sin\alpha}$$

$$=\frac{0.35\times 400\times 9.2}{102\sin 30}$$

$$=25.25\text{m/sec}$$

214 기어 설계 시 이의 폭을 크게 설계하면 다음 과 같은 결과를 가져온다. 맞는 것은?

① 이의 크기가 크게 되므로 미끄럼율이 좋아진다.

② 이의 크기를 작게 할 수가 있고, 따라서 물림율이 좋아진다.

③ 이의 크기가 크게 되어 물림율이 나빠 진다.

④ 이의 크기가 크게 되므로 물림율이 좋 아진다.

215 마찰차에서 베어링의 무리가 생기는 결점을 없애주고 접촉면에 마찰력을 높인 마찰차는 어느 것인가?

① 홈 마찰차

② 크라운 마찰차

③ 원판 마찰차

④ 에반스 마찰차

해설 홈 마찰차는 마찰차에 의하여 큰 동력을 전달시키 려면 큰 힘으로 밀어 붙어야 되는데 이 힘이 베어링 의 하중이 되고 큰 마찰손실이 된다. 작은 힘으로 밀어 붙여도 되도록 한 것이 홈 마찰차이다.

216 모듀율(m)에 대한 다음 설명 중 옳은 것은?

① 모듀율은 피치원의 원주 피치를 mm로 표시하여 잇수로서 나눈 값이다.

② 모듀율은 피치원의 원주피치를 mm로 표시하여 π로 나눈 값이다.

③ 모듀율은 피치원의 원주 피치를 인치 inch로 표시하여 π로 나눈 값이다.

④ 모듀율은 피치원의 직경을 mm로 표시 하여 π로 나눈 값이다.

217 이의 크기를 표시하는 모듀율(m)이라 한다. 다음 설명 중 맞는 것은?

① 모듀율은 기어의 피치원의 직경을(mm)로 표시하여 잇수로 나눈 값이다.

② 모듀율은 기어의 피치원의 직경을 인치(inch)로 표시하여 잇수(z)로 나눈 값이다.

③ 모듀율은 기어의 피치원의 직경을 (mm)로 표시하여 π로 나눈 값이다.

④ 모듀율은 기어의 직경을 인치로 표시하여 π로 나눈 값이다.

218 미끄럼 접촉을 할 때 원동절과 종동절과의 각 속도비는 접점에서 그은 공통법선과 관계가 알맞은 것은?

① 공통법선이 중심 연결선을 나누는 길이의 자승에 반비례한다.

② 공통법선이 중심 연결선을 나누는 길이의 수의 자승에 반비례한다.

③ 공통법선이 중심연결선을 내분한 길이에 반비례한다.

④ 공통법선이 중심 연결선을 나누는 길이에 정비례한다.

219 두 축이 평행할 때 사용되는 기어의 종류를 다음 중에서 맞는 것은?

① 마이터 기어

② 베벨 기어

③ 헬리컬 기어

④ 위엄과 위엄기어

220 기어의 원동차와 종동차의 잇수를 각각 Z_1, Z_2, 회전수를 N_1, N_2, 피치원의 직경을 각각 D_1, D_2라 하면 그 관계가 맞는 것은?

① $\dfrac{N_1}{N_2} = \dfrac{D_1}{D_2} = \dfrac{Z_1}{Z_2}$

② $\dfrac{N_2}{N_1} = \dfrac{D_1}{D_2} = \dfrac{Z_1}{Z_2}$

③ $\dfrac{N_1}{N_2} = \dfrac{D_2}{D_1} = \dfrac{Z_1}{Z_2}$

④ $\dfrac{N_1}{N_2} = \dfrac{D_1}{D_2} = \dfrac{Z_2}{Z_1}$

예 해설. 치형곡선이 되기 위해서는 기어가 모든 물림 위치에서 일정한 각 속도비를 가져야 한다.

$$V = r_1\omega_1 = r_2\omega_2$$

치면에 법선 방향의 속도차이가 있다면 두 치면은 서로 떨어지게 되거나 한 개의 치면이 다른 쪽 치면을 파고 들어간다는 것을 의미하기에 두 접촉면에 대한 법선 방향의 속도가 일정하게 유지되어야 한다.

$$v_1\cos\phi_1 = v_2\cos\phi_2$$

따라서, 속도비(r_s) $= \dfrac{w_2}{w_1} = \dfrac{N_2}{N_1} = \dfrac{Z_1}{Z_2} = \dfrac{D_1}{D_2}$

이다.

221 기어의 이의 크기에 대한 글 중에서 틀린 것은?

① 피치원의 원주피치가 크면 이의 크기가 크다.

② 모듀율은 클수록 이의 크기가 크다.

③ 직경피치와 이의 크기는 비례한다.

④ 직경피치가 작을수록 이의 크기는 크다.

222 이의 크기를 표시하는 직경 피치(pd)에 대한 다음 글 중에서 옳은 것은?

① 직경피치는 기어의 잇수를 피치원의 직경을 인치로 표시하여 나눈 값이다.

② 직경피치는 기어의 피치원의 직경을 인치로 표시하여 잇수로 나눈 값이다.

③ 직경피치는 피치원의 직경을 mm로 표시하여 잇수 z로 나눈 값이다.

④ 직경피치는 기어의 피치원의 직경을 인치로 표시하여 π로 나눈 값이다.

223 기어의 물림율에 대한 다음 중 알맞은 것은?

① 접촉호의 모듈율로 나눈 값이다.

② 접촉호의 길이를 원주 피치로 나눈 값이다.

③ 접촉호의 길이를 모듈율로 나눈 값이다.

④ 물림 길이를 원주피치로 나눈 값이다.

224 평지차의 면압 강도를 계산할 때 사용되는 접촉면 응력 계수 k는 다음 사항에서 결정된다. 맞지 않는 것은?

① 블리넬 경도 Ha의 값

② 재료의 허용압축응력

③ 종탄성 계수

④ 도원

225 이의 크기를 다음과 같은 것으로서 표시할 수 있다. 관계 없는 것은?

① 모듈율　　　② 원주피치

③ 피치원의 지름　④ 지름피치

226 사이클로이드 기어에 있어서 압력각에 대한 다음 중에서 맞은 것은?

① 압력각은 물음의 처음에서 최대로 되고, 피치점에 가까워짐에 따라 차차로 적어지고 피치점에서 0으로 된다.

② 압력각은 처음에서 끝까지 일정하다.

③ 압력각은 물음의 처음에서 압력각이 제일 작고 피치점에서 최대로 된다.

④ 압력각은 처음에 최대이고 차차로 작아졌다가 피치점에서 다시 최대로 된다.

227 사이클로이드 기어에 있어서 A, B 2개의 기어가 물고 돌아갈 때, 미끄럼율에 대한 다음 중 옳은 것은?

① A기어의 이끝면, 이뿌리면, B기어의 이끝면, 이뿌리면에서 각각 일정한 별개의 미끄럼을 가지고 있다.

② 미끄럼율은 어느 접촉점에서도 일정하다.

③ A치차의 이끌면과 B치차의 이끌면에서는 같은 값을 가지고 있고 A치차의 이뿌리면과 B치차의 이뿌리면에서는 다른 값을 가진다.

④ 미끄럼율은 어느 접촉점에서도 다른 값을 가지고 있다.

228 두 축이 평행할 때 사용되는 기어의 종류 중 틀린 것은?

① 스퍼어 기어

② 마이터 기어

③ 피니언과 래크

④ 더블 헬리컬 기어

229 기어의 이의 크기를 표시하는 직경피치에 대한 설명 중 옳은 것은?

① 직경피치는 π를 피치원의 원주피치를 mm로 표시하여 이것으로서 나눈 값

② 직경피치는 π를 피치원의 직경을 inch로 표시하여 이것으로 나눈 값

③ 직경피치는 피치원의 원주피치를 mm로 표시하여 π로 나눈 값

④ 직경피치는 피치원의 원주피치를 inch로 표시하여 π로 나눈 값

230 표준 치차를 저치(低齒)로 하면 다음과 같은 이점이 있다. 틀린 것은?

① 이끝 타율이 적어져서 마모가 적다.

② 치형의 간섭을 방지할 수 있다.

③ 이뿌리가 넓게 퍼지게 되어 강한 치형을 만들 수 있다.

④ 이뿌리 높이와 이끝 높이가 모두 낮게 되므로 물림율이 크게 된다.

231 치차에 있어서 치형의 간섭이 생기는 경우는?

① 큰 치차의 이끝원의 한계반경보다 클 때

② 치수비가 아주 작을 때

③ 최소치수보다 치수가 많을 때

④ 큰 치차의 이끝원이 간섭점의 안에서 교차할 경우

232 인벌류트 기어에 있어서 물림율이 옳은 것은?

① $\dfrac{\text{법선 피치}}{\text{물음 길이}}$ ② $\dfrac{\text{접촉호}}{\text{법선 피치}}$

③ $\dfrac{\text{물음 길이}}{\text{법선 피치}}$ ④ $\dfrac{\text{물음 길이}}{\text{직선 피치}}$

233 치형의 간섭을 방지하는 방법이 아닌 것은?

① 공구 압력각을 작게 할 것

② 이끝 높이를 수정할 것

③ 치형을 전위시킬 것

④ 스터브 기어로 할 것

234 압력각이 증대되면 나타나는 현상이 아닌 것은?

① 치의 강도가 커진다.

② 물림율이 증대된다.

③ 언더컷을 방지시킬 수 있다.

④ 치면의 미끄럼틀이 작아진다.

235 인벌류트 기어에 있어서 압력각에 대한 설명이다. 옳은 것은?

① 물음의 처음에서 최대이고 피치점에서 영으로 된다.

② 압력각은 물음의 처음에서 피치점까지는 일정하나 피치점을 지나면 커진다.

③ 물음의 처음에서 압력각이 제일 작고 피치점에서 최대로 된다.

④ 접촉점은 압력선상을 이동하기 때문에 항상 일정하다.

236 압력각을 증대시키면 나타나는 현상은?

① 치의 강도가 작아진다.

② 물림율이 증대된다.

③ 미끄럼율이 작아진다.

④ 베어링에 걸리는 하중이 작아진다.

237 평치차의 강도 계산에서 원주속도 $v = 0.5 \sim$ 10m/s의 저속용에서 속도계수(f_v)는?

① $f_v = \dfrac{6.01}{6.01 + v}$

② $f_v = \dfrac{6.01}{6.01 + v}$

③ $f_v = \dfrac{3.05}{3.05 + v}$

④ $f_v = \dfrac{3.05 + v}{3.05}$

해설 바스(C.G. Barth)의 속도계수

원주 속도 v[m/s]	속도계수 F_v
$v = 0.5 \sim 10$[m/s] : 저속용	$\dfrac{3.05}{3.05 + v}$
$v = 10 \sim 20$[m/s] : 중속용	$\dfrac{6.1}{6.1 + v}$
$v = 20 \sim 50$[m/s] : 고속용	$\dfrac{5.55}{5.55 + \sqrt{v}}$

238 기어에 있어서 회전비에 대한 설명 중 옳은 것은?

① 지름에 정비례하고 치수에 반비례한다.
② 지름 또는 잇수에 정비례한다.
③ 지름 또는 잇수에 반비례한다.
④ 지름에 반비례하고 잇수에 정비례한다.

해설 $i = \dfrac{N_2}{N_1} = \dfrac{D_1}{D_2} = \dfrac{Z_1}{Z_2}$

239 잇수 50, 모듈 5의 평치차의 피치원 직경은 몇 mm인가?

① 150mm　　② 250mm

③ 350mm　　④ 450mm

해설 $D = m \cdot Z = 5 \times 50 = 250\text{mm}$

240 속비 1 : 5, 모듈 $m = 4$인 한 쌍의 표준 평치차의 축간거리는 몇 mm인가?(단, 피니언의 잇수는 60)

① 720　　② 820

③ 920　　④ 1100

해설

$i = \dfrac{Z_1}{Z_2} = 5$

$Z_1 = 5Z_2 = 5 \times 60 = 300$

$C = \dfrac{m(Z_1 + Z_2)}{2}$

$= \dfrac{4(60 + 300)}{2} = 720\text{mm}$

241 모듈 $m = 4$의 원동차와 종동차의 잇수가 각각 70, 98일 때 중심거리는 몇 mm인가?

① 336mm

② 472mm

③ 573mm

④ 632mm

해설 $C = \dfrac{(Z_A + Z_B)m}{2}$

$= \dfrac{(70 + 98)4}{2} = 336\text{mm}$

242 모듈 $m = 4$, 잇수 50의 표준 평치차의 외경은 몇 mm인가?

① 200mm

② 208mm

③ 230mm

④ 100mm

해설 $D_0 = (Z + 2)m = (50 + 2) \times 4 = 208\text{mm}$

243 헬리컬 기어에 있어서 비틀림 각이 크게 되면 나타나는 현상 중 옳은 것은?

① 절하를 방지시키는 한계치수가 많아진다.

② 진동과 소음이 커진다.

③ 물림율이 작아진다.

④ 추력이 커진다.

해설 **헬리컬 기어** : 평기어를 무수한 얇은 철판으로 만들어 각 철판을 조금씩 빗나가게 겹치면 잇줄은 헬릭스 라인이 된다. 이와 같은 기어를 헬리컬 기어라 한다.

244 헬리컬 기어의 장점은?

① 물림율이 좋다.

② 가공, 제작이 쉽다.

③ 진동이 많다.

④ 고속회전은 할 수 없다.

245 헬리컬 기어의 단점은?

① 운전이 원활하지 못하다.

② 스퍼 기어에 비하여 고부하에 견딜 수 없다.

③ 스퍼 기어에 비하여 고속으로 할 수 없다.

④ 회전 중 축방향에 추력이 생기므로 트러스트 베어링이 필요하다.

246 베벨 기어의 상당 평치차의 잇수(Z_e)는?

① $Z_e = \dfrac{Z}{\cos^2 \gamma}$　　② $Z_e = \dfrac{Z}{\tan \gamma}$

③ $Z_e = \dfrac{Z}{\sin \gamma}$　　④ $Z_e = \dfrac{Z}{\cos \gamma}$

247 헬리컬 기어가 스퍼 기어에 비하여 우수한 점에 속하지 않는 것은?

① 공작·제작·가공이 쉽다.

② 큰 회전비가 얻어진다.

③ 물림길이가 길다.

④ 큰 동력을 전달시킬 수 있다.

248 헬리컬 기어의 상당 평치차의 잇수(Z_e)는?

① $Z_e = \dfrac{Z}{\cos^2 \gamma}$　　② $Z_e = \dfrac{Z}{\tan \gamma}$

③ $Z_e = \dfrac{Z}{\sin \gamma}$　　④ $Z_e = \dfrac{Z}{\cos \gamma}$

249 큰 감속비를 얻을 수 있는 기어는?

① 워엄과 워엄 기어

② 헬리컬 기어

③ 베벨 기어

④ 평치차

250 원추각이 45°인 베벨 기어를 무엇이라 하는가?

① 크라운 기어

② 워엄 기어

③ 하이포이드 기어

④ 마이터 기어

251 워엄 기어장치에서 효율을 좋게 하려면 다음 중 옳은 것은?

① 지름을 크게 하여야 한다.

② 워엄의 줄 수를 적게 하여야 한다.

③ 리드를 크게 하여야 한다.

④ 진입각을 작게 하여야 한다.

252 웜엄 기어의 설명이 아닌 것은?

① 자동 역전방지장치로서 이용된다.

② 운전이 정숙하고 원활하다.

③ 미끄럼이 적기 때문에 전동효율이 높다.

④ 기어의 크기는 속비에 비하여 비교적 작게 취할 수 있다.

해설 **웜 기어** : 웜과 웜 기어로 이루어진 한 쌍의 기어로서 두 축이 직각인 경우가 많고, 큰 감속비를 얻고자 할 경우에 가장 많이 쓰인다.

253 항복점이란 다음 중 어느 것인가?

① 재료가 파괴되는 점

② 응력과 변형률이 비례하는 한계점

③ 재료의 변형이 시작되는 점

④ 잔류 변형이 남지 않는 최대의 응력점

254 변동 하중에 대하여 저항하는 재료의 성질은 다음 중 어느 것인가?

① 피로강도

② 휨 강도

③ 취성

④ 내진동성

255 운동 전달용 나사로 적합한 것은 다음 중 어느 것인가?

① 사각나사

② 삼각나사

③ 사다리꼴나사

④ 톱니나사

해설 사다리꼴나사는 고하중용으로 많이 쓰인다.

256 나사의 풀림 방지용으로 사용되는 너트는 다음 중 어느 것인가?

① 로크너트

② 캡 너트

③ 사각 너트

④ T홈 너트

해설 로크너트는 2개의 너트를 이용하여 서로 조임 방향을 달리하여 적용함으로써 너트의 풀림 방지용으로 사용한다.

257 자재 이음에서 두 축의 허용 교차각의 범위는 다음 중 어느 것인가?

① 10° 이하

② 20° 이하

③ 30° 이하

④ 40° 이하

258 단열 깊은 홈 볼 베어링 6308의 안지름은 다음 중 어느 것인가?

① 8mm ② 15mm

③ 38mm ④ 40mm

259 축방향으로 하중이 작용할 때 사용되는 베어링은 어느 것인가?

① 분할 베어링

② 원추 베어링

③ 스러스트 베어링

④ 레이디얼 베어링

해설 스러스트 베어링은 축방향 하중에 견딜 수 있도록 제작된 베어링이다.

260 V벨트 단면 중 밑부분의 각도는 약 얼마인가?

① 20° ② 40°

③ 60° ④ 80°

예 해설 V 벨트는 단면이 사다리꼴로 되어 있어, V 벨트 풀리의 각도보다 약간 크게 되어 있다(40°).

261 체인의 인장력이 1000kg이고 속도가 5m/s일 때 이 체인이 전달할 수 있는 동력은 얼마인가?

① 49kW ② 50kW

③ 55kW ④ 60kW

예 해설

$$H = \frac{F \times V}{102}$$

$$= \frac{1000 \times 5}{102} = 49.02 ≒ 49kW$$

262 다음 기어에 대한 설명으로 틀린 것은?

① 압력각 20°인 표준 기어에서 언더컷 한계 잇수의 이론값은 17개이다.

② 기어비가 클 때 간섭현상이 나타나기 쉽다.

③ 전위기어에서 전위량을 증가하면, 이뿌리부의 이 두께가 감소한다.

④ 언더컷을 방지하는 방법의 하나로 스터브 기어를 사용한다.

263 다음의 코터에 대한 설명 중 옳지 않은 것은?

① 보편적으로 한쪽 기울기 코터가 양쪽기울기 코터보다 많이 사용된다.

② 코터의 기울기는 빼기 쉽게 하기 위하여 $\frac{1}{50} \sim \frac{1}{70}$ 정도로 한다.

③ 반영구적인 코터의 기울기는 $\frac{1}{100}$로 한다.

④ 코터는 편평한 키의 일종이다.

264 다음 중 보스(Boss)를 축방향으로 이동시킬 수 있는 키(Key)는?

① 접선키(Tangential Key)

② 스플라인(Spline)

③ 성크키(Sunk Key)

④ 새들키(Saddle Key)

265 다음 중 레디얼 저널에서 베어링 압력을 구하는 식은?

① $\dfrac{하중}{저널의 길이 \times 저널의 지름}$

② $\dfrac{하중}{저널의 길이 \times 저널의 높이}$

③ $\dfrac{하중}{저널의 투상면적 \times 저널의 높이}$

④ $\dfrac{하중}{저널의 투상면적 \times 저널의 지름}$

266 다음 중 V벨트 전동장치의 특성이 아닌 것은?

① 속도비를 크게 할 수 있다.

② 전동효율이 높다.

③ 동력 전달 상태가 원활하며 비충격적이다.

④ 벨트가 끊어졌을 때 이어서 사용할 수 있다.

267 밴드 브레이크에서 밴드와 드럼사이의 간극은 보통 얼마로 하는가?

① 0.2~0.5mm

② 0.5~1.0mm

③ 1.0~5.0mm

④ 5.0~10mm

268 리벳이음의 종류에 해당하지 않는 것은?

① 겹치기 이음

② 맞대기 이음

③ 평행형 리벳이음과 지그재그형 리벳이음

④ 플러링 이음

269 다음 중 구름 베어링의 기본 동정력 하중을 옳게 설명한 것은?

① 23.3rpm으로 500시간 사용할 수 있는 하중

② 33.3rpm으로 500시간 사용할 수 있는 하중

③ 23.3rpm으로 1000시간 사용할 수 있는 하중

④ 33.3rpm으로 1000시간 사용할 수 없는 하중

270 다음 중 두 축이 교차하지도 나란하지도 않는 경우에 사용되는 기어는?

① 헬리컬 기어

② 베벨 기어

③ 웜 기어

④ 베벨 헬리컬 기어

271 기어에서 이 사이의 간섭이 일어나는 경우가 아닌 것은?

① 잇수가 많을 경우

② 압력각이 작을 경우

③ 유효각의 높이가 클 경우

④ 잇수비가 아주 클 경우

272 공작 기계의 주축 등에 사용되는 스핀들(Spindle)이 받는 힘은?

① 압축과 휨을 동시에 받는다.

② 주로 압축만을 받는다.

③ 주로 휨만을 받는다.

④ 주로 비틀림을 받는다.

273 용접이음을 하게 되면 잔류응력이 남게 되어 취약파괴가 일어나기 쉽다. 이를 방지하는 방법으로 적당한 것은?

① 담금질을 한다.

② 뜨임을 한다.

③ 풀림을 한다.

④ 가공 경화시킨다.

274 V벨트의 규격 중에서 단면적이 가장 큰 벨트는?

① B형

② C형

③ D형

④ E형

275 블록 브레이크에서 블록의 길이가 40mm, 폭이 20mm, 블록을 미는 힘이 40kgf일 때 브레이크의 접촉압력은 몇 kgf/mm²인가?

① 0.05 ② 0.5

③ 2 ④ 10

해설 브레이크 압력

$$p = \frac{40}{40 \times 20} = 0.05\,\mathrm{kgf/mm^2}$$

276 다음 중 축을 설계할 때 고려해야 할 사항이 아닌 것은?

① 강도 ② 진동

③ 부식 ④ 가공방법

277 다음 중 무단 변속이 불가능한 마찰차는?

① 원판 마찰차

② 원통 마찰차

③ 원뿔 마찰차

④ 구면 마찰차

278 다음 중 입체 캠에 해당하는 것은?

① 경사판 캠 ② 판 캠

③ 하트캠 ④ 홈 캠

279 길이가 100mm인 코일스프링에 10kgf의 하중을 작용시켰더니 110mm가 되었다. 이 스프링의 스프링 상수값은?

① 0.1 ② 1

③ 10 ④ 100

해설

$$k = \frac{P}{\delta} = \frac{10}{(110 - 100)} = 1$$

제 **3** 편

농업기계학

농업기계 산업기사

경운 기계의 의의

 경운(tillage)의 의의

경운 정지작업은 토양의 구조를 부드럽게 바꾸어 파종과 이식 등을 순조롭게 하고, 발아 및 뿌리의 영양 흡수를 양호하게 하기 위한 토양 환경조성작업이다.

1 경운 정지의 목적

① 알맞은 토양구조 마련
② 잡초 제거 및 솎아내기로 작물 생육을 촉진
③ 작물의 잔류물을 매몰
④ 작물의 재식, 관개, 배수 및 수확작업 등에 알맞은 토양 표면을 조성
⑤ 토양 침식방지 및 미생물의 활동을 촉진
⑥ 농약 및 거름의 효과를 균일하게 하고 증대시킨다.

2 최소경운(minimum tillage)의 정의

무경운 또는 최소의 에너지와 적은 비용으로 경운하는 것을 최소 경운이라 한다.
㉠ 경운+정지 ⇒ 로터리 작업, 이앙기+시비기, 콤바인+파종기 등

3 토양의 구조와 분류

(1) 구조

토양에 수분이 함유된 정도는 일반적으로 함수비로 나타낸다.

$$W = \frac{W_w}{W_s} \times 100\%$$

여기서, W: 함수비. W_W: 토양 수분의 무게. W_S: 토양 입자의 무게

함수비가 높으면 액체의 성질을 나타내고, 점차 함수비가 감소하면 소성체의 성질을 나타내며, 함수비가 더욱 감소하여 고체의 성질을 나타내게 된다.

(2) 토양의 분류

입자 지름(mm)		0.002	0.02		0.2		2.0	
분류	국제토양학회법	점토	마사 (가루모래)	고운 모래		거친 모래		자갈
	미국 농무성법 (USDA)	점토	마사 (가루모래)	매우 고운 모래	고운 모래	보통 모래	거친 모래	매우 거친 모래	자 갈
입자 지름(mm)		0.002	0.05	0.10	0.25	0.5	1.00	2.0

※ 사질토에 적합한 발토판 플로우의 모양은 (원통형 = 재간용)이다.

② 경운 작업의 분류

▨ 경운방법에 의한 분류

전동 방식	운동 방식	대표적 기계
견인식 : 트랙터의 3점 링크 장착	직진식 자유 회전식	몰드보드 플로우, 쟁기 원판 플로우
구동식 : P.T.O축에 연결	회전식 진동식	로터리, 로터 베이터 진동식 심토 파쇄기

▨ 작업 목적에 의한 분류

(1) 쟁기 작업(경기 작업, 1차경)

플로우 또는 쟁기를 사용하여 굳어진 흙을 절삭, 반전 및 파괴하여 큰 덩어리로 파쇄하는 작업이다.

(2) 쇄토 작업(2차경)

로터리 경운 작업기, 써레, 해로우 등이 쓰이며, 1차경(primary tillage)으로 경운된 흙을 다시 작은 덩어리로 파쇄하는 작업을 2차경(secondary tillage)이라 한다.

(3) 구동 경운 작업

로터리 경운 작업기를 이용하여 1차경과 2차경을 동시에 실시하는 것과 거의 비슷한 효과를 얻는 작업이다.

(4) 평탄 작업

배토판이나 디스크 해로우(disk harrow) 등을 사용하여 고르지 못한 지표면을 평탄하게 고르는 작업이다.

(5) 심토 파쇄 작업

굳어진 땅속의 토양에 진동을 주어 심토를 파쇄하는 작업이다(끌, 쟁기, 심토 파쇄기를 이용하여 45~75cm까지 파쇄한다).

(6) 두둑 및 고랑 만들기 작업

두둑을 만드는데 사용되는 기계를 리스터(lister), 고랑을 만드는 데 사용되는 기계를 트랜처(trencher)라 한다.

3 경운 정지작업의 분류

■ 플로우의 종류와 분류

분류 방법	플로우의 종류
이체의 형태	• 몰드보드 플로우(moldboard plow) • 디스크 플로우(disk plow), 치즐 플로우(chiesel plow) • 로터리 플로우(rotary plow), 쟁기
견인 방법	• 견인형 플로우(trailed plow) • 장착형 플로우(mounted plow) • 반장착형 플로우(semi-mounted plow)
이체수	• 1련 플로우(single plow), 다련 플로우(gang plow)
이체의 반전 여부	• 단용 플로우(common plow) • 양용 플로우(reversible plow)

(1) 몰드보드 플로우

반전된 흙으로 말미암아 생긴 골의 깊이를 경심, 너비를 경폭이라 한다.

① 보습(share) : 흙을 수평으로 잘라 몰드보드로 밀어 올리는 역할을 한다.
② 몰드보드(moldboard) : 흙의 변형과 반전에 기여하는 이체부이며 반전, 파쇄, 던져짐 등의 기능을 수행한다.

③ **바닥쇠(land side)** : 역구의 흙바닥과 역벽에 따라 흙과 접촉하는 부분이다. 플로우의 경심과 진행 방향을 안정하게 유지시켜 주는 작용을 흡인(section)이라 하며, 수직흡인은 날 끝을 흙 속에 잘 진입하게 하고 경심을 안정시켜 주며, 수평흡인은 플로우의 진행방향을 일정하게 유지시킨다.

 Tip
- 플로우의 3지점 : 보습 날개, 보습 끝, 뒤축
- 이체의 3요소 : 보습, 몰드보드, 지측판

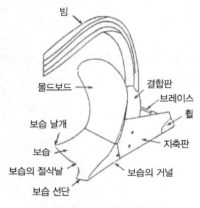

◎ **몰드보드 플로우의 구성**

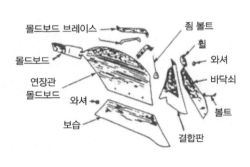

◎ **구조**

④ **콜터(coulter)** : 플로우의 앞쪽에 설치하는 것으로서, 흙을 미리 수직으로 절단하여 보습의 절삭 작용을 도와주고, 역조와 역벽을 가지런히 해주는 플로우의 보조 장치이다. 콜터와 지측판의 간극은 10~20mm이다.

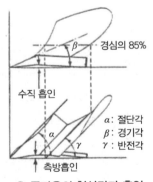

◎ **플라우의 형상각과 흡인**

 Tip   **이체와 제작의 판정에 이용되는 플로우의 각**
- 반전각 r : 수평면이 경심의 85%에 상당하는 몰드보드의 표면을 자르는 선과 쟁기의 진행방향이 이루는 각을 반전각이라 한다.
- 절단각 α : 플로우의 진행방향과 보습이 이루는 각을 절단각이라 한다.
- 경기각 β : 수평면에 대한 보습표면의 경사도를 경기각이라 한다.

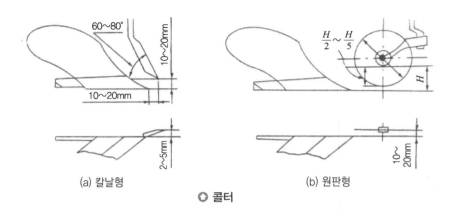

(a) 칼날형   (b) 원판형

○ 콜터

⑤ 앞 쟁기(jointer) : 보통 이체와 콜터 사이에 설치되는 작은 플로우로서 그 형태는 이체와 거의 비슷하다. 이체의 작용에 앞서 표토를 얕게 갈아 잡초나 표면 피복물을 역구 속으로 반전시켜, 그 뒤의 본 이체가 만드는 역조가 잡초 등을 완전히 매몰시키도록 하는 것이다.

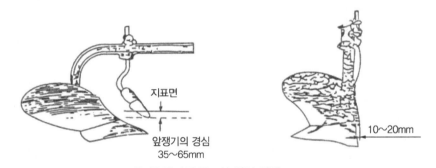

○ 앞 쟁기의 구조와 설치 위치

(2) 원반 플로우(disk plow)

접시모양의 오목한 구면의 일부 또는 평평한 원판으로 경운 작업을 하는 작업기이다. 원판축이 진행 방향과 이루는 각을 원판각, 원판이 연직 방향과 이루는 각을 경사각이라 하며, 원판각은 역토의 폭과 원판의 회전속도에 영향을 끼치는데, 원판각이 클수록 경폭이 커지는 반면 원판의 회전속도는 감소한다. 그리고 자체 중량에 따라 경심이 결정된다.

■ 원판 플로우의 특징

① 마르고 단단한 땅에 적당하며 쇄토작용이 크다.
② 개간지와 같이 나무뿌리가 남아 있는 경지에 사용하며 소요동력이 적게 든다.
③ 원판의 각도를 적절히 조절함으로써 여러 가지 토양 조건에서도 작업이 가능하다.
④ 날 부분이 길어 연마작용과 자전에 의한 마찰 마모가 작다.
⑤ 자전 때문에 흙이 잘 붙지 않는다.
⑥ 반전이 불가능하여 초지에 사용하기 어렵다.

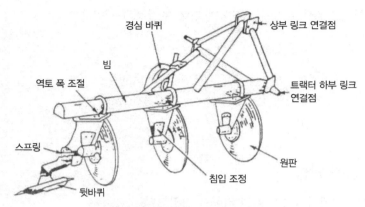

◎ **트랙터 장착용 3련 디스크 플로우**

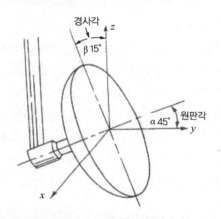

◎ **디스크 플로우의 원판각과 경사각**

(3) 심토 플로우와 심토 파쇄기

플로우에 의해 경운된 토층 이하를 심토라 한다.

① **심토 플로우(subsoil plow)** : 보통 플로우의 이체에 심토를 파괴시킬 수 있는 경운날을 붙인 것이며 심토와 작토를 혼합하지 않고 심토를 부드럽게 하는데 사용한다.

② **심토 파쇄기(subsoiler)** : 심토층에 만들어진 경반을 파쇄하는 플로우 이체는 심토 파쇄날만 갖추고 있다.

② 동양 쟁기

쟁기의 주요부인 이체는 보습, 볏, 바닥쇠로 구성되어 있다. 보습은 흙을 절삭한 다음 볏으로 올려 보내는 부분으로, 기본 형태는 삼각형이다. 볏은 옆으로 반전, 파쇄하는 부분이며, 바닥쇠는 이체의 밑 부분으로서, 쟁기를 받쳐서 안정을 유지하게 한다. 바닥쇠는 쉽게 마멸되므로 교환할 수 있도록 되어 있다. 빔은 흙에 대한 일정한 작용 각도를 유지하면서 쟁기를 견인하는 부분으로서 여기에는 경심과 경폭 조절장치가 있다.

$$K = \frac{R}{a} = \frac{R}{\omega d} [\text{kg}/\text{cm}^2]$$

여기서, R : 견인 저항(kg) K : 비저항(kg/cm²)
a : 역토 단면적(cm²) d : 경심(cm)
ω : 경폭(cm)

3 플로우 장착 방법

① **견인식** : 트랙터의 견인봉에 의하여 견인한다.

② **반장착식** : 작업기 무게의 일부는 3점 연결 장치의 하부 링크에 연결, 나머지 무게는 작업기의 바퀴로 지탱한다.

③ **3점 링크 히치식** : 트랙터의 3점 연결장치에 장착식 플로우를 연결하는 3점 링크 히치식은 기타 연결방법에 비하여 다음과 같은 이점이 있다.

　㉠ 작업기의 길이가 짧아 선회 반지름이 작으므로 미경지가 작다.

　㉡ 견인식 플로우와 같은 바퀴나 프레임이 필요 없으므로 구조가 간단하고 값이 싸다.

　㉢ 장착식은 플로우의 무게 또는 견인 저항의 일부를 트랙터의 중량 전이로 이용함으로써 견인력을 증가시킨다.

　㉣ 플로우의 유압 제어가 간단하고, 운반, 선회가 쉽다.

 Tip 모울드 보드(쟁기)의 크기는 발토판(mouldboard)의 개수이다.

4 플로우 경운방법(운행법)

(1) 왕복 경운

왕복경법에는 순차경법, 안쪽 젖힘 경법(내측경법), 바깥쪽 젖힘 경법(외측경법)이 있다. 내측경법(안쪽 젖힘 경법)은 역조가 서로 안쪽으로 반전이 되도록 안쪽에서 바깥쪽으로 쟁기질을 하는 방법으로 한 구획의 중앙에 두둑이 생기게 되고, 그 양 끝에는 고랑이 생긴다. 바깥쪽 젖힘 경법은 역조가 바깥쪽으로 반전되도록 작업을 하는 방법이며 중앙에 고랑, 양 끝에는 두둑이 생긴다.

(2) 회경법(연속경법)

플로우를 이용하여 작업하는 동안에 이체를 들어 올리는 일이 없이 계속해서 돌아가며 작업을 하는 경법이다(내회경법, 외회경법이 있음).

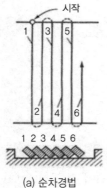

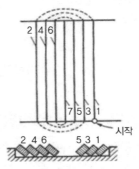

(a) 순차경법　　(b) 안쪽 젖힘 왕복 경법　　(c) 바깥쪽 젖힘 왕복 경법

◎ 플로우의 왕복 경법 종류

④ 로터리 경운 작업기

1 로터리 경운 작업기의 종류와 특성

회전 구동력을 얻어서 경운 작업을 수행하는 작업기를 구동형 경운기라 한다. 로터리 경운 작업기는 동력 경운기 또는 트랙터 기관의 구동력에 의하여 회전하며, 수평으로 된 로터리 축에 경운날을 장치하여 경운한다.

2 로터리 경운 작업기의 구조

(1) 동력 전달

트랙터나 동력 경운기의 PTO축에서 취출된 동력은 체인이나 기어를 통해서 전달된다. 경운축의 구동방법에는 중앙 구동식, 측방 구동식, 분할 구동식이 있다.

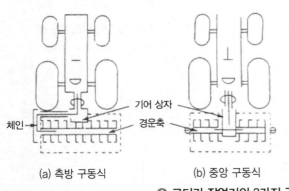

(a) 측방 구동식　　　　(b) 중앙 구동식

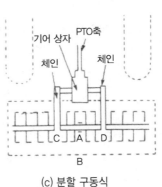

(c) 분할 구동식

◎ 로터리 작업기의 3가지 구동방식

(2) 로터리 경운날

경운날은 크게 작두형, L자형, 보통형으로 나뉜다. 작두형 날은 동력 경운기의 로터리 날로 널리 이용되고, L자형 날은 대형 4륜 트랙터용 로터 베이터에, 보통형 날은 마르고 단단한 흙을 경운하는데 적합하다.

❸ 로터리 경운 작업방법

① **연접 경법** : 포장의 한쪽 끝에서 차례로 경운 하여 나가는 방법이다.
② **건너뛰기 경법** : 약간 좁은 미경지를 남기고 한 두둑 건너뛰어 경운 하고 나중에 미경지 부분을 경운 하는 방법이다.
③ **회경법** : 농경지의 중앙에서 바깥쪽으로 차례로 맴돌면서 경운 하는 방법이다.

 Tip　로터리의 크기는 : 드라이브 길이로 표시한다(예) R60은 경폭 60cm이다).

❹ 로터리 날의 경운핏치와 비저항 구하기

(1) 핏치

$$P = \frac{60V}{zN}$$

여기서, z : 경운날의 개수
V : 기체의 전진 속도(cm/s)
N : 경운축의 회전속도(rpm)

(2) 비저항

$$k_T = \frac{T}{bH}$$

여기서, k_T : 비토크(kgf·cm²)
T : 평균 경운 토크(kgf·m)
b : 경폭(cm)
H : 경심(cm)

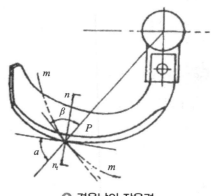

◎ **경운날의 작용력**

5 정지용 작업기

　　정지작업은 1차경이 실시된 다음에 시행하며 큰 흙덩어리를 더욱 미세하게 파쇄하는 작업으로, 압쇄작용, 타격작용, 절단작용 또는 복합 작용에 의하여 이루어진다. 절단 쇄토는 보통 얇은 칼날로 흙덩어리를 자르는 것으로 회전 해로우나, 디스크 해로우는 칼날의 절단 작용이 매우 강한 쇄토기이다. 충격에 의한 쇄토는 작업부가 고속으로 회전하여 흙을 타격하여 파쇄하는 구동식 쇄토기가 있다.

> **쇄토 작업기의 종류**
> 스파이크 해로우, 원반 해로우, 오프셋 디스크 해로우, 스프링 해로우, 애크미 해로우, 동력 답용 해로우, 보통써레, 바퀴날형 회전 쇄토기 등이 있다(압쇄, 타격, 절단 3가지 중요한 작용이다).

1 디스크 해로우(disk harrow)

　　접시 모양의 원판을 1개의 축에 5~10장씩 붙이고, 이 축을 2개 또는 4개씩 하나의 묶음으로 연결하여 견인하도록 만든 트랙터 부착용 쇄토기의 한 종류이다. 원판의 지름은 30~45cm이다.

　　디스크 해로우에는 원형원반과 화형원반이 있으며 화형원반은 섬유물의 절단력이 강하므로 나무뿌리가 엉킨 토질에 쓰기 적합하다.

2 스파이크 투스 해로우(spike-tooth harrow)

　　뿔처럼 생긴 긴 이를 4~6cm 간격으로 크로스바에 수직으로 고정시켜서 사용하는 쇄토기이다.

3 스프링 투스 해로우(spring-tooth harrow)

　　흙과 접촉하여 작업하는 치간 스프링 강을 사용해서 활 모양으로 구부려 크로스바에 연결하는 쇄토기이다. 자갈이나 뿌리가 많은 경지, 또는 굳은 흙의 쇄토 작업에 알맞으며, 유럽에서는 전작용으로 많이 쓰이고 있다.

4 구동식 쇄토기

　　기관의 구동력을 쇄토 작업에 직접 이용하는 기계이다. 바퀴 대신에 구동식 쇄토 작업기인 로터를 차축에 장착하여 주행과 동시에 작업이 이루어지게 되어 있다.

⑤ 균평기(진압기)

1, 2차경이 끝난 다음 토양의 지표면을 평평하게 만들기 위해서 흙덩어리를 이동시키는 데 사용되는 작업기이다. 진압기의 장점으로는 흙덩이를 잘게 부수고 평탄하게 하며, 흙의 틈새를 메우고 바람에 의한 흙의 침식을 막고, 작물의 뿌리를 강화하며, 경토의 동결을 방지한다. 또한 녹비와 퇴비의 부패를 촉진시키며 수분을 오래 유지시킨다.

 Tip 진압기의 종류 : 원통형, 컬티패커, 성형 롤러, 소맥답용 롤러가 있다.

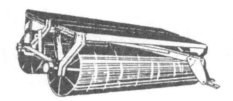　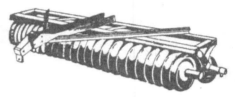

(a) 원통형 진압기　　　　　　　　　(b) 컬티패커

◯ 진압 롤러의 종류

⑥ 관리 작업용 기계

(1) 제초기

과수원의 잡초 등을 수관부까지 제초하는 기계로 스티리지 호우(steerage hoe), 위드 멜쳐(weeder mulcher)가 대표적인 작업기이다.

(2) 중경 제초기

컬티베이터(cultivator), 로터리 호우(rotary hoe), 답용중경 제초기가 있다.

① **컬티베이터** : 넓은 의미로 흙을 일구고 부드럽게 하는 기계의 총칭이며 구조는 기체, 생크, 칼날지지 비임 및 칼날로 이루어진다. 경심의 조절은 기체 프레임에 결합시키는 생크의 높이를 조절한다. 운행법에는 여러 가지가 있지만 한쪽 끝에서부터 작업을 시작하는 것이 보통이다.

② **스티리지 호우** : 이랑 사이의 제초작업을 주로 할 수 있는 기계이다. 구조상으로는 컬티베이터와 거의 같지만, 칼날은 스위퍼형과 호우형을 사용한다. 스티리지 호우의 주요 구조는 보조자 좌석, 조작레버, 스위프형날, 호우형날, 호엽날이 있다. 호엽날은 어린 작물을 보호하기 위하여 사용한다.

③ **배토기·작휴기** : 어린 잡초를 호우(보습)가 고사시키며 이들은 병용하여 쓰는 경우가 많다.

제2장 파종 및 이식기

① 파종기

1 파종 작업과 파종기

파종 방법에는 목초, 잔디 등의 종자를 지표면에 널리 흩어 뿌리는 흩어 뿌림, 맥류, 채소 등의 종자를 일정 간격의 줄에 따라 연속하여 뿌리는 줄뿌림, 옥수수, 두류 등의 종자를 1개 또는 여러 개씩 일정한 간격으로 파종하는 점뿌림 등이 있다.

2 산파기

산파기는 종자가 작고 가벼운 목초와 같은 종자를 흩어 뿌리는 기계로서 기본원리는 회전하는 회전 원판에 종자를 낙하시켜 회전 원판의 원심력을 이용하여 종자를 멀리 비산시킨다. 산파기에는 고랑을 만드는 장치와 흙을 덮는 장치가 없다.

3 조파기

옥수수, 보리, 밀, 콩, 목초 등의 파종에 널리 사용되는 기계이다. 종자 배출장치는 종자 상자에서 일정한 양의 종자를 배출해 주는 장치이며 종자관은 배출장치에서 나온 종자를 흩트리지 않고 파종 위치로 유도하는 관으로 신축성 있게 구부릴 수가 있어 파종 위치를 조절할 수가 있다. 구절기는 파종에 적합한 깊이의 고랑을 만들어 주는 장치로 종자관 바로 앞에 설치하고, 복토 진압장치는 파종된 종자를 흙으로 덮고 가볍게 눌러주는 복토장치가 있다.

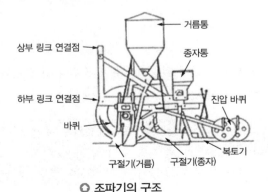

○ 조파기의 구조

Tip 파종기(구절기) 순서 : 종자(호퍼) → 종자 배출장치 → 구절기 → 복토장 → 진압

(1) 종자 배출방법

① 유동적 배출법 : 구멍이 뚫린 용기에 종자를 담고 회전시킴으로서 자연적으로 유출되게 하는 방법으로 인력 파종기에 이용되는 방법이다.

② 기계적 배출법 : 종자의 배출부에 회전기구를 부착하여 배출하는 장치로서, 종자의 일정량을 기계적, 강제적으로 연속 배출하므로 배출량의 조절이 자유롭고 정확하여 많이 이용하고 있는 방법이다.

 Tip 기계적 배출방법 : 홈 롤러식, 구멍 롤러식, 경사원판식, 캡식, 벨트식, 진공 이음식 등이 있다.

(2) 종자관 및 구절기

배출부에서 나온 종자를 지면까지 유도시키는 관을 도종관이라고 하며, 철선이 들어있는 비닐 혹은 P.V.C관이 이용된다. 구절기는 종자를 심을 때 먼저 골을 파는 역할을 하며 쇼벨형, 디스크형, 슈형으로 나눌 수 있다. 쇼벨형은 돌 등이 많은 곳과 단단한 포장에 적합하며, 지표면에 풀이나 짚이 있는 곳에는 감기지 않는 디스크형이 적당하다.

◎ 종자관

(3) 복토기 및 진압기

파종이 끝난 후 종자에 복토하기 위하여 복토기가 필요하다. 복토기는 체인 및 짧은 봉 또는 작은 스크레이퍼가 이용되고 있다. 진압기는 복토한 흙을 약간 눌러주기 위하여 철제 혹은 고무로 피복한 진압륜을 이용한다.

4 점파기

두류, 목화, 감자 및 채소와 같이 일반적으로 맥류보다 큰 종자를 1개 또는 2~3개씩 일정한 간격으로 파종하는 기계이다.

 Tip
• 컷오프(cut off) : 홈 위에 있는 여분의 종자를 제거한다.
• 녹 아웃(knock out) : 홈 속의 종자를 종자관으로 떨어뜨리는 역할을 한다.
• 공기압 파종기 : 송풍기의 흡입압력으로 종자를 떨어뜨린다.

5 벼 직파기

벼의 직파 재배법은 모를 길러 이앙하지 않고 직접 볍씨를 본답에 파종하여 재배하는 방식으로서, 육묘와 이앙작업이 생략되기 때문에 쌀의 생산 노동력을 절감할 수 있는 재배법이다.

건답 직파는 논에 물을 대지 않고 경운 쇄토한 후 직파하는 방식이고 담수 표면 직파는 담수 상태에서 볍씨를 논 표면에 파종하는 방식이고, 담수 토중 직파는 볍씨를 토중에 파종하는 방식으로 무논 골 뿌림은 논갈이와 논 고르기 후에 물을 넣고 써레질한 논 표면을 굳혀서 직파기로 고랑을 내고 이 고랑에 볍씨를 파종하는 방식이다.

6 감자 파종기(potato planter)

씨감자를 1개씩 일정한 간격으로 파종하는 일종의 점파기이다. 씨감자는 보통 발아된 것을 파종하기 때문에 종자 배출장치가 씨감자에 상처를 내지 않도록 하여야 한다. 감자 파종기의 종류에는 엘리베이터식, 회전 종자판식, 피커 휠식(전 자동식 피커휠식)이 있다. 특히 다른 종자에 비해 씨감자는 크고 모양도 다양하여 전용점파기가 이용되며 시비도 동시에 이루어지고 있다.

7 파종기의 유지·관리

① 종자통 내의 종자를 깨끗이 제거한다.
② 거름통 내의 거름을 제거하고, 특히 응고된 거름은 솔 등으로 문질러 깨끗이 제거한다.
③ 기체에 붙어 있는 흙, 오물 등을 물로 깨끗이 씻어 낸다.
④ 그리스 및 오일 주유부에 주유한다.
⑤ 금속 부분은 오일 또는 방부제를 칠하여 녹을 방지한다.
⑥ 고무 바퀴가 달린 파종기는 타이어가 땅에 닿지 않도록 들어 올려 보관하거나, 그대로 보관할 때에는 타이어에 압력이 걸리지 않도록 한다.
⑦ 연결 체인은 가능하면 떼어놓고 보관한다.
⑧ 커버를 덮어 보관한다.

2 이식기(transplanter)

1 이식 작업

작물이 육묘 단계에 있을 때 다른 곳으로 옮겨 심는 작업을 말하며, 넓은 의미로는 벼의 이식 작업과 채소 등과 같은 밭작물의 이식작업을 모두 의미하지만 좁은 의미로는 밭작물의 이식만을 뜻하고, 벼의 이식 작업은 보통 이앙작업이라 한다.

2 이식모의 종류와 육묘 방법

(1) 줄 모

줄 모는 육묘 상자에 칸막이 판을 설치하고, 밑바닥에 보강재로서 우레탄 줄을 넣어 그 위에 흙을 넣고 파종한다.

(2) 매트 모

육묘 상자에서 흩어 뿌림 또는 줄뿌림하여 생육한 모로 오늘날 수도 이앙기에서 가장 많이 사용한다.

(3) 종이 포트 모

종이 포트를 줄지어 세우고, 육묘 단계에서부터 상토부가 한 포기의 블록을 형성하여 만드는 모이다.

> **문제**
>
> 삼끈, 종자 테이프를 육묘로 일정하게 하는 것은? 종자 테이프

(4) 조파 모

격자형의 모상자에 상토를 넣고 파종, 복토를 하여 육묘한 것으로서 이식할 때에는 모를 틀에서 밀어내어 이식한다. 벼, 담배, 채소 등에 이용된다.

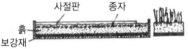

(a) 줄 모	(b) 매트 모	(c) 종이 포트 모

　　　　　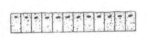

(d) 틀 모　　　　　　　　　　　　(e) 흙 블록 모

◎ 이식모의 종류

문제

종자 테이프에 의한 파종기를 이용한 육묘는? 채소류

3 이식기 이용

이식기는 심는 골이 깊어야 하기 때문에, 파종기의 구절기, 복토기 및 진압장치보다는 대형이어야 하며, 이식을 주로 하는 배추, 양배추, 상추, 토마토, 가지, 양파, 담배 등이 있다.

 전작용 이식기의 종류 : 홀더식, 디스크식, 호퍼식

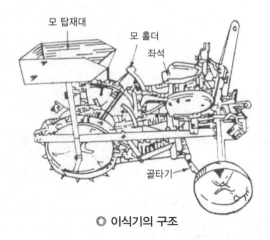

◎ 이식기의 구조

3 이앙기(rice transplanter)

1 이앙기의 종류

(1) 산파 이앙기(매트 모용)

기관부는 4조식(2.5~4PS)과 6조식 이앙기(6~7PS)가 있으며 시동방식은 주로 리코일

(recoil) 시동식이다. 변속부는 보행형 이앙기의 경우 전진 2단 후진 1단 혹은 전진 4단 후진 1단의 변속장치로 되어 있으며 작업속도는 0.3~0.7m/s 정도이다.

승용 이앙기의 경우는 작업속도가 최대 1.2m/s 정도이다. 주행부는 쇠바퀴로 되어 있다. 플로트는 쇠바퀴가 빠지더라도 기체가 지면에서 어느 정도 이상으로 침하할 수 없도록 받쳐 주는 역할을 하며 기체의 침하 정도를 감지하여 유압장치를 통해 바퀴의 깊이를 조절하여 모가 일정한 깊이로 심어지게 한다. 이앙기에서 모의 분리와 심는 일을 동시에 수행하는 장치를 식부장치라 한다. 봉날식의 식부장치는 분리침이 모를 모판에서 분리하여 지면 가까운 곳까지 운반하면 식입 포크가 모를 심는다.

모 탑재대의 모판은 이앙작업이 진행됨에 따라 가로 방향으로 왕복 운동을 반복하며, 모를 항상 일정한 자리에서 식부날이 분모 하도록 한다. 이 장치를 모의 이송장치라 한다.

(2) 조파 이앙기(띠모용)

① 구조와 기능은 산파이앙기와 비슷하나 식부장치가 약간 틀릴 뿐이다.
② **식부장치의 작동** : 상자와 함께 올려진 모는 압출암에 의해 아래로 배출된 다음 식부침(식부조)에 의하여 심어진다.

2 이앙기의 이용

(1) 구조

① **동력 전달장치** : 엔진 → 기어 케이스 → 바퀴 → 모이송장치 → 식부장치 → 모탑재판
② **주행장치** : 철바퀴, 고무 바퀴
③ **식부 암 장치의 종류** : 절단식, 젓가락 식, 봉날식, 판날식, 종이 포트식, 형틀보식 등이 있다.

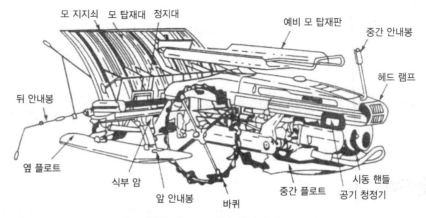

○ 보행형 매트 모 이앙기(산파식)

(2) 주요 기능

① 조속 레버 : 엔진의 회전수를 높이고 낮추는 역할

② 주 클러치 레버 : 동력을 전달하여 주는 역할(1개)

③ 조향 클러치 : 방향 조절장치(2개)

④ 변속레버 : 주행속도 조절

⑤ 식부 클러치 : 모를 심는 장치에 동력을 끊어주는 장치(1개)

⑥ 유압레버 : 기계를 일정하게 수평으로 주행하도록 하는 장치(스윙 장치 부착)

⑦ 모 탑재판 : 모를 올려놓는 판

⑧ 식부암 : 모를 심는 부분으로 분리점이 부착되어 있으며 구조는 여러 가지가 있다.

⑨ 주간 레버 : 기어 박스 우측면에 있는 레버로 레버를 당기거나 밀거나 함으로써 3종의 주간을 선택할 수 있다.

⑩ 부판(floot) : 모를 심기 위하여 논 표면을 정지하여 주고, 심은 깊이를 일정하게 하며, 기계의 중량을 받쳐 주는 장치

 Tip | 수도 이앙기에서의 조간 거리 조정은 불가능한 항목이다.

(3) 작업능률

① 이식 조간 거리는 고정으로 30cm, 이식 주간 거리가 12~18cm로 조절되며 포기 수는 평당 60~90 주를 심을 수 있다.

② 일정하게 심어지므로 수확량을 증가시킬 수 있다.

③ 하루에 이앙기 1 대가 300평 이상 모내기 할 수 있다.

④ 2조용 이앙기는 시간당 작업능률이 6~8a/hr 정도이고, 4조용 이앙기는 시간당 작업능률이 20a/hr 정도이다.

(4) 결주 방지책

① 육모의 수분상태

② 식부장치의 타이밍

③ 포장조건 등

④ 종이송, 횡이송장치

문제

치모, 중모를 식부할 때 조정하는 요소는? 종, 횡이송, 식부 등

제3장 농용 펌프

1 양수기의 기본원리

　관개는 작물의 생육에 필요한 수분을 인위적으로 공급해 주는 것으로 토양 보존, 저습지의 개량, 간척지의 염분제거, 못자리의 온도조절, 동해나 서리 피해의 방지 등에 이용되기도 한다.

1 양수기의 원리

　유리관 속의 수은주는 수은 표면에서부터 76cm 까지 올라가고 물은 수면에서 10.336m만큼 올라가게 될 것이다. 수은의 비중은 물의 비중보다 13.6배가 크므로 이론상으로는 최대 약 10m까지 흡입할 수 있으나 실제 최대 흡입고는 약 6m이다.

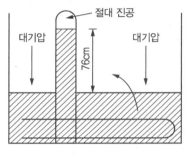

○ 진공관에서 수은의 빨아올림 현상

 Tip 토리체리 이론
수은 비중 : 13.6, 물 비중: 1.0 결국 1/13.6=10.336m 만큼 올라간다.

　※ 표준대기압 1atm=76cmhg=760mmhg=1.0332kgf/cm2=10.33mmAg

2 양수기의 분류

(1) 비용적형 펌프

　① 원심 펌프 : 볼류트 펌프, 터빈 펌프

　② 프로펠러 펌프 : 축류 펌프, 사류 펌프

　③ 점성 펌프 : 캐스케이드 펌프(와류 펌프)

(2) 용적형 펌프

　① 왕복 펌프 : 피스톤 펌프, 플런저 펌프, 다이어프램 펌프

　② 회전 펌프 : 기어 펌프, 롤러 펌프, 변형 날개 펌프

2 양수기의 구조와 작동원리

1 양수 장치

- **흡입관**

  수면에서 펌프까지 연결된 관을 말한다.

  ① **풋트 밸브** : 운전을 시작할 때 흡입관의 끝을 막아서 흡입관에 들어온 물이 역류하는 것을 방지한다.

  ② **여과기(스트레이너)** : 불순물이 양수기의 케이싱으로 들어가는 것을 방지한다.

  ③ **프라이밍 작업** : 물을 미리 채워서 진공 시키는 작업을 말한다.

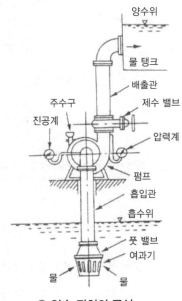

양수위

물 탱크

배출관

주수구

제수 밸브

진공계

압력계

펌프

흡입관

흡수위

풋 밸브

여과기

물   물

❂ 양수 장치의 구성

2 원심 펌프

(1) 구성

원심 펌프는 보통 6~8개의 깃이 달린 임펠러와 이것을 둘러싸고 있는 케이싱으로 구성되어 있다(임펠러 : 회전하면서 그것에 달린 깃에 의하여 물을 강제로 회전시켜서 임펠러의 깃에 걸린 물은 회전력과 원심력에 의하여 케이싱 쪽으로 밀려 나간다).

(2) 종류

원심 펌프는 축 추력이 한쪽에서만 발생하며 양수량이 많은 펌프에 이용된다.

① 터빈 펌프 : 안내 날개가 있음, 높은 양정의 양수 작업
② 벌류터 펌프 : 안내 날개가 없음
③ **공동현상(캐비테이션 현상)** : 흡입저항이 크면, 케이싱 내의 압력은 감소되어 물이 증발하여 기포가 발생한다. ⇒ 소음과 진동이 발생

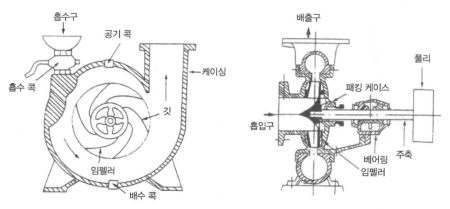

○ **원심 펌프의 구조**

❸ 축류 펌프(프로펠러 펌프)

원통에 가까운 통 속에서 프로펠러 모양의 임펠러가 회전하며 4m 이하의 저양정으로 양수량이 많은 경우에 적합하다.

❹ 사류 펌프

볼류트 펌프와 축류 펌프의 장점을 취하여 설계한 것으로서 축류 펌프가 도달할 수 없는 높은 양정에 사용할 수 있으며 양정이 3~15m의 저양정이면서도 많은 양수량이 필요할 때 적합하다.

❺ 버티컬 펌프

종형 원심 펌프의 일종으로 긴 철재 원통의 밑에 세로축의 임펠러를 부착한 것으로 임펠러 부분의 원통이 물에 잠기게 하여 운전한다.

❻ 자흡식 펌프

자흡식 펌프는 풋 밸브가 필요하지 않으며 프라이밍(priming)을 한 번만 하는 편리한 펌프

로서 자주 시동·정지하는 곳에 설치한다. 소방용이나 살수용으로 널리 사용되며 구조적 특징은 흡입구가 임펠러 구동축보다 위쪽에 설치되어 있다. 그러나 효율이 낮아 150mm 이하의 소형에 이용된다.

 Tip 프라이밍 : 운전 전에 케이싱과 흡입관에 물을 채워주는 작업이다.

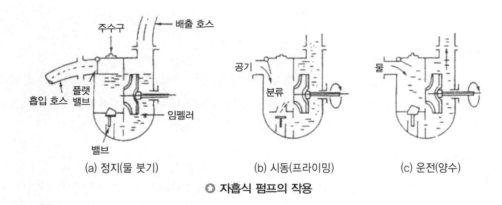

(a) 정지(물 붓기) (b) 시동(프라이밍) (c) 운전(양수)

⊙ **자흡식 펌프의 작용**

문제

양수량의 갑작스러운 저하 원인은? 그랜드 시일의 기밀 불량이다.

7 회전 펌프의 종류

흡입구와 배출구를 가진 밀폐된 케이싱 속에서 회전자를 돌려 케이싱과 회전자 사이에 갇힌 액체를 밖으로 밀어내어 양수 작업을 하는 펌프이다. 저속 운전으로 높은 배출 압력과 양정을 얻을 수 있어 점성이 높은 액체의 양수에 쓰이며, 스프링 쿨러, 방제기, 착유기 등 고압이 필요한 경우에 이용된다.

(1) 기어 펌프

기어를 2개 맞물려서 돌리면 케이싱과 기어사이에 액체를 배출구 쪽으로 나가게 되어 있는 펌프로 양수용보다는 농기계의 윤활에 많이 이용된다.

 Tip 펌프 설치 시 흡수구 길이가 짧은 것이 효율이 높다.

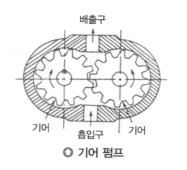

○ 기어 펌프

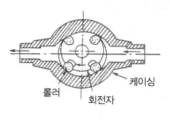

○ 롤러 펌프

(2) 롤러 펌프

특수 주철제의 원형 케이싱 속에 편심 회전자가 있는 구조로 배출량은 회전속도에 비례하며 롤러는 케이싱과 접촉하지만 물이 윤활유 역할을 하므로 마멸이 적고 오랫동안 높은 성능을 유지하여 농업용으로는 살수기나 분무기용으로 많이 이용된다.

(3) 변형 날개 펌프

특수 합성고무로 된 임펠러 날개의 변형을 이용하여 흡수 작용과 송액 작용을 동시에 하도록 한 용적형 회전 펌프로서 배출압력은 일정한 값 이상으로 올라가지 않으며 임펠러가 마멸되면 쉽게 바꿀 수 있고 송액 자체로 케이싱 속의 윤활을 하게 되어 농업용 살수기나 낙농용 우유 펌프로 이용된다.

 Tip   양수기의 베어링부 발열온도는 약 60℃가 적당하고, 그랜드부는 약 40℃이다.

8 왕복 펌프의 종류

피스톤이나 플런저가 왕복운동을 할 때마다 일정량의 액체를 밀폐된 곳으로 빨아들인 다음 밀어 올리는 펌프이다(용량은 A로 나타내며 결국 l/min 로 표시된다).

① 공기실
② 플런저 커버
③ 그리스 캡
④ 그랜드
⑤ 크랭크실
⑥ 크랭크축
⑦ 주유구 캡
⑧ 밸브 시트
⑨ 밸브
⑩ V패킹
⑪ 수절 고무
⑫ 오일 실
⑬ 플런저
⑭ 밸브 스프링

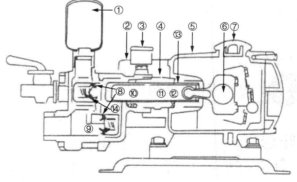

○ 플런저 펌프

(1) 플런저 펌프

플런저 펌프는 피스톤 펌프보다 고압의 양수에 적합하며, 플런저 펌프를 응용한 동력 분무기용도 있다.

> **Tip** 동력 분무기 밸브에 오물이 끼면 흡·토출관의 진동이 발생된다.

(2) 다이어프램 펌프

모래가 많이 섞인 물이나 진흙탕 물을 양수할 수 있으며 특수 약의 액체를 이송하는데 사용되며 특징으로는 누액을 완전히 막을 수 있으므로 패킹이나 실링이 필요 없다.

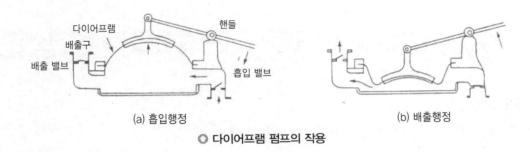

(a) 흡입행정 　(b) 배출행정

○ 다이어프램 펌프의 작용

(3) 피스톤 펌프

실린더 내에 피스톤을 왕복시켜 두 밸브의 작용에 의하여 양수되는 펌프이다.

9 점성 펌프

액체의 점성을 이용한 펌프로서 임펠러는 원판으로 되어 있고, 주위에는 다수의 홈이 있으며 고속으로 회전시키면 임펠러의 홈이 물을 끌고가 배출구 쪽으로 압력을 발생시켜서 액체를 송출하는 펌프이다.

3 양수기의 특성

1 양정

양정이란 어느 높이까지 양수할 수 있는가를 나타내는 양수기의 능력을 말한다.

① **실양정(h_a)** : 흡수면과 양수면 사이의 수직 거리

② **흡입 실양정**(h_{as}) : 흡수면에서 펌프 중심까지의 수직 거리

③ **배출 실양정**(h_{ad}) : 펌프 중심에서 양수면 사이의 수직 거리

$$h_a = h_{as} + h_{ad}$$

④ **전양정**(H) : 실양정에 손실수두를 더한 값(전양정=실양정+흡입쪽 손실수두+배출쪽 손실 수두)

⑤ **손실 수두**(hL) : 양수 과정에서 여러 가지 에너지 손실을 말하며 즉 흡입관과 배수관의 내면과 물 사이의 마찰 스트레이너와 관 곡부에서 나타나는 저항 손실, 물 입자 사이의 상대 운동에 의한 손실

$$H = h_a + hL$$

 Tip ▶ 양수량의 갑작스러운 저하원인은 그랜드 실의 기밀 불량으로 발생된다.

2 양수량

펌프가 단위시간당 퍼 올린 액체의 부피이다(m^3/min).

$$Q = A \cdot V \, [\text{m}^3/\text{min}]$$

여기서, Q : 양수량(m^3/min), A : 배출관 단면적(m^2), V : 관내 평균 유속(m/min)

문제

원심 펌프의 회전수가 1800rpm, 양수량이 $3\text{m}^3/\text{hr}$이다. 회전수가 3600rpm이면 양수량은 얼마인가? $6\text{m}^3/\text{hr}$

3 효율

양수기의 효율이란 회전축에 주어진 동력이 여러 가지 원인에 의한 손실 정도를 말한다.

$$\eta = \eta_m \times \eta_h \times \eta_v$$

여기서, η(전 효율, 펌프 효율)

η_m(기계효율) : 베어링이나 다른 운동 부분의 마찰에 의한 손실의 정도

η_h(수력 효율) : 물의 유동에 의한 손실 수두의 정도

η_v(부피 또는 체적효율) : 누수의 정도를 나타내는 부피 효율

4 소요동력

이론상으로 필요한 동력은 W(수 마력 ps)로 표시하며,

$$W = \frac{\gamma QH}{75 \times 60} = 0.222QH$$

여기서, 물의 비중량 $Y = 1000\frac{kg_f}{m^3}$ $Q : \frac{m^3}{min}$ $H : m$

실제로 누수와 기계적인 손실 때문에 펌프를 회전하는 데 필요한 동력 S(축 마력 ps)는 W보다 크므로 S에 대한 W의 비가 이미 정의한 펌프의 전 효율이다.

$$S = \frac{W}{\eta} = \frac{1000QH}{75 \times 60 \times \eta} = \frac{0.222QH}{\eta}[\text{PS}]$$

여기서, Q : 유량(m³/min), H : 양정(m), η : 효율(n)

⑩ 양수량 18m³/min, 양정은 7m, 펌프 전효율이 76%일 때, 양수기 소요동력은 36PS

④ 양수기의 선정과 이용계획

1 양수량의 결정

관개에 필요한 양수량은 용수량에 의해서 결정되며, 면적 A(ha)에 필요한 양수량 Q (m³/min)는

$$Q = \frac{1000dA}{1000 \times 24 \times 60}(1 + f)\frac{24}{T} = \frac{dA(1 + f)}{6T}$$

여기서, d : 1일에 보급을 필요로 하는 수심(감수심, mm)

　　　　f : 수로 손실계수(0.2~0.3)

　　　　T : 1일 운전시간

실제로 펌프를 선정할 때에는 계산된 양수량보다 여유 있게 용량이 다소 큰 펌프를 선택하는 것이 안전하다.

2 양정의 결정

손실수두는 관내의 유속, 관내벽의 상태, 관의 지름 등에 의해 변하며 일반적으로 배관 전체 길이의 10분의 1을 취한다.

❸ 원동기의 선정

원동기의 선정(크기)은 양수량(Q), 전양정(H), 펌프의 효율(η) 등을 고려하여 선정한다.

$$원동기\ 용량 = \frac{축마력 \times (1+d)}{\eta_t}$$

여기서, d : 원동기 여유율(전동기 10%, 엔진 20~25%)

$\quad\quad\quad \eta_t$: 동력 전달 효율(직결 100%, V벨트 95%)

❺ 스프링클러(sprinkler, 살수기)

물을 양수기로 양수하고 그것을 가압하여 관로를 통하여 송수하며 자동적으로 분사관을 회전시켜 살수하는 장치이다.

❶ 살수 관개의 종류

이동식	정치식
• 모든 시설을 간편하게 운반 이동하여 관개 작업을 할 수 있다. • 지형에 맞추어 배관할 수 있다. • 수원만 있으면 어디서나 관개할 수 있다.	• 모든 시설이 한 장소에 고정되어 한 수원을 이용하여 그 지역만을 작업할 수 있다. • 온실, 화원, 정원수나 묘포와 같은 경우에 사용한다. • 시설이 고정되어 있어 경비가 많이 든다.

❷ 살수장치의 구성

살수장치는 펌프 및 원동기, 배관, 스프링클러로 구성되어 있다.

① **펌프** : 고속 회전의 원심 펌프를 사용한다.

② **송수관** : 수원에서 살수관으로 물을 압송하는 간선이다.

③ **살수관** : 스프링클러로 물을 압송하기 위한 지선으로서 살수관의 지름은 보통 38~75mm, 1개의 길이는 4m 또는 6m이다(압력은 1.2kg/cm^2 정도이다).

④ **수직관** : 살수관에서의 물을 스프링클러로 인도하는 지름 25mm의 직립관으로 보통 1m 정도이다.

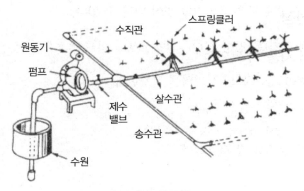

○ 살수장치의 구성

❸ 스프링클러의 구조와 작동원리

회전식 스프링클러는 분사관 끝에서 압력수가 분사되면 물은 반동 암의 반동판에 부딪히고 반동판이 밀려 나갔다가 스프링의 작용으로 되돌아오면서 분사관을 때려 분사관 전체가 조금씩 회전 작용을 되풀이하면서 분사관은 매분 1~2회의 저속으로 회전하면서, 분사관을 중심으로 둥글게 물을 뿌린다.

❹ 스프링클러의 취급법

(1) 노즐의 제원

구분	작동수압(kgf/cm^2, kpa)	노즐의 구경(mm)	살수구경(m)	살수용량(l/min)
저압식	0.21~1.05(21~103)	4.37~7.14	5.5~14	5.49~28.70
중압식	1.75~4.2(172~412)	4.0×2.4~6.4×3.2	25~33	18~67
고압식	3.5~7.0(343~686)	7.53×6.35~13.49×79.4	43~61	154~394
저각도식	0.8~3.5(78~343)	2.78~5.56	11.7~20.7	4.66~35.50
광역3공식	5.6~8.4(54.9~82.3)	11.1×3.97~14.29×6.35	81~126	746~2.310

(2) 살수관개의 특징

① 필요할 때 필요한 만큼을 균등하게 관개한다.

② 용수량이 20~30% 절약된다.

③ 지표를 굳게 하지 않는다.

④ 강우와 같은 양상으로 땅에 침투한다.

⑤ 적당한 장치를 추가하면 비료나 농약을 녹여 물속에 섞이게 하여 효과적으로 시비나 방제가 가능하다.

⑥ 강우와 같이 잎에 묻은 흙먼지를 씻어 버릴 수 있다.

(3) 스프링클러 사용 시 유의점

① 안개와 같은 모양으로 넓은 지역에 살포한다.

② 노즐의 허용 수압으로 살포한다.

③ 노즐의 회전속도를 조절하면서 살포한다.

④ 살수의 분포 상태를 잘 파악한다.

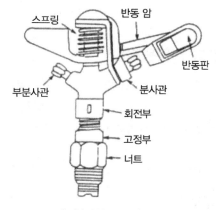

◎ 회전식 스프링클러

병해충 방제 기계

제4장

1 방제의 목적 및 방법

방제란 병해충과 잡초로부터 농작물을 보호하여 작물이 받는 피해를 줄이고 수량을 증대시키는 것이다.

1 방제방법

(1) 병해충 방제방법
① 경종 관리에 의한 방법 : 토양 관계의 농기계 또는 관배수, 관리용 기계로 이용한 방제법 (제초, 중경, 윤작, 객토, 시비)
② 포살법 : 망, 덫, 올가미 등을 이용한 방제법
③ 기피, 몰이법 : 해충을 몰아 내는 방법을 이용한 방제법(기피제, 폭음제, 발연제)
④ 유치법 : 유아등과 해충의 습성을 이용한 방제법(시각, 청각, 후각, 미각)
⑤ 작물 및 병해충의 생리 형태적인 방법 : 내병성·내충성 품종의 개량, 접목, 시비, 영양, 생물간의 경쟁(천적)등을 이용한 방제법
⑥ 약제 사용법 : 살포, 혼합, 주입 등으로 우리나라에서 가장 널리 이용되며 병해충을 효율적이고 능률적으로 방제할 수 있으며, 방제 효과를 판단하기가 쉽고 경제적으로도 실용성이 높다.

2 농약 살포입자의 구비조건

도달성, 균일성, 비산성 및 부착성이 요구되며, 피복면적비당 노동력의 절감과 살포능력을 높인다.

3 농약 살포입자의 특성

노즐에서 미립화된 입자가 분사되어 대기 중을 날아다니면서 확산된 다음 대상 작물에 도달하여 부착하는 원리를 이용한다(살포입자의 크기는 마이크론(μm) 또는 VMD로 표시한다).

> **Tip** Volume Mean Diameter는 체적 평균경으로, 즉 평균 체적을 가진 입자의 직경을 말한다(모든 입자의 체적의 산술평균과 같은 체적을 가지는 입자의 직경).

■ **약제 살포입자의 특성**

① **미립화** : 분출되는 액제의 표면에 파동을 일으키게 하고, 공기와의 상대 속도로 인하여 액제가 미립화된다.

② **비행 확산** : 공중을 날아다니는 입자는 공기저항과 중력, 풍속 등의 영향을 받아 속도가 떨어지면서 농작물에 부착한다.

③ **부착** : 작물에 도달된 입자는 작물과 충돌하면서 운동 에너지의 약 80%를 잃게 되고 나머지가 부착된다.

4 방제기의 종류

(1) 살포 원리에 의한 분류

① 펌프에 의한 것 : 여러 가지 분무기, 토양소독기

② 송풍기에 의한 것 : 미스트기, 동력살분무기, 살분기, 스피드 스프레이어

(2) 작업방법에 의한 분류

① 지상으로부터 지표에 약제를 살포하는 방법 : 분무기, 살분기

② 지면에서 토양 속으로 약제를 주입하는 방법 : 토양 소독기

③ 공중으로부터 약제를 살포하는 방법 : 항공 방제

5 농약의 분류

사용 목적과 작용에 따라 살균제, 살충제, 제초제로 분류된다.

2 분무기

분무기란 액제 농약을 펌프로 가압시킨 다음 이것을 분구(노즐)로 보내어 작은 구멍으로부터 분출시킴으로써 미세한 입자로 만들어 살포하는 기계이다.

1 인력 분무기

사용 동력에 따라 인력 분무기, 동력 분무기로 나눈다.

(1) 인력 분무기의 종류

① **배부식 지렛대 분무기** : 살포하는 동안 계속하여 지렛대를 움직여 압력을 가하는 것

② **배부식 자동 분무기** : 살포하기 전에 펌프로 압축공기를 채워서 살포 중에는 펌프를 움직이지 않고 살포하는 것

③ **지렛대식 분무기** : 약액 탱크가 부착되어 있지 않으므로 별도의 약액 탱크를 준비하여 일정한 장소에 두고 조작하는 인력 분무기로 공기실이 있는 펌프를 지렛대로 직접 움직이는 것

(a) 배부식 자동 분무기　　(b) 배부식 지렛대 분무기　　(c) 어깨걸이 분무기　　(d) 지렛대 분무기

◎ **인력 분무기의 종류**

(2) 인력분무기의 구조와 작용

① **펌프** : 피스톤 펌프, 플런저 펌프, 공기 펌프가 사용된다.

② **약액 탱크** : 두께가 0.6~1.0mm의 황동판 및 스테인리스 판을 사용한다.

③ **분무관** : 한쪽에는 노즐, 다른 한쪽에는 호스와 연결되어 있다.

④ **호스** : 호스는 고무에 면포나 면사 등을 입혀 고압에 견딜 수 있도록 만든다.

 Tip　인력분무기는 압력조절기가 없다.

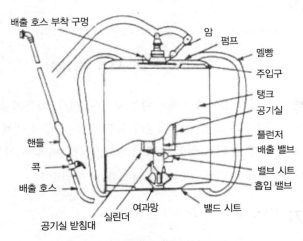

◎ **배부식 지렛대 분무기의 구조**

2 동력 분무기(power sprayer)

(1) 동력 분무기의 종류

① **정치식 동력 분무기** : 주로 경사지 과수원의 방제에 사용되는 것으로서, 물탱크와 약액 탱크 이외에 과수원 전체에 걸쳐 배관 시설

② **이동식 동력 분무기** : 우리나라에서 가장 많이 사용되는 형식으로 분무기 본체와 약액통 이 차대에 고정되어 있고 인력으로 주행시키면서 살포

③ **주행식 동력 분무기** : 하나의 동력으로 주행과 살포를 동시에 하는 자주식과 각각 별개 로 작동되는 견인식

(2) 동력 분무기의 구조와 작동원리

작동원리는 플런저가 전진하면 흡입 밸브가 닫히고, 이때의 압력에 의하여 배출 밸브가 열려 약액이 배출관을 통하여 노즐로 나간다. 이때 약액의 일부는 공기실로 들어가고 나머 지는 압력조절장치의 조압 볼 밸브를 위로 밀어 올리면서 여수관을 통하여 약액 탱크로 되 돌아온다.

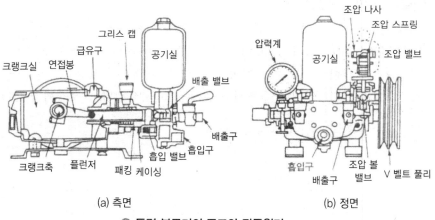

(a) 측면   (b) 정면

◎ **동력 분무기의 구조와 작동원리**

① **펌프와 실린더** : 실린더와 플런저는 황동 주물로 제작, 약액이 새는 것을 방지하기 위하 여 가죽이나 인조 고무로 만든 V패킹과 윤활 작용을 돕기 위해 그리스 링을 부착한다. 분무압력을 충분히 높이고 약액의 배출 상태를 균일하게 하기 위하여 3개의 플런저를 흔히 사용한다.

$$\eta_p = \frac{Q}{Q_0} \times 100, \quad Q_p = \frac{\pi}{4} D^2 \times S \times R \times Z \times \eta_v \times 10^{-6}$$

여기서, Q_p : 토출량($l/$min)　　D : 피스톤 직경(mm)　　R : 회전수(rpm)

　　　　η : 체적효율　　　Z : 실린더 수　　　　L : 행정(mm)

② **공기실** : 왕복 펌프를 사용하는 동력 분무기에서 맥동을 방지하여 배출량을 일정하게 유지하며 공기를 모으고 약액의 압력을 조절한다.

③ **압력조절장치** : 약액의 압력이 일정한 값보다 클 경우 조압 볼 밸브가 위로 밀어 올려지면서 약액의 일부가 여수량(10~30%)으로 배출됨으로써 압력이 일정하게 유지된다.

④ **흡·토출 밸브** : 고압에 견딜 수 있는 스테인리스강 제품의 판 압력조절장치 밸브를 사용한다.

⑤ **호스** : 관의 누유가 없어야 하며 내·외층은 고무판이나 폴리에틸렌으로, 중간층은 실로 만들어진 것을 사용한다.

 Tip 압력계 바늘이 심하게 떠는 이유는 밸브에 오물이 끼워져 있기 때문이다.

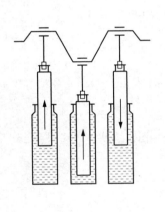

○ **3련식 펌프**

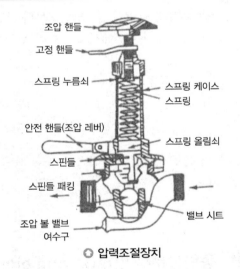

○ **압력조절장치**

 Tip 플런저 상단부에 기공이 생기면, 크랭크실 내 오일에 물이 침입된다.

⑥ **노즐** : 압력을 받고 있는 약액을 대기 중으로 분사시켜 작은 입자로 만드는 장치로 황동 또는 황동에 니켈을 도금한 재료를 많이 사용한다.

　㉠ **노즐의 일반적인 작용원리** : 호스를 통하여 노즐로 들어간 약액은 중자에 있는 나선형 구멍을 통하여 고속으로 와류실로 들어가 소용돌이를 일으키며 형성된 와류는 노즐 구멍을 통과할 때 미세한 입자로 분산되면서 밖으로 분출된다(입자크기는 $80 \sim 90\mu$ 정도).

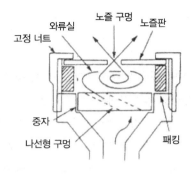

◎ 노즐의 구조

ⓛ 노즐의 종류

- 철포형 : 분무 각도와 거리를 핸들로 조절할 수 있는 노즐로, 약액을 멀리 분무하거나 가깝게 부채꼴 모양으로 분무할 수 있어서 과수나 수목의 방제에 적합하다(도달거리는 10m이다).

- 논두렁 살포 분무관 : 노즐로부터 가까운 거리에서 먼 거리까지 비교적 균일하게 살포하므로 논두렁에서도 능률적으로 작업할 수 있다.

$$V = \frac{1000q}{60\,WQ}$$

여기서, V : 작업속도(m/s) q : 노즐의 분출량(l/min) W : 유효 살포폭(m)
    Q : 적정 살포량(l/10a)   10a = 1000m^2

ⓣ 동력 분무기 사용 상용압력은 보통 20~30kg/cm^{2}이고, 펌프의 배출량은 15~70l/min이다.

③ 동력살분무기(mist and blower)

1 특징

동력살분무기란 고속기류를 이용하여 액제와 분제를 다 같이 살포할 수 있는 분무 및 살분 겸용기로 엔진은 2행정 가솔린 기관이며, 윤활 방식은 혼합식이고, 피스톤 핀 고정방식은 반부동식이다.

 Tip   무화성능이 좋고, 노동력 절감, 작업능률이 비교적 크다.

❷ 구조와 작용

(1) 작동원리

　　송액 펌프 또는 중력에 의하여 분두까지 거리는 4m이며 도달된 약액이 송풍기의 강한 바람과 함께 미스트 발생장치에서 미립화되어 살포된다.

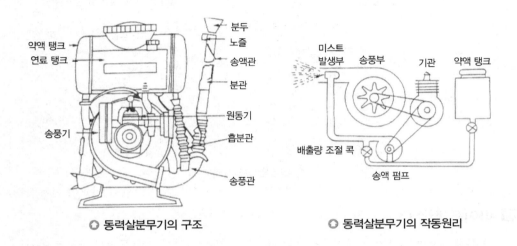

　　● 동력살분무기의 구조　　　　　　　　　● 동력살분무기의 작동원리

(2) 구조와 작용

　　동력살분무기의 주요 구성요소는 송풍기, 원동기, 미스트노즐이다.

① **원동기** : 2행정 가솔린 기관으로, 소형 경량으로 고속운전이 가능하다.

② **송풍기** : 고속기류를 발생하는 장치이다.

③ **미스트 발생장치** : 성질이 다른 액제를 아주 미세하고 크기가 고른 미스트 입자를 만드는 장치이다.

　㉠ **충돌판식** : 약액 탱크로부터 송액관을 통하여 흘러 내려온 약액이 충돌판에 충돌하여 확산되고 빠른 바람의 힘으로 다시 부서져서 미세한 입자로 분사시키는 것(40~70m/s)

　㉡ **소용돌이 꼴 노즐 충돌망식** : 소용돌이 노즐에서 무기 분사된 입자를 전면 충돌망에 충돌 시 더욱 미립화하여 바람의 힘으로 분사시키는 것

　㉢ **충돌 프로펠러식** : 노즐에서 나온 약액을 송풍기의 바람에 의해서 회전하는 프로펠러에 충돌시켜 안개 모양으로 만들어 분사시키는 것

　㉣ **공기 충돌식** : 노즐을 송풍 방향과 역방향으로 달고, 약액을 분사시켜 마주 불어오는 바람에 충돌시켜 미립화하여 분사시키는 것

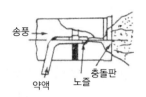

(a) 충돌판식

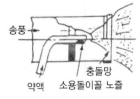

(b) 소용돌이꼴 노즐 충돌망식

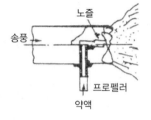

(c) 충돌 프로펠러식

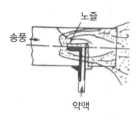

(d) 공기 충돌식

○ 미스트 발생장치

❸ 파이프 더스터

한 쪽을 동력살분무기에 연결하고, 다른 한 쪽은 사람이 잡아서 양끝에서 상하로 약간 흔들면서 작업한다.

○ 파이프 더스터의 살포작업

❹ 살포 방법

(1) **전진법** : 분관을 좌우로 흔들면서 전진 살포

(2) **후진법** : 후진하면서 분관을 좌우로 움직이며 살포 인체에 특히 위험한 약제를 뿌릴 때 사용

(3) **횡보법** : 역으로 가면서 분관을 좌우로 움직이며 살포

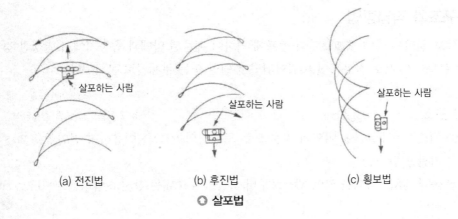

(a) 전진법   (b) 후진법   (c) 횡보법

○ 살포법

분구 높이: 작물의 최상단으로부터 30cm 정도로 하여 살포하는 것이 좋다.

- 작업성능 $A(a/hr) = \dfrac{\text{살포너비(m)} \times \text{살포속도}(V_1) \times \text{살포시간}(hr)}{60}$

- 약액의 토분량 $q_s = \dfrac{6}{100}QWV$

  여기서, q_s: 약제의 토분량(kgf/min) Q: 10a당 약제 살포량(kgf/10a)

  W: 살포폭(m) V: 살포속도(m/s)

4 스피드 스프레이어(speed sprayer)

1 특징과 종류

미스트기에 비하여 송액 펌프의 압력이 높고 송풍기의 풍량이 크며, 10개 내지 수십 개의 노즐을 배치하여 노즐에서 나오는 약액 입자를 송풍 공기에 의하여 더욱 미세하게 만들어 작물 사이를 전진하면서 연속 살포하는 기계로 과수원과 같은 큰 면적의 방제작업에 널리 이용되며 SS기라 부른다.

(1) 트레일러형 : 트랙터로 견인하는 형식이며 스피드 스프레이어의 주요부 전체를 고무 타이어의 2륜차 위에 장비한 것

(2) 탑재형 : 트랙터의 뒤쪽에 3점 링크 장치에 탑재하고 트랙터의 PTO를 이용하여 구동하는 것

(3) 자주형 : 1대의 기관으로 스스로 주행하면서 살포작업을 하는 자주식 작업기

② 구조와 작업방법

살포 원리는 약액 탱크로부터 펌프에 의하여 배출된 약액과 송풍기에서 발생한 강한 바람이 분두에서 서로 작용하여 미립화되면서 원형 또는 부채꼴로 분사된다.

(1) 구조

① **기관** : 트레일러형 이외의 것은 모두 트랙터의 PTO를 이용하며 견인형은 20~50ps의 기관을 탑재한다.

② **송액 장치** : 약액을 약액 탱크로부터 노즐까지 보내는 장치로 압력은 4~9 kg/cm² 정도이다.

③ **분두** : 분두(노즐)의 모양을 도달성을 최대로 하기 위한 것과 확산성을 최대로 하기 위한 것이 있는데 전자는 사과 과수용에 후자는 포도 과수용에 사용한다(노즐압력은 15~20kg/cm²).

④ **송풍 장치** : 대형은 많은 풍량을 요구하기 때문에 축류식이 사용되며 소형은 대개 원심식을 사용한다.

⑤ **살포 장치** : 각도는 45~180°

(2) 작업방법

과수를 대상으로 하는 스피드 스프레이어의 살포작업방법은 수목사이를 주행하면서 살포한다.

살포량 $Q(l/10a) = qt$, 살포면적 $A = \dfrac{WVt}{60}$, 단위면적당 살포량 $V = \dfrac{D}{T}$

여기서, q : 노즐 배출량(l/min)

t : 살포 시간(hr)

W : 살포 폭

V : 살포속도(km/hr)

$D = \dfrac{1000\text{m}^2(10a)}{1회\ 유효\ 살포폭(\text{m})}$: 10a당 주행거리(km)

$T = \dfrac{10a\ 당\ 살포량(l)}{노즐의\ 매분\ 토출량(l)} \times \dfrac{1}{60}$: 10a당 살포시간(hr)

5 토양 소독기(soil injector)

토양 소독기는 토양 속에 약액을 주입하여 토양 속의 병·해충을 방제하는 기계이다.

1 종류

토양 소독기는 크게 인력 토양 소독기와 동력 토양 소독기로 분류한다. 동력용은 견인식과 트랙터 탑재식으로 나누는데, 주입날의 구조에 따라 플로우식과 주입날식으로 나누기도 한다.

2 구조

(1) 인력 토양 소독기

플런저형 인력 토양 소독기의 구조를 나타낸 것으로서 핸들, 펌프, 약액 탱크, 배출 밸브, 주입관과 노즐, 주입 깊이를 결정하는 원판 등으로 구성되어 있다.

(2) 동력 토양 소독기

주입날식 동력 토양 소독기는 약액 탱크, 송액 펌프, 배출 조절장치, 오리피스 또는 노즐, 주입날, 롤러 등으로 구성되어 있다.

3 사용방법

토양 소독기의 사용방법은 약액의 종류에 따라 다르므로, 약액에 표시된 방법에 따라 배출량 등을 고려하여 사용해야 한다. 약액을 주입할 경우에는 작업 전에 미리 경운 작업을 실시하여 다른 작물의 뿌리 등을 제거하고, 흙덩이를 잘게 부순 다음 주입하면 효과적이다.

6 연무기(fog machine)

약재를 연무상의 입자를 만들어 공중에 멀리 확산시켜 살포하는 방제기이다. 온실 내에서 주로 사용하는 상온용과 위생용으로 사용되는 고온용이 있다.

1 연무 살포의 특징

① 살포입자의 지름이 극히 작아서 공기의 흐름을 타고 확산되므로 그 효과가 구석까지 미

치게 된다.

② 농도가 높은 약제를 사용하고 호스가 필요 없다.

③ 온실 내의 방제용으로 사용되는 상온용 연무기는 무인 방제가 가능하다.

2 상온 연무기

① 상온에서 기계적으로 약제를 연무한다.

② 약액 탱크, 송풍기를 갖춘 풍동이 있으며, 풍동 중심에는 압축기에서 나오는 압축공기를 이용하여 약제를 미세입자로 만드는 유기 분사 노즐이 있다.

③ 무인 살포작업이 가능하다.

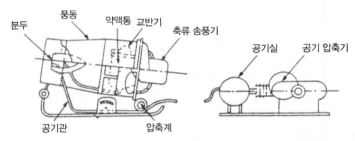

○ 송풍기가 있는 상온 연무기의 구조

3 고온 연무기

① 연료 탱크와 연소부, 약액 조절 및 분사 계통, 전원부로 구성되어 있다.

② 축전지나 교류 전기를 사용하며 점화 플러그의 작동과 공기 펌프의 구동에 사용된다.

③ 흡입된 공기는 약액통의 가압과 연료의 유기 분사에 이용된다.

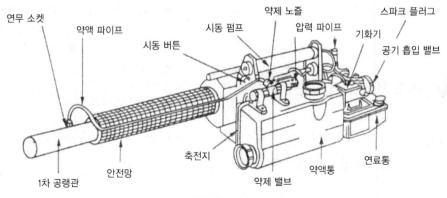

○ 고온 연무기의 구조

7 항공방제

① 지상 방제가 불가능한 산림이나 넓은 지역에 동일한 약제를 살포하는 경우 또는 악천후로 방제시기를 놓친 경우 방제작업을 신속히 하기 위해 사용한다.

② 방제에 사용되는 항공기는 160~230km/h의 속도로 비행하면서 약제를 살포하므로 작업능률이 뛰어나다.

③ 살포량은 1~60kg/ha의 범위를 가진다.

④ 항공 방제는 약제 살포뿐만 아니라 파종이나 분제 살포에도 사용된다. 분제 살포장치로는 벤투리 관을 이용하는 고속 기류식 살포기(ramair spreader), 원심 살포기, 컨베이어 벨트(conveyer belt) 살포기 등이 있다.

⑤ 비행기는 날개형 비행기와 헬리콥터가 이용되며, 최근에는 소형 무인 헬리콥터를 이용해 방제작업을 하기도 한다.

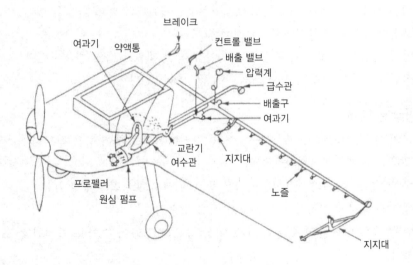

◎ **날개형 비행기에 장착되는 분무기의 구성**

제5장

수확 조제용 기계

수확 작업체계

① 수확 작업체계

　수확작업이란 작물을 베는 작업에서 탈곡과 조제까지 일련의 작업과정을 말하며 이에 투입되는 노동력의 비율은 전체 농작업의 약 35% 정도이다.

(1) 건탈곡 체계

　① 관행의 수확 체계이다.

　② 벼의 함수율이 20~24% 정도일 때 낫이나 예취기로 베어 묶음을 한다.

　③ 포장에서 함수율이 15~18%까지 건조시킨다.

　④ 탈곡 작업을 끝내고 함수율이 14% 이하가 될 때까지 자연 건조시킨다.

　⑤ 작업기간이 2~4주 정도로 노동력이 많이 소요된다.

(2) 생탈곡 체계

　① 벼의 함수율이 20~24% 정도일 때 낫이나 예취기로 베어 묶은 직후나 1~2일 사이에 탈곡기로 탈곡하는 작업체계이다.

　② 콤바인으로 예취와 탈곡 및 선별을 동시에 실시하는 작업체계이다.

　③ 예취와 동시에 탈곡으로 노동력이 적게 소요된다.

　④ 수확 직후의 곡물의 수분이 20% 이상 함유하고 있어 수확용 기계화 건조시설이 필요하다.

② 바인더(binder)

① 구조와 기능

(1) 기관과 동력 전달장치

　상용 출력 2~4PS, 단기통 4행정 공랭식 가솔린 기관, 점화장치는 무접점 전자제어식이며, 시동장치는 리코일식이다.

(2) 주행부

저압 광폭 타이어. 타이어는 표준형과 습답용 6각 타이어. 표준 공기압은 $0.2 \sim 0.3$ kgf/cm^2이다.

(3) 전처리부

걷어 올림 장치는 체인에 플라스틱 돌기를 붙인 것으로 쓰러졌거나 흩어진 작물을 가지런히 일으켜 세워 예취부로 인도해 줌과 동시에 예취날이 작물을 예취할 때까지 작물을 지지해주는 역할을 한다. 그리고 디바이더는 예취할 작물을 분리시켜 주며, 넘어진 작물을 일으켜 세우는 기능을 한다(전처리부 3대 요소 : 디바이더, 픽업체인, 러그).

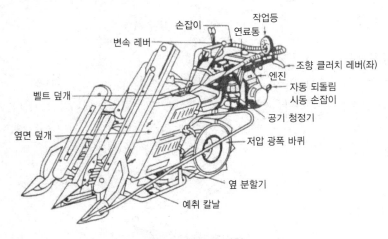

○ 바인더의 구조와 명칭

(4) 예취부

전처리부로부터 보내 온 작물의 줄기 밑 부분을 지면에서 약 $4 \sim 6$cm 높이로 절단해 주는 곳으로 2줄 배기용 바인더에는 왕복날형을 사용한다. 예취부에서 왕복형날의 절단부는 다음과 같다.

① **절단날** : 현재 많이 사용하는 톱니형은 제작비는 비싸지만 절단면이 깨끗하고 계속 사용하여도 자체 연마 기능이 있어 수시로 연마하지 않아도 성능을 유지한다(날폭 50mm).

② **고정날** : 구동날의 절단 작용을 보조하는 역할을 한다.

③ **미끄럼판** : 구동날과 고정날 사이에서 마찰저항을 감소시킨다.

④ **칼날 누르개** : 구동날을 눌러줌으로 구동날과 고정날 사이의 간격을 적절히 유지해 준다.

⑤ **조정시임** : 벼나 맥류의 수확 시 칼날의 간격을 $0.3 \sim 0.7$mm 정도로 조절하여 사용한다.

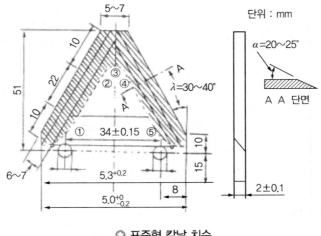

● 표준형 칼날 치수

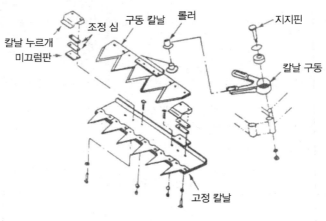

● 왕복날형의 분해도

⑥ **반송부** : 예취부에서 베어 낸 작물을 결속부까지 가지런히 운반해 주는 장치이다.

⑦ **결속부** : 반송부에서 이송되어온 작물을 일정한 크기의 단으로 묶어 기체 밖으로 방출한다.

　㉠ **다발의 크기** : 클러치 도어의 T형 돌기에 뚫려 있는 구멍의 위치로 조정하고, 다발의 지름은 8~12cm가 되도록 3~4단계로 조정한다. 벼의 경우에는 다발의 지름이 10~12cm 정도 되도록 조정한다(주유는 금물).

　㉡ **결속 끈의 재료** : 천연섬유(노끈)와 합성섬유이며, 굵기의 단위는 데니어로 나타낸다.

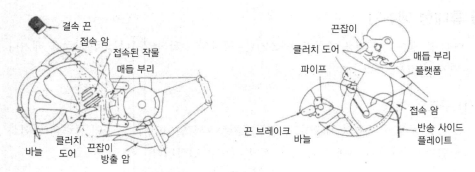

◎ 매듭형 결속 장치

② 작업방법과 관리

(1) 작업 조건

바인더로 작업이 가능한 조건으로 작물의 키는 60~120cm, 도복각은 85° 이하, 포장의 경사도는 10° 이하, 습지에서 빠지는 정도가 6cm 이하일 때가 가장 좋다.

(2) 작업방법

① **왼쪽으로 돌면서 마주 베기** : 표준 작업법으로 포장의 배수상태가 좋고 도복각이 45° 이하일 때

② **왕복 베기** : 한 변이 긴 장방형의 포장

③ **가운데 갈라 베기** : 도복이 심한 곳이나 넓은 포장

④ **한쪽 베기** : 한 쪽으로 심하게 쓰러졌거나 불규칙하게 생긴 포장

⑤ **예취방향** : 원칙적으로 마주 베기, 도복각이 5° 이하일 때 뒤따라 베기, 도복각이 60° 이상일 때에는 뒤따라 베기와 옆 베기가 있고, 입모각은 20°까지 쓰러진 작물을 예취할 수 있다.

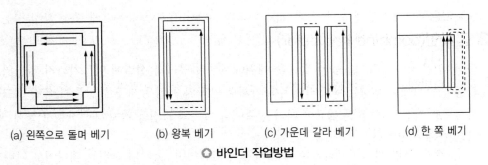

(a) 왼쪽으로 돌며 베기   (b) 왕복 베기   (c) 가운데 갈라 베기   (d) 한 쪽 베기

◎ 바인더 작업방법

❸ 휴대형 예취기

예불형 예취기(휴대용 예취기, 예초기)는 곡물의 수확작업보다는 주로 풀을 베거나 수목의 잔가지 치기용으로 사용한다.

(1) 구조와 기능

2행정 공랭식 가솔린 기관이고, 시동장치는 리코일형이다. 기관의 동력은 원심식 클러치 → 휨축 → 나선형 베벨 기어 → 회전날 순으로 전달된다.

(2) 예취날의 선택

합성 섬유날과 2도날은 키가 작으면서 연한 풀에 3도날과 4도날은 다 자란 잔디나 비교적 키가 작은 풀에, 8도날은 억센 풀을 벨 때 사용하며, 톱날형은 지름이 2cm 이하인 나무를 벨 때 사용한다.

(a) 합성 섬유날　　(b) 2도날　　(c) 3도날　　(d) 4도날　　(e) 8도날　　(f) 톱니날

◎ 예취날의 종류

(3) 작업방법

① 연료와 엔진오일을 20~25 : 1의 비율로 혼합하여 사용한다.
② **작업방법** : 예취날은 왼쪽으로 회전하므로 작업 방향은 오른쪽에서 왼쪽으로 베어 나가는 것이 효과적이다.

❹ 콤바인(combine harvester)

콤바인은 벼, 보리, 밀 등의 작물을 예취에서부터 탈곡과 선별에 이르기까지 일련의 작업 과정을 동시에 수행하는 종합적인 수확기계로 탈곡된 곡립은 자루에 담든지 곡립 탱크에 일시적으로 저장하고, 짚은 필요에 따라 집속이나 결속의 과정을 거쳐 배출하든지 잘게 절단하여 포장에 살포한다.

Tip | 5대 분류 : 예취부, 반송부, 탈곡부, 선별부, 정선부이고 송풍부로는 플로어 장치가 있다.

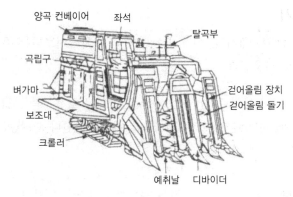

◎ **콤바인의 구조**

(1) 자탈형 콤바인(head feeding combine)

탈곡방식은 이삭 공급식이고, 이송방식은 축류식이다.

① 구조와 작용

ⓐ 동력 : 한 부분은 변속장치를 거쳐 주행부와 전처리부 및 예취부를 구동하고, 다른 한
부분은 반송부, 탈곡부, 선별부, 곡립 이송부 및 짚 처리부 등으로 구동한다.

ⓑ 주행부

• 주행장치 : 무한궤도가 장착된 장궤형이다.

• 궤도 : 중앙부를 위로 들어 올렸을 때 20~30mm의 늘어남이 있거나 또는 25kgf의
하중을 걸었을 때 15~25mm의 처짐이 있다.

• 유동 바퀴의 지름은 160~300mm이고 궤도의 긴장도는 장력 조정 볼트로 조정한다.

ⓒ 전처리부 및 예취부 : 전처리부는 작업 시 작업폭을 결정하며, 예취할 작물과 나머지
부분을 분리시키며, 도로를 주행할 때 전처리부와 예취부를 보호하면서 안전성을 확
보하기 위하여 유압 승강장치가 부착된 점이 바인더와 차이점이다.

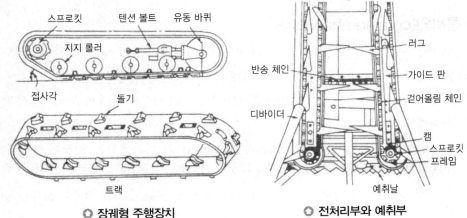

◎ **장궤형 주행장치**   ◎ **전처리부와 예취부**

ⓔ 반송부

- 예취부에서 베어낸 작물을 탈곡부까지 운반하여 주는 장치이다.
- 집속장치 : 예취부에서 예취한 작물을 반송 체인까지 가지런히 이송시켜 주는 장치이다.
- 반송장치 : 집속장치로부터 이송되어 온 작물을 탈곡부의 공급 체인까지 운반하여 주는 장치로 상부 반송체인(작물의 줄기 위 부분)과 하부 반송체인(줄기의 아래 부분)이 있다.

  공급깊이의 조절은 이삭부의 공급깊이가 탈곡부의 성능과 탈곡작업 정도에 미치는 영향이 매우 크므로 조절은 수동으로 조정하든지 또는 유압에 의하여 자동으로 조절한다.

문제

탈곡부의 주요 장치인 것은? ① 수망 ② 풍구 ③ 체
탈곡치의 종류는? 정치, 보치, 병치

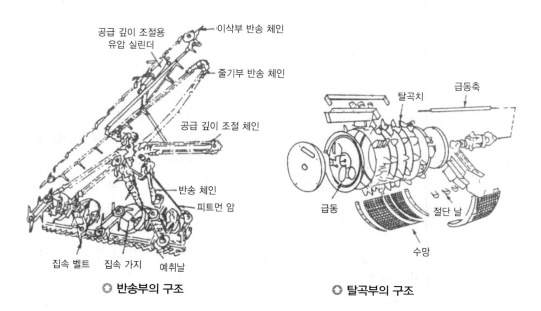

◎ 반송부의 구조   ◎ 탈곡부의 구조

ⓜ 탈곡부 및 선별부

- 이삭 부분은 탈곡통 길이의 1/3부분을 통과하기 이전에 90% 이상이 탈립된다.
- 탈곡통의 회전수는 440~520rpm이다.
- 곡립과 검불의 비중 차이가 적어 비중 선별만으로는 충분한 선별이 불가능하므로 선

별 능력을 좀 더 높이기 위하여 흡인 팬을 이용한 공기선별방식과 진동체에 의한 요동선별방식을 함께 이용한다.

- 급치의 선단과 수망의 간극은 6~8mm이다.

> **콤바인 탈곡부의 3대 구성** : 급치, 수망, 급동
> 급동 회전수 $N = S/(\pi \times D)$, 급동 원주속도 $S = \pi D N$
> 　　여기서, S : 원주 속도(m/sec), N : 급동 회전수(rpm), D : 급동 지름(mm)

ⓑ 곡립 이송부 : 풍구의 바람에 의해 정선되어 1번 구에 모여진 곡립은 스크루 컨베이어에 의하여 수평방향으로 이송되면, 이와 연속되어 있는 스로어 또는 스크루 컨베이어에 의하여 다시 수직으로 이송되어 자루에 담기든지 곡물 탱크에 잠시 저장된다.

ⓢ 볏짚 처리부

- 세단형 : 짚을 잘게 절단한 다음 살포하는 형식, 접속형은 짚을 한 묶음씩 모아서 방출
- 결속형 : 결속 장치를 이용하여 볏짚을 일정한 크기의 다발로 묶어 방출

ⓞ 자동제어 및 경보장치

- 자동조향장치(ACD) : 콤바인의 진행 방향을 자동으로 제어하는 장치이다.
- 예취부(높이) 자동 제어장치 : 지표면이 고르지 못한 포장에서도 예취 높이를 일정하게 유지시키기 위한 것이다.
- 공급 깊이 자동 제어장치 : 탈곡통에 공급되는 작물의 공급 깊이를 항상 최적의 상태(최소 40cm 이상)로 유지시키기 위한 것이다(피드백, 피드 포워드 방식).
- 주행속도 제어장치 : 주행속도를 자동으로 조절해 줌으로써 탈곡실에 공급되는 작물의 양을 일정하게 유지시켜 준다(급동의 부하에 따른 제어).
- 선별부 자동 제어장치 : 선별부에 공급되는 탈곡물의 양에 따라서 풍구의 회전수나 흡기구의 크기 또는 검불체의 경사도 등을 자동으로 조절한다(1번 구 : 정맥입자, 2번 구 : 쭉정이, 3번 구 : 지푸라기).
- 경보장치 : 작업 중에 감지기로 알아낸 기체의 이상이나 불량한 작업 상태 등을 운전자에게 알리기 위하여 경보음을 올리게 하거나 경고등을 점등시키며, 경우에 따라 기관도 정지한다.
- 미 예취부 감지기 : 미 예취부 발생 시 주원센서에 의해서 미 예취부 감지→경보

② **작업방법**

㉠ **작업 전 준비사항**

- 무한궤도 : 6cm 이상 빠지면 작업을 하기 어려우므로 작업 전 물 빼기

• 예취 높이 : 최대한 낮게 조절

• 탈곡통의 회전수 : 벼 450~550rpm으로, 보리 500~550rpm으로 조절

ⓛ 작업 중 주의사항 : 작물길이는 보통 60~120cm 정도로서, 도복각에 대한 적응성은 벼의 경우 85°까지, 보리의 경우에는 40°까지 작업 가능하다.

ⓒ 작업방법과 작업능률 : 도복각이 45° 이하일 때에는 마주 베기, 도복각이 45° 이상일 때 따라 베기를 한다.

> • 콤바인은 결속기가 없다.
> • 콤바인에서 탈곡부가 막히면: 동력전달장치가 끊어지거나, 기관이 정지된다.

(2) 보통형 콤바인

주로 밭작물의 수확에 사용되는데, 대형의 수확용 기계로 탈곡방식은 예취된 작물 전체를 탈곡부에 공급하는 투입식이다.

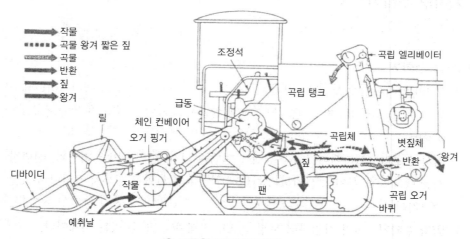

◎ **보통형 콤바인의 구조**

① 주행부 : 변속장치는 무단 변속 방법이다.

② 전처리부

ⓐ 분할기 : 예취할 작물과 다음 행정에 베어 낼 작물을 구분해 줌으로써 예취 폭을 결정해 주는 역할

ⓛ 릴 : 예취부 위에서 주행속도보다 1.3~1.6배 정도 빠르게 회전하면서 쓰러진 작물은 일으켜 세우고, 정상 상태인 작물은 이삭의 바로 아랫부분을 가볍게 눌러 예취부로 유도해 주는 한편 예취부에서 벤 작물은 공급부 쪽으로 쓰러뜨려 공급이 원활해지도록

해 주는 역할

ⓒ **예취부** : 예취날은 76mm 표준형 왕복날이고 예취폭은 2~8m이다.

ⓔ **공급부** : 오거는 베어진 작물을 가운데로 모으는 역할을 하며, 반송 체인은 모아진 작물을 탈곡부까지 운송한다.

③ **작업 성능** : 보리의 수확 시 작업속도를 0.7~1.2m/s로 하면 예취 폭 1m당 15~25a/h 정도 수확된다.

• 탈곡 작업기의 풀리 직경 구하기

작업기 풀리 직경 : 엔진 풀리 직경 $\times \dfrac{\text{엔진 회전수}}{\text{작업기 회전수}}$

엔진 풀리 직경 : 작업기 풀리 직경 $\times \dfrac{\text{작업기 회전수}}{\text{엔진 회전수}}$

전동축의 회전수 : $\dfrac{\text{작업기 풀리 직경} \times \text{작업기의 회전수}}{\text{전동축의 직경}}$

⑤ 지하부 수확기

지하부 수확기란 작물의 뿌리나 땅속줄기를 수확하는 기계를 말한다.

■ 서류 수확기

① **엘리베이터의 굴착기** : 굴취날로 파 올린 서류와 흙의 혼합물이 엘리베이터에 실려 이송되며 흙은 엘리베이터의 진동과 마찰에 의하여 제거되고, 서류만 기계의 후방에 일렬로 방출된다.

② **감자 수확기** : 엘리베이터형 굴취기에 경엽 분리장치, 자갈의 분리장치, 선별장치 및 적재용 탱크 등을 부가로 설치하여 한번에 굴취에서 선별 적재까지 작업할 수 있는 지하부 수확기이다.

③ **양파 수확기** : 굴착 작업부터 토핑, 선별, 적재까지 할 수 있는 기계이다.

ⓐ **굴취 토핑 굴취기** : 수확된 양파를 즉시 토핑하고, 토핑된 양파의 건조를 위하여 포장에 한 줄로 늘어놓는 형식의 기계이다.

ⓑ **픽업형 수확기** : 굴 취기로 캐낸 양파를 잎과 줄기가 붙어 있는 상태 그대로 포장해서 건조시킨 다음 건조된 양파를 집어 올려 토핑을 하는 형식의 기계이다.

⑥ 과일 수확기

(1) 범용 작업대

유압으로 작동하는 승강기를 운반용 차량 위에 설치하고, 수확작업을 하는 장소까지 이동한 다음 승강기에 사람을 태우고 작업에 필요한 높이로 조정하면서 작업할 수 있도록 제작된 작업용 승강기이다.

(2) 수확작업대

작업대 위에서 수확작업을 하는 사람이 과일을 따서 뒤쪽으로 가볍게 던지면 과일은 완충커튼이나 감속 밴드에 의하여 운반용 벨트 위에 올려지고 포장용 장치에 의하여 자동적으로 상자에 담기도록 한 장비이다.

(3) 진동 수확기

미국이나 유럽 등지에서 주로 매실, 사과, 오렌지 등의 수확에 많이 사용한다.

3 농산 조제용 기계

1 건조기

(1) 건조와 함수율

벼의 기계 수확은 벼의 함수율이 높을 때 수확을 하여야 손실이 적다.

(2) 함수율 표시법

① 함수율 : 농산물 중에 포함되어 있는 수분의 정도로 일반적으로 함수율이라 하면 습량 기준 함수율을 뜻한다.

㉠ 습량 기준 함수율(W_b) : 농산물에 포함되어 있는 수분을 농산물의 전체 무게로 나눈 값

$$M_w = W_m / W_t \times 100 = W_m / (W_m + W_d) \times 100\%$$

여기서, M_w : 습량 기준 함수율(%, Wb)

W_t : 시료의 총 무게(g)

W_m : 시료 내에 포함된 수분의 무게(g)

W_d : 완전히 마른 후 시료의 무게(g)

㉡ 건량 기준 함수율(D_b) : 완전히 마른 농산물의 무게에 대한 수분 무게의 백분율

$$M_d = W_m / (100 - W_d) \times 100\%$$

여기서, M_d : 건량 기준 함수율(%, D_b)

(3) 함수율 측정법

① **직접적인 방법** : 연구실에서 매우 정확한 함수율이 필요할 때 사용하는 방법이다.

② **간접적인 방법** : 함수율 측정기를 이용한 측정방법이다.

(4) 평형 함수율(EMC)

농산물을 일정한 온도와 습도를 가진 공기 중에 오랫동안 놓아두면 결국은 일정한 함수율에 도달하게 되며 공기의 조건과 평형 상태일 때의 함수율이다.

$$1 - rh = e^{-CTMe^{n}}$$

여기서, r_h : 평형상대습도(소수로 표시함) e : 자연대수의 밑(2.7183)

       C : 상수 T : 절대온도(K=℃+273°)

       M_e : 건량기준함수율(%, db) n : 상수

(5) 노천 건조 이유

우리나라 10월의 평균 온도가 15℃이고 상대 습도가 70%일 때의 벼의 평형 함수율이 14~15%이기 때문이다.

(6) 건조 원리

① 건조 특성 곡선은 예열 기간, 항률 건조기간, 감률 건조기간 구역으로 나눈다.

  ㉠ **예열기간** : 곡물의 온도가 습구 온도에 접근할 때까지 상승하는 기간

  ㉡ **항률 건조기간** : 수분을 포함하고 있는 곡물이 표면의 수분이 증발하면서 건조되는 기간

② **감률 건조기간** : 실제로 거의 모든 곡물의 내부가 건조되는 과정

③ **임계 함수률** : 항률 건조와 감률 건조의 경계에 상당하는 함수율

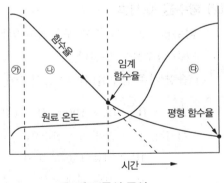

● 건조 특성 곡선

 Tip   곡물의 함수율 측정에서 간접적인 방법으로는 전기저항법, 유전법, 습도 측정법 3가지가 있다.

(7) 건조 속도

① 단위시간당 함수율의 감소량(%/h)

② 단위시간당 제거되는 수분의 양(kg/h)
③ **건조물에 의한 분류** : 곡물 건조기, 목초 건조기, 골풀 건조기, 제충국 건조기, 차 건조기, 연소 건조기 등

(8) 건조 요인

농산물 건조 3대 요인은 온도와 습도 및 바람(풍량)으로 건조속도가 너무 빠르면 동할이 생겨 도정할 때 싸라기가 발생하고 맛이 떨어진다.

❷ 태양열 건조기

태양열 집열기와 같은 일사량을 효과적으로 이용하기 위한 시설물을 사용하여 곡물을 건조시키는 방법이다.

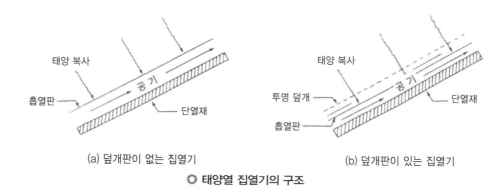

(a) 덮개판이 없는 집열기　　　　　(b) 덮개판이 있는 집열기

◎ **태양열 집열기의 구조**

❸ 열풍 건조기

■ 순환식 건조기

① **구성** : 건조실, 템퍼링 탱크, 곡물 순환용 승강기와 스크루 컨베이어, 가열기 및 송풍기
② **건조과정** : 건조 - 순환(냉각) - 템퍼링
　㉠ **건조** : 투입된 곡물이 얇은 두께의 건조실 내에서 수직 아래 방향으로 흐르게 되면 열풍이 수평방향으로 통과하면서 건조한다.
　㉡ **순환** : 건조실을 통과한 곡물이 버킷 엘리베이터를 통해 상부의 템퍼링 탱크로 이동하는 동안 버킷 엘리베이터의 상부에 설치된 송풍기에 의해 검불, 먼지 등이 제거되는 동시에 냉각된다.
　㉢ **템퍼링** : 일정 시간 건조된 곡물이 템퍼링 탱크에 머무르게 되면 곡립의 내부 수분이 표면으로 확산되어 곡립 내부의 수분 차이가 줄어들게 되는 과정이다.

> **Tip**
> • 공기를 가장 많이 필요로 하는 방식은 강제 통풍식이다.
> • 평면식 건조기에서 상하층간 함수율차이가 큰 원인
>   – 곡물의 퇴적고가 30cm 이상일 때
>   – 초기 함수율이 20% 이상일 때
>   – 40℃ 이상 고온으로 건조할 때 발생된다.

③ 순환식 건조기의 건조 속도 : 0.7~1.1(%, Wb/h) 범위

4 횡류 연속식 건조기

곡물을 횡류 연속식 건조기에 연속적으로 투입하여 일시 건조된 곡물을 템퍼링 빈으로 이송하여 일정 시간 템퍼링이 이루어진 후 다시 건조기를 통과하면서 건조가 이루어지는 다회 통과식 건조방법이다(횡류 연속식 건조기 건조 속도 – 8% Wb/h).

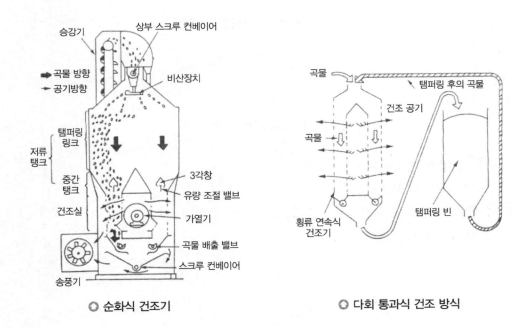

◎ 순환식 건조기   ◎ 다회 통과식 건조 방식

5 분무 건조기

고온의 건조 공기에 고수분의 액상 식품을 분무하여 건조시키는 방법으로서 액상 식품의 건조에 가장 널리 쓰이는 건조방법이다.

(1) 장점

① 건조기에서 배출되는 최종 분말 제품의 즉시 포장이 가능하므로 제품 생산능률이 높다.

② 열에 민감한 식품을 열손실 없이 고온의 건조 공기로 건조시킨다.

(2) 단점

① 에너지가 많이 소요된다.

② 액상의 미립화가 가능한 식품만 건조한다.

6 동결 건조기

식품을 동결시키고 온도와 압력이 낮은 삼중점(0.01℃, 0.6133kpa) 이하에서 동결 상태의
얼음을 승화시켜 건조 제품을 얻는 방법이다.

(1) 장점

① 식품을 높은 온도에 노출시키지 않고 이루어지므로 식품의 구조 변화가 거의 없어 품질
이 양호하다.

② 다공성 구조로 건조되므로 재 흡수성과 복원성이 뛰어나다.

③ 상온에서 보관 가능하다.

(2) 단점

① 건조 비용이 많이 든다.

② 건조 속도가 느리고 부피가 크며 부서지기 쉽다.

(3) 동결 건조기의 구성요소

① 가열판 : 승화열을 공급

② 응축기 : 건조 중에 생성된 수증기를 얼음으로 응축

③ 진공실 및 진공 펌프

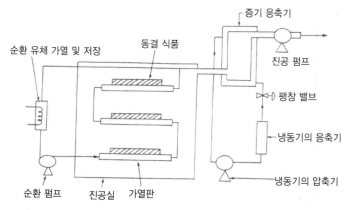

○ 동결 건조기의 구성

7 선별기

(1) 선별 원리

농산물을 크기, 무게, 모양, 색깔 등의 물리적 성질을 이용하여 분류하는 작업으로 농산물의 기계적 선별의 주요 인자로는 입자의 크기와 무게, 비중, 형상, 표면의 성질, 색깔, 자성 등이다.

(2) 선별기의 종류와 구조

① 체 선별기 : 몇 개의 규격이 서로 다른 체망을 조합하여 크기에 따라 이물질을 제거하고 효율을 높이기 위하여 바람을 이용한 비중 선별을 동시에 하는 것으로 왕복운동 및 상하 진동 회전운동에 의하여 선별 작업을 한다.

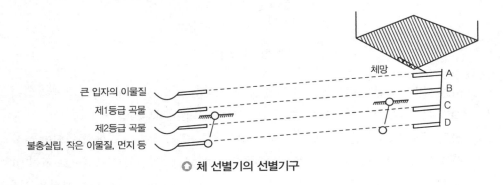

○ 체 선별기의 선별기구

② 홈 선별기

㉠ 원통형 선별기 : 일정한 크기의 홈이 패어진 원통 내에 곡물을 넣고 회전시키면 길이가 긴 곡립은 낮은 위치에서 떨어져 나오고 길이가 짧은 곡립은 상당한 높이에까지 이르러서야 밖으로 방출된다.

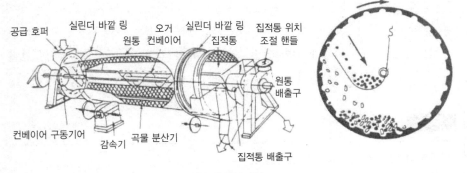

○ 원통형 선별기

ⓛ **원판형 선별기** : 원판의 회전 방향을 따라서 열려 있는 일정한 크기의 홈을 파 놓은 것으로서 홈에 알맞은 크기의 곡립만을 퍼 올린 다음 원판의 회전에 따라서 운반되어 온 곡립을 일정한 위치에서 방출하는 방식으로 주로 밀, 보리, 귀리 등 맥류의 정선에 사용된다.

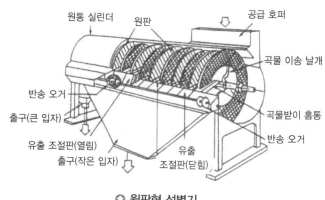

◐ **원판형 선별기**

③ **중량 선별기** : 선별 대상물을 추 무게 또는 스프링 장력 등과 비교하여 무게에 따라 분류해 내는 기계로서 주로 달걀, 과일 등의 선별에 많이 이용된다.

④ **공기 선별기** : 곡물은 일정한 속도를 가지고 있는 공기의 흐름 속에 투입되면 형상과 무게에 따라 공기의 흐름에 떠밀리어 일종의 포물선을 그리면서 지표면으로 떨어진다. 이때 비중이 큰 것은 가깝게 떨어지고 비중이 작은 것은 멀리 떨어지는 성질을 이용해서 선별한다.

⑤ **마찰 선별기** : 마찰계수가 서로 다른 물질을 분리시키는 것으로 물질 표면의 성상과 비중의 차이를 이용한 선별기이다.

⑥ **특수 선별기**

㉠ **자력 선별기** : 곡물 중에 섞여 있는 쇳조각을 자력을 이용하여 제거하는 것이다.

㉡ **광학 선별기** : 고속으로 발사되는 광선의 반사광 또는 투과 광선을 이용하여 과일 또는 곡물의 표면 색깔에 의한 선별, 형상에 의한 크기 선별, 곡물의 쇄립 선별, 과일의 손상 선별 등에 이용된다.

문제

청과류의 선별에 사용되지 않는 방법은? 자력선별

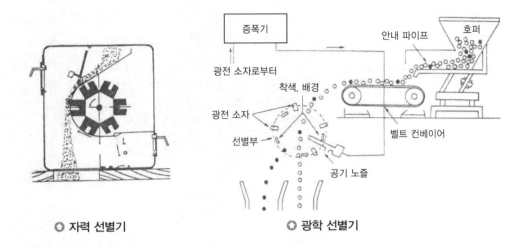

◎ 자력 선별기　　　　　　　　◎ 광학 선별기

8 도정 기계

(1) 벼 도정기
　벼의 낱알로부터 외영과 내영 및 겨층을 제거하여 백미를 생산하는 작업이다.

(2) 벼 도정 방법
　① **기계 도정법** : 기계적인 힘을 이용하여 벼의 겨층을 제거하는 방법이다.
　② **화학 도정법** : 탄화수소 용액과 같은 화학 약품을 사용하여 겨층을 연약하게 한 다음 기계적인 방법으로 겨층을 제거하는 방법이다.
　③ **파보일링 도정법** : 벼를 침전·증기 처리하여 건조 냉각시킨 후 기계적인 방법으로 도정하는 방법이다.

(3) 벼 도정 작업체계
　정선 작업 → 탈부 과정 → 현미 분리 과정 → 정백 과정 → 등급 과정 → 계량 및 포장 과정

(4) 현미기(rice husker)
　벼로부터 왕겨 부분을 제거하는 것이며 절구식, 충격식, 고무 롤러식이 있다.
　① **고무 롤러 현미기** : 두 롤러의 회전 방향은 서로 반대이며 고정 롤러의 회전속도는 유동 롤러보다 빠르기 때문에 고무 롤러에 의해서 압축력을 받는 동시에 두 롤러의 회전 차에 의하여 형성되는 전단력을 받게 되어 벼 껍질이 벗겨진다. 고무 롤러의 적정 간격은 벼 두께의 1/2 정도이다.

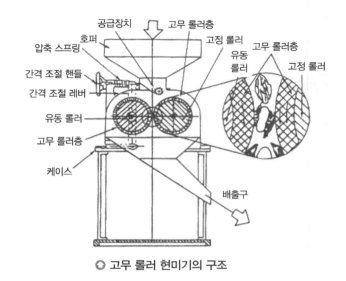

○ 고무 롤러 현미기의 구조

② **현미기의 작업 성능** : 현미기의 탈부 성능을 평가하기 위해 탈부율, 완전 현미 수율을 사용한다.

$$탈부율 = \frac{벼무게 - 탈부되지\ 않은\ 벼의\ 무게}{벼\ 무게} \times 100$$

$$완전\ 현미\ 수율 = \frac{완전한\ 현미\ 무게}{생산된\ 현미\ 무게} \times 100$$

$$탈부\ 성능 = 탈부율 \times 완전\ 현미\ 수율$$

(5) 현미 분리기

현미 분리기는 탈부 과정에서 생산되는 현미와 탈부되지 않은 벼의 혼합물로부터 현미와 벼를 분리시키는 기계이다.

 Tip
- 체의 크기는 그물코의 크기로 표시한다(30mm 사이의 코 수).
- 그물체의 유효치수를 호칭번호로 표시할 때 길이 25.4mm 내에 들어있는 체눈의 수를 의미한다.

(6) 정미기(rice whitening machine)

현미의 겨층(과피, 종피 및 호분층)을 제거하는 것이다.

① **마찰 작용** : 곡립이 서로 접촉, 마찰력에 의하여 현미의 바깥층이 일그러지면서 제거되는 것이다.

② **찰리 작용** : 마찰에 의한 전단력에 의해 겨층이 녹말 층으로부터 분리되어 작은 조각 상 태로 떨어지는 것이다.

문제

마찰작용과 찰리작용을 하는 정미기 종류는?
(흡인마찰식, 1회 통과식, 분통마찰식) 정미기

---

③ **절삭 또는 연삭 작용** : 금강석 표면과 같이 예리하고 모난 부분으로 고립의 표면을 긁어 내는 것이다.

ㄱ **정백 성능** : 성능을 평가하기 위함이며, 정백 수율(또는 현백률), 완전미 수율, 정백 능 률이 있다.

$$정백\ 수율 = \frac{생산된\ 백미\ 무게}{투입된\ 현미\ 무게} \times 100$$

$$완전미\ 수율 = \frac{생산된\ 백미\ 중의\ 완전미\ 무게}{투입된\ 현미\ 무게} \times 100$$

$$정백\ 능률 = \frac{단위시간당\ 생산된\ 백미\ 무게(kg/h)}{단위시간당\ 동력\ 소모량(kW/h)}\ [kg/kW]$$

ㄴ **분도** : 정백을 완료한 후에 정백의 정도를 표시하며 품종에서 쌀겨의 구성비가 현미를 기준으로 하여 8%라면 현미 100kg 중에 포함되어 있는 쌀겨의 무게는 8kg이며, 정백 후에 7.2kg의 순수한 쌀겨가 생산되었다면 정백도는 9분도가 된다.

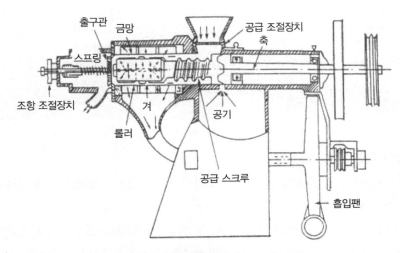

◎ **분풍(흡입) 마찰식 정미기의 단면도**

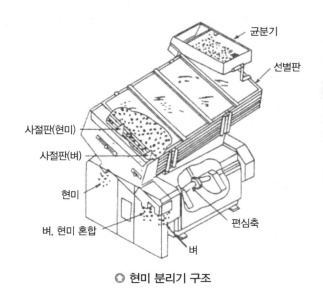

○ 현미 분리기 구조

(7) 연마기

백미의 품위를 높이기 위하여 정백 후에 백미의 표면에 부착된 미세한 분말 성분을 제거하여 표면의 광택을 증가시켜 미관을 좋게 하고 상품 가치를 높이기 위해 사용되는 기계이다.

(8) 정맥기

보리의 겨층 조직은 현미에 비해 매우 단단하므로 마찰식 도정법으로는 정맥이 곤란하므로 연삭식 도정법이 널리 이용된다.

9 반송 기계

반송이란 재료를 수평, 경사 또는 수직 방향으로 이동시키는 것이다.

 Tip | 소맥 제분 공정 : 석발기 → 연미기 → 연삭기 → 포장

(1) 중력식 이송장치

운반되는 물질의 자체 하중을 이용하여 경사면을 미끄러지게 함으로써 원료나 제품을 높은 곳에서 낮은 곳으로 이송할 때 사용된다.

① **정지 마찰각** : 어떤 물체를 평면 위에 올려놓고 이 평면의 한쪽을 위로 천천히 들어 올리면서 경사지게 하면 어느 순간 물체가 움직이기 시작할 때의 경사면의 각도

② **정지 마찰계수** : 정지 마찰각에 $\tan\theta$를 취한 값으로 곡물의 함수율이 증가함에 따라 증가

(2) 벨트 컨베이어

원통형 롤러 위에 놓인 벨트 위에 재료를 적재하여 벨트를 끌어당김으로써 재료를 연속적으로 이송하는 장치인데 재료의 수평 또는 경사 이동이 가능하다.
① **장점** : 표면 마찰계수가 높은 물질을 이송하는 데 적합하다.
② **단점** : 재료를 수직이동 시키는 능력이 제한된다.

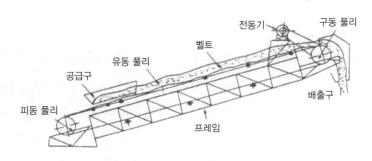

◎ **벨트 컨베이어의 구조**

(3) 스크루 컨베이어

스크루의 회전을 이용하여 재료를 이송시키는 장치이다.
① **장점** : 점성이 큰 재료나 분말을 이송하는데 사용되며 재료의 혼합에 이용된다.
② **단점** : 스크루의 길이에 제한을 받으며 마찰계수가 큰 재료에는 부적합하다.

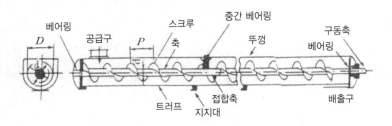

◎ **스크루 컨베이어의 구조**

※ 스크루컨베이어 내부의 파이프와 오거외경은 4~7mm 간극이 적정이다.

(4) 버킷 엘리베이터

버킷을 사용하여 곡물 등의 재료를 수직 또는 경사진 곳으로 이송하는데 쓰이는 반송 기계이다.

① **장점** : 수직 방향으로 재료를 운반하는데 좋은 기구이며 유지 관리비가 비교적 싸다.

② **단점** : 설치비가 비싸며, 배출장치의 설계가 정밀하지 못할 경우에는 반송되는 재료가 위쪽 배출부에서 아래쪽으로 다시 떨어질 염려가 있다.

 Tip 콤바인 탈곡부의 2번 구에 많이 이용된다.

(5) 공기식 컨베이어

입자 형태의 재료를 관내의 고속 기류에 투입시켜 공기의 유동 에너지와 재료의 부력을 이용하여 이송시키는 장치이다.

⑩ 미곡 종합처리시설(RPC : Rice Processing Complex)

곡물 종합처리시설이란 수확된 곡물을 산물 상태로 다루어 원료 반입, 선별 및 계량, 품질 검사, 건조, 저장, 도정 및 제품 출하, 부산물 처리 등의 작업을 자동화 시설로 일괄 처리하는 시설이다.

■ 종류와 특성

① **라이스 센터** : 벼를 농가별로 또는 수집 단위별로 1개소에 집결시켜 건조, 현미 가공, 선별, 포장 등 일련의 작업을 계속적으로 처리하는 것이다.

반입 → 정선 → 건조 → 냉각 → 현미 가공 → 계량 → 저온창고

② **컨트리 엘리베이터** : 라이스 센터보다는 대형으로서 벼의 건조와 저장을 모두 수행하며 필요에 따라 라이스센터로 반출하여 현미로 가공한다.

반입 → 정선 → 1차 건조 → 임시저장 → 마무리 건조 → 장기저장 → 현미 가공처리장 운반

③ **드라이 스토어** : 유럽과 미국에서 쓰이는 저장 겸 건조 방식으로 수 개 또는 수십 개의 철제 빈에 수확한 벼를 투입하여 저장을 하면서 적은 양의 공기를 통풍시켜 건조하는 방식이다.

반입 → 정선 → 저장 겸 건조 → 마무리 화력 건조 → 반출

⑪ 축산 기계

사료의 종류에는 농후사료와 조사료가 있는데, 농후사료는 곡물을 주원료로 하여 이것을 가공하여 만든 것으로 값은 비싸지만 가축이 소화시켜 이용할 수 있는 영양소는 풍부하며 조사료는 목초나 엔실리지용 사료 작물과 같이 초본 식물의 잎이나 줄기를 주원료로 한 사료인데

이는 영양소가 부족한 대신 값이 싸고 쉽게 구할 수 있으며 특히 젖소와 같은 되새김 동물의 생리 작용에 매우 중요한 역할을 하기 때문에 반드시 필요한 사료이다.

(1) 목초의 수확 체계

목초를 장기간 저장하기 위해서는 함수율이 18% 이하일 때 사용한다.

① 자연 건조법

ⓐ 모어 : 예취하고

ⓑ 헤이 컨디셔너 : 압쇄하여 초지에 얇게 펴 말리며 헤어 컨디셔와 모어를 결합 것이다.

ⓒ 헤이 테더 : 목초를 뒤집어 넓게 펴 말려 주는 것

ⓓ 헤이 레이크 : 한쪽으로 걷어 모으는 집초 전용 기계이다.

ⓔ 헤이 베일러 : 건초를 압축 성형한 베일로 만들어 운반 저장하는 과정의 체계이다(빅 베일러, 콘택트 베일러).

② 인공 건조법(열풍 건조)

ⓐ 모어 : 예취하고

ⓑ 포리지 하베스터 : 예취된 목초를 수분함량이 40%가 될 때까지 건조 후 절단한다.

ⓒ 건조 : 절단 후 고온에서 단시간 건조하거나 열풍으로 건조시켜 헤이 큐브나 헤이 웨이 퍼 등으로 만들어 저장하는 체계이다.

(2) 엔실리지 수확 체계

① 모어 : 예취하고

② 포리지 하베스터 : 잘게 절단

③ 사일로 : 채워 넣은 후 이를 밀봉하여 발효시키는 과정이다.

(3) 헤이 리지 수확 체계

① 모어 : 예취하고

② 헤이 컨디셔너 : 압쇄하고

③ 헤이 테더 : 뒤집어 주면서

④ 포리지 하베스터 : 함수율이 40~60% 정도 될 때 잘게 절단하여

⑤ 사일로 : 발효시키는 과정이다.

 Tip ┃ 사이버 딜리버리 레이크 : 직원통형, 경사원통형, 바퀴 회전형이 있다.

(4) 모어

① 왕복식 모어(커터 바 모어)

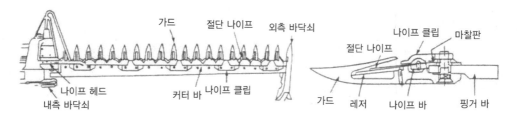

○ 왕복식 모어의 예취부

- ㉠ **예취부의 구성** : 커터 바, 예취날, 마찰판, 나이프 클립, 가드, 바닥쇠 및 분 초판이고 예취 높이는 바퀴로 정정한다.
- ㉡ **예취부의 구동** : 트랙터의 동력이 PTO축을 통하여 크랭크 휠의 회전운동과 피트먼의 왕복 운동으로 바뀌면서 피트만의 한쪽 끝과 연결된 나이프 바를 작동시킨다.
- ㉢ **작업속도** : 왕복식 모어는 크랭크 휠의 회전운동이 피트만의 왕복운동으로 전환되는 과정에서 발생되는 진동 때문에 작업속도가 1.9m/s 이하로 제한된다.
- ② **로터리 모어** : 구조가 간단하고 취급과 조작이 용이하며 작업속도가 3~4m/s 정도로 왕복식에 비하여 매우 빠르고 쓰러진 목초의 수확도 가능하다.
- ③ **프레일 모어** : 구조가 간단하여 취급하기 용이할 뿐 아니라 목초가 잘게 절단되므로 건조를 촉진시킬 수 있고 산야초의 예취 작업이나 과수원의 제초 작업 등 다목적으로 사용된다.

⑫ 헤이 컨디셔너(hay conditioner or hay crusher)

함수량이 20% 이하가 될 때까지 건조시킬 때 예취된 목초를 압쇄 처리를 하게 되면 건조기간을 1~2일 정도 단축되고 목초의 품질을 유지할 수 있다

- 헤이 컨디셔너 : 예취된 목초를 압쇄 처리하는 기계이다.

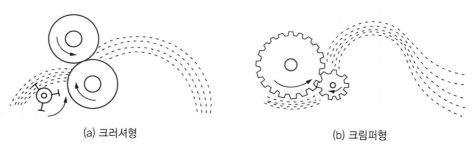

(a) 크러셔형　　　　　　　　　　　　(b) 크림퍼형

○ 헤이 컨디셔너 형식

⓭ 헤이테더, 헤이레이크

(1) 헤이 테더(hay tedder)

헤이 컨디셔너로 압쇄되어 윈드로어에 의하여 초지에 얇게 퍼져있는 목초를 뒤집고 헤쳐 주는 기계이다.

(2) 헤이 레이크(hay rake)

건조된 목초를 걷어 모으는 기계이다.

⓮ 헤이 베일러(hay baler)

헤이 레이크로 수확된 건초를 압축 처리하여 베일로 만드는 기계이다.

① 플런저 베일러 : 건초를 직육면체로 압축하여 묶어 주는 베일러
② 라운드 베일러 : 원통형으로 묶어주는 베일러

⓯ 포리지 하베스터

엔실리지의 원료가 되는 사료 작물을 예취하여 잘게 절단한 다음 풍력이나 컨베이어를 이용하여 운반용 차량에 실을 수 있도록 한 수확기계이다.

◎ **포리지 하베스터의 작용과 예취부**

(1) 모어 바형(사료 작물 수확기)

사료 작물의 절단 작업 이외에 기계의 앞부분에 모어를 부착하면 목초나 사료 작물의 예취 수확작업도 할 수 있고 픽업 장치를 부착하면 초지에 널려 있는 건초를 걷어 모을 수 있는 집초 작업이 가능하다.

(2) 프레일형(초퍼)

초지에 서 있는 상태 그대로의 목초를 예취와 동시에 이를 잘게 절단하여 반송 작업까지 일시에 할 수 있는 수확기이다.

🔟 목초 운반기계

건초의 거두기, 쌓기, 운반, 저장에 사용하는 헤이 포크를 트랙터에 장치한 헤이 스위프가 사용된다. 이 작업과정을 기계화한 것이 로드 웨곤이다.

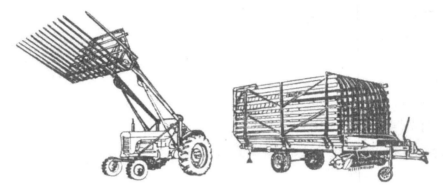

○ 헤이 스위프와 로드 웨곤

④ 사료 조제기

옥수수, 밀, 보리와 같은 곡류, 목초, 감자와 같은 작물을 분해 또는 가늘게 절단하고 배합하여 사료를 조제하는 기계이다.

■ 사료를 조제 가공함으로써 얻을 수 있는 이점
① 사료의 기호성을 향상
② 사료의 소화율을 향상
③ 사료의 취급, 저장, 배합 및 급여를 용이하게 한다.

❶ 사료 절단기(forage cutter)

옥수수나 목초 등을 엔실리지용 또는 그 밖의 사료용으로 잘게 자르는 기계이다.

(1) 실린더형 절단기

나선형의 칼날이 회전하도록 된 것으로, 고정날에 의해서 원료가 절단된다. 절단길이의 조정은 기어의 교환에 의하여 10~150mm로 일정하게 조절할 수 있다. 특징은 다음과 같다.
① 짚과 목초를 절단하는 것이 목적이다.

② 불어 올리는 장치가 불필요하다.

③ 원료를 공급하는 베드가 비교적 짧다.

④ 공급 깊이를 일정하게 한다.

(2) 플라이휠형 절단기(휠 커터)

풀, 볏짚, 보리짚, 고구마 덩굴, 퇴비 등을 절단하는 기계이다. 특징은 다음과 같다.

① 옥수수 같은 것을 주로 절단한다.

② 플라이휠형 절단기 자체가 불어 올리는 작업이 가능하다.

③ 컨베이어가 부착되어 있다.

Tip 동기 풀리 직경구하는 공식

원동기 풀리 직경 = 절단기 주축 풀리 직경 × 절단기 회전수

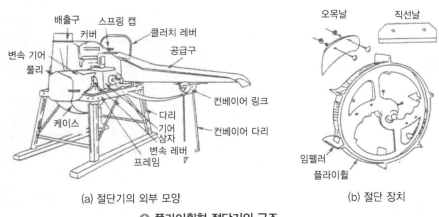

(a) 절단기의 외부 모양 (b) 절단 장치

❂ 플라이휠형 절단기의 구조

❷ 사료 분쇄기

(1) 피드 그라인더(feed grinder)

롤러 분쇄기는 옥수수, 귀리, 콩, 맥류 등과 같은 곡류를 분쇄하는 기계이다.

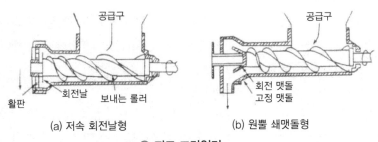

(a) 저속 회전날형 (b) 원뿔 쇄맷돌형

❂ 피드 그라인더

(2) 초퍼(chopper)

뿌리 채소류, 고구마 덩굴, 생목초 등과 같은 수분이 많은 사료를 짧게 절단하고 양돈, 양계용의 자급 사료의 조제에 사용된다.

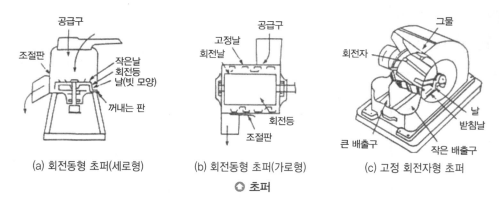

(a) 회전동형 초퍼(세로형) (b) 회전동형 초퍼(가로형) (c) 고정 회전자형 초퍼

○ 초퍼

(3) 해머 밀(hammer mill)

해머가 체망으로 둘러싸인 케이싱 속에서 회전하면서 물체를 망치로 두드리듯이 충격을 가하여 파쇄하는 기계이다.

(4) 사료 혼합기

원료가 공급구로 공급되면 오거에 의해서 상부로 이송되며, 이송된 원료는 분산 날개에 의하여 혼합 탱크 안에서 고르게 분산된다.

(5) 사료 성형기

각종 사료를 적당히 배합한 다음 적당한 크기의 펠릿 형태로 만드는 기계이며, 농후 사료 펠릿용에는 다이 롤러식이 가장 널리 이용되며 다이 롤러식은 2개의 압축 롤러를 사용하여 원통형의 성형실로 재료를 밀어 넣어 펠릿을 만든다.

(6) 기타 사료 조제기

① 헤이 큐버 : 절단한 풋베기 목초를 급속 전조하여 압축 성형하는 장치이다.
② 쵸퍼 밀 : 주로 즙이 많은 사료, 고기찌꺼기 등의 분쇄, 혼합에 사용한다.
③ 콘 셀러 : 옥수수의 탈립에 쓰인다.
④ 루트 커터 : 뿌리, 고구마 등의 절단에 사용한다.
⑤ 사료 배합기 : 수종의 사료를 혼합하는 기계로서 교반형과 절낙형이 있으며, 사료의 성분상으로 완전한 배합사료라 할 수 있는 컴플리트 피이딩을 위한 배합기이다.

5 기타

1 농업기계화의 조건

(1) 감가상각비

사용시간이 경과함에 따라 마멸과 노후화로 기계 가치가 하락되는 비용이다.

$$감가상각비(D) = \frac{P - S}{L}$$

여기서, P : 구입가격

S : 폐기가격

L : 내구연한

(2) 농업기계화의 이용

$$이론 \ 작업량(C_t) = \frac{W \times V}{10}[\text{ha/hr}]$$

여기서, W : 이론 작업폭(m)

V : 이론 작업속도(km/hr)

$$부담 \ 면적(A) = \frac{1}{10}\varepsilon_f\varepsilon_u\varepsilon_d SWuD[\text{ha}]$$

여기서, S : 전진 속도(km/hr)

W : 공칭 작업폭(m)

u : 하루 작업시간(ha)

D : 작업적기 중의 작업일수

ε_f : 작업효율(소수)

ε_u : 실직업률(소수)

ε_d : 작업가능일수(소수)

$$연간 \ 이자(투자에 \ 대한 \ 이자) \ T = \frac{P + S}{2} \times 0.08$$

여기서, P : 구입 가격

S : 폐기 가격

2 운반기계

트레일러, 농용 웨건, 하역용 차량, 모노레일 및 케이블 등이 있다.

(1) 운반기계의 선택사항

① 운반거리

② 운반장소

③ 도로의 종류 및 노면 상태

④ 운반물의 양, 종류, 성질 등

⑤ 요구되는 운반 능률, 이용도, 취급작업과 관련성

(2) 트레일러

적재 중량이 1~3톤인 1축 2륜형, 덤프 트레일러가 많이 사용되고, 운반작업이 종류에 따라서 두 축 4륜형 트레일러도 사용된다. 작동 방법으로는 유압 실린더를 이용하는 유압식 펌프와 중력을 이용하는 중력식 펌프가 있고, 2톤 이상의 트레일러에는 유압식이 이용된다. 펌프각은 약 50°이다.

(3) 농용 웨건

사료 작물의 운반, 하강작업, 퇴비의 운반, 살포작업 등이 가능하며, 운반작업은 주로 트랙터에 의해 견인된다. 그리고 웨건의 뒤쪽에 퇴비 살포용 어태치먼트를 장착하면 비터로서 퇴비를 확산·살포하는 퇴비 살포기가 된다. 픽업 웨건은 위드로 상태의 목초를 자동적으로 걷어올리고, 절단·적재하며 하차작업도 할 수 있는 웨건을 말하며, 포리지 웨건은 잘게 썬 재료를 전용으로 운반하는 웨건을 말한다.

(4) 하역용 차량

운반할 물질을 버킷이나 포크에 의하여 운반 차량에 쌓아 올리는 기계이다. 포크리프트는 기체 앞쪽에 승강용 마스트와 한 쌍의 적재용 포크를 구비하고 유압 실린더에 의하여 화물을 상·하는 선회성이 좋은 하역용 차량이며, 전부 장착용 로더는 트랙터 유압장치의 유압을 이용하여 제어 밸브를 이용하여 버킷의 위치를 제어하며, 작업의 다용성을 위하여 퇴비 포크, 목초 포크 등을 장착할 수 있다. 전부 로더에 대한 작업범위에 치수 표기법은 ASAE에 규정되어 있다.

출제예상문제

001 경운기 로터리에 배토기를 장착할 때 알맞은 날의 배열은?

① 내외향경법   ② 내향 배열법

③ 외향경법   ④ 연속 배열법

002 쟁기에 바닥쇠가 없는 것의 특징은?

① 점토질에서는 경반이 딱딱해질 우려가 있다.

② 마찰저항이 없다.

③ 방향 전환이 많다.

④ 심경에 대한 노력을 절감할 수 있다.

003 쟁기의 구조 중에서 흙덩어리를 올리면서 반전하고 파쇄하는 부분은?

① 바닥쇠   ② 볏

③ 이체   ④ 브레이스

> **해설**   볏 : 역토를 파쇄, 반전시켜 측방으로 방출하는 기능을 하는데 용도에 따라 볏의 길이와 곡률의 정도가 다르다.

004 쟁기의 소요 견인력을 결정하는 요소는 다음 중 어느 것인가?

① 토양의 비저항×경폭×경심

② 경폭×경심

③ 토양의 비저항×경심

④ 흙의 성질×마력×경심×경폭

005 우리나라에서 제작되고 있는 경운 쇄토기 중 현재 쓰이고 있는 쇄토기는?

① 크랭크식   ② 스크루식

③ 로터리식   ④ 해로식

006 서양 쟁기에서 쟁기 자체의 중량에 따라 경심이 결정되고 토양의 상태에 따라 경심이 다소 달라지는 플로우는?

① 보텀 플로우   ② 특수 플로우

③ 원판 플로우   ④ 심토 플로우

007 경운기의 쟁기 사용 기본경법 중 해당되지 않는 것은?

① 평면경법   ② 휴림경법

③ 일층경법   ④ 경심경법

008 경운 정지작업의 조건이 아닌 것은?

① 수분을 유지해야 한다.

② 통기성이 좋아야 한다.

③ 경반이 없도록 해야 한다.

④ 트랙터의 주행저항이 없도록 한다.

009 경운기용 로터리 날은 어떤 형상인가?

① 꽃잎형 로터리   ② 드럼형 로터리

③ 날형 로터리   ④ 작두형 로터리

010 다음 중 경운 정지의 목적에 가장 적절한 것은?

① 작물 생육에 알맞는 환경 조건을 준다.
② 종자를 파종한다.
③ 방제를 한다.
④ 관개하는 작업이다.

011 동력 경운기용 로터리에서 배토작업 시 특수 날을 사용할 때 주의사항 중 틀린 것은?

① 퇴비의 짚이 감기는 것을 방지한다.
② 동력이 적게 든다.
③ 동력이 많이 든다.
④ 마멸이 심한 것이 결점이다.

예 해설 두둑(이랑)작업 시 특수날 부착 후 동력소모는 증가한다.

012 로터리 경운 시 주의사항 중 틀린 것은?

① 습한 땅에 쇠바퀴를 사용한다.
② 풀이나 짚이 감기므로 토양 조건에 알맞은 날을 사용한다.
③ 경심 조절은 미륜의 핸들을 조작하여 상하 조절하고 일정한 깊이를 유지한다.
④ 견인 작업을 할 때 부하가 커지면 바퀴가 슬립하여 기체나 기관에 무리를 가하는 일이 비교적 많다.

013 경운기의 경운 장치에서 다음과 같은 3종류가 사용된다. 맞는 것은?

① 로터리형, 스크루형, 크랭크형
② 크랭크형, 쟁기형, 로터리형
③ 스크루형, 크랭크형, 컬티베이터형
④ 로터리형, 쟁기형, 컬티베이터형

014 경운기로 쟁기 기본 작업방법을 바르게 나열한 것은?

① 왕복경법, 내반경법, 외반경법, 회경법
② 평반경법, 내반경법, 외반경법, 회경법
③ 왕복경법, 회행경법, 내반경법
④ 평반경법, 내반경법, 회행경법

015 8마력용 동력 경운기의 표준 경심 경운폭은?

① 쟁기 10cm, 로터리 30cm
② 쟁기 15cm, 로터리 60cm
③ 쟁기 30cm, 로터리 70cm
④ 쟁기 40cm, 로터리 80cm

016 로터리 경운법 중 차륜폭이 로터리 날보다 넓을 때에 적합한 것은?

① 한 줄 건너 떼기 경운법
② 회경법
③ 연접 왕복 경운법
④ 절충 경운법

017 동력 경운기용 로터리 날에 대한 설명 중 틀린 것은?

① 보통날을 사용하면 풀, 짚, 퇴비 같은 것이 감긴다.
② 보통날의 회전이 너무 빠르면 흙 알갱이가 가늘어지고 고착 상태가 되어 건조한 땅에서는 작업하기 곤란하다.
③ 보통날은 물이 괴어 있는 논에 사용하면 잘 반전되지 않고 경운 후 곧 흙 알갱이가 침전되어 경운 효과가 없다.
④ 특수날은 퇴비, 짚이 감기는 것을 방지하며 동력이 적게 들고 마멸이 잘 되지 않는다.

018 동력 분무기의 구성장치 중 맞는 것은?

① 흡입 토출, 밸브, 공기실, 압력계

② 가압 펌프, 공기실, 압력계

③ 가압 토출, 밸브, 공기실, 압력계

④ 흡입 토출, 밸브, 압력계

019 흙덩어리를 부수는 쇄토 작업기의 종류가 아닌 것은?

① 지그재그 해로우

② 디스크 해로우

③ 로터리 해로우

④ 스파이크 투스 해로우

020 트랙터의 작업기 중 경운 정지용 기계에 해당하는 것은?

① 디스크 해로우   ② 산파기

③ 컬티 베이터   ④ 모어

021 트랙터용 경운 작업기 몰드보드 플로우의 3대 구성요소가 아닌 것은?

① 바닥쇠   ② 보습

③ 몰드보드   ④ 콜터

해설 콜터 : 플로우의 약간 앞쪽에 장착되어 역토와 미경지의 경계를 미리 수직으로 절단하여 보습의 절삭 작용을 도와주고 역조와 역벽을 가지런히 해주는 플로우의 보조 장치이다.

022 트랙터의 플로우 부분에서 쟁기의 벗과 같은 역할을 하는 부분은?

① 몰드보드   ② 콜터

③ 셰어   ④ 랜드사이드

해설 몰드보드(mould board) : 쉐어로 일군 역토를 곡면에 따라 들어올리고 2차 전단을 주면서 오른쪽으로 뒤집어 흙을 반전시키는 부분이다.

023 다음 토양 중 보습의 마모에 가장 큰 영향을 주는 것은?

① 점토   ② 황토

③ 식토   ④ 사토

024 몰드보드와 비교하여 원판 플로우의 장점으로 맞는 것은?

① 파쇄 작용이 약하다.

② 견인저항이 적다.

③ 흙의 반전이 양호하다.

④ 심경에 적합하다.

025 플로우에서 지측판의 역할은 어떤 것인가?

① 지측판이 반전한다.

② 플로우를 안정하게 지지한다.

③ 흙을 자른다.

④ 기체를 안정시킨다.

해설 지측판(land side) : 역토의 반전에 따른 측방력과 플로우의 하방 수직력을 지지하여 플로우가 경심과 진행 방향을 유지하고 안정하게 하는 기능을 한다.

026 트랙터의 쟁기 작업 중 경사지나 얕은 작업일 때 경심은 어떻게 조정하는가?

① 끝을 작업자가 편리한 대로한다.

② 끝을 그대로 둔다.

③ 끝을 낮춘다.

④ 끝을 높인다.

027 쟁기에서 가장 마모가 심한 부품은?

① 볏 ② 보습
③ 바닥쇠 ④ 술바닥

028 토양의 상태에 따라 경심이 다소 달라지는 플로우는?

① 특수 플로우 ② 심토 플로우
③ 보텀 플로우 ④ 원판 플로우

> **해설** 원판 플로우(disk plow) : 토양을 경기 및 파쇄하는 경운 작업기이지만 보습이나 바닥쇠가 없어 접시 모양의 오목형 구면의 일부로 된 원판으로 작업한다.

029 원판 플로우의 원판각과 경사각은?

① 원판각 25°, 경사각 25°
② 원판각 35°, 경사각 25°
③ 원판각 40°, 경사각 20°
④ 원판각 45°, 경사각 15°

030 쟁기에서 리스터 란?

① 흙을 세립화한다.
② 고랑을 만든다.
③ 이랑(두둑)을 만든다.
④ 흙 표면을 평평하게 한다.

031 쟁기로 경운 작업을 할 때 포장의 양끝에서 순차적으로 작업하는 경운법은?

① 편반 경법 ② 내반 경법
③ 외반 경법 ④ 회행 경법

> **해설** 다른 경법보다 역토가 한쪽으로만 넘어가 공기와 접촉하는 면적이 커 중화가 촉진되고, 경지가 평평하게 경운된다.

032 경운 작업기의 종류에 속하지 않는 것은?

① 쟁기 ② 쇄토기
③ 배토기 ④ 두둑 성형기

033 경운, 쇄토 및 정지작업을 동시에 하는 작업기는?

① 로터리 ② 플로우
③ 쟁기 ④ 원판 해로우

034 쇄토기의 작용부가 고정된 것이 아닌 것은?

① 체인 해로우 ② 원판 해로우
③ 레버 해로우 ④ 투스 해로우

035 진압기를 사용할 때 원주가 너무 크면 나쁘다. 그 대책은?

① 지름을 조정한다.
② 길이를 조정한다.
③ 컬티베이터를 부착한다.
④ 중량을 조정한다.

036 진압기의 종류에서 원통면이 기어처럼 되어 있으며, 륜이 무겁고, 지면이 단단한 곳에 많이 이용되는 진압기는?

① 륜형 진압기
② 컬티베이터
③ 이빨형 진압기
④ 오목형 진압기

> **해설** 진압기는 경운 정지한 후 너무 부드러워진 토양을 진압하거나 쇄토 작업 후 남은 흙덩이를 압쇄하면서 균형화하는 작업기이다.

037 파종용 기계의 주요 장치에서 브러시 기어로 종자를 올려 홈의 측면 구멍으로부터 배출되는 것은?

① 급낭식   ② 압출식

③ 격납식   ④ 소출식

038 파종용 주요 장치에서 둘레에 구멍이 많은 원판을 수평으로 회전시켜 낙하하는 구멍이 일치될 때 파종되도록 하는 것은?

① 격납식   ② 흡상식

③ 압출식   ④ 소출식

039 파종에 있어서 수파로 반당 소요 시간은 얼마 걸리는가?

① 32시간   ② 42시간

③ 52시간   ④ 62시간

040 점파기에서 파종 장치에 해당되는 것은?

① 격납식   ② 급상식

③ 소출식   ④ 압출식

해설 점파기는 다소 넓은 간격이 필요한 콩류, 옥수수, 목화, 감자, 채소 등의 일반적인 맥류보다 큰 종자의 파종에 이용된다.

041 다음은 시비기가 갖추어야 할 조건이다. 부적당한 것은?

① 사용 후 손질이 간편하여야 한다.

② 시비량이 조절되어야 한다.

③ 기계 부분에 부식이 되지 말아야 한다.

④ 작업 시의 지형 조건에는 탱크비의 분량이 무관하다.

042 이앙작업의 기계화에 관한 설명 중 틀린 것은?

① 이앙작업의 소요 노동력은 노동 피크에 나타난다.

② 이앙작업의 능률은 논의 형태와 크기, 지표면의 상태에 따라 다르다.

③ 기계 이앙작업의 모찌기 및 이앙작업 소요 시간은 관행 육묘 소요 노동 시간보다 짧다.

④ 이앙기 2조의 작업능률은 이앙기 4조의 작업능률의 1/2보다 크다.

043 이앙기에는 보통 4개의 클러치가 있다. 2개의 사이드 클러치 이외에 다른 2가지의 클러치는?

① 주행 클러치와 식부날 속도 클러치

② 주행 클러치와 주간 간격 조정 클러치

③ 주행 클러치와 주 클러치

④ 주행 클러치와 식부 클러치

044 이앙기 작업능률은?(단, 2조식)

① 1~2a/hr

② 3~4a/hr

③ 6~8a/hr

④ 8~10a/hr

045 현재 우리나라에서 가장 많이 사용하는 수도 이앙기 형식은?

① 줄모 이앙기

② 산파모 이앙기

③ 띠모 이앙기

④ 포트모 이앙기

046 무 논에서 이앙시, 경지를 평편하게 고르는 역할을 하는 것은?

① 플로트판　　② 크랭크
③ 식부장치　　④ 포커

047 다음 중 조파기의 주요 부분이 아닌 것은?

① 복토진압장치　　② 구절장치
③ 결속 장치　　④ 종자상자

해설 조파기는 일정한 깊이와 간격으로 곡류, 맥류 및 채소류를 파종하는 기계이다.

048 다음 중 시비기를 장착하여, 파종과 시비 작업을 동시에 할 수 있는 것은?

① 산파기　　② 점파기
③ 혼파기　　④ 조파기

049 이앙기에서 심어지는 모의 개수를 조절하는 방법 중 옳은 것은?

① 횡이송 속도와 탑재판 높낮이
② 횡이송 속도와 주간조절
③ 주간조절과 탑재판 높낮이
④ 플로트 높이와 탑재판 높낮이

050 조파 이앙기의 식부 본 수를 조절하는데 관계되는 것은?

① 플로트　　② 컨베이어
③ 변환핀　　④ 변환 기어

051 컬티베이터의 날에 속하지 않는 것은?

① 배토날　　② 중경날
③ 작두형날　　④ 제초날

052 컬티베이터의 주요 부품이 아닌 것은?

① 멀쳐　　② 플로트
③ 제초날　　④ 셔블

053 농업용 펌프에서 볼류트 펌프의 특징 중 맞는 것은?

① 양수량이 많다.
② 안내 날개가 있다.
③ 일반 구조가 복잡하다.
④ 안내날개가 없다.

054 일반적으로 구조가 간단하고 효율이 높아 많이 쓰이는 펌프는?

① 원심 펌프　　② 회전 펌프
③ 사류 펌프　　④ 축류 펌프

055 양수 효율이 좀 떨어지나 푸트 밸브가 필요 없이 케이싱 내에 물을 부어 프라이밍하는 펌프는?

① 볼 펌프
② 터빈 펌프
③ 원심 펌프
④ 자흡식 펌프

056 양수기 종류 중 시동할 때 동력이 적게 소비하는 펌프는?

① 원심 펌프
② 수격 펌프
③ 사류 펌프
④ 축류 펌프

057 봇물을 막아 3m의 낙차를 만들고 유량을 측정하여 보니 0.5m³/sec이었다. 수 동력은 얼마인가?

① 14.7kW ② 0.2kW
③ 200kW ④ 40kW

해설 수 마력 $W_{kw} = rHQ/102$
$1000 \times 3 \times 0.5/102 = 14.7kW$

058 원심 펌프의 특징은?

① 토출량 조절이 어렵다.
② 효율이 크다.
③ 설계가 간단하다.
④ 고속 회전이 적당하다.

059 다음 중 저양정용으로 가장 양수량이 많은 펌프는?

① 축류 펌프 ② 사류 펌프
③ 원심 펌프 ④ 수격 펌프

060 저양정 4m 이하의 양수기는?

① 보어 홀 펌프 ② 프로펠러 펌프
③ 터빈 펌프 ④ 볼류트 펌프

061 원심 펌프의 설치 위치 내용에 부적합한 것은?

① 수원에 가까운 곳에 설치한다.
② 유지 관리에 편리한 곳에 설치한다.
③ 흡수면상으로부터 소형은 6m 내외에 설치한다.
④ 흡수면상으로부터 대형은 높게 설치한다.

062 플런저 펌프가 피스톤 펌프보다 좋은 점은?

① 고양정에 이동이 가능하다.
② 피스톤과 실린더의 간격을 작게 한다.
③ 누수를 막기 위한 마찰이 적다.
④ 복동식으로 하기 쉽다.

063 다단 펌프의 특징은?

① 흡입량이 많다.
② 흡입고가 높다.
③ 양정이 높아진다.
④ 토출량이 많다.

064 소형 원심 펌프에서 끌어올릴 수 있는 수면의 높이는?

① 2.0~2.5m ② 1.5~2.0m
③ 1.0~1.5m ④ 0.1m

065 양수기의 진공계의 계기가 8mmHg일 때 흡입 양정은?

① 10.8m ② 108.8m
③ 20.8m ④ 208.8m

해설 $8m \times 13.6 = 108.8m$

066 양수기 종류 중 회전운동에 의한 펌프는?

① 원심 펌프 ② 기포 펌프
③ 수격 펌프 ④ 왕복 펌프

067 농업용으로 많이 사용되는 펌프는?

① 왕복 펌프 ② 체인 펌프
③ 원심 펌프 ④ 수격 펌프

068 왕복 펌프의 이론 토출량 공식은?

① $Q = \pi A^2/4$

② $Q = \pi D^2/4$

③ $Q = \pi D/4 \times L \times n$

④ $Q = \pi D^2/4 \times L \times n$

069 원심 펌프의 특징 중 틀린 것은?

① 형태가 작고 구조가 간단하다.

② 취급이 용이하고 설치 면적이 많다.

③ 전동기에 직결 운전할 수 있다.

④ 많은 밸브가 필요 없다.

070 양수기 구조 중 가장 많이 사용되고 임펠러의 회전에 대한 원심력으로 물에다 압력 에너지를 주는 것은?

① 사류 펌프   ② 자동흡수 펌프

③ 원심 펌프   ④ 축류 펌프

071 저양정에 사용되고, 외관이 축류 펌프와 비슷하지만, 임펠러가 들어 있는 부분의 케이싱이 볼록한 것은?

① 원심 펌프   ② 수격 펌프

③ 축류 펌프   ④ 사류 펌프

072 대용량이며 저양정 펌프에 이용되며 원심 펌프에 비하여 소형이고 가격이 저렴한 펌프는?

① 사류 펌프

② 축류 펌프

③ 자동흡수 펌프

④ 원심 펌프

073 원심 펌프의 임펠러 케이싱 사이에 안내 날개가 설치되어 있는 것은?

① 볼류트 펌프

② 다단 펌프

③ 터빈 펌프

④ 버티컬 펌프

074 양수량의 단위는?

① $l/\min$

② $\mathrm{m}^2/\min$

③ $\mathrm{m}/\min$

④ $\mathrm{kg}/\min$

075 펌프에서 실제 운전하는데 필요한 성능은?

① 양수량이라 한다.

② 이용마력이라 한다.

③ 효율이라 한다.

④ 축마력이라 한다.

076 펌프 효율은?

① $\eta =$ 축 마력$/($수 마력$)^2$

② $\eta =$ 축 마력$/$수 마력

③ $\eta =$ 효율$/$양수량

④ $\eta =$ 양수량$/$효율

077 원심 펌프의 일반적인 흡입 양정의 높이는?

① 3m   ② 5m

③ 6m   ④ 7m

078 펌프 운전을 할 때 주의사항 중 틀린 것은?

① 베어링의 윤활유가 검은 색인지 확인한다.
② 베어링 온도가 60℃ 이상 되어서는 안 된다.
③ 압력, 양수량, 양정을 점검한다.
④ 다른 물질이 올라와도 상관없다.

079 살수기 중 스프링클러란?

① 수압에 의하여 분사관이 자동적으로 회전하면서 살수되는 장치이다.
② 송풍기 없이 살포되는 것이다.
③ 송풍기의 강한 바람을 이용하여 미립화시켜 안개 모양으로 살포하는 것이다.
④ 흡수면에서 토출 수면까지 물을 퍼 올리는 것이다.

⊙ 해설 스프링클러는 물을 가압하여 파이프에 송수한 다음 노즐에 뿌리는 것이다.

080 스프링클러의 다음 노즐 가운데 내구성이 있으며, 가장 많이 쓰이는 것은?

① 회전식 노즐
② 완만 선회식 노즐
③ 고정식 노즐
④ 유공 파이프식 노즐

081 스프링클러에서 적용 수압이 4.2~7.0kg/cm²인 것은?

① 저압형 노즐   ② 보통압 노즐
③ 고압형 노즐   ④ 중간압형 노즐

082 자흡식 펌프의 기동법이다. 틀린 것은?

① 흡입구와 흡입간을 정밀하게 조립하고 극소량의 공기 유입이 없게 해야 한다.
② 급수공을 열고 급수를 충분히 한다.
③ 펌프의 밸브가 정확한 위치에 있고, 펌프를 수평으로 고정시켜 원동기와 연결한다.
④ 토출구와 토출관의 연결 방법은 중요하지 않다.

083 원심 펌프의 장점이 아닌 것은?

① 양수량 조절이 편리하다.
② 기계의 설치 장소가 작게 소요된다.
③ 기계의 성능 및 펌프의 효율이 양호하다.
④ 회전수의 변화가 양수량에 미치는 영향이 적다.

084 다음 중 펌프의 크기는 무엇으로 표시하는가?

① 흡입관의 안지름
② 흡입관의 바깥지름
③ 토출관의 안지름
④ 토출관의 바깥지름

085 양수기에는 어떤 종류의 윤활제가 주로 이용되는가?

① 점도가 낮은 윤활유
② 기어 오일
③ 그리스
④ 폐유

086 양수 방식에 따른 분류에서 회전운동에 의한 양수기에 속하지 않는 것은?

① 원심 펌프   ② 수격 펌프
③ 사류 펌프   ④ 축류 펌프

087 스프링클러에 일반적으로 사용되는 펌프는?

① 원심 펌프   ② 수직 펌프
③ 사류 펌프   ④ 축류 펌프

088 다음 동력 분무기 가운데 액용을 사용하지 않는 것은?

① 분무기   ② 미스트기
③ 연무기   ④ 살분기

089 다음은 동력 분무기의 공기실에 관한 설명이다. 관계없는 것은?

① 기계 사용 수명을 향상시킨다.
② 양액의 압력을 일정하게 조절한다.
③ 양액 배출 상태를 균일하게 한다.
④ 소액량의 맥동을 방지한다.

해설 압력조정은 압력 조절기로 한다(레귤레이터).

090 동력 분무기에 관한 설명 중 부적당한 것은?

① 공기실은 분수 상태를 균일하게 하여야 한다.
② 압력조절장치는 과도한 승압을 방지하고 기계의 내구성을 높인다.
③ 밸브는 보통 볼 밸브를 쓰며, 값이 비싸다.
④ 압력조절장치는 여수량을 조절한다.

091 농약 살포 기구가 갖추어야 할 살포입자의 구비조건이 아닌 것은?

① 도달성   ② 비산성
③ 균일성   ④ 집중성

092 수도작 병충해 방제에 적당한 노즐은?

① 고리형 노즐
② 수평식 노즐(스피드 노즐)
③ 2두형 노즐
④ 볼트형 노즐

093 분무기 노즐의 거리 중 부적당한 것은?

① 조절식은 중·원거리용에 적당하다.
② 고정식은 원거리용에 적당하다.
③ 고정식에는 캡형과 원뿔형이 있다.
④ 중자와 노즐의 거리가 몇 번 확산된다.

094 다음 노즐의 종류 중 분무의 도달거리를 조절할 수 있는 노즐은?

① 원판형 노즐   ② 캡형 노즐
③ 철포형 노즐   ④ 환산형 노즐

095 동력 분무기 취급 시 상용 압력은 보통 몇 kg/cm^2인가?

① $20 \sim 25kg/cm^2$
② $26 \sim 30kg/cm^2$
③ $31 \sim 35kg/cm^2$
④ $36 \sim 40kg/cm^2$

해설 압력계에서는 녹색(표시)로 나타낸다.

096 동력 분무기의 압력이 떨어지는 원인 중 부적당한 것은?

① 피스톤의 파손
② 연료의 부족
③ 밸브의 고장
④ 흡입 호스가 샐 때

097 동력 분무기의 여수관에서 거품이 나올 경우 그 원인은?

① 호스가 너무 가늘 때
② V 패킹이 마멸되어 공기를 흡입할 때
③ 흡입 호스의 패킹이 끊어졌을 때
④ 스트레이너 주위에 오물이 붙어 있을 때

098 동력 분무기로서 관수 작업을 할 경우 회전수는 얼마인가?

① 1000rpm
② 1100rpm
③ 1200rpm
④ 1250rpm

099 미스트기의 주요 부분이 아닌 것은?

① 송풍 부분
② 양수 부분
③ 원동기 부분
④ 미스트 발생 부분

100 미스트기의 작업방법이 아닌 것은?

① 대각선법
② 전진법
③ 후진법
④ 횡보법

101 다음 미스트기에 대한 설명 중 부적당한 내용은?

① 연료는 가솔린과 모빌유를 섞어 쓰며, 비율은 10 : 1로 한다.
② 작업방법은 전·후진법 및 횡보법이 있다.
③ 단속기 포인트 간격은 0.3~0.4mm이다.
④ 공기와 연료의 혼합비는 15:1로 한다.

102 미스트기의 특징이 아닌 것은?

① 안개나 연기 모양으로 살포
② 액체의 압력 이용
③ 쉽게 넓게 살포
④ 시간과 살포 노력 절감

103 미스트기의 윤활 방법은?

① 자연 순환식
② 비산식
③ 혼합식
④ 압송식

104 미스트기의 미스터 발생장치가 아닌 것은?

① 충돌판식
② 공기 분사식
③ 충돌 프로펠러식
④ 임펠러식

105 다음 기구 중 약액과 분제를 겸할 수 있는 것은?

① 미스트기
② 동력살분무기
③ 스피드 스프레이
④ 토양 소독기

106 방제기구 중 공기실이 없는 것은?

① 동력 분무기
② 고성능 분무기
③ 지렛대식 분무기
④ 동력 살분기

107 인력 분무기에서 등에 지고 걸어가면서 가압하여 살포하는 것은?

① 어깨걸이형
② 배부 반자동형
③ 지렛대형
④ 보통형

108 다음 노즐 중 과수원에서 사용할 수 있는 것은?

① 원판형
② 직선 다두 노즐
③ 철포형
④ 휴반 노즐

109 플런저식 동력 고압 분무기에 설치된 공기실의 설치 이유는?

① 약액의 분사압력을 한층 강하게 한다.
② 약액의 맥동적인 분무 상태를 완화한다.
③ 약액의 분사를 제한하여 약액을 절약한다.
④ 약액의 되돌림 양을 조절하기 위하여

110 동력살분무기에 사용하는 연료를 가솔린만 사용하면 어떻게 되는가?

① 회전이 높아진다.
② 소음기에 검은 연기가 난다.
③ 윤활성이 없어 피스톤과 실린더가 타 붙는다.
④ 정상 운전이 된다.

111 동력살분무기의 적당한 사용법이 아닌 것은?

① 살포법은 전진법, 후진법, 횡보법이 있다.
② 분무기보다 10~15배 농후한 약액을 사용한다.
③ 연료와 윤활유의 혼합비는 15~25 : 1이다.
④ 액제와 분제의 겸용살포로 사용할 수 있다.

112 동력살분무기의 구성요소가 아닌 것은?

① 압력조절장치
② 송풍기
③ 노즐
④ 약액 탱크

해설 압력조절장치는 동력 분무기에 설치되어 있다.

113 과수원에서의 병해충 방제기구로 많이 쓰이고 있는 기종은?

① 동력 분무기
② 파이프 더스터
③ 미스터기
④ 스피드 스프레이어

114 경운 정지의 목적이 아닌 것은?

① 알맞은 토양구조 마련
② 잡초를 제거 및 솎아내기로 생육을 억제
③ 토양침식방식 및 미생물의 활동을 촉진
④ 토양 생산성의 향상

115 경운 정지작업의 종류가 아닌 것은?

① 쇄토작업
② 평탄작업
③ 두둑 및 도랑작업
④ 탈곡작업

116 쟁기의 3대 요소가 아닌 것은?

① 보습
② 볏
③ 바닥쇠
④ 몰드볼드

117 플로우 중 이체의 구조에 따른 분류가 아닌 것은?

① 몰드볼드 플로우
② 로터리 플로우
③ 반장착형 플로우
④ 디스크 플로우

118 쟁기에서 볏의 기능은?

① 오른쪽으로 뒤집어 흙을 반전한다.
② 쟁기 자체의 안정을 유지한다.
③ 경폭을 조정한다.
④ 흙을 절삭한다.

119 지측판의 역할은?

① 흙속을 파고들어 수평 절단한다.
② 절삭작용을 한다.
③ 플로우 자체의 안정을 유지한다.
④ 흙의 반전 작용을 한다.

120 플로우에서 석션의 기능은?

① 흙속으로 침입해 들어가는 힘을 준다.
② 절삭된 흙을 반전한다.
③ 흙을 파쇄한다.
④ 수직으로 절단한다.

예 해설 지측판의 아래와 측면에는 틈새가 있다. 이것을 흡인이라 한다.

121 플로우의 3지점이 아닌 것은?

① 뒤축
② 보습끝
③ 보습날개
④ 볏

122 측방석션(수평석션)의 기능은?

① 흙과 마찰을 감소시킨다.
② 플로우의 진행방향을 일정하게 유지한다.
③ 절삭에 필요한 힘을 준다.
④ 경폭을 조정한다.

예 해설 측방석션 : 지측판 옆에 있는 4~12mm 정도의 틈새로서 플로우의 진행 방향을 일정하게 유지하며 경폭 유지를 위해 필요하다.

123 콜터에 대한 설명으로 옳은 것은?

① 흙을 미리 수직으로 절단한다.
② 흙을 오른쪽으로 반전한다.
③ 흙을 미리 수평 절단한다.
④ 일정한 경심을 유지한다.

124 원판 플로우의 특징이 아닌 것은?

① 구조가 복잡하다.
② 자전 때문에 흙이 잘 붙지 않는다.
③ 포장, 건조, 뿌리가 적은 땅에 좋다.
④ 원판의 각도를 적절히 조절함으로서 여러 가지 토양조건에서도 작업이 가능하다.

125 동력 경운기로 쟁기 작업 시 후진할 때의 안전사항 중 틀린 것은?

① 조속기를 서서히 낮추어야 한다.
② 쟁기를 약간 들어주어야 한다.
③ 기체가 앞으로 기울어지게 한다.
④ 쟁기에 다리를 다치지 않도록 주의해야 한다.

126 플로우의 비저항 식은?

① $K = R/d = R/w \times a (\text{kg/cm}^2)$
  R : 견인저항
  a : 역토 단면적(cm^2)
  d : 경심
  w : 경폭

② $K = R/a = w/R \times d (\text{kg/cm}^2)$
  R : 견인저항
  a : 역토 단면적(cm^2)
  d : 경심
  w : 경폭

③ $K = R/a = R/w \times d (\text{kg/cm}^2)$
  R : 견인저항
  a : 역토 단면적(cm^2)
  d : 경심
  w : 경폭

④ $K = R/a = w/R \times d (\text{kg/cm}^2)$
  R : 견인저항
  a : 역토 단면적(cm^2)
  d : 경심
  w : 경폭

127 쟁기의 보습과 바닥쇠가 차지하는 견인저항은?

① 75% ② 80%
③ 70% ④ 65%

128 정지용 쇄토 기계가 아닌 것은?

① 스파이크 해로우
② 원판 해로우
③ 오프셋 디스크 해로우
④ 원통형 롤러

129 진압기의 역할이 아닌 것은?

① 흙을 잘게 부수고 평탄하게 한다.
② 흙의 침식을 방지한다.
③ 경토의 동결을 방지한다.
④ 녹비와 퇴비의 부패를 억제시킨다.

130 진압기의 종류가 아닌 것은?

① 원통형 롤러 ② 켈티패키 롤러
③ 심토 롤러 ④ 원판 해로우

131 중경 제초기가 아닌 것은?

① 컬티베이터 ② 로터리 호우
③ 모어 컨디셔너 ④ 답용 중경제초기

해설 컬티베이터는 넓은 의미로 흙을 일구고 부드럽게 하는 기계의 총칭이다.

132 종자를 일정한 간격을 두고 연속적으로 파종하는 기계는?

① 이파기 ② 산파기
③ 조파기 ④ 점파기

답 125 ② 126 ③ 127 ① 128 ④ 129 ④ 130 ④ 131 ③ 132 ④

133 종자 배출방법이 아닌 것은?

① 유동적 배출법

② 경사 홈 롤식

③ 기계적 배출법

④ 구멍 롤러식 배출법

134 종자관이란?

① 종자를 저장하는 관

② 종자에 흙을 덮어주는 기관

③ 배출부에서 나온 종자를 지면까지 유도 시키는 관

④ 종자를 눌러주는 관

135 구절기란?

① 종자에 비료를 뿌려 주는 역할

② 종자를 가볍게 눌러주는 역할

③ 종자를 심을 때 먼저 골을 파는 역할

④ 종자를 흙으로 덮어주는 역할

예 해설 **구절기** : 종자를 심을 때 먼저 골을 파는 역할을 하며, 쇼벨형, 디스크형, 슈형이 있다.

136 육묘 일수가 30일 일 때의 중묘의 초장은 몇 cm인가?

① 3~4cm ② 5~7cm

③ 8~10cm ④ 10~20cm

137 점파기의 종류에 속하지 않는 것은?

① 반자동식

② 전 자동식

③ 전자(피커힐식)

④ 진공식

138 이앙기에서 조절이 되지 않는 것은?

① 조간 조절

② 주간 조절

③ 식부 조절

④ 주 클러치 조절

139 이앙기에서 식부 본수 조절 중 맞는 것은?

① 바퀴 크기로 조절

② 횡이송, 종이송으로 조절

③ 식부 클러치 간극 조절

④ 플로트의 높이로 조절

140 전작용 이식기의 종류가 아닌 것은?

① 호퍼식 이식기

② 디스크식 이식기

③ 롤러식 이식기

④ 홀더식 이식기

141 다음 중 미립화 약제 분포입자의 특성이 아닌 것은?

① 미립화 ② 산성화

③ 부착 ④ 비행확산

142 인력분무기의 종류가 아닌 것은?

① 배낭자동형 ② 어깨걸이형

③ 자동형 ④ 배낭형

143 동력살분무기의 약액 도달거리는?

① 4m ② 5m

③ 3m ④ 6m

144 동력살분무기의 3대 구성부분이 맞는 것은?

① 팬, 엔진, 약액통

② 압력조절장치, 공기실, 펌프

③ 약액통, 노즐, 압력조절장치

④ 노즐, 공기실, 엔진

145 미스트기 피스톤 고정방식은?

① 부동식   ② 반부동식

③ 요동식   ④ 전부동식

146 동력살분무기의 작업 성능은?

① 살포너비×살포속도×살포시간/60

② 살포너비×살포속도×살포시간/360

③ 살포너비×살포속도×60/살포시간

④ 살포너비×살포시간×60/살포속도

147 작업기 풀리 직경을 구하는 공식이 맞는 것은?

① 작업기 풀리 직경=엔진 풀리 직경×엔진 회전수/작업기 회전수

② 작업기 풀리 직경=작업기 회전수/엔진 회전수×엔진 풀리 직경

③ 작업기 풀리 직경=작업기 회전수/풀리 직경×엔진 회전수

④ 작업기 풀리 직경=엔진 풀리 직경/엔진 회전수×작업기 회전수

148 3.3m²당 주 수를 80~85로 하려면 조간거리가 30cm일 때 주간거리는?

① 11cm   ② 13cm

③ 15cm   ④ 17cm

해설 주간거리를 x cm라고 하면 조간거리 30cm이므로
$$\frac{3.3}{0.3}x = 80 \sim 85 \quad x = 13.7 \sim 12.9 cm$$

149 풋트 밸브 기능은 다음 중 어느 것인가?

① 역류를 방지한다.

② 물을 흡입한다.

③ 물을 분사한다.

④ 오물을 제거한다.

해설 운전 중에 물을 흡입할 때에는 열려 있고, 운전이 정지되면 닫혀서 펌프 내의 물의 역류를 방지한다.

150 프라이밍에 대한 설명 중 옳은 것은?

① 오물을 걸러 주는 것

② 물의 역류를 방지하는 것

③ 펌프 내에 물을 채우는 것

④ 펌프 내의 물을 빼는 것

해설 보통 원심 펌프에서는 운전 전에 물을 펌프 속에 가득 채워 진공을 만들어야 한다. 이것을 프라이밍이라 한다.

151 공동현상(케비테이션)이란?

① 효율이 증가한다.

② 양수량이 증가된다.

③ 기포가 발생하여 충격음과 진동이 발생한다.

④ 축류 펌프에서 많이 발생한다.

152 스프링클러의 구조는?

① 살수기, 펌프, 배관

② 살수기, 배관, 펌프, 원동기

③ 살수기, 노즐, 원동기

④ 살수기, 배관, 물탱크

153 스프링클러의 압력은 얼마인가?

① 저압(0.5~1.0kg/cm²), 중압(3.0~4.0 kg/cm²), 고압(4.2~8.0kg/cm²), 보통압(1.0~2.0kg/cm²)

② 저압(0.6~1.0kg/cm²), 중압(3.0~4.5 kg/cm²), 고압(5.0~6.0kg/cm²), 보통압(1.0~2.0kg/cm²)

③ 저압(0.4~1.0kg/cm²), 중압(3.0~4.0 kg/cm²), 고압(4.2~7.0kg/cm²), 보통압(1.0~2.0kg/cm²)

④ 저압(0.4~1.5kg/cm²), 중압(2.0~4.0 kg/cm²), 고압(4.2~7.0kg/cm²), 보통압(2.0~3.0kg/cm²)

154 전처리부에서 디바이더의 기능은?

① 넘어진 작물을 일으켜 세운다.

② 작물을 벤다.

③ 작물을 운반한다.

④ 볏짚을 처리한다.

예 해설, 디바이더 : 예취할 작물을 분리시켜 주며 넘어진 작물을 일으켜 세우도록 기체 앞쪽으로 돌출 되어 있다.

155 전처리부의 구성부품을 바르게 나열한 것은?

① 디바이더, 픽업체인, 러그

② 급통, 디바이더, 러그

③ 픽업체인, 러그, 리일

④ 리일, 급통, 러그

156 전처리부의 구조에 관한 특징을 설명한 것이다. 관계없는 것은?

① 주물 재질의 부품이 많다.

② 주행속도와 러그의 속도는 같다.

③ 윤활유 주입개소가 없다.

④ 러그는 철판으로 만들어진다.

157 예취부의 예도와 수도의 간격?

① 벼, 보리(0.4~0.8mm)

② 벼, 보리(0.3~0.7mm)

③ 벼, 보리(0.5~0.9mm)

④ 벼, 보리(0.3~1.0mm)

예 해설, 목초 수확에 쓰이는 모어는 0.2~0.4mm이다.

158 결속이 안 되는 3가지 원인이 아닌 것은?

① 도어의 압력은 20~30kg/cm²이 적당하다.

② 빌과 홀더의 압력은 동일하다.

③ 윤활유를 주입하여야 한다.

④ 일반 공업용 실을 사용한다.

159 바인더에서 끈의 굵기를 나타내는 단위는?

① 데시벨   ② 파운드

③ 데니어   ④ 칸델라

160 콤바인의 주요부가 아닌 것은?

① 예취부   ② 반송부

③ 결속부   ④ 선별부

161 급동과 선별체의 간극은 약 얼마인가?

① 0.5~1mm   ② 1~5mm

③ 5~8mm   ④ 10~20mm

162 다음 중 정치의 기능은?

① 타격, 마찰 작용을 하지 않는다.

② 주철로 만들어진다.

③ 작물의 불순물을 탈곡한다.

④ 헝클어진 작물을 정리한다.

163 드로우 엘리베이터의 기능은?

① 곡물을 퍼 올린다.

② 수분을 제거한다.

③ 검불을 제거한다.

④ 정곡립만 탈곡통에 보낸다.

164 급속 건조가 작물에 미치는 영향은?

① 곡물이 파쇄된다.

② 수분을 제거한다.

③ 검불을 제거한다.

④ 정곡립만 탈곡 등에 보낸다.

165 곡물 저장 시 저장고 설계의 3요소가 아닌 것은?

① 밀도　　　　② 온도

③ 공급률　　　④ 비중

166 현미기란?

① 벼를 정미하는 기계이다.

② 연마석이 필요하다.

③ 수분이 많은 곡물도 처리된다.

④ 벼를 충격연마하여 현미로 만드는 기계이다.

해설 현미기 : 벼에서 현미를 조제하는 기계이다. 현재 주로 고무 롤러식 현미기를 사용한다.

167 현미부의 형식은?

① 절구식, 충격식, 고무 롤러식

② 고무 롤러식, 무풍구식

③ 절구식, 반자동식

④ 충격식, 풍구식

168 현미기의 접촉길이란?

① 곡물의 길이, 폭, 두께에 따라 다르다.

② 곡물의 길이 따라 다르다.

③ 곡물의 두께에 따라 다르다.

④ 곡물의 폭에 따라 다르다.

169 현미기에서 롤러와 곡물과의 틈새 간극은 얼마인가?

① 곡물의 1/3 정도　② 곡물의 1/2 정도

③ 곡물의 3/4 정도　④ 곡물의 3/5 정도

170 그물코의 크기가 맞는 것은?

① 20mm 사이의 코수

② 30mm 사이의 코수

③ 40mm 사이의 코수

④ 50mm 사이의 코수

171 도정 기계에서 현미와 벼를 분리해 주는 선별 기계는 무엇인가?

① 정미기　　　② 탈곡기

③ 현미기　　　④ 현미 분리기

172 제분기에서 보리나 밀을 정맥하는 주요 장치인 것은?

① 롤러　　　　② 실린더

③ 망　　　　　④ 금강석 롤러

173 헤이 모어의 예취 높이조정은 무엇으로 하는가?

① 바퀴　　　　　② 유압 실린더
③ 3점 링크　　　④ 광센서의 위치

174 모어 컨디셔너란 무엇인가?

① 목초를 압쇄하는 기계이다.
② 목초를 반전하는 기계이다.
③ 목초를 모으는 기계이다.
④ 목초를 꾸려서 묶는 기계이다.

> **해설** 모어와 헤이 컨디셔너를 복합한 것으로 견인형과 자주형이 있다.

175 헤이 베일러를 바르게 설명한 것은?

① 한쪽으로 모으는 기계
② 쌓기, 운반, 저장에 사용하는 기계
③ 목초를 압축하고 꾸려서 묶는 기계
④ 풀을 수확하고 세단, 운반차 위에 퍼 올리는 수확기

> **해설** 헤이 베일러 : 초지에 널려 있는 잡초를 걷어 올려 압축하여 묶는 기계로서 압축된 건초를 베일이라 한다.

176 목초 운반기계의 종류가 아닌 것은?

① 로드 웨건　　② 헤이 포크
③ 헤이스위프　　④ 빅 베일러

177 사료 분쇄기의 종류가 아닌 것은?

① 해머밀　　　② 피드그라인더
③ 초퍼밀　　　④ 버킷형 밀커

178 헤이 큐버를 바르게 설명한 것은?

① 세단한 풋베기 목초를 급속 건조하여 압축 성형하는 장치
② 옥수수의 탈립에 쓰인다.
③ 뿌리, 고구마 등의 세단에 사용하는 기계
④ 수종의 사료를 배합하는 기계

179 동력 예취기에는 모어, 리퍼, 바인더, 콤바인 등이 있다. 예취와 탈곡을 겸하고 사용되는 기계는?

① 모어　　　　② 리퍼
③ 바인더　　　④ 콤바인

180 수평 또는 높은 곳으로 곡물을 이동 또는 운반하는데 쓰이는 것은?

① 버킷 엘리베이터　② 슬랫 컨베이어
③ 스크루 컨베이어　④ 공기 컨베이어

181 다음 중 인력 예취기는 어느 것인가?

① 리퍼　　　　② 사이드
③ 모어　　　　④ 바인더

182 맥류의 예취, 탈곡 및 선별도 하고 작업능률이 높은 탈곡기는?

① 족답 탈곡기　　② 자동 탈곡기
③ 콤바인　　　　④ 바인더

183 수확용 기계가 아닌 것은?

① 바인더　　　② 콤바인
③ 드레사　　　④ 플로어

184 바인더는 어느 형태의 수확기계에 속하는가?

① 예도형 　　② 집속형

③ 결속형 　　④ 탈곡형

185 우리나라에서 사용되는 콤바인은 어느 종류 인가?

① 보통형 　　② 입모 탈곡형

③ 이삭 콤바인 　④ 자탈형

해설 보통형 콤바인은 구미에서 주로 전작용 수확기이다.

186 콤바인의 ACD 센서란 무엇인가?

① 공급깊이 제어장치

② 주행속도 감지장치

③ 자동방향 제어장치

④ 예취 높이 감지장치

187 콤바인의 주요 부분이 아닌 것은?

① 픽업 장치 　　② 예취부

③ 탈곡부 　　④ 주행부

해설 픽업 장치는 예취부의 러그를 의미한다.

188 콤바인에서 검불이나 미탈곡물 등이 모아지는 곳은?

① 1번 구 　　② 2번 구

③ 3번 구 　　④ 드로어

189 바인더에서 노터빌의 유격이 너무 크면?

① 노끈이 끊어진다.

② 끈의 결속이 되지 않는다.

③ 볏단이 커진다.

④ 볏단이 작아진다.

190 콤바인의 예취 칼날과 받침날의 간격을 몇 mm가 되도록 조정하여야 가장 좋은가?

① 0.5~0.9mm 　② 0.5~0.7mm

③ 0.5~1.0mm 　④ 0.1~0.5mm

191 바인더에서 매듭 끈이 풀어지는 원인은?

① 매듭기 스프링이 너무 약하다.

② 매듭기 스프링이 너무 강하다.

③ 끈 브레이크 스프링이 너무 강하다.

④ 매듭기와 끈 안내와의 틈새가 너무 작다.

192 콤바인에서 많이 사용하는 무단 변속장치는 다음 중 무엇인가?

① H.S.T

② 벨트 풀리

③ 토크 컨버터

④ 유체 클러치식 자동 변속기

해설 H.S.T : 정유압 변속기

193 콤바인 작업 중 경보음이 발생하는 상황이 아닌 것은?

① 탈곡부가 과부하 상태이다.

② 급실이나 나선 컨베이어 등이 막혀있다.

③ 짚 반송 체인이나 짚 절단부가 막혀있다.

④ 미탈곡 이삭이 나온다.

194 바인더의 예취부에서 미끄럼판이 하는 역할이 아닌 것은?

① 예취날이 잘 미끄러지게 도와준다.
② 예취날이 앞뒤로 끄덕거리지 않게 한다.
③ 예취 칼날에 이물질이 끼이지 않게 한다.
④ 인기러그를 일으켜 세움 속도가 빠르게 한다.

195 콤바인의 탈곡깊이 자동 제어장치를 수동으로 선택해야 할 경우가 아닌 것은?

① 포장의 크기가 너무 큰 경우
② 예취 작업을 시작할 때
③ 작물보다 긴 잡초가 많을 때
④ 작물의 길이가 일정하지 않을 때

196 급치의 마모 상태가 몇 mm 이상이면 교환해야 하는가?

① 외경 기준 1mm 이상
② 외경 기준 3~5mm 이상
③ 외경 기준 2~3mm 이상
④ 내경 기준 1mm 이상

197 HST 변속장치를 콤바인에서 사용하는 이유는?

① 값이 비교적 싸기 때문
② 큰 힘을 낼 수 있기 때문
③ 작업 중 정지하지 않고도 변속이 용이하기 때문에
④ 엔진의 윤활유 압력으로 회전력을 얻을 수 있기 때문

198 건물량 기준 함수율을 구하는 공식은?

① $M = \dfrac{W_m - W_d}{W_d} \times 100\%$

② $M = \dfrac{100 - m}{m} \times 100\%$

③ $M = \dfrac{W_d \times 100}{W_m} \times 100\%$

④ $M = \dfrac{W_m}{100 - W_d} \times 100\%$

199 바인더의 고정날과 예취날의 간격조절은 무엇으로 하는가?

① 조임 나사로 한다.
② 너트로 조인다.
③ 조절판으로 한다.
④ 리벳으로 조인다.

200 콤바인에 대한 설명 중 틀린 것은?

① 작업 형식별로 입모형 콤바인, 이삭형 콤바인, 자탈형 콤바인 등이 있다.
② 보통형 콤바인은 예취부, 반송부, 탈곡부, 선별부, 정선부로 되어 있다.
③ 자탈형 콤바인의 주요 구조는 전처리부, 예취부, 결속부, 반송부, 탈곡부, 주행부, 엔진부 등으로 되어 있다.
④ 보통형 콤바인에서 선별은 진동체와 바람에 의해서 선별한다.

해설 결속부는 바인더 만에 있는 장치이다.

201 바인더의 결속부 클러치 도어에는 압력이 얼마일 때 결속작업이 행하여지는가?

① 20~30kg   ② 5~15kg
③ 50~70kg   ④ 1~10kg

202 콤바인 방향 제어장치의 솔레노이드 밸브에 관한 설명이다. 틀린 것은?

① 솔레노이드가 2개이다.

② 가동 철심에 의해 스풀을 움직인다.

③ 수동으로는 작동시킬 수 없다.

④ 우선 회죽 코드는 흑색, 좌선 회죽 코드는 백색으로 되어 있다.

203 콤바인에서 초음파 센서를 이용하는 장치는?

① 예취 높이 감지

② 방향 감지

③ 짚 배출 속도 감지

④ 곡물 호퍼 충진량 감지

204 콤바인 짚 배출 센서의 기능은?

① 짚이 막히면 전기신호를 보내 경보를 발하게 한다.

② 짚 속에 이삭이 있으면 급통 회전수를 높이게 한다.

③ 짚이 절단되지 않고 방출되면 경보음이 울리게 한다.

④ 짚이 막히면 모든 기능을 강화시킨다.

205 콤바인의 2번 구 센서는 다음 중 어떤 장치로 되어 있는가?

① 리밋 스위치

② 트랜지스터

③ 로터리 자석과 납 스위치

④ 솔레노이드 밸브

206 콤바인의 탈곡 깊이 자동 제어장치가 작동하지 않을 때 원인이라고 볼 수 없는 것은?

① 센서의 불량

② 센서에 먼지나 지푸라기 등이 많이 붙어 있을 때

③ 퓨즈의 단선

④ 이슬에 젖은 작물 예취시

207 콤바인의 방향센서는 어느 부위에 설치되어 있는가?

① 분초간 뒤 　　② 조향 레버 앞과 뒤

③ 예취 칼날 앞 　　④ 크롤러 내

208 콤바인의 배진량을 조절하는 방법은?

① 마이티 스티어링으로 조절

② 탈곡실 내의 처리 조절판의 나비너트 또는 탈곡실 커버 위의 레버로 조절

③ 탈곡 클러치로 조절

④ 작물의 이송 속도를 조절

209 콤바인의 급실 내의 칼날이 하는 역할은?

① 예취날의 기능을 도와 미예취 작물이 남지 않도록 한다.

② 탈립이 끝난 짚을 잘라서 뿌려준다.

③ 탈곡통 내의 막힘을 방지한다.

④ 급치의 일종으로 최종 탈립 작업을 한다.

210 도복된 작물을 베고자 할 때 콤바인의 예취 높이 조절 볼트를 어떻게 조절하는 것이 좋은가?

① 조절할 필요가 없다.

② 예취 높이를 낮춘다.

③ 조절 볼트를 자유롭게 풀어놓는다.

④ 예취 높이를 약간 높인다.

211 콤바인 예취 칼날의 연마에 있어 맞는 것은?

① 칼날 연마 시 경사각은 20°를 유지한다.

② 연마 후 조립 시에는 두 칼날 사이에 윤활유가 묻지 않도록 닦아낸다.

③ 톱니형 칼날은 숫돌로 연마하는 것이 좋다.

④ 연마 작업은 가급적 기체에 부착된 상태에서 하는 것이 좋다.

212 콤바인의 올 마이티 스티어링이란?

① 좌우의 선회를 레버 하나로 조작하는 파워 스티어링의 일종

② 브레이크 페달을 가볍게 밟아도 제동력이 강한 유압 브레이크의 일종

③ 예취부의 상하 조작을 레버 하나로 할 수 있는 장치

④ 좌우 선회와 예취부의 상하 조작을 하나로 할 수 있는 유압 조정 장치

213 탈곡기에서 완전 탈곡이 안 되는 원인은?

① 급동 회전수가 빠르다.

② 급동 회전이 느리다.

③ 배진 조절판이 높게 조정되었다.

④ 벼의 공급이 너무 많다.

214 바인더로 운전할 때 주의사항으로 틀린 것은?

① 경사지를 내려갈 때는 후진으로 한다.

② 도복된 작물을 예취할 때에는 디바이더의 앞끝을 내려서 예취한다.

③ 50cm 이하의 단간종에서만 바인더를 사용하는 것이 좋다.

④ 조작하기 불편한 곳에서는 속도를 늦추어 작업한다.

215 바인더와 콤바인을 비교할 때 바인더에만 있는 장치는?

① 탈곡 장치　　② 결속 장치

③ 인기 장치　　④ 예취 장치

216 리퍼나 콤바인에는 없고 바인더에만 있는 주요 부분은?

① 주행장치　　② 예취 장치

③ 결속 장치　　④ 동력 전달장치

217 콤바인으로 곡물을 예취할 때 인접된 곡간을 분할하여 차륜에 밟히지 않도록 하는 역할을 하는 부품은?

① 디바이더　　② 부초간

③ 픽업 장치　　④ 래크

해설 픽업 장치 : 도복된 작물을 사람의 왼손과 같은 역할을 하여 흩어진 작물을 가지런히 하면서 지지하여 주는 것이다.

218 콤바인 작업에서 손상립이 생기는 원인이 아닌 것은?

① 예취날과 고정 칼날의 유격이 너무 작다.

② 급동의 회전속도가 너무 빠르다.

③ 양곡치 날개의 끝과 케이스의 간격이 너무 좁다.

④ 급치와 수망의 간격이 너무 좁다.

219 이앙작업 중 식부장치가 멈추고 소리가 나면?

① 식부조의 마모가 심하다.

② 엔진이 멈췄다.

③ 식부조에 이물질이 끼어 과부하가 걸린다.

④ 유압장치에 이상이 있다.

220 이앙기의 자동 플로트가 작동하지 않으면?

① 엔진이 멈추게 된다.

② 좌, 우로 미끄러진다.

③ 식부 깊이가 일정하지 않다.

④ 전진을 멈추게 된다.

221 이앙기의 모 운반 벨트는?

① 산파모 이앙기에 부착되어 있다.

② 조파모 이앙기에 부착되어 있다.

③ 승용 이앙기에만 설치되어 있다.

④ 산파, 조파모용에 부착되어 있다.

222 조파모용 이앙기의 장기 보관 시 유의사항 중 맞는 것은?

① 알맞은 습기가 있는 곳에 보관한다.

② 가급적 각 부분이 햇빛을 많이 받을 수 있도록 한다.

③ 모운반 벨트가 햇빛에 노출되지 않게 보관한다.

④ 통풍이 안되는 곳에 보관한다.

223 이앙기의 기체를 상승시켜도 자연 하강되는 고장 원인은?

① 릴리프 밸브와 사이트 사이에 이물질 부착

② 유압 벨트의 긴장도 부족

③ 엔진 회전수 과소

④ 유압펌프의 송출 압력 부족

224 이앙작업 시 표준 식부 깊이는 얼마인가?

① 0~1cm   ② 1~2cm

③ 2~3cm   ④ 4cm 이하

225 조파 이앙기의 압출판이 하는 역할은?

① 지면을 편평하게 눌러 준다.

② 모가 뜨지 않게 약간 눌러 준다.

③ 육묘 상자에서 밀려나오는 모를 눕혀준다.

④ 육묘 상자에서 모를 밀어낸다.

226 승용 이앙기의 토인은 어느 범위가 알맞은가?

① 11~15cm   ② 2~10cm 정도

③ 0~1cm 정도   ④ 16~20cm 이상

227 동력 이앙작업 시 표면 정지를 하며 기체의 중량을 받쳐주는 역할을 하는 것은?

① 유압레버   ② 플로트

③ 묘탑재판   ④ 식부침 클러치

228 이앙작업에서 뜬 모가 발생하는 원인이 아닌 것은?

① 식부조부 마모 또는 취부 불량

② 이앙 깊이 조정 불량

③ 흙이 너무 부드럽거나 단단하다.

④ 물이 너무 적다.

229 파종기의 파종 방법이다. 틀린 것은?

① 종자가 잘 선별되어야 한다.

② 복토 상태가 적당한지 확인한다.

③ 파종기의 각부를 점검하고 작업방법에 따라 알맞게 조절한다.

④ 휴립 로터리 파종시 복토의 6~7cm 정도가 좋다.

230 이앙기에서 스윙 장치란 무엇을 말하는가?

① 차륜상하 위치 저장 레버 조합

② 좌우 차륜이 독립 현가 작용을 할 수 있는 장치

③ 플로트 부착 장치

④ 이앙기에서 사용하는 도그 클러치의 일종

231 기계 이앙기 유압장치는 어느 위치에 놓는가?

① 완전히 내린다.　② 1/2쯤 내린다.

③ 1/2 이상 올린다.④ 완전히 올린다.

232 이앙기에 설치되어 있는 클러치는?

① 조향 클러치, 주행 클러치, 식부 클러치

② 주 클러치, 조향 클러치

③ 조향 클러치, 식부 클러치

④ 주행 클러치, 식부 클러치, 주 클러치

233 이앙기로 모내기 작업하기 전에 논의 준비사항 중 틀린 것은?

① 논갈이의 깊이는 15~18cm로 간다.

② 비료는 점층 시비한다.

③ 물의 깊이는 10~20cm로 맞춘다.

④ 써레질은 모래땅일 경우는 모내기 당일이나 1일 전에 보통 논은 1~2일 전에 써레질한다.

234 이앙기의 바퀴가 지나간 자국을 없애주고 제초제의 효력을 높여주는 것은?

① 정지판　　　② 가늠자 조작 레버

③ 유압레버　　④ 모 멈추게

235 이앙기에서 주유할 부분이 아닌 것은?

① 식부 깊이 레버 연결부

② 엔진 드레인콕 플러그

③ 주행 클러치 와이어

④ 조향 클러치 와이어

236 심은 모가 흩어지는 이유가 아닌 것은?

① 분리침의 간격이 너무 넓다.

② 모판이 말라 있다.

③ 논이 너무 단단하다.

④ 논이 너무 부드럽다.

237 현미기의 탈부 방식에 의한 분류 중 고무 롤러형 마찰식의 종류가 아닌 것은?

① 단통 롤러형　　② 하통 롤러형

③ 복통 롤러형　　④ 3통 롤러형

238 트레셔는 무슨 기계인가?

① 맥류 탈곡 조제기

② 사료 분쇄기

③ 사료 절단기

④ 곡물 건조기

제 **4** 편

농업동력학

농업기계 산업기사

제 **1** 장

농용 전동기

농용 전동기는 전기에너지를 기계적 에너지로 바꾸어 사용하는 정치용 동력원으로서, 엘리베이터, 펌프, 송풍기, 압축기, 컨베이어, 크레인, 압연기, 유리온실 및 미곡종합처리장 등에 널리 사용되고 있다.

1 농용 전동기의 분류와 특성

1 농용 전동기의 장·단점

장점	단점
① 효율이 좋다. ② 한랭시 시동성이 좋다. ③ 운전이 조용하고 소음과 진동이 적다. ④ 운전 중 연기나 유해 배기가스가 없다. ⑤ 운전조작이 간단하고, 취급에 숙련을 요하지 않는다. ⑥ 자동제어를 간단히 할 수 있다. ⑦ 원격조절이 쉽다. ⑧ 출력에 비하여 소형 경량이다.	① 배전 설비가 있어야 사용할 수 있다. ② 정전일 때는 사용할 수 없다. ③ 전기 사용을 잘못하면 감전, 누전 등의 사고 위험이 있다. ④ 이동형으로는 전기시설을 따로 해야 한다.

※ 전동기와 가솔린 기관의 차이점은(회전 방향 변경 가능, 정속도를 얻을 수 있으며, 전동기는 정치용으로 사용된다)

2 농용 전동기의 분류

농용 전동기를 사용하는 전원, 작동원리, 구조 등에 따라 분류하면 아래의 내용과 같다. 이 밖에도 보호방식에 따라 방진형, 방수형, 수중형 등으로 나누어진다. 방진형은 먼지가 많은 곳에 사용할 수 있으며, 방수형은 물이 새어 들어가지 않게 한 것이고, 수중형은 물 속에서 전동기를 사용할 수 있다.

전동기는 외형의 구조에 따라 개방형, 밀폐형, 반 밀폐형으로 분류된다.

개방형은 구조가 간단하고, 가격이 저렴하며, 통풍과 방열이 양호하다. 반 밀폐형은 개방형에 비하여 통기공이 작고, 밀폐형은 완전히 폐쇄한 것이다.

○ 농용 전동기의 분류

전동기 구분	교류 전동기	3상 유도 전동기 : 농형, 코일형
		단상 유도 전동기 : 분상 기동형, 콘덴서 기동형, 반발 기동형, 세이딩 코일형
	직류 전동기	직권형, 분권형, 복권형

○ 전동기의 종류별 특징

전동기 종류			속도 특성	적용 예
교류	3상 유도 전동기	농형	정속도, 다단 속도 제어 가능	공작 기계, 펌프, 송풍기
		권선형	정속도	엘리베이터, 기중기
	단상 유도 전동기		정속도	선풍기, 드릴, 믹서 등 가정용 및 소형 전동기
직류	분권		정속도, 속도 제어 가능	엘리베이터, 펌프, 공작 기계
	직권		변속도	전차, 기중기, 시동 전동기
	복권		변속도, 정속도	펌프, 공기, 압축기

② 농용 3상 유도 전동기

3상 교류 전원에 의해 운전되며, 단상 교류 전원에 의해 운전되는 단상 유도 전동기에 비해 비교적 큰 출력이 요구되는 곳에 사용된다. 3상 유도 전동기는 3개의 전선을 통하여 각 전선 사이에 120°의 위상차를 가진 교류 전력을 공급받는다.

1 회전 원리

전동기는 전류의 자기 유도 작용을 이용하여 회전 또는 교번하는 자기장을 만들고 자기장과 회전자 사이에 전자기력의 유도작용에 의하여 회전자를 돌게 하고 이때 발생하는 회전력을 이용하는 원동기이며, 3상 유도 전동기는 입력전류의 위상차가 120°의 각을 가진 3상이기 때문에 회전자장을 바로 만들 수 있는 장점이 있다.

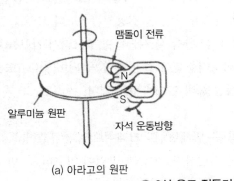

(a) 아라고의 원판   (b) 맴돌이 전류

○ **3상 유도 전동기**

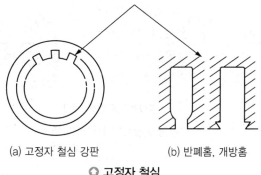

(a) 고정자 철심 강판   (b) 반폐홈, 개방홈

◎ **고정자 철심**

❷ 구조와 작용

3상 유도 전동기는 고정자, 회전자, 정류자 그 외 프레임 및 엔드 브래킷 등으로 구성되어 있다. 농형과 코일형의 구조상 큰 차이점은 농형 회전자는 코일이 권선되어 있지 않지만 코일형 회전자에는 3상의 코일이 권선되어 있다는 점이다.

(1) 고정자(stator)

고정자는 고정자 철심과 고정자 코일로 이루어졌다. 고정자 철심은 0.35~0.5mm의 얇은 강판의 양면에 절연 도료를 칠한 후 여러 장을 겹쳐서 성층한 것으로, 안쪽의 고정자 홈에는 3조의 코일을 전기 각으로 120°가 되게 권선하고 3상 교류를 흐르게 하여 회전 자기장을 발생시킨다.

 고정자는 자석의 역할을 하며, 자속이 통하기 쉬운 철심과 전자석을 만들기 위한 고정 권선으로 되어 있다.

(2) 회전자(rotor)

회전자는 고정자와 같이 얇은 강판을 여러 장 겹쳐서 원통형의 철심을 만들고, 그 바깥 둘레에 농형 전동기는 농형 도체를 끼웠으며, 코일형 전동기는 3조의 코일을 권선하고, 각 코일의 한쪽 끝은 서로 접속하였으며, 다른 한쪽 끝은 슬립링과 브러시 기구를 통해 외부의 기동 저항기 등에 접속시켜 기동 때 회로저항을 조절할 수 있게 되어 있다. 또한, 회전자에는 냉각 팬을 구비하여 과도한 온도 상승을 방지하여 주고 있다.

 3상 유도 전동기(3대) 주요부 : 고정자(고정자 철심), 회전자, 정류자이다.

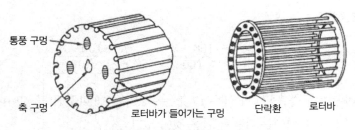

통풍 구멍

축 구멍

로터바가 들어가는 구멍

단락환   로터바

○ **농형 회전자의 철심과 도체**

❸ 성능 및 특성

(1) 동기속도

유도 전동기의 고정자 권선에 3상 교류를 흐르게 하면 일정 속도의 회전 자기장을 형성하는데, 이 자기장의 회전속도를 전동기의 동기속도라 한다.

$$N_s = \frac{120 \times f}{p}$$

여기서, N_s : 동기속도(rpm)

　　　　f : 전원의 주파수(Hz)

　　　　p : 고정자의 극수

우리나라의 전원의 주파수는 60Hz이므로 2극 전동기의 동기속도는 3600rpm이며, 4극 전동기는 1800rpm 및 6극 전동기는 1140rpm이 된다.

(2) 슬립률

유도 전동기의 회전속도는 무부하일 때 동기속도와 거의 같다. 그러나 부하가 걸리면 회전속도는 약간 감소한다. 이 경우의 동기속도와 회전자의 실제 속도의 차를 슬립률이라 하며 동기속도를 먼저 구하고 다음 식과 같이 정의된다.

$$S = \frac{N_s - N}{N_s} \times 100\%$$

여기서, S : 슬립률(%)

　　　　N : 부하일 때의 회전속도, 즉 실제 회전속도(rpm)

출력이 작은 소형 전동기의 전 부하시의 슬립률은 5~10%이며, 중형 및 대형의 전동기는 3~5% 정도이고, 대형 전동기에서는 부하의 변동에 따른 회전속도의 변화가 매우 적은 편이다.

(3) 속도 조절법

$$유도\ 전동기의\ 속도(N)= N_s \frac{100-s}{100} = 120\frac{f}{p} \times \frac{100-s}{100}$$

속도를 바꾸려면 슬립률 s 나 극수 p, 또는 주파수 f 를 바꾸면 될 것이다. 그러므로 유도 전동기의 속도 제어법에는 다음과 같은 것이 있다.

① 슬립률을 바꾸는 방법 : 1차 전압 제어, 2차 저항 제어

② 극수를 바꾸는 방법

③ 주파수를 바꾸는 방법 : 전원의 주파수를 바꾸면 전동기의 속도가 바뀐다. 이 방법은 비용이 많이 들므로 특수한 경우에만 적용하지만, 광범위한 속도 제어가 가능하고, 속도 제어의 전 영역에서 효율이 좋다.

 Tip

회전 방향 바꾸기

3상 유도 전동기의 3단자 중 어느 2개의 단자를 서로 바꾸어 접속하면 회전 자기장의 방향이 바뀌어 전동기의 회전 방향을 바꿀 수 있다.

(4) 토크 특성

농용 전동기의 토크, 즉 회전력은 회전속도에 따라 변하며, 그 변화 상태는 전동기의 종류에 따라 다르다. 일반적으로 유도 전동기의 기동 토크는 그림과 같이 비교적 작으며, 회전 속도가 증가함에 따라 토크는 증가하고, 최대토크에 도달한 후 급격히 감소하여 동기속도에서 0이 된다.

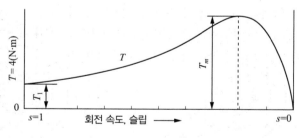

○ 유도 전동기의 토크특성

③ 농용 단상 유도 전동기

① 회전 원리

3상 유도 전동기는 3쌍의 교류를 흐르게 하여 회전자계를 만들었으나 단상 유도 전동기는 고정자 권선이 2쌍이므로 교류전류의 위상이 + 방향일 때의 자계와 − 방향일 때의 자계가 자극을 바꾸어 가며 180° 위상차로 반복되어 나타날 뿐 회전자장은 생기지 않는다.

② 구조와 특성

단상 유도 전동기는 3상 유도 전동기와 같이 고정자, 회전자 베어링, 냉각팬 등으로 구성되어 있다.

(1) 분상 기동형 유도 전동기

기동 권선을 주권선에 90°의 각도를 이루게 설치하여 둘의 위상차로 회전자를 회전시킨다. 회전 방향을 바꾸려면 주권선이나 기동 권선의 어느 한 권선의 단자접속을 반대로 하면 된다.

(2) 콘덴서 기동형 유도 전동기

기동 권선과 직렬로 콘덴서를 설치하여 회전자를 회전시킨다. 기동전류가 작으며 회전 방향을 바꾸는 방법은 분상 기동형과 동일하다. 그 종류로는 콘덴서 기동형, 콘덴서 운전형, 콘덴서 기동 운전형이 있다.

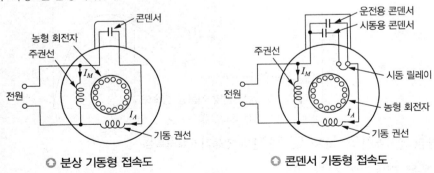

❂ 분상 기동형 접속도   ❂ 콘덴서 기동형 접속도

(3) 콘덴서 운전형 유도 전동기

운전 중에도 콘덴서를 항상 접속시켜 기동 권선과 주권선 사이에 위상차를 발생시켜 회전 자기장을 형성하는 전동기를 콘덴서 운전형 전동기라 하며, 기동 토크는 작으나 소음과 진동이 작고, 역률과 효율도 다른 전동기보다 높아, 가정용으로 많이 사용한다.

(4) 콘덴서 기동 운전형 유도 전동기

시동 시에는 콘덴서 기동형으로 동작하고, 운전 중에는 콘덴서 운전형으로 동작하게 하여 사용한다.

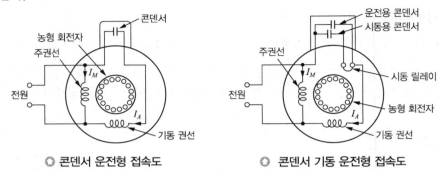

◉ 콘덴서 운전형 접속도　　　◉ 콘덴서 기동 운전형 접속도

(5) 농용 반발 기동형 단상 유도 전동기

농용 반발 기동형 단상 유도 전동기의 구조는 고정자 권선(S), 권선형의 회전자(R) 및 정류자(C)와 정류자에 접촉하는 탄소 브러시(B_1, B_2) 및 자동 개폐 스위치로 구성되어 있다.

반발 회전형 전동기는 기동 토크가 매우 크며, 기동 전류는 비교적 작다. 그러나 같은 크기의 분상 기동형 전동기에 비하여 치수가 크고 무게가 무거우며 가격이 비싸다. 따라서, 농업용의 양수 작업과 같은 기동 토크가 큰 작업 등에만 사용한다.

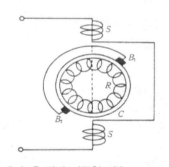

◉ 농용 반발 기동형 접속도

❸ 농용 전동기의 설치 및 운전

(1) 농용 전동기의 선정

① 기계의 속도 및 토크 특성에 맞는 기종(정속도, 정출력, 정토크, 저감도 토크)
② 전동기의 사용 조건에 맞는 기종(정격, 통풍 및 냉각 등)
③ 주위 환경에 맞는 기종(온도, 습도, 먼지, 옥내외 사용 등)
④ 경제적인 조건에 맞는 기종(가격, 유지비 등)

(2) 농용 전동기를 설치할 때 고려해야 할 사항

① 건조하고 통풍이 잘 되는 장소에 설치한다.

② 온도가 높고 습도가 높은 장소를 피한다.

③ 먼지가 많은 장소를 피한다.

④ 청소하기 편리한 장소가 좋다.

⑤ 대형 전동기는 콘크리트로 기초를 튼튼히 한다.

⑥ 1kW 내외의 소형 전동기는 나무틀로 고정시켜도 좋다.

⑦ 전동기축과 작업기축이 일직선 또는 평형이 되도록 한다.

⑧ 전동기를 직접 작업기에 설치할 때에는 감전 등의 안전사고에 주의한다.

(3) 농용 전동기를 운전할 때의 유의사항

① 전동기를 기동할 때에는 될 수 있는 대로 무부하상태로, 스위치는 천천히 그리고 확실히 넣어야 한다.

② 처음 기동할 때에는 회전 방향에 주의한다.

③ 장시간의 심한 과부하 운전은 대단히 위험하다.

④ 전동기의 베어링 발열부 온도는 40~50℃ 이하가 되도록 냉각에 주의한다.

⑤ 베어링 부분의 과열에 주의한다.

⑥ 진동이 심할 때에는 즉시 운전을 중지하고 점검한다.

⑦ 전동기의 전압이 저하되면 과부하 상태가 되고, 심하면 권선이 타버리므로 주의한다.

⑧ 정격의 퓨즈를 사용한다.

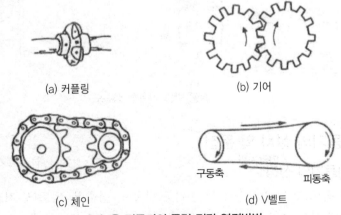

(a) 커플링   (b) 기어

(c) 체인   (d) V벨트

❂ **농용 전동기의 동력 전달 연결방법**

제**2**장

내연기관

1 내연기관(internal combustion engine)

1 열기관(heat engine)

자연계에 존재하는 동력으로 물, 석탄, 석유류 등을 이용하여 화학적 에너지를 기계적인 에너지로 변환하는 기관이다. 대부분 내연기관은 열 에너지를 기계적인 운동으로 변환시켜 동력을 얻을 수 있게 한 기관으로 열 기관이라 하고 다시 내연기관과 외연기관으로 분류한다. 또한 오늘날 대부분의 농업기계는 내연기관이다.

① 내연기관 : 기관 내부에서 연료를 연소시켜 동력을 공급한다(농용 기관, 자동차, 버스 등).

② 외연기관 : 기관 외부에서 연료를 연소시켜 동력을 공급한다(보일러, 증기기관, 증기 터빈 등).

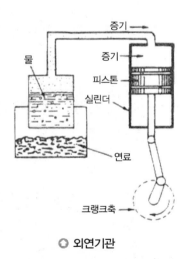

○ 외연기관

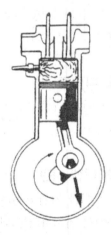

○ 내연기관

2 내연기관의 종류

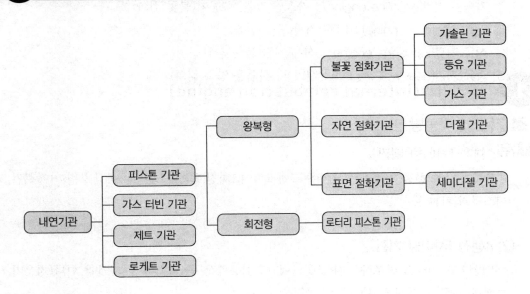

1 열의 공급방법

(1) 가솔린 기관

정적 사이클 기관(constant volume cycle engine) 또는 오토 사이클 기관 일정한 체적하에서 연소가 일어난다.

(2) 저속 디젤 기관

정압 사이클 기관(constant pressure cycle engine) 또는 디젤 기관 일정한 압력하에서 연소가 일어난다.

(3) 고속 디젤 기관

합성 사이클 기관(combination volume cycle engine) 또는 복합 사이클 기관 정적과 정압하에서 연소가 일어난다.

 Tip 가스 터빈 이상 사이클 ⇒ 보레이턴 사이클

☑ 연료의 종류

① 가솔린 기관(gasoline engine) : 가솔린 기관, 항공기(불꽃 점화)
② 가스 기관(gas engine) : LPG 기관(불꽃 점화)
③ 석유 기관(kerosene engine) : 석유 기관(불꽃 점화)
④ 중유 기관(heavy oil engine) : 선박용, 산업용(압축 점화)

☑ 기관의 작동방식

(1) 2행정 1사이클 기관

기관이 1사이클을 완료하는 사이에 크랭크축이 1회전, 즉 피스톤이 2행정을 한다(예취기, 미스터기 기관 등).

(2) 4행정 1사이클 기관

기관이 1사이클을 완료하는 사이에 크랭크축이 2회전, 즉 피스톤이 4행정을 한다(경운기, 트랙터, 관리기 엔진 등 대부분의 농업용 기관).

☑ 연료의 점화방식

① 불꽃 점화기관(spark ignition engine) : 기화기, 단속기, 점화 플러그
② 압축 착화기관(compression ignition engine) : 필터, 펌프, 노즐, 연소실
③ 소구 점화기관(semi diesel engine) : 세미 디젤 기관, 표면 점화기관(2행정기관, 압축비는 6~9이다)

☑ 가스의 작동방식

① 단동 기관(single-acting engine)
② 복동 기관(double-acting engine)

☑ 그 밖의 분류

① 실린더 수에 따라 : 단기통, 다기통
② 냉각방식에 따라 : 공랭식, 수냉식
③ 용도에 따라 : 농업용, 산업용, 자동차용, 선박용, 항공기용, 발전용 기관
④ 실린더 배치에 따라 : 횡형, 수평형, 종형, 직렬형, V형, 성형

7 가스 터빈 기관의 구성

압축기, 연소기, 터빈(브레이톤 사이클)

 Tip

로터리 기관의 특징
① 토크 변동이 적다.
② 소음이 적고, 고속회전에 적합하다.
③ 기관 중량이 적고, 마력당의 중량이 적다.
④ 기계적 손실이 적다.

3 내연기관의 작동원리

1 기본 용어의 정의

① **상사점**(Top Dead Center, TDC) : 피스톤이 실린더 최상단에 위치하는 점
② **하사점**(Bottom Dead Center, BDC) : 피스톤이 실린더 최하단에 위치하는 점
③ **행정**(stroke) : 상사점과 하사점 사이의 피스톤 작동거리, 즉 피스톤이 이동한 거리
④ **연소실체적**(간극 체적, V_c) : 피스톤이 상사점에 있을 때, 피스톤과 실린더 사이의 체적
⑤ **행정체적**(배기량, V_s) : 피스톤의 1행정으로서 배제되는 실린더 용적

$$배기량 : V_s = \frac{\pi D^2}{4 \times 1000} L$$

$$총배기량 : V_s = \frac{\pi D^2}{4 \times 1000} L \times N$$

$$\therefore V_s = (\varepsilon - 1) \quad V_c = (\varepsilon - 1) \times V_c$$

여기서, $\frac{\pi D^2}{4}$: 실린더 단면적(cm^2), D : 내경(mm), L : 행정(mm)

N : 실린더 수, V_c : 연소실 체적(cc), V_s : 배기량(체적 : cc)

⑥ **실린더 체적** : 행정 체적+연소실 체적
⑦ **압축비** : 실린더 체적 ÷ 행정(간극) 체적

$$압축비(\varepsilon) = \frac{V_S + V_C}{V_C} = 1 + \frac{V_S}{V_C}$$

압축비 ε는 가솔린 기관은 5~8 : 1, 디젤 기관은 15~23 : 1, 석유기관은 4~4.5 : 1이다.

⑧ **크랭크 각** : 크랭크 암이 회전한 각도, 피스톤이 상사점에 있을 때 $0°$이고 하사점에 있을 때 $180°$이다.

⑨ **피스톤 평균속도**

$$V = \frac{2LN}{60}[\text{m/s}]$$

여기서, L : 행정(mm), N : 회전수(rpm)

 Tip

크랭크 핀의 위상각 $= \dfrac{720°}{\text{기통수}}$

- 4기통 : $180°$
- 6기통 : $120°$
- 8기통 : $90°$

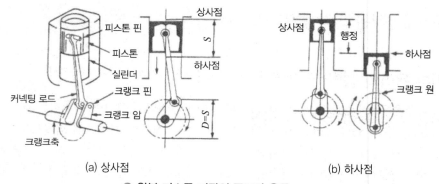

(a) 상사점　　　　　　　　　　(b) 하사점

○ **왕복 피스톤 기관의 구조와 운동**

❷ 4행정 전기(불꽃) 점화기관의 작동원리

(1) 흡기행정

피스톤이 상사점에서 하사점까지 이동하는 사이에 흡기밸브가 열리면서 연료와 공기의 혼합기체가 실린더 내로 흡기되는 과정이며 흡기밸브는 하사점이 지날 때까지 열려 있다.

(2) 압축행정

피스톤이 하사점을 지나 계속 상승하면 흡기밸브는 닫힌 상태가 되며, 밀폐된 실린더 내부에 흡기되어 있는 혼합가스는 압축된다. 4행정 불꽃 점화기관으로 압축비가 $5{\sim}11\text{kg/cm}^2$, 압축 온도는 $250{\sim}350℃$이다.

(3) 팽창행정

연료가 지닌 화학적 에너지가 연소되어 기계적 에너지로 변환되어 동력을 발생하는 행정이기 때문에 동력행정 또는 폭발행정이라고 한다.

(4) 배기행정

팽창행정 말기에 밸브 장치에 의해 배기 밸브가 열리면 연소된 배기가스는 자체의 압력으로 배기되기 시작하고, 이후 피스톤이 상승하면서 배기가스를 몰아내며 상사점에 이른 후에도 배기가스의 유출관성에 의해 배기 밸브가 닫힐 때까지 배기 작용이 계속 이루어진다.

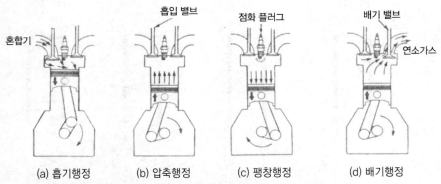

▲ 4행정 전기(불꽃) 점화기관의 작동 순서(가솔린, 석유, LPG기관)

❸ 4행정 압축 점화기관의 작동원리

4행정 압축 점화기관의 기본 작동원리는 4행정 불꽃 점화기관의 작동원리와 비슷한 점이 많으나, 연료의 공급 방식 및 연소 원리 등은 크게 다르다. 다음은 4행정 불꽃 점화기관과의 작동원리상의 큰 차이점이다.

(1) 흡기행정

압축 점화기관은 가솔린 기관과는 달리 흡기행정 때 공기만 실린더 안으로 흡기한다.

(2) 압축행정

불꽃 점화기관은 혼합가스를 압축하지만, 압축 점화기관은 흡기행정 때 공기만 흡기했기 때문에 압축행정을 통하여 흡기된 공기를 압축한다. 4행정 압축 점화기관은 압축비가 15~23으로 커서 압축 압력은 $30 \sim 55 \mathrm{kgf/cm}^2$, 압축 온도는 $500 \sim 650 \, ℃$에 이른다.

(3) 팽창행정

압축행정 말기에 압축된 공기 중에 별도의 연료 공급장치를 통하여 기종에 따라 $120 \sim 200 \mathrm{kgf/cm}^2$의 압력으로 연료를 분사하면, 연료와 공기가 혼합 무화되면서 자연 발화가 되어 연소가 진행된다.

(4) 배기행정

불꽃 점화기관과 같이 동력을 발생하고 난 배기가스를 기관의 외부로 배출시키는 행정으로, 불꽃 점화기관에 비해 압축비가 크기 때문에 배기가스의 배출 작용이 양호하며, 잔류가스가 적은 편이다.

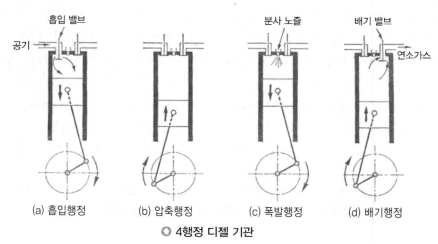

◎ 4행정 디젤 기관

4 2행정 불꽃 점화기관의 작동원리

2행정 불꽃 점화기관을 4행정 불꽃 점화기관과 비교할 때 기본적인 차이점 중의 하나는 흡기구, 배기구 이외에 소기구가 있으며, 흡기구가 실린더에 위치한 기종은 별도의 밸브기구가 없이 피스톤의 승강으로 피스톤이 이들 구멍을 개폐하며, 흡기구가 크랭크실에 위치하고 있는 기종은 흡기구에 역류방지용 밸브가 설치되었으며, 크랭크실의 가압, 부압 상태에 따라 밸브가 개폐된다.

(1) 하강행정의 초기

상사점 부근에서 이미 실린더 안으로 흡기된 혼합가스가 전기장치에 의한 점화 불꽃에 의해 인화, 연소되어 팽창 압력으로 피스톤을 밀어내는 동력 행정이 이루어지면서 크랭크실 안으로 흡기된 혼합가스는 점차 압축된다.

(2) 하강행정의 후기

피스톤이 계속 하강하면, 피스톤에 의해 막혀 있던 배기구가 열리면서 자체의 폭발 압력으로 배기 작용이 이루어진다. 이후 피스톤이 더욱 하강하여 소기구가 열리면 밀폐된 크랭크실에서 피스톤의 하강으로 예압된 혼합가스가 소기구를 통하여 실린더 안으로 유입된다. 이때, 유입되는 혼합가스는 실린더 안에 남아 있는 혼합가스를 밖으로 밀어내는 역할도 하는데, 이러한 행정을 소기행정이라 한다.

(3) 상승행정의 초기

피스톤이 상승하면서 소기구와 배기구를 차례로 닫을 때까지 배기가스는 계속 배출된다.

(4) 상승행정의 후기

피스톤이 계속 상승하여 소기구와 배기구를 닫으면 실린더 내부는 밀폐되어 실제적인 압축행정이 이루어지며, 반면에 밀폐된 크랭크실 내부는 진공이 형성된다. 따라서, 흡기구가 크랭크실에 위치한 기종은 역류 방지 밸브인 리드 밸브가 열리면서 혼합가스가 흡기되며, 흡기구가 실린더에 위치한 기종은 피스톤이 상승하여 피스톤의 하단부가 흡기구를 지나 흡기구가 실린더에 위치한 기종은 피스톤이 상승하여 피스톤의 하단부가 흡기구를 지나 흡기구를 개방하면 크랭크실로 혼합가스가 진공에 의해 흡기된다. 위와 같이, 피스톤이 하강할 때에는 동력 행정, 배기행정, 소기 작용이 이루어지며, 피스톤이 상승할 때에는 소기 작용 및 배기 작용, 압축행정 및 크랭크실로의 흡기 작용이 이루어진다.

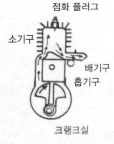 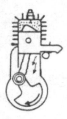 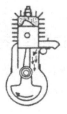 

| (a) 상승행정(배기, 소기) | (b) 상승행정(압축,
크랭크실 흡기) | (c) 하강행정(크랭크
실 흡기, 팽창) | (d) 하강행정(배기,
크랭크실 압축) |

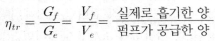
● 2행정 불꽃 점화기관의 작동 순서(예취기, 미스터기 기관)

(5) 2행정 사이클 기관의 소기 및 용어

① 소기(scavenging) : 연소가스를 방출하고 혼합가스를 실린더 내에 채우는 현상을 말한다.

② 소기 기간 : 하사점을 중심으로 120~150° 정도에서 행한다.

③ 흡기 효율

$$\eta_{tr} = \frac{G_f}{G_e} = \frac{V_f}{V_e} = \frac{\text{실제로 흡기한 양}}{\text{펌프가 공급한 양}}$$

여기서, G_e, V_e : 소기 펌프에 의해서 공급된 신기의 중량과 체적

G_f, V_f : 흡기한 신기의 중량과 체적

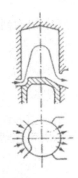
● 횡단소기식

④ 소기효율

$$\eta_s = \frac{G_f}{G_g} = \frac{V_f}{V_g} = \frac{\text{실린더 속의 흡기한 신기의 양}}{\text{실린더 내의 잔류 가스와 신기와의 합}}$$

여기서, G_g, V_g : 실린더 내 잔류 가스와 신기와의 합의 중량과 체적

5 내연기관의 주요부 구조와 작용

(1) 실린더 헤드와 실린더(cylinder head & cylinder)

실린더 헤드는 실린더블록(cylinder block)의 상단에 볼트로 고정되어 피스톤, 실린더와 함께 연소실을 형성한다. 그리고 연료를 연소시켜 열에너지를 얻고 이 열에너지를 피스톤에 의해 기계적 에너지로 바꾸는 일종의 원통이다. Ni, Cr 등의 고급 주철로 만든다.

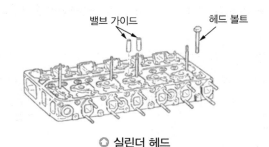

◎ 실린더 헤드

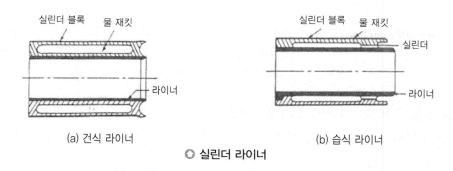

(a) 건식 라이너   (b) 습식 라이너

◎ 실린더 라이너

(2) 피스톤(piston)

피스톤은 실린더 내에 설치되어 12~13m/sec 정도의 속도로 왕복운동을 하면서 폭발행정시에 발생된 고온·고압 가스의 압력을 받아 커넥팅로드를 통하여 크랭크축에 전달하며, 크랭크축은 피스톤에서 전달된 동력을 회전력으로 변화시켜 기관의 출력으로써 외부에 전달한다. 또한 피스톤은 흡기·압축·배기행정시에는 크랭크축에서 동력을 받아서 각각 작동한다. 그리고 가능한 가볍고, 헤드부분이 얇으며, 열전도율이 좋고 열팽창률이 적어야 한다.

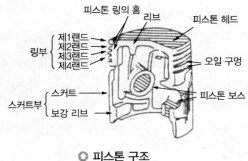

◎ 피스톤 구조

(3) 피스톤 링(piston ring)

피스톤 링은 압축링과 오일링으로 구분되며, 내마모성, 내부식성, 내열성, 높은 강도와 탄성이 요구된다.

① 압축링 : 기밀을 유지하고 피스톤의 열을 실린더 벽에 전달하는 역할을 한다.

② 오일링 : 윤활유를 적절히 분포시키고 여분의 윤활유를 긁어내어 연소실 내의 윤활유 연소와 이로써 생기는 탄소의 퇴적을 방지한다.

③ 피스톤 링의 역할 : 냉각작용, 기밀작용, 윤활작용이다.

◎ 피스톤 링 구조

(4) 피스톤 핀(piston pin)

피스톤과 커넥팅 로드의 소단부를 연결하는 핀이다.

① 피스톤 연결 방법

㉠ 고정식 : 피스톤 핀을 피스톤에 고정시키는 것

㉡ 반 부동식 : 피스톤 핀을 커넥팅 로드에 고정시키는 것

㉢ 전 부동식 : 피스톤 핀을 어느 부분에도 고정시키지 않고 핀의 양쪽 끝은 스냅 링으로 단지 핀의 이탈을 방지하는 것으로 고속기관에 많이 사용된다.

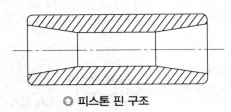

◎ 피스톤 핀 구조

(5) 커넥팅 로드(connecting rod)

피스톤 핀과 크랭크축을 연결하며 피스톤에 가해진 힘을 크랭크축에 전달하는 역할을 한다. 커넥팅 로드는 피스톤 핀에 연결되는 소단부와 크랭크 핀에 연결되는 대단부로 구성되며, 압축, 인장, 굽힘 등의 반복 하중에 견딜 수 있도록 I형 또는 H형의 모양으로 단조하여 만든다. 그러나 소형 가솔린 기관에서는 알루미늄 합금의 다이캐스팅으로 만들기도 한다.

커넥팅 로드 소단부의 중심과 대단부의 중심과의 거리를 커넥팅 로드 길이라 하며 피스톤 행정의 1.5~2.3배이다.

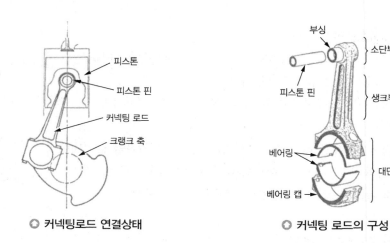

◎ 커넥팅로드 연결상태　　　　◎ 커넥팅 로드의 구성

(6) 크랭크축(crank shaft)

크랭크축은 피스톤의 왕복운동을 회전운동으로 바꾸어 주는 역할을 한다. 크랭크축은 크랭크 암, 크랭크 저널, 크랭크 핀으로 이루어지는데, 축의 끝에는 회전을 원활하게 하기 위한 플라이휠이, 다른 쪽 끝에는 동력을 전달하기 위한 풀리가 부착된다.

> • 4기통 폭발순서 : 우 1, 3, 4, 2 또는 좌 1, 2, 4, 3
> • 6기통 순서 : 우수식 : 1, 5, 3, 6, 2, 4
> 　　　　　　　좌수식 : 1, 4, 2, 6, 3, 5

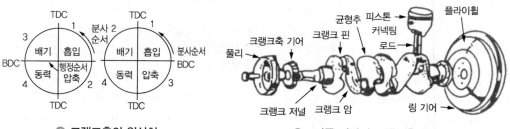

◎ 크랭크축의 위상차　　　　◎ 4기통 기관의 크랭크축 구조

(7) 플라이휠(flywheel)

플라이휠은 주철 또는 주강으로 만들어진 무거운 바퀴 형태의 것으로, 팽창행정일 때 에너지를 저장하였다가 흡기, 압축, 배기행정일 때 필요한 에너지를 공급함으로써 토크 변동을 줄이고 원활한 회전을 가능하게 한다. 일반적으로 실린더의 수가 적을수록 그리고 회전속도가 낮을수록 큰 플라이휠을 부착한다.

 Tip 관성의 원리를 이용한 작동

(8) 밸브(valve)

밸브의 구조는 헤드와 스템으로 이루어지며, 흡·배기공과 밀착되는 밸브 헤드의 측방 경사 부분을 밸브 면이라 하고, 이와 맞닿는 부분을 밸브 시트라 한다.

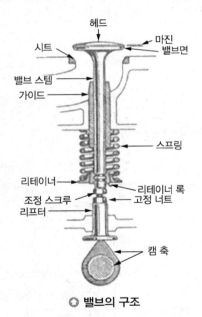

⬆ **밸브의 구조**

밸브면은 30°, 45°, 60°의 접촉각을 가지도록 정밀 가공되어 밀착성을 높이고 있으며 45°가 가장 많이 사용되고 있다. 밸브가 기울어지는 것을 방지하기 위하여 밸브 스템을 밸브 가이드로 잡아주고 있다. 특히 배기 밸브는 고온인 배기가스가 빠른 속도로 지나가므로 내열성이 좋은 재료를 사용한다. 흡기밸브는 흡기의 효율을 높이기 위하여 배기 밸브보다 지름이 큰 것을 사용한다.

밸브 틈새가 크면 밸브의 열림이 불충분하여 가스의 흡기, 배출이 나빠지고 소음이 커진다. 반대로 작으면 밸브가 닫힐 때 밸브 시트에 밀착할 수 없게 되어 가스가 새고 압축이 불량하여 출력이 감소하고 연료 소비가 커진다.

밸브의 구비조건
- 비중이 적고 경량일 것
- 내열 및 내마모성이 양호할 것
- 강도가 크고 충격에 강할 것
- 열전도가 적고 열팽창계수가 적을 것

- **밸브의 구동방식**

　① **사이드 밸브 기관**(side valve engine) : 밸브 기구가 실린더 블록에 설치

　② **오버 헤드 밸브 기관**(over head valve engine) : 밸브 기구가 실린더 헤드에 설치

　③ **오버 헤드 캠축 기관**(over head camshaft valve engine) : 이 형식은 오버 헤드 밸브 기구의 캠축을 실린더 헤드 위에 설치하고 캠이 직접 로커 암을 움직이게 되어 있다.

- SOHC : Single Over Head Comshaft
- DOHC : Double Over Head Comshaft

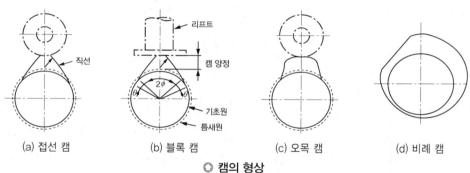

(a) 접선 캠　　(b) 블록 캠　　(c) 오목 캠　　(d) 비례 캠

○ **캠의 형상**

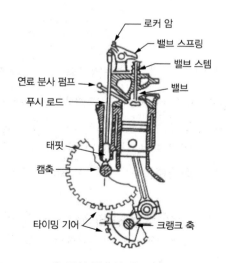

○ **두상 밸브식 밸브 기구**

(9) 타이밍 기어(timing gear)

캠축을 구동하고 밸브의 개폐시기를 맞추기 위해 사용되는 캠축과 크랭크축의 기어를 말하며, 일반적으로 정비를 용이하게 하기 위해 두 기어의 일치(timing) 위치를 표시해 주고 있다.

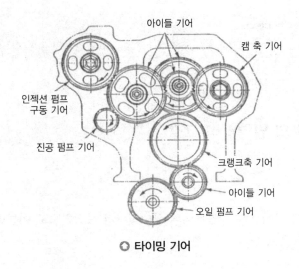

◎ 타이밍 기어

(10) 조속기(governor)

거버너는 부하변동에 관계없이 기관의 회전속도를 일정한 범위로 유지시키는 역할을 한다. 조속기의 종류에는 기계식, 공기식, 유압식 등이 있으며, 최근에는 전자식 점화장치에 부속된 회로와 제어장치에 의해 혼합기 양 또는 연료분사량을 제어하는 전자식도 실용화되고 있다.

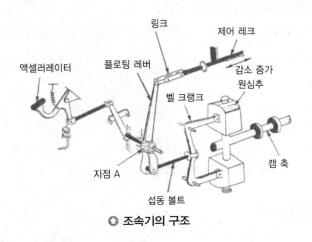

◎ 조속기의 구조

농업용 내연기관의 대부분은 그림과 같은 기계식 원심식 조속기가 채용되고 있다. 이것은 회전속도에 의해 변화하는 조속기 추의 원심력으로 불꽃 점화기관에서는 기화기의 스로틀 밸브를 제어하거나 압축착화기관에서는 연료분사 펌프의 연료분사량을 제어하는 조속기이다.

 Tip

헌팅(hunting)
엔진의 회전속도에 대한 조속기가 부적절할 때 엔진이 파상적으로 크게 변동하는 현상

4 내연기관의 열역학적 고찰

1 기초 사항

내연기관의 실제 사이클은 작업유체의 상태변화가 복잡하므로 이론공기 사이클을 적용하여 각 사이클 효율을 구한다.

(1) 열평형(Heat balance)

열역학 제1법칙에 따르면 연료의 발열량에 해당되는 에너지는 소멸되는 것이 아니라 변화되기 때문에 연료의 완전연소에 의한 발열량을 100%라 할 때 에너지가 어떤 형태로 변환되는가를 나타낸 것을 열평형이라 한다.

(2) 열역학 제1법칙(에너지 보존의 법칙)

열은 에너지의 한 형태로서 열은 일량으로 또는 일은 열로 변화시킬 수 있으며 일량과 열량의 비는 일정하다.

$$Q = AW, \quad W = JQ$$

여기서, Q : 열량(kcal)

$\quad\quad W$: 일량(kgf-m)

$\quad\quad A$: 일의 열당량(1/427kcal/kgf-m)

$\quad\quad J$: 열의 일당량(427kgf-m/kcal)

(3) 가스의 상태 방정식

최초의 압력, 체적, 온도가 각각 $P_1(\text{kg/cm}^2)$, $V_1(\text{m}^3)$, $T_1(°\text{K})$이고, 가스 정수 R (kg-m/ kg-°K)의 완전 가스가 상태 변화 후 $P_2(\text{kg/cm}^2)$, $V_2(\text{m}^3)$, $T_2(°\text{K})$일 때, 다음과

같은 법칙이 성립한다.

① 보일(Boyle)의 법칙($T_1 = T_2$일 때) : 온도가 일정할 때 압력과 기체부피의 변화는 반비례한다.

$$P_1\, V_1 = P_2\, V_2 = 일정$$

② 샤를(charle)의 법칙($P_1 = P_2$일 때) : 압력이 일정할 때 온도와 기체부피의 변화는 정비례한다.

　⑩ 탁구공을 더운물에 담그면 펴진다.

$$\frac{T_1}{T_2} = \frac{V_1}{V_2} = 일정$$

③ 보일-샤를(Boyle-charle)의 법칙 : 일정량의 기체부피는 압력에 반비례하고 온도에 정비례한다.

$$\frac{P_1 V_1}{T_1} = \frac{P_2 V_2}{T_2} = GR에서 \ \ PV = \boxed{GRT}$$

여기서, R : 가스 정수(kg-m/kg-℃), G : 가스의 중량(kg)

(4) 열역학 제2법칙

열은 그 스스로 저온 물체로부터 고온 물체로 이동할 수 없다(제2종 영구기관).

❷ 이론적 열효율

(1) 오토 사이클(Otto cycle) 또는 정적 사이클(⑩ 가솔린 기관)

사이클은 2개의 정적 과정+2개의 단열 과정으로 구성되어 있다.

0 → 1 : 흡기 과정
1 → 2 : 단열 압축
2 → 3 : 정적 연소(폭발)
3 → 4 : 단열 팽창
4 → 1 : 정적 방열
1 → 0 : 배기 과정

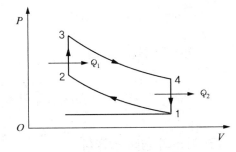

◉ 정적 사이클의 P-V 선도

① 가열량과 방열량

가열량 : $Q_1 = G\,C_v(T_3 - T_2)$, 방열량 : $Q_2 = G\,C_v(T_4 - T_1)$

② 이론 열효율

$$\eta_{tho} = \frac{Q_1 - Q_2}{Q_1} = 1 - \left(\frac{T_4 - T_1}{T_3 - T_2}\right) = 1 - \left(\frac{1}{\epsilon}\right)^{k-1}$$

여기서, $\epsilon = \dfrac{V_1}{V_2}$: 압축비, $k = \dfrac{C_p}{C_v}$: 비열비(단열지수), C_p : 정압비열, C_v : 정적비열

 Tip 오토 사이클의 이론 열효율은 압축비에 의해서 정해지며, 압축비가 클수록 열효율이 증가된다. 그러나 노킹 때문에 한계가 있다.

③ 평균 유효압력(P_m)

$$P_m = P_1 \frac{(\rho - 1) - (\varepsilon^k - \varepsilon)}{V_1(k-1)(\varepsilon - 1)}$$

(2) 디젤 사이클 또는 정압 사이클(◉ 저속 디젤 기관)

디젤 사이클도 2개의 단열 과정+1개의 정압 과정+1개의 정적 과정으로 구성되어 있다.

$0 \rightarrow 1$: 흡기 과정
$1 \rightarrow 2$: 단열 압축
$\boxed{2 \rightarrow 3 : 정압 연소}$
$3 \rightarrow 4$: 단열 팽창
$4 \rightarrow 1$: 정적 방열
$1 \rightarrow 0$: 배기 과정

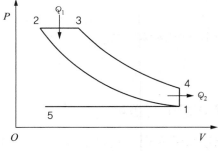

◉ 정압 사이클의 P - V 선도

① 가열량과 방열량

가열량 : $Q_1 = G C_v(T_3 - T_2)$

방열량 : $Q_2 = G C_v(T_4 - T_1)$

② 이론 열효율

$$\eta_{thd} = \frac{Q_1 - Q_2}{Q_1} = 1 - \frac{C_v(T_4 - T_1)}{C_p(T_3 - T_2)} = 1 - \left(\frac{1}{\varepsilon}\right)^{k-1} \frac{\sigma^k - 1}{k(\sigma - 1)}$$

여기서, $\sigma = \dfrac{V_3}{V_2}$, σ : 압축비, ε : 체절비, k : 비열비

 Tip 디젤 사이클의 열효율은 압축비가 크고, 단절비가 작을수록 증가한다.

③ 평균 유효압력(P_m)

$$P_m = P_1 \frac{\varepsilon^k k(\sigma-1) - \varepsilon(\sigma^k-1)}{(k-1)(\varepsilon-1)}$$

(3) 사바테 사이클 및 복합사이클(예 고속 디젤 기관)

2개의 단열 과정+2개의 정적 과정 +1개의 정압 과정

$0 \rightarrow 1$: 흡기 과정

$1 \rightarrow 2$: 단열 압축

$2 \rightarrow 3'$: 정적 가열

$3' \rightarrow 3$: 정압 가열

$3 \rightarrow 4$: 단열 팽창

$4 \rightarrow 1$: 정적 방열

$1 \rightarrow 0$: 배기 과정

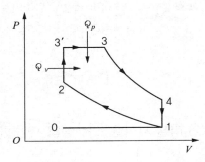

◎ 복합 사이클의 P − V 선도

① 가열량과 방열량

가열량 : $Q_1 = Q_v + Q_p = G[C_v(T'_3 - T_2) + C_p(T_3 - T'_3)]$

발열량 : $Q_2 = G C_v(T_4 - T_1)$

② 이론 열효율

$$\eta_{ths} = \frac{Q_1 - Q_2}{Q_1} = 1 - \frac{1}{\varepsilon^{k-1}} \cdot \frac{\rho\sigma^k - 1}{(\rho-1) + k\rho(\sigma-1)}$$

여기서, $\rho = \dfrac{P_3}{P_2}$: 압력상승비(폭발비), σ : 압축비, ε : 체절비, k : 비열비

 Tip
- 폭발비가 1일 때 디젤 사이클, 단절비가 1일 때 오토 사이클의 열효율식이 된다.
- 압축비와 폭발비가 클수록 단절비가 1에 접근할수록 열효율이 증가한다.

③ 평균 유효압력(P_m)

$$P_m = P_1 \frac{\varepsilon^k(\rho-1) + \varepsilon^k k\rho(\sigma-1) - \varepsilon(\sigma\rho^k-1)}{(k-1)(\varepsilon-1)}$$

3 열효율과 압축비와의 관계

3기본 사이클은 압축비를 높이면 열효율이 증가하나, 다음과 같은 관계로 제한된다.

① 오토 사이클은 공급열량에 관계없이 압축비만의 증가만으로 열효율이 증가하나 실제 적으로는 노킹 현상으로 제한된다.

② 디젤 사이클은 열효율이 공급열량에 관계된다.

③ 사바테 사이클도 열효율이 공급열량에 관계된다.

> • 공급 열량 및 압축비가 일정할 때의 열효율 : $\eta_{tho} > \eta_{ths} > \eta_{thd}$의 순이다.
> • 공급열량 및 최대압력이 일정할 때 열효율 : $\eta_{thd} > \eta_{ths} > \eta_{tho}$의 순이다.
> • 기관 수명 및 최고압력을 억제할 때 : $\eta_{ths} > \eta_{thd} > \eta_{tho}$의 순이다.
> • 카르노 사이클 : 단열압축과정, 등온가열팽창과정, 단열팽창과정, 등온방열과정으로 구성된다.
> $$\eta_c = 1 - \frac{Q^2}{Q^1} = 1 - \frac{T^2}{T^1}$$

4 연료 공기 사이클

(1) 연료 공기 사이클에 대한 가정

① 압축과 팽창은 마찰이 없는 단열 변화이다.

② 연료는 완전 증발하고 공기와 완전히 혼합된다.

③ 연소는 상사점에서 순간적으로 이루어진다.

④ 가스와 실린더 벽 사이의 열 교환이 없다.

(2) 실제 사이클이 연료·공기 사이클보다 얻는 일이 적은 이유

① 연소시의 시간적 지연

② 불완전 연소

③ 실린더 벽으로의 열손실

④ 가스 교환 손실

⑤ 유동 손실

⑥ 작동 가스의 누설

5 연료와 연소

　연료란 가연성 물질을 말하는 것으로, 여기에는 고체연료, 액체연료, 기체연료가 있으며 내연기관의 연료는 주로 액체연료를 사용하지만 액화한 기체연료도 사용된다. 연료의 대부분은 탄화수소로 되어 있으며, 탄화수소 연료는 석탄에서 나오는 액화 가솔린과 액화 경유, 그리고 식물계 연료인 알코올도 있지만 천연가스, 가솔린, 경유 등과 같은 석유계 연료가 주종을 이룬다.

1 연료의 분류

(1) 상태에 의한 분류

① 고체연료 : 석탄, 목탄

② 액체연료

　㉠ 석탄계 연료 : (벤젠, 석탄, 액화에 의한)가솔린, 등유, 경유, 중유 등

　㉡ 석유계 연료 : 가솔린, 등유, 경유, 중유 등

　㉢ 식물성 원료 : 콩기름, 에틸, 메틸알코올 등

　㉣ 혈암(oil shale) 원료 : 셰일(shale)유

③ 가스체 연료 : 석유계 연료, 식물성 연료

(2) 탄화수소에 의한 분류

① 지방족 : 쇄상 결합을 하고 있으며 비교적 연소하기 쉽다.

　㉠ 파라핀계(CnH_2n+2) : 포화 쇄상 결합을 하고 있으며 이중 탄소원자가 1열로 결합된 것을 정파라핀, 측상 결합한 것을 이소 파라핀이라 한다.

프로판 C_3H_8

이소부판 C_4H_{10}

◎ 탄화수소 분류

　㉡ 올레핀계(CnH_2n) : 불포화 쇄상 결합을 하고, 탄소원자가 직선으로 결합하고 있으며, 수소원자 2개가 부족하여 2중 결합을 1개 갖는다.

② **나프텐족** : 포화 환상 결합을 하고, 연소하기가 힘들며 탄소원자가 단결합에 의해서 다른 2개의 탄소원자와 환상으로 결합한 것이다(사이클로 헥산).

③ **방향족** : 불포화 환상 결합을 하고 있으며 6개의 탄소원자가 하나씩 걸러서 2중 결합과 단결합으로 환상으로 결합한 것이다(벤젠, 톨루엔).

2 가솔린 기관의 연료

(1) 휘발성(Volatility)

연료의 기화성을 나타낸다. 혼합기의 생성이 쉽고, 완전 증기화하여 시동 및 가속에 편리하다.

(2) 옥탄가(Octane number)

연료의 내폭성을 나타내는 기준이며 옥탄가가 높으면 내폭성이 커서 노크현상을 줄일 수 있다.

$$옥탄가(ON) = \frac{이소옥탄(C_8H_{18})}{이소옥탄(C_8H_{18}) + 노말헵탄 \Rightarrow (n-헵탄 \ or \ 正C_7H_{16})} \times 100$$

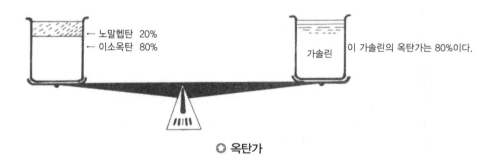

← 노말헵탄 20%
← 이소옥탄 80%

가솔린   이 가솔린의 옥탄가는 80%이다.

○ 옥탄가

(3) 퍼포먼 수(Performance Number)

동일한 운전 조건에서 시험 연료로 운전한 경우와 이소옥탄으로 운전한 경우 노크의 한계에 있어서 도시 마력의 비를 백분율로 표시한 것을 말한다.

(4) 옥탄가(ON)와 퍼포먼 수(PN)와의 관계

$$ON = 128 - \frac{2800}{PN}$$

$$PN = \frac{2800}{128 - ON}$$

Tip

- 옥탄가를 측정할 수 있는 엔진 : CFR기관(압축비를 조절할 수 있음)
- 가솔린 기관의 표준 옥탄가 : 80%
- 가솔린 내폭성 향상제 : 4에틸납
- 3대 점화원 : 정전기, 전기불꽃, 마찰열
- 연소의 3요소 : 가연물, 산소, 점화원
- 공연비 : 실린더 내에서 연료와 공기의 질량의 비를 말함

$$공기과잉율(\lambda) = \frac{실제\ 공기량}{이론\ 공기량}$$

❸ 내연기관 연료의 구비조건 및 노크 특성

구분	구비조건
공통사항	• 발열량이 많을 것 • 부식성이 없을 것(내부식성) • 불순물(유황, 회분, 납 등)이 적을 것 • 노크가 일어나지 않을 것(내폭성, 반 노크성) • 취급에 안전할 것(안전성) • 경제적일 것(경제성)
가솔린 기관의 연료와 노크	• 기화성이 좋을 것 • 연소성이 좋을 것 • 착화온도가 높을 것(착화성) • 냉각수, 흡기온도를 낮춘다. • 화염전파 거리를 짧게 한다. • 노크를 잘 일으키지 않는 연료를 사용한다(내폭성 높은 연료 사용).
디젤 기관의 연료와 노크	• 점도가 적당할 것(점성) • 착화점이 낮을 것 • 기화성이 적을 것 • 내한성이 있을 것 • 착화지연을 짧게 할 것 • 흡기온도를 상승시킬 것 • 압축비를 상승시킬 것 • 세탄가 높은 연료를 사용할 것

❹ 디젤 기관의 연료

(1) 점도(Viscosity)

액체가 유동할 때 분자 사이의 마찰에 의하여 유동을 방해하는 힘이 생기는데 이 성질을 말한다. 연료를 직접 실린더 속으로 분사시키므로 매우 중요하다.

](2) 세탄가(Cetane value)

디젤 연료의 착화성, 즉 디젤 노크에 저항하는 성질을 나타낸 것이며 높은 세탄가가 착화지연을 짧게 한다.

$$세탄가(CN) = \frac{세탄(C_{16}H_{34})}{세탄(C_{16}H_{34})+\alpha-메틸나프탈렌(C_{11}H_{10})} \times 100$$

(3) 아닐린점(Aniline point)

연료와 동량의 순수한 아닐린(C_6H_7N)과의 혼합액을 가열하여 완전히 용해하는 최저 온도를 말한다.

(4) 디젤 지수(Diesel index : D.I)

디젤 지수는 아닐린점을 사용하여 산출한다.

$$DI = \frac{아닐린점(°F) \times API\ 비중}{100}$$

> **Tip**
> - API 비중 : 미국석유협회(American Petroleum Institute)의 제정에 의한 60°F를 표준으로 하는 비중이다.
>
> $$API\ 비중 = \frac{141.5}{131.5 + API도}$$
>
> - 착화성 향상제 : 아초산아밀, 초산에틸, 질산에틸, 과산화 테드탈린
> - 착화성의 양, 부를 결정하는 척도에는 세탄가, 아닐린점 및 디젤 지수 등이 있다.

5 연소(Combustion)

(1) 전기 점화기관의 연소

① 노크 현상(knock) : 미연소부분의 가스가 전기점화장치에서부터의 화염이 도달하기 전에 착화되어 급격한 연소를 이룸으로써 충격적인 압력파를 발생시켜 금속성의 소리를 내는 현상이다. 그 대책은 점화지연기간을 길게 하고, 화염전파속도를 빨리 하여 정상적인 연소 전에 미연소 가스가 미리 연소되는 것을 막아야 노크가 일어나지 않는다.

② 조기점화(preignition) : 조기점화는 점화 플러그의 불꽃이 있기 전에 연소실 주위에 퇴적된 카본이나 과열된 부분이 불씨가 되어 착화하는 이상연소 현상이다. 이 현상은 점화가 너무 일찍 일어난 것이기 때문에, 노크와 같은 결과를 초래한다. 특히 노크가 일어나면 기관이 과열되기 때문에 조기점화가 일어나기 쉽고, 반대로 조기점화가 일어나도 노크가 발생되기 쉽다.

③ 와일드 핑(wild ping) : 노크를 수반하지 않으면서 불규칙한 폭음을 내는 조기점화현상이다.

④ 런 온(run on) 현상 : 조기점화는 점화 플러그에 의하여 점화되는 것이 아니기 때문에 점화장치의 전기흐름을 차단하여도 운전이 계속되는 현상이다.

⑤ 실화(misfire) : 전기는 계속 공급하는데도 점화장치의 이상이 있거나 혼합비가 너무 높아서 매 사이클마다 점화되지 못하고 기관이 연기를 내뿜으면서 회전이 불균일해지는 현상으로 실화가 일어나면 불완전 연소가 되어 연소실 주위에 그을음이 달라붙어 조기점화의 원인이 된다.

⑥ 후연(post ignition) : 점화 플러그에 의해서 점화된 후에 점화시기를 훨씬 지나서 점화되는 현상으로 약한 방전 에너지, 자연발화온도가 높은 연료, 착화지연기간이 긴 연료, 부적당한 혼합비일 때 발생한다.

⑦ 역화(backfire) : 점화시기가 빠르거나, 점화 진각장치 결함 등으로 시동이 역회전하는 현상이다.

(2) 디젤 기관의 연소

① 착화지연(ignition delay) : 연료가 분사된 후 즉시 착화되지 않고 어느 정도의 압력이 오른 후 착화되는 현상이다.

② 디젤 노크 : 디젤 노크는 연소 초기에 연료분사량이 많거나 실린더 온도가 낮고, 압축비가 낮을 때 자연발화가 속히 일어나지 못하고 있다가, 갑자기 일시에 연소가 일어나서 실린더 압력이 급상승하고 압력파가 발생하면서 진동과 소음을 수반하는 현상을 말한다. 디젤 노크는 주로 연소 후기에 발생되는 전기점화기관의 노크와는 달리 연소 초기에 발생되며, 연료의 점화지연기간이 길기 때문에 일어난다. 디젤 노크는 연소 초기에 발생되므로 가솔린 기관처럼 기관 손상과 같은 심한 피해는 발생하지 않으며, 오히려 출력이 증가한다. 그러나 진동이 심하고 연료소비가 증가되므로 노크를 방지하여야 한다.

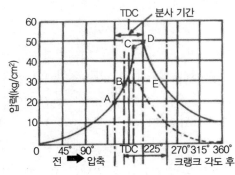

○ **압축 점화기관의 연소 과정**

디젤 노크는 발생 원인에서 전기점화기관의 노크와 정반대의 개념을 가지기 때문에, 노크 방지법도 서로 상반된다.

◎ 디젤 노크와 가솔린 노크의 방지책 비교

내용 \ 기관	디젤 기관	가솔린 기관
연료의 착화온도	낮춘다.	높인다.
착화지연기간	짧게 한다.	길게 한다.
압축비	높인다.	낮춘다.
흡기의 온도	높인다.	낮춘다.
실린더 벽 온도	높인다.	낮춘다.
냉각수 온도	높인다.	낮춘다.
화염전파거리	길게 한다.	짧게 한다.
엔진회전수	낮춘다.	높인다.
회전속도	낮춘다.	높인다.
실린더 용적	크게 한다.	작게 한다.
세탄가(연료)	높인다.	–
옥탄가(연료)	–	높인다.
흡기압력	높인다.	–

5 과급(super charging)

(1) 과급기(출력 증대 목적)

보다 많은 연료를 연소시키기 위하여 피스톤의 펌프 작용에 의한 공기량 이상으로 가압한 공기, 즉 밀도를 높인 공기를 공급할 필요가 있다. 이 밀도를 높인 공기를 공급하는 것을 과급이라 한다. ⇒ 연소가 원활하면 결국 배기가스도 청정하다.

(2) 기관의 출력 증대 요인

평균 유효압력, 흡기 공기량 및 기관 회전수가 영향을 미친다.

$$IHP = \frac{P_{mi}AlZn}{9000}$$

여기서, P_{mi} : 평균 유효압력, AlZ : 흡기 공기량, n : 기관 회전수

$$\therefore \text{흡입 공기량 } G = \frac{1}{2} V_S Z_n \gamma_a \times \frac{1}{100^3}$$

(3) 과급기 구동방법

① 크랭크축으로부터 기어 또는 체인으로 구동하는 것이다(roots blower).

② 배기가스 터빈으로서 구동하는 것이다(배기 터빈 과급기).

③ 독립된 전동기로 구동하는 것이다(원심식 회전 펌프).

(4) 배기 터빈 과급기

실린더에서 방출되는 배기가스의 에너지에 의해서 구동되는 회전 날개와 동일축의 송풍기 날개를 달아 이 날개에 의해 가압 공기를 실린더에 보낸다.

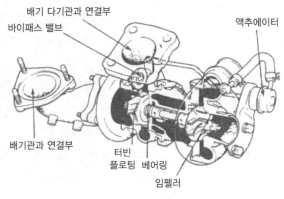

◎ 터보 차저의 구조

---

6 윤활장치

1 윤활(lubrication system)

베어링과 같이 2개의 개체 간에 고속으로 상대운동이 있을 경우 그 접촉면에 유막을 만들어 마찰을 줄임으로써 마모, 발열을 적게 하는 것을 말하며 그 장치를 윤활장치라 한다.

(1) 윤활 이론

포이즈루의(poiseuille) 법칙은 점성 마찰에서 마찰력은 전단되는 유막 면적 A와 두 표면 사이의 상대속도 μ에 비례하고 유막의 두께 h에 반비례한다.

$$F = \frac{\mu A u}{h}$$

여기서, μ : 점성계수(비례상수), F : 마찰력, A : 전단 면적

(2) 윤활유의 6대 기능

① 마찰의 감소 및 마멸 방지　　② 기밀작용

③ 냉각작용　　④ 세척작용

⑤ 방청작용　　⑥ 응력분산작용

(3) 윤활유의 구비조건

① 열전도가 좋고, 내하중성이 클 것　　② 양호한 유성을 가질 것

③ 금속의 부식이 적을 것　　④ 적당한 점성을 가질 것

⑤ 카본의 생성이 적을 것　　⑥ 온도 변화에 따른 점도 변화가 작을 것

⑦ 열이나 산에 대하여 강할 것

(4) 윤활유의 첨가제

① 산화방지제　　② 유동점 강하제

③ 부식 및 산화방지제　　④ 점도지수 향상제

⑤ 청정 분산제　　⑥ 긁힘 및 마모 방지제

⑦ 기포 파괴제

(5) 윤활유 여과 방식

① 전류식

② 분류식

③ 자력식

(6) 윤활유의 분류

① 점도에 따른 분류 : SAE(미국자동차공학회의 규정) 예 5W, 10W, 20W

② 용도별 분류 : API(미국석유협회의 규정) 예 SA, SB → 가솔린, CA, CB → 디젤

(7) 윤활유의 열화종류

① 고온에 의한 산화

② 연료에 의한 희석

③ 연소가스누출에 의한 열화

❷ 윤활유의 성질

(1) 점도(viscosity)

　윤활유의 끈끈한 정도를 나타내는 것으로 가장 기본적인 성질이며, 온도에 절대적인 영향을 받는다.

　① 점도가 낮으면 하중이 증대하고 압출되어 유막이 파괴되기 쉽다.

　② 점도가 크면 내부 마찰이 커서 동력손실이 증대된다.

(2) 점도지수(viscosity index)

　점도가 온도에 따라 변화하는 정도를 나타내는 지수이다.

(3) 유동점

　낮은 온도에서 유동을 방지하는 결정체를 만들려고 하는 경향이 있는데 이때의 온도를 유동점이라 한다.

$$유동점 = 응고점 + 5℉$$

(4) 산화 안정성 및 탄화항력

　사용 도중 산화가 되지 않고, 탄화되지도 말아야 한다.

(5) 인화점(flashing point)

　가연성 증기에 화염을 가까이 할 때 순간적으로 불이 붙게 되며 이 불꽃을 끌어당기는 최저온도를 말한다.

(6) 유성(oilness)

　금속면에 점착(粘着)하는 힘을 말한다.

❸ 내연기관의 윤활방식

(1) 비산식

　크랭크실 내에 일정량의 윤활유를 채워놓고 커넥팅 로드에 붙인 기름치개로 튀겨서 급유하는 방법이다.

(2) 압송식

　윤활유 공급 펌프에 의해 압송 공급하는 방법이다.

(3) 비산 압송 조합식

기관의 주요부를 압송으로 그 밖의 부분은 비산식으로 급유하는 방법이다.

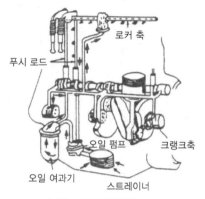

로커 축
푸시 로드
오일 펌프
크랭크축
오일 여과기
스트레이너

◎ 압송식 윤활장치

 Tip

오일 다일루션(cil dilution) 현상
불완전 연소로 인해 남은 연료가 오일과 혼합되어, 크랭크실의 윤활유량을 증가시키
는 현상(저온시동 시, 기관의 온도 낮을 때, 기화기 성능이 떨어질 때 발생)

7 냉각장치(cooling system)

기관이 팽창행정을 하는 동안 연소가스의 순간 최고 온도는 약 1500~2500℃에 도달하
며, 이로 인하여 기관의 각 부가 과열될 수 있으며, 이를 냉각시킬 수 있는 냉각장치를 필요
로 한다.

1 냉각 방식의 분류

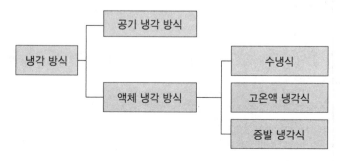

냉각 방식 ─┬─ 공기 냉각 방식
           └─ 액체 냉각 방식 ─┬─ 수냉식
                               ├─ 고온액 냉각식
                               └─ 증발 냉각식

2 공랭식 기관(Air cooling engine)

실린더와 실린더 헤드부에 공기와의 접촉 면적을 크게 하기 위해 냉각 핀을 두고 여기에 자연의 바람을 통풍시키거나 냉각 팬을 회전시켜 발생한 강제통풍으로 냉각시키는 냉각방식으로 구조가 간단하고 경량화가 요구되는 소형의 가솔린 기관과 고속디젤 기관에 적합하다.

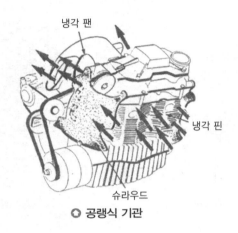

○ 공랭식 기관

3 수냉식 기관(Water cooling engine)

수냉식은 실린더와 실린더 헤드 주위에 물이 통과하는 통로인 워터 재킷을 설치하여 냉각하는 방법으로, 냉각이 균일하고 냉각 효과가 높아 체적효율과 열효율이 높다. 그리고 실린더 온도가 낮으므로 윤활유 소비가 적고 카본 생성이 적으며, 소음도 경감된다. 그러나 구조가 복잡하고, 냉각수 관리에 주의를 요한다.

(1) 증발 냉각식(호퍼식)

저속, 횡형 등유기관에서 사용하던 형식으로, 워터 펌프나 수온 조절기 등이 없이 냉각수가 온도차에 의하여 대류하면서 자연 순환하는 방법이다. 따라서 기관의 상부에 냉각수 통을 설치하고 냉각수 온도가 100℃ 이상이 되면 증발하도록 호퍼를 열어두고, 수시로 냉각수를 보충하여야 한다.

증발 냉각식은 호퍼식이라고도 하며, 정치식 저속 등유기관에서만 사용이 가능하기 때문에 지금은 거의 사용되지 않고 있다.

(2) 증기 환류식(콘덴서식)

워터 재킷에서 기화된 수증기를 응축기(condenser)에서 응축시켜 다시 냉각수로 환류시켜 냉각하는 방식으로, 소형 단기통 기관에서 많이 사용된다. 응축기는 방열기(radiator)

와 같은 구조이지만 내부에 수증기가 통과되는 점이 다르며 수증기의 응축은 냉각 팬으로 송풍한다. 보통 콘덴서식이라고 부른다.

Tip 물 순환 순서 : 물 재킷 → 정온기 → 방열기 → 물 펌프 → 물 재킷

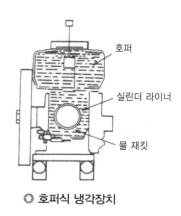

○ **호퍼식 냉각장치**

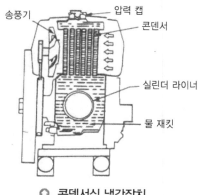

○ **콘덴서식 냉각장치**

(3) 강제 순환식(라디에이터식)

라디에이터(Radiator)식이라 부르며, 냉각이 확실하며 다기통 기관에서 사용되는 방식이다. 워터 재킷의 냉각수를 워터 펌프로 강제 순환하여 방열기에서 냉각시키는 방법으로, 워터 펌프, 정온기 및 방열기 등으로 구성된다.

① **워터 펌프(water pump)** : 방열기와 워터 재킷 사이에 설치되어 방열기에서 냉각된 냉각수를 워터재킷으로 공급해주는 펌프이다. 일반적으로 원심 펌프를 사용하며, 냉각 팬과 동일 축에 연결되어 작동된다.

② **정온기(thermostat)** : 수온 조절기로 냉각수의 온도를 기관의 온도조건에 적합한 80~85℃로 일정하게 유지시키는 장치이다. 냉각수의 온도를 감지하여 일정 온도 이상이 되면 냉각수 통로의 밸브를 열어 냉각수를 순환시키거나, 냉각 팬을 작동시키는 방법을 사용한다. 냉각수 밸브를 개폐하는 방식은 냉각수가 순환되지 않아도 워터 펌프와 냉각 팬이 공회전 해야 하므로, 최근에는 냉각수 밸브가 없이 냉각 팬의 구동 동력을 차단하는 방법을 일반적으로 사용한다.

Tip 기관 과열 원인 : ① 물의 양 ② 물재킷의 물 때 ③ 구동밸트 슬립 ④ 라디에이터 막힘 등

③ **방열기(radiator)** : 엔진에서 뜨거워진 냉각수를 방열핀에 통과시켜 공기와 접촉하게 함으로써 냉각시킨다. 또한, 코어 막힘률 20% 이상은 교환한다.

- 구비조건
  - ㉠ 단위면적당 방열량이 클 것
  - ㉡ 공기의 흐름 저항이 적을 것
  - ㉢ 냉각수의 흐름 저항이 적을 것
  - ㉣ 가볍고 적으며 견고해야 한다.
④ 냉각팬(cooling pan) : 라디에이터 사이로 공기를 강제로 통과시키며, 철판, 플라스틱의 플로펠리형 팬을 사용한다.
⑤ 라디에이터캡(radiator cap) : 최근에는 가압식 밀폐형으로 라디에이터 내부의 압력을 대기압 이상으로 올릴 수 있으며, 냉각수의 끓는점을 높일 수 있다(냉각효율향상과 라디에이터 부피를 작게 한다).

4 부동액(Anti-freezing liquid)

냉각수의 응고점을 낮추어 엔진의 동파를 방지하기 위하여 사용하며 부동액에는 메탄올, 에탄올, 글리세린, 에틸렌글리콜 등이 있으며, 주로 에틸렌글리콜($C_2H_6O_2$)을 사용한다. 부동액은 물과의 혼합비율에 따라 빙점이 변화되므로 기온이 낮으면 부동액의 혼합비율을 높여야 한다.

5 냉각에 관계되는 계산식

(1) 실린더 방열량

$$Q = KA_s(T_g - T_c)$$

여기서, A_s : 실린더의 적당한 표준면적 K : 열 통과율(kcal/m2h℃)

T_g : 가스의 절대온도 T_C : 냉각수의 절대온도

Q : 발열량(Kcal/h)

(2) 벽 내부의 열전도에 의한 방열량

$$Q = \lambda A_w = \frac{(T_{w1} - T_{w2})}{\delta}$$

여기서, A_w : 실린더의 벽으로부터 냉각 유체로의 전열 면적(m^2)

λ : 벽의 열전도율(Kcal/mh℃)

δ : 벽두께

Tw_1, Tw_2 : 실린더 벽 내·외의 온도

8　가솔린 기관과 디젤 기관

■ 가솔린 기관

(1) 연료 여과기

연료 속의 먼지 및 응축되어 있는 불순물을 제거한다.

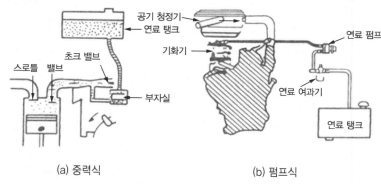

(a) 중력식　　　　　　　　　(b) 펌프식

◎ 가솔린 기관의 연료 공급방식

(2) 연료 공급 및 연료 펌프

연료를 공급하는 방법에 따라 자연 흡상식, 중력식, 펌프식이 있다.

(3) 기화기(Carburetor)

연료와 공기를 알맞은 비율로 혼합한다. 기화기의 원리는 베르누이 정리를 응용한 것으로 벤투리관의 압력이 낮은 부분에 연료관을 연결하면 진공에 의하여 연료가 분출되는 현상을 이용하였다.

① **초크 밸브(choke valve)** : 에어 혼에 들어오는 공기량을 조절하는 밸브

② **스로틀 밸브(throttle valve)** : 실린더 내로 들어가는 혼합기의 양을 조절하며 가속페달과 연결되어 있다.

③ **뜨개실** : 연료의 유면을 항상 일정하게 유지하는 곳

④ **제트** : 연료의 량을 계량하는 곳

⑤ **벤투리관** : 유속을 빠르게 하여 뜨개실 내의 연료를 유출하는 곳

⑥ **가속 펌프 및 가속 노즐** : 급하게 기관을 가속할 때, 즉 교축(스로틀) 밸브를 급하게 여는 경우 공기의 양은 증가하나 연료의 양이 이에 따르지 못하므로 이를 보상하기 위하여 연료를 압축하는 펌프와 노즐을 말한다.

Tip
- 연료가 넘치는 이유 : 뜨개 파손과 니이들 밸브 기밀 불량 때문이다.
- 가솔린 연료 공급 순서 : 연료탱크 → 연료여과기 → 연료 공급 펌프 → 기화기 → 흡기관

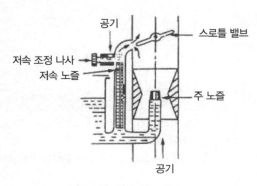

○ 기화기의 저속 장치

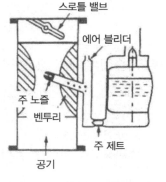

○ 기화기의 에어 블리더

(4) 기화기의 이론(베르누이 정리)

① 벤투리를 통과하는 공기의 속도(m/sec)

$$V_2 = \sqrt{\frac{2g\left(P_1 - P_2\right)}{r_a}}$$

여기서, r_a : 공기의 비중량(kg/m^3)

V_2 : 목부의 공기 유속(m/sec)

$P_1 - P_2$: 기화기 입구 및 벤투리부에 있어서 공기의 압력차(kg/m^2)

② 벤투리부를 지나는 공기의 유량 $G_a[kg/sec]$

$$G_a = C_a A_a \sqrt{2\,g\,r_a\left(P_1 - P_2\right)}$$

여기서, G_a : 공기의 중량 유량(kg/sec), C_a : 벤투리부의 유량계수($0.8\sim0.9$)

(5) 기화기의 구비조건

① 시동 및 가속에 대한 적응성이 클 것
② 동결되는 경우가 없을 것
③ 흡기 저항이 작을 것
④ 조정 및 조절이 쉽고 작동이 정확할 것

⑤ 연료가 잘 무화되어 기류 중에 부유하거나 또는 기화해서 균일한 혼합기로 되어 각 실린더에 같은 농도, 같은 양의 혼합기가 분배될 것

⑥ 기관의 회전속도 또는 출력, 공기량 등의 변화에 대하여 혼합비가 일정하게 유지될 것

 Tip 증기폐색(vapor lock)
연료라인에서 연료증발이나 기포가 발생되어 연료공급이 중단되는 현상

(6) 가솔린 분사의 장·단점

장점	단점
• 체적효율을 증가시킨다. • 충전효율이 증가된다. • 압축비를 높일 수 있고 평균유효압력, 효율이 증가한다. • 저질 연료 사용이 가능하다. • 혼합비의 조정이 확실하다. • 배기공해 대책으로서 유리하다. • 혼합기의 균일한 분배가 가능하다. • 플로트에 의해 장해가 제거된다. • 소기에 의한 연료 손실이 없다.	• 기화기에 비하여 값이 비싸다. • 고온 시동이 곤란하다. • 먼지와 이물로 고장이 많으며 연료 필터의 청소 문제가 생긴다. • 연료관 내에 기포가 발생하면 제거하기가 힘들고 분사 계통이 부식될 염려가 많다. • 고도에 의한 대기압력 보정장치 또는 온도 보정 장치를 갖추지 않으면 고지에서의 혼합비 제어는 보통의 기화기보다 뒤떨어진다.

(7) 기관이 필요로 하는 혼합비

운전 조건	혼합비(연료/공기)	혼합비(공기/연료)
실화한계(희박)	4.5%	12
규칙적인 점화 가능 하한	5.4%	18.5
경제 혼합비	5.9%	17~18
이론 혼합비	6.7%	15
최대 출력 혼합비	8.0%	12.5
규칙적인 점화가능 상한	12.6%	7.9
불규칙적인 점화상태	13.2%	7.6
실화한계(농후)	15.3%	6.5

❷ 전기점화장치

축전지 점화장치와 마그넷 점화장치가 있으며 농업용으로는 마그넷 점화장치가 사용된다 (관리기, 공랭식 엔진). 최근 무접점방식인 C.D.I 방식도 있다.

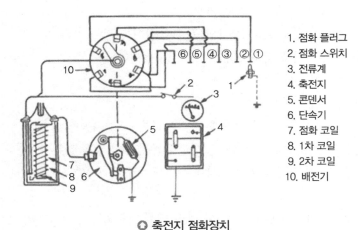

1. 점화 플러그
2. 점화 스위치
3. 전류계
4. 축전지
5. 콘덴서
6. 단속기
7. 점화 코일
8. 1차 코일
9. 2차 코일
10. 배전기

◎ 축전지 점화장치

(1) 점화 방식

① **마그넷 점화장치** : 마그넷는 영구 자석을 계자로 하는 특수 교류 발전기이다.

② **축전지식 점화장치** : 전원은 축전지에서 공급되며 낮은 축전지 전압(6~24V)의 전기를 점화 코일에서 15000~20000V 로 승압시켜 이것을 배전기에서 각 실린더에 설치된 점화 플러그에 공급하여 스파크를 일으켜 점화하는 형식이다.

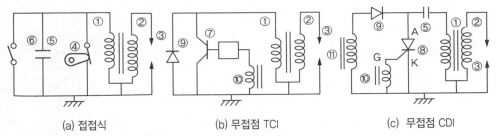

(a) 접점식　　　　　(b) 무접점 TCI　　　　　(c) 무접점 CDI

① 1차 코일　② 2차 코일　③ 점화 플러그　④ 단속기　⑤ 콘덴서　⑥ 정지스위치[(b), (c)에서는 생략]
⑦ 트랜지스터　⑧ 사이리스터　⑨ 다이오드　⑩ 트리거 코일　⑪ 여자 코일

◎ 접점식과 무접점식 점화장치

(2) 점화장치의 구성

① **점화 코일(ignition coil)** : 1차 코일의 전원을 단속할 때 2차 코일에 고전압이 유기 되도록 한 것으로 유도 코일이라고도 한다.

② **배전기(distributor)** : 점화 코일에 유도된 고압의 전류를 기관의 점화순서에 따라 각 실린더의 점화 플러그에 분배하는 기구로서 그 내부는 단속기, 축전기, 점화 진각장치 등이 있다.

　㉠ **단속기** : 점화 코일의 1차 전류를 단속하는 스위치이다.

ⓒ 축전기 : 단속기 접점과 병렬로 연결된다.

- 역할 : 접점 사이에 발생되는 불꽃을 흡수하여 접점이 소손되는 것을 방지하고, 1차 전류의 차단 시간을 단축하여 2차 전압을 높인다.
- 종류 : 종이 콘덴서, 운모 콘덴서
- 정전용량 : 0.20~0.25μF
- 절연저항 : 85℃를 1시간 지속 후 절연저항이 1000㏁ 이하일 것

ⓒ 단속기 캠 : 단속기 축에 설치되며 실린더 수만큼의 캠을 갖는다.

③ **점화 진각장치** : 캠과 단속기 암의 상대 위치를 바꾸어서 점화시기를 자동으로 조절하는 장치이다.

㉠ 원심식 진각장치 : 기관의 회전수에 따라 원심력에 의해서 원심추의 작동으로 캠이 회전하여 접점의 위치를 바꾸는 형식으로 주로 고속에서 작동된다.

ⓒ 진공식 진각장치 : 흡기관 내의 진공을 이용하여 단속기의 설치판을 회전시켜 점화시기를 바꾸는 장치로 주로 경 부하 시에 사용된다.

④ **점화 플러그(spark plug)** : 스파크를 일으키는 전극으로 고압의 2차 회로에 연결되는 중앙 전극과 기관 몸체에 접지 되는 접지 전극으로 구성된다.

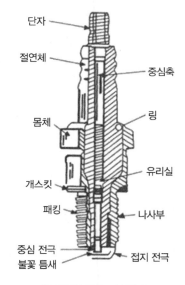

❍ 점화 플러그의 구조

㉠ 점화 플러그의 열값 : 절연체의 아래 부분의 끝에서 아래 시일까지의 길이에 따라 정해지며 기관의 연소실 형식, 흡기·배기 밸브의 위치, 압축비 및 회전속도 등에 따라 달라진다.

- 열형(hot type) : 냉각 효과가 적은 형으로 저압축비, 저속회전의 기관에 사용된다.
- 냉형(cold type) : 냉각 효과가 큰 형으로 고압축비, 고속회전의 기관에 사용된다.

ⓒ 불꽃 간극(spark gap)

- 축전지 점화의 경우 : 0.7~0.8mm-6V 전원
  0.9~1.0mm-12V 전원
- 마그넷 점화의 경우 : 0.4~0.5mm
- 과급 또는 고압축비 기관 : 0.3~0.4mm

ⓒ 점화 플러그 나사부의 외경 : 10, 12, 14, 18mm의 것이 있다.

ⓔ 자기 청정 온도(self cleaning temperature) : 500~870℃

(3) 마그넷토(Magneto)

① **발전자 회전형** : 영구자석을 고정시켜 놓고 발전자를 회전시키는 형이다.

② **자강 회전형** : 발전자를 고정시키고 영구자석을 회전시키는 형이다.

③ **플라이휠형 마그넷** : 플라이휠에 영구자석을 고정하여 회전할 때 고정된 발전자의 1차 코일에 유도전류를 일으키고 이를 단속기와 콘덴서에 의해 2차 코일에 고압전류를 발생 시킨다.

> • 점화시기에 미치는 인자 : 회전속도, 기관의 부하, 옥탄가
> • 엔진실화의 원인 : 점화 플러그, 단속기 접점, 점화코일저항이 중요하다.

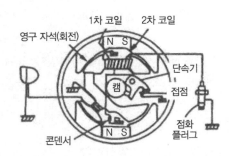

○ **플라이휠 마그넷 점화장치**

❸ 디젤 기관(Diesel Engine)

공기만을 흡기, 압축하여 연료를 분사하여 압축 시에 발생된 열을 이용하여 자기착화연소 시켜 주는 기관이다.

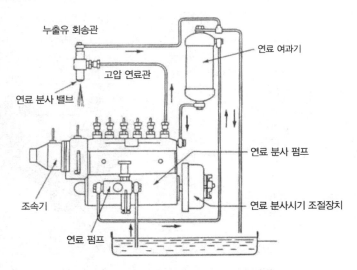

○ **디젤 기관의 연료공급 계통의 구성 실례**

디젤연료의 구비조건은 다음과 같다.

① 적당한 점도가 있을 것

② 착화성이 좋으며 세탄값이 클 것

③ 발열량이 높을 것

④ 유황성분과 불순물이 적을 것

(1) 연료분사 펌프(Injection pump)

연료를 실린더 내의 공기압보다 더 높은 압력으로 압송하는 장치이다.

① 데켈형(deckel type) : 연료의 분사량은 레귤레이터의 스핀들 끝에 있는 니들 밸브에 의하여 플런저에서 압송한 연료를 되돌려 보내는 양을 가감함으로써 제어된다(국제 경운기 구형).

② 보시형(bosch type) : 연료의 분사량은 랙과 피니언에 의해 파여진 나선형 홈과 연료 누출공의 위치에 따라 제어된다(최신 경운기, 트랙터, 자동차).

(2) 연료분사 노즐의 종류

연료를 미세한 입자로 실린더 내에 주입시킨다.

① 단공 노즐 : 연소실 내 분산 상태가 불량 → 예연소실

② 다공 노즐 : 무화, 분산이 좋으나 노즐 구멍이 작아 막히는 결점이 있다.→ 직접분사식

③ 핀틀 노즐 : 니들 밸브 끝이 노즐 밖에까지 나와 있어 원추상의 분무가 이루어지므로 저압에서도 분무의 입자경이 작다. → 예연소실

④ 교축 노즐 : 일종의 핀틀 노즐로 밸브 끝이 2단으로 되어 있어 분사 초기에 분무량을 적게 하여 노크를 방지하는데 효과적이다. → 대형 기관

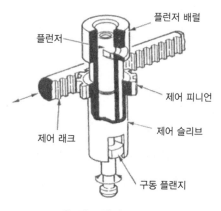

⊙ 펌프 엘리먼트 기구

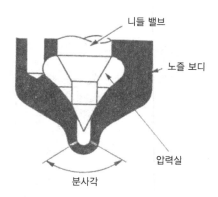

⊙ 분사 노즐

4 연료 여과기(Fuel filter)

디젤 기관에서는 고압분사 펌프, 연료량의 조절장치 및 노즐이 매우 정밀하게 만들어져 있기 때문에 매우 청결하게 여과된 연료를 사용해야 한다. 따라서 2~3개씩 연료 여과기를 사용한다.

5 연료분사 요건

(1) 무화(Atomization)

무화란 연료의 입자가 안개처럼 미세하게 퍼지는 것을 말하며 입자가 작을수록 기화나 연소가 급격하게 진행되므로 가능한 미세화 하여야 하나 너무 미세하면 관통도가 나빠지는 경향이 있다(입자의 직경은 : $2\sim50\mu$).

(2) 관통력(Penetration)

연료의 입자가 정지되어 있으면 입자 자신의 연소 가스로 그 주위가 포위되어 연소를 계속할 수 없게 된다. 그렇기 때문에 연료 입자는 연소를 완료할 때까지 공기 속을 진행할 수 있는 힘이 있어야 한다. 그 정도를 관통도 또는 도달거리로서 표시한다.

(3) 분포(Distribution)

연소실 내로 분무의 분포가 균일하게 이루어져야 한다. 미립화된 연료가 균일하게 분포되면 공기와의 접촉면적이 증가된다.

6 연료분사 노즐(Injection nozzle)

(1) 개방형

① 장점

㉠ 노즐 스프링, 니들 밸브 등 운동 부분이 전혀 없기 때문에 이들에 의한 고장이 없다.

㉡ 분사 파이프 내에 공기가 머물지 않는다.

㉢ 구조가 간단하여 제작비가 싸다.

② 단점

㉠ 니들 밸브가 없기 때문에 분사압력을 자유로이 조정할 수 없다.

㉡ 분사 종료 후 실린더 내의 압력이 낮아졌을 때 분사 파이프나 노즐 내의 연소실에 흘러 들어가 후적을 만들기 쉽다.

   © 분사 시작 또는 분사 끝 등 분사압력이 낮을 때의 무화가 조금 좋지 않다.

(2) 폐지형

구멍형(hole type), 핀틀형(pintle type), 스로틀형(throttle type)이 있다.

7 디젤 기관의 연소실과 예열장치

디젤 기관의 연소실에는 단실식과 복실식이 있다.

① **단실식** : 연소실에 연료를 직접 분사하는 방식(**예** 직접분사식)

② **복실식** : 주연소실 위에 부연소실을 두어 연료를 부연소실에 분사하는 방식(**예** 예연소실식, 와류실식)

③ 디젤 기관 중 예연소실식, 와류실식 등은 저온 시동성이 나쁘며, 이러한 단점을 보완하기 위하여 축전지의 전기를 이용한 시일드형 예열 플러그를 연소실 내에 설치하여 시동 시 연소실의 온도를 높인다.

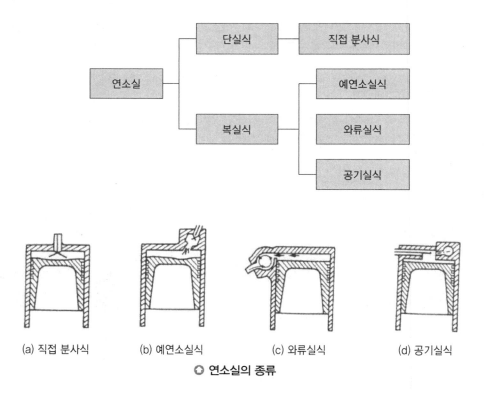

(a) 직접 분사식   (b) 예연소실식   (c) 와류실식   (d) 공기실식

○ 연소실의 종류

◎ 디젤 기관의 장·단점

장점	단점
• 연료 소비율이 적고 열효율이 높다. • 연료의 인화점이 높아 화재의 위험성이 작다. • 전기점화장치가 없어 고장률이 적다. • 2사이클이 비교적 유리하다. • 경부하 때의 효율이 그다지 나쁘지 않다.	• 회전수를 그다지 높일 수 없다. • 저속에서는 진동이 크다. • 시동이 비교적 곤란하다. • 마력당 무게가 크다. • 연료 공급장치의 정밀한 조정이 필요하다.

◎ 연소실의 형식별 특징

연소실의 종류	특징	
직접분사식	• 실린더헤드와 피스톤헤드 사이에 연소실을 형성하는 기관이다. • 연료는 직접 주연소실에 분사된다. • 연료분사압력은 200~500kg/cm² 정도이다. • 압축비는 13~16 : 1 정도이다. • 예열 플러그가 불필요하다. • 냉시동성이 우수하다.	• 구조가 간단하다. • 연료 소비율이 작다. • 폭발압력이 높다. • 노크발생이 쉽다. • 열효율이 가장 높다. • 연소실의 면적이 가장 작다.
예연소실식	• 고속기관에 많이 사용한다. • 압축비는 15~22 : 1이다. • 예열 플러그가 필요하다. • 예연소실에 연료를 분사하여 초기 연소를 일어나게 한 뒤 대부분은 주연소실에서 완전 연소시키는 방식이다.	• 주연소실의 폭발압력이 낮다. • 연료분사압력이 낮다. • 저질연료를 쓸 수 있다. • 열효율이 낮다. • 시동이 곤란하다. • 노크가 잘 일어나지 않는다. • 연료 소비율이 크다.
와류실식	• 대부분의 연료는 와류실 내에서 연소된다. • 소형기관에 쓰인다. • 압축비는 19~21 정도이다. • 분사압력은 80~150kg/cm²이다. • 와류실 체적은 전체 연소실의 약 60~70%이다.	• 고속회전이 가능하다. • 연료 소비율이 크다. • 시동이 곤란하다.
공기실식	• 공기실의 부피는 연소실 체적의 약 30~70%이다. • 연료를 주연소실에 분사하고 공기실로부터 공기에 의하여 완전 연소시키는 방식이다.	• 운전이 정숙하다. • 열효율이 낮다. • 고속회전이 부적당하다.

8 가솔린 기관과 디젤 기관의 비교

항목	디젤 기관	가솔린 기관
흡입기체	공기	연료와 공기(혼합가스)
압축비	15~23	5~8
압축압력	35~45kg/cm^2	5~10kg/cm^2
압축온도	약 500~600℃	약 260℃
팽창압력	45~60kg/cm^2	17~35kg/cm^2
주요 구조 차이	연료분사 펌프와 분사 밸브가 필요하며 고온 고압에 견딜 수 있게 튼튼하게 만든다.	기화기와 전기점화장치가 필요하다.
조속기 작용	연료 공급량을 조절한다.	혼합가스의 흡기량을 조절한다.
연료 소비량	경유. 중유를 사용하며 소비량이 적다.	휘발유를 사용하며 소비량이 많다.
열효율	28~35%로 높다.	25~28%로 낮다.

9 기관 성능 및 효율(engine power & efficiency)

1 엔진의 성능

실린더 내에서의 압력의 변화, 엔진의 회전속도, 출력 및 연료 소비율 등 엔진의 능률에 관계되는 것을 엔진의 성능이라고 한다.

※ 출력(power)

$$1PS = 75kg \cdot m/s = 0.736kW$$
$$1kW = 102kg \cdot m/s$$

※ 경제성능(economic performance)

- 연비 연료 소비량(시중) : (km/l) 단위시간당 소비량$\left(\dfrac{g}{PS \cdot hr}\right)$을 말한다.

- 연료 소비율(이론) : (g/PS·h) 단위시간, 단위출력당 소비량을 말한다.

※ 효율(η)

- 이론적 열효율 : $\eta_{th} = \dfrac{W_{th}}{Q_1}$

- 도시 열효율 : $\eta_i = \dfrac{W_\eta}{Q_1}$

• 제동 열효율 : $\eta_b = \dfrac{W_b}{Q_1}$

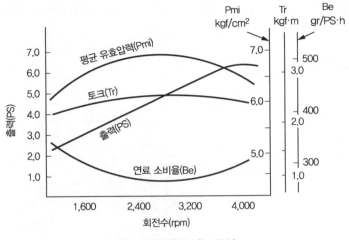

◎ 내연기관의 성능 곡선

② 실제 열효율(η_e)

제동마력과 연료 소비량과의 중량으로 환산한 비율이다.

$$\eta_e = \frac{\text{일로 변환한 열 에너지}}{\text{기관에 공급한 열 에너지}} \times 100\%$$

크랭크축이 한 일, 즉 제동마력으로 변화된 열량과 총 공급된 열량과의 비

③ 제동 열효율(η_b)

$$\eta_b = \frac{632.5 \times 1000}{f_b \times H_L} \times 100\%$$

$$\eta_b = \eta_m \times \eta_i = \eta_m \times \eta_d \times \eta_{th} \,(\eta_i = \eta_d \times \eta_{th})$$

여기서, η_m : 기계효율

η_i : 도시 효율

④ 체적효율(흡기 효율, 용적 효율 : η_V)

$$\eta_v = \frac{\text{실제 운전 중 흡기된 공기량(중량)}}{\text{행정 용적(중량)}} \times 100\% = \frac{\text{흡기량}}{\text{실린더 배기량}} \times 100\%$$

⑤ 토크(회전력 : T)

엔진의 토크(회전력)는 그림처럼 크랭크축 암에 작용되는 수직력을 $P[\mathrm{kg}]$, 크랭크축 암의 길이를 $L[\mathrm{m}]$라 하면 $T = P \times L[\mathrm{kg-m}]$이다. 엔진의 회전속도가 $N[\mathrm{rpm}]$이고 이때의 출력이 BHP₁, 회전력이 $T[\mathrm{kg \cdot m}]$이면 다음과 같다.

$$T = \frac{716 \times \mathrm{BHP}}{N}[\mathrm{kg-m}]$$

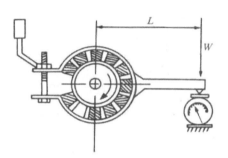

⬣ 프로니 브레이크 동력계

⑥ 제동마력(축마력, 정미마력 : BHP)

축 마력, 정미마력이라고도 하며 기관의 지시마력으로부터 마찰마력을 뺀 기관마력, 즉 크랭크축으로부터 실제 동력으로 얻을 수 있는 마력을 제동마력이라고 한다. 제동마력은 동력계(다이나모메터)에 의해 측정된다.

$$\mathrm{BHP} = \frac{2\pi T \times N}{75 \times 60} = \frac{T \times N}{716} \ \text{또는} \ \mathrm{BHP} = \frac{P_{mb} \times A \times L \times N \times Z}{9000(4\text{행정}),\ 4500(2\text{행정})}$$

여기서, T : 토크(kg−m) N : 크랭크 회전수(rpm)

        A : 실린더 단면적(cm^2) L : 행정(mm)

        N : 회전수(rpm) Z : 실린더수

        P_{mb} : 평균 유효압력($\mathrm{kg/cm}^2$)

 Tip   제동마력 = 기계효율(%) × 지시마력(IHP)
제동마력은 플라이휠이나 변속기 입력축에서 측정한 것을 말한다.

$$B_{kw} = \frac{P_{mb} \times U_{sxn}}{612}[\mathrm{kW}]$$

7 제동 연료 소비량과 소비율(SFC)

연료 소비량이란, 단위마력당 단위시간당의 연료의 소비량이며 cc나 l로서 나타낸다.

연료 소비율이란, 1PS의 동력으로 1시간 동안에 운전하는데 소요되는 연료량을 무게로 표시(g/PS·hr)한다.

$$연료\ 소비율 = f_b = \frac{소비량 \times 소비시간}{마력} = g/PS \cdot hr$$

여기서, BHP : 제동마력(ps), η_b : 제동 열효율

$$연료\ 소비량 = f_e = \frac{632.5 \times BHP}{H_L \times \eta_b} = l/h$$

8 지시마력(IHP)

실린더 내에서의 연소압력으로부터 직접 측정한 마력이다.

지시마력 = 제동마력 + 마찰마력

$$4사이클\ 기관의\ IHP = \frac{P \cdot L \cdot A \cdot N \cdot R}{2 \times 75 \times 60}$$

$$2사이클\ 기관의\ IHP = \frac{P \cdot L \cdot A \cdot N \cdot R}{75 \times 60}$$

여기서, P : 지시평균 유효압력(kg/cm^2)

A : 실린더 면적(cm^2)

L : 행정(m)

R : 크랭크축 회전수(rpm)

N : 실린더 수

9 마찰마력(손실마력, FHP)

기계 부분의 마찰에 의하여 손실되는 동력과 새로운 가스를 흡기하고 배출하는 데에서 오는 동력손실을 말한다.

마찰마력 = 지시마력 − 제동마력

$$FHP(마찰마력) = \frac{P \times V}{75}$$

여기서, P : 마찰력(kg), V : 속도(m/sec)

⑩ 연료마력(PHP)

$$PHP = \frac{60 \times C \times W}{632.5 \times t} = \frac{C.W}{10.5t}$$

여기서, C : 연료의 저위 발열량(kcal/kg)

W : 연료의 중량(kg)

t : 측정에 요한 시간

⑪ 크랭크축 회전각(점화시기, 분사각도)

① 1분간 크랭크축의 회전속도 = 회전속도 × $360°$

② 1초간 크랭크축의 회전각도 = $\dfrac{\text{1분간 크랭크축의 회전각도}}{60}$

③ 회전각(진각도)

$$진각도 = \frac{R}{6} \times T$$

여기서, 회전각(진각도) $\dfrac{R}{60} \times 360$: 1초간 크랭크축 회전각도

R : 엔진 회전수

T : 점화지연시간(착화지연시간)

⑫ SAE 마력(PS)

SAE 마력은 피스톤−속도 = 5m/sec, 지시평균 유효압력 = 6.33kg/cm, 기계효율 = 0.75 로 하고 계산한 일종의 지시마력이다.

① 실린더 내경이 mm인 경우

$$SAE\ \ HP = \frac{M^2 \times N}{1613}$$

여기서, M^2 : 실린더 내경(mm)

N : 실린더 수

② 실린더 내경이 inch인 경우

$$SAE\ \ HP = \frac{D^2 \times N}{2.5}$$

여기서, D^2 : 실린더 내경(inch) (피스톤 평균속도 100ft/m, 평균 유효압력 90PSI, 기계효율 75%로 하고 계산한 마력)

⑬ 조속기 속도 변동률

$$\text{순간 속도 변동률} = \frac{\text{무부하로 했을 때 최고 회전수–무부하 시 회전수}}{\text{무부하 시 회전수}} \times 100\%$$

$$\text{안정 속도 변동률} = \frac{\text{무부하 시 안정된 속도–무부하 시 회전수}}{\text{무부하 시 회전수}} \times 100\%$$

⑭ 분사량 불균율

$$(+)\text{불균율} = \frac{\text{최대 분사량} - \text{평균 분사량}}{\text{평균 분사량}} \times 100\%$$

$$(-)\text{불균율} = \frac{\text{평균 분사량} - \text{최소 분사량}}{\text{평균 분사량}} \times 100\%$$

⑮ 4행정 사이클 기관의 제동평균 유효압력

$$P_{mb} = \frac{900 \times \text{BHP}}{V_s \cdot N \cdot Z} = \text{kg/cm}^2$$

여기서, V_s : 행정체적(l) $\qquad$ Z : 실린더 수
$\qquad$ N : 기관의 회전수(rpm)

⑯ 피스톤 링의 마찰력

$$P = P_r \times N \times Z[\text{kg}]$$

여기서, P : 총 마찰력(kg) $\qquad$ P_r : 링 1개당 마찰력(kg)
$\qquad$ N : 실린더 당 링 수 $\qquad$ Z : 실린더 수

⑰ 밸브의 유효직경(d)

$$d = D\sqrt{\frac{S}{V}}$$

여기서, D : 실린더 내경(mm)
$\qquad$ V : 밸브 통과 속도(m/sec), 피스톤 평균속도(m/sec)

제**3**장 농용 트랙터와 동력 경운기

 농용 트랙터(farm tractor)

자동차는 운송을 목적으로 하는데 비해 트랙터는 견인력과 구동력으로서 각종 포장에서 로터리, 쟁기작업 등을 수행하므로 농업기계 중 가장 많이 사용하는 위치에 있다.

1 트랙터의 종류

(1) 형태에 의한 분류
① **보행형 트랙터** : 동력 경운기를 말하며 보행하면서 농작업을 수행한다.
② **승용형 트랙터** : 4륜 트랙터로 운전자가 탑승하여 농작업을 수행한다.

(2) 사용 목적에 의한 분류
① **범용형 트랙터** : 경운 작업, 파종, 중경제초, 수확작업 등 국내에 보급된 트랙터의 대부분이다.
② **표준형 트랙터** : 중작업용으로 설계된 출력이 큰 트랙터이다.
③ **과수원용 트랙터** : 기체와 좌석 등을 낮추어 설계된 과수원 전용 트랙터이다.
④ **정원용 트랙터** : 정원 관리용으로 최저 지상고가 낮은 소형 트랙터이다.

(3) 주행장치에 의한 분류
① **차륜형 트랙터** : 주행장치가 바퀴로 된 트랙터로 주행 시는 고무바퀴를, 무논에서는 철차륜을 덧붙여서 사용한다. 농업용으로 가장 많이 쓰인다.
② **장괘형 트랙터** : 습지 등에서 견인성, 주행성이 뛰어나나 구조가 복잡하고 고가이며 토목용에 주로 사용된다(불도저).
③ **반장괘형** : 차륜형과 장괘형의 중간형의 것으로 전·후륜 사이에 보조차륜을 설치하여 이것과 후륜에 괘도를 씌운 형이다.

 4륜 구동 트랙터는 2륜 구동 트랙터보다 견인력이 약 17~35% 증가한다.

○ 차륜형 트랙터의 장·단점

장점	단점
• 운전이 경쾌하다.	• 접지압이 크다.
• 제작 가격이 싸다.	• 견인력이 작다.
• 지상 고가 높다.	• 선회 반경이 크다.
• 고속도 운전이 가능하다.	• 연약지 운전이 불가능하다.

○ 궤도형 트랙터의 장·단점

장점	단점
• 접지압이 작다.	• 지상 고가 낮다.
• 견인력이 크다.	• 고속도 운전이 곤란하다.
• 연약지 작업이 가능하다.	• 제작 가격이 고가이다.
• 선회 반경이 작다.	• 운전이 경쾌하지 못하다.

2 주요부의 구조, 기능 및 작동원리

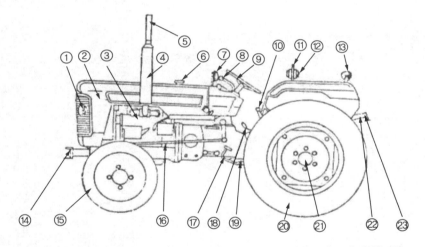

① 헤드 램프　② 본 네트　③ 엔진　④ 머플러　⑤ 연장 파이프　⑥ 연료 탱크 캡　⑦ 백미러
⑧ 스로틀 레버　⑨ 조향 핸들　⑩ 주변속 레버　⑪ 손잡이　⑫ 방향등　⑬ 작업등　⑭ 전부 힛치
⑮ 전륜　⑯ 드래그 링크　⑰ 클러치 페달　⑱ 부변속 레버　⑲ 승강계단　⑳ 후륜　㉑ 차륜축
㉒ 리프트 암　㉓ 리프트 브래킷 호크

○ 트랙터의 구조

(1) 기관(Engine)

　우리나라에 보급된 것은 모두 디젤 기관으로 2~8기통이며 트랙터의 크기는 기관의 출력은
(마력)으로 표시한다.

○ 트렉터용 기관

(2) 동력 전달장치(Power train)

기관에서 발생하는 동력을 구동 바퀴나 동력 취출축(PTO축)에 전달하기 위한 장치로 승용(바퀴형) 트랙터의 일반적인 동력전달계통은 다음과 같다.

기관→ 메인 클러치 → 클러치축 → 변속장치 → 베벨 기어 → 차동 기어 → 감속 기어 → 구동축 → 뒷바퀴
↓
경운 클러치 → 구동장치 → 경운 장치

 Tip 장궤형 트랙터의 동력 전달 계통
기관 → 메인 클러치 → 클러치축 → 변속장치 → 베벨 기어 → 중간축 → 조향 클러치 → 최종 감속기어 → 구동륜

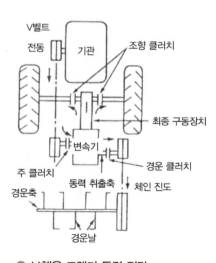

○ 보행용 트랙터 동력 전달

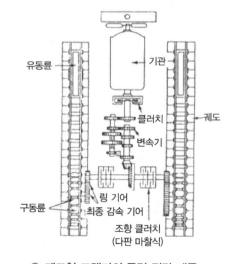

○ 궤도형 트랙터의 동력 전달 계통

① 클러치(단판클러치, 다판클러치, 원판클러치, 유체클러치)

㉠ 엔진과 변속기 사이에 설치되어 엔진의 회전력을 단속한다.

ⓒ 필요성
- 엔진을 시동할 때 엔진을 무부하상태에 두기 위해서이다.
- 변속기 조작을 위한 엔진 회전력의 일시 차단을 위해서이다.
- 기관을 정지시키지 않으면서 기체의 진행을 정지시킬 때이다.
- 클러치 페달의 자유 유격은 릴리스 베어링이 릴리스 레버에 닿을 때까지 움직인 거리로 페달 간격으로는 보통 25~30mm 정도이다(클러치 페이싱이 마모되면 자유간극은 작아진다).

ⓒ 승용 트랙터의 주 클러치는 건식 단판 클러치가 주로 이용되고 있다.

② **변속기**(transmission) : 기관의 동력을 트랙터의 주행상태에 알맞게 그 회전력과 속도로 바꾸어 준다. 변속기는 기관의 출력을 트랙터의 주행상태에 알맞게 그 회전력과 속도로 바꾸기 위해서 중립(기관을 무부하상태에 있게 한다) 후진을 위해서 필요하다.

③ 트랙터 변속기의 종류

㉠ 미끄럼 물림식 기어 변속기 : 변속기 부축에서 고정되어 있는 기어에 주축의 스플라인에서 미끄러질 수 있는 기어를 축 방향으로 움직여 물리게 해서 여러 가지 속도비를 얻는 방식이다.

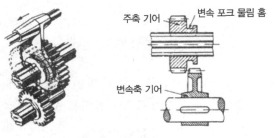

주축 기어   변속 포크 물림 홈

변속축 기어

❂ **미끄럼 기어식**

㉡ 상시 물림식 기어 변속기 : 각 변속 단계의 기어는 항상 물려 있으나 주축상의 기어는 주축에 연결되어 있지 않고 필요에 따라 주축에서 움직이는 맞물림 클러치를 사용하여 주축과 연결한다.

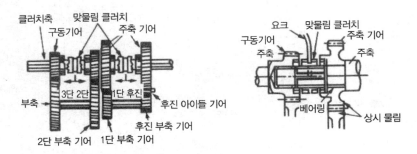

클러치축   맞물림 클러치
구동기어   주축 기어   요크   맞물림 클러치
                                        구동기어   주축 기어
                                        주축   주축

3단 2단 1단 후진
부축   후진 아이들 기어
                        후진 부축 기어   베어링   상시 물림
2단 부축 기어 1단 부축 기어

❂ **상시 물림식 기어식 변속기**

ⓒ 동기 맞물림식 기어 변속기 : 최근 국내 트랙터는 기어가 서로 물릴 때 원추형 마찰 클러치에 의해서 상호 회전속도를 일치시킨 후 기어를 맞물리게 하는 동기 장치를 설치한 변속장치이다(주행 중 변속 가능).

 Tip

변속비 : 엔진의 회전수와 추진축의 회전수의 비를 변속비라고 한다.

$$변속비 = \frac{기관의\ 회전속도}{추진축의\ 회전속도} = \frac{Z_2 \times Z_4}{Z_1 \times Z_3}$$

여기서, Z_1 : 입출력 기어수 Z_2 : 입·출력과 물리는 기어수
          Z_3 : 출력측과 물리는 기어수 Z_4 : 출력측 기어수

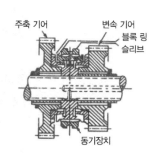

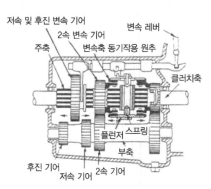

주축 기어   변속 기어   블록 링   슬리브

동기장치

저속 및 후진 변속 기어   변속 레버
2속 변속 기어
주축   변속축 동기작용 원추
클러치축

플런저 스프링
후진 기어   저속 기어   2속 기어   부축

◎ 동기 물림 기어식 변속기

④ 차동장치 : 선회 시 바깥쪽의 차륜을 안쪽의 차륜보다 빠르게 회전시켜 주는 장치로 트랙터의 선회를 원활하게 하고, 바퀴축의 비틀림을 방지하는 역할을 한다.

 Tip

$$N = \frac{L+R}{2}$$

여기서, N: 링 기어의 회전수, L: 좌측 바퀴의 회전수, R: 우측 바퀴의 회전수
• 종감속 기어 종류 : 웜기어, 스파이럴 기어, 하이포이드 기어

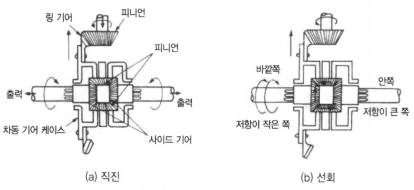

링 기어   피니언
피니언
출력   출력
차동 기어 케이스   사이드 기어
(a) 직진

바깥쪽   안쪽
저항이 작은 쪽   저항이 큰 쪽
(b) 선회

◎ 차동장치의 작동

⑤ **차동 잠금장치(디퍼렌셜록)** : 진흙탕에 한쪽 바퀴가 빠졌을 때 빠진 쪽 바퀴에 슬립이 일어나 공회전하게 되면, 좌우 바퀴의 저항 차이에 의하여 다른 쪽 바퀴가 정지하게 되므로 더 이상 작업이 불가능하게 된다. 차동 잠금장치는 이를 방지하기 위해 차동 작동이 일어나지 못하게 만든 장치

⑥ **최종 감속장치(종감속 기어)** : 기관의 동력을 구동 차축으로 전달하는 경로에서 최종적으로 감속하는 장치이다. 트랙터 기관의 회전속도와 구동바퀴의 회전속도비를 총감속비라 하며 보통 저속비는 300~400 : 1 정도이고 고속비는 20~30 : 1 정도이다.

 Tip

총감속비 : 엔진 출력축의 회전수와 구동륜의 회전수의 비

• 종감속비$(r \cdot f) = \dfrac{\text{링기어의 수}}{\text{구동 피니언의 잇수}}$

• 총감속비$(F \cdot f) = $ 변속비 × 종감속비

• 바퀴의 회전수 $= \dfrac{\text{엔진의 회전수}}{\text{총감속비}}$

(3) 주행장치

① **차륜**

㉠ 공기 타이어 : 앞바퀴에 비하여 완충작용이 크고 견인성능이 뛰어나며 구름저항이 적다. 타이어의 크기는 타이어의 폭(인치), 림 직경(인치), 타이어 코드층(ply)수로써 표시. 공기압이 높으면 견인력이 감소하고 타이어가 마모되며, 공기압이 낮으면 내구성이 떨어진다(앞바퀴 $1.4 \sim 2.52 \mathrm{kg/cm^2}$, 뒷바퀴 $0.84 \sim 1.4 \mathrm{kg/cm^2}$).

㉡ 5.6-13-4PR(폭 : 5.6inch, 안지름 : 13inch, 플라이 수 : 4를 나타냄)

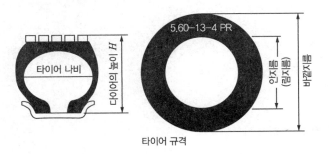

타이어 규격

○ **공기 타이어의 장·단점**

장점	단점
• 고속으로 주행이 가능하다. • 조정하기 쉽다. • 구름저항이 적다. • 연료소비량이 적다. • 동일 부하에서는 소요마력이 적다.	• 펑크의 염려가 있다. • 가격이 비싸다. • 연약한 지반에서는 슬립이 많다. • 트레드가 마멸되기 쉽다. • 이랑이 있는 경지에서는 주행이 곤란하다.

 Tip

> **뒷바퀴 폭 조절방법**
> • 림 디스크를 반전
> • 허브와 림사이에 간격판 설치
> • 타이어를 외부 안쪽으로 조립

ⓒ 철차륜 및 보조 장치 : 보통 공기 타이어의 측면에 부착하여 써레질이나 쇄토용으로 사용한다.

ⓒ 반 궤도 장치 : 접지압이 감소되어 물 논 등에서 작업하기가 좋다.

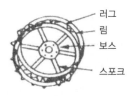 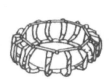 

(a) 쇠바퀴　　　　(b) 타이어 거들　　　(c) 스트레이크　　(d) 플로트 쇠바퀴

○ **트랙터 쇠바퀴와 보조의 종류**

 Tip

> **견인력을 증대시키기 위한 방법**
> • 타이어 공기압 낮춤　　　• 부가 웨이트 부착
> • 차륜 보조 장치 이용　　　• 타이어 내 물과 염화칼슘 주입
> • 4륜 구동

② 앞바퀴의 정렬

ㄱ 앞바퀴 정렬의 필요성

　• 조향휠의 복원성을 준다.

　• 조향휠의 조작을 확실하게 하고 안정성을 준다.

　• 타이어 마멸을 감소할 수 있다.

　• 조향휠의 조작력이 적고 쉽게 할 수 있다.

ⓒ **캠버각** : 앞바퀴를 정면에서 보았을 때 위쪽이 밖으로 벌어진 각도를 말한다(2~5°). 앞차축의 처짐을 적게 할 수 있다(바퀴의 위쪽이 안쪽으로 기울어지는 것 방지).

- 볼록 노면에 대하여 앞바퀴를 직각으로 둘 수 있다.
- 조향휠의 조향 조작이 가볍다.
- 스위블 반지름을 작게 할 수 있다.

ⓒ **킹핀각** : 앞바퀴를 지탱하는 킹 핀이 정면에서 볼 때, 밑으로 벌어진 각(5~11°)으로 주행 시 저항에 의한 킹 핀의 회전 모멘트를 감소시켜 핸들 조작이 가볍고, 핸들 복원력을 증대한다.

ⓔ **캐스터 각** : 킹핀을 옆에서 보았을 때, 밑이 앞으로 내민 각으로(2~3°) 바퀴에 전달되는 수직하중을 캐스터 각만큼 수평분력으로 작용하게 함으로써 바퀴가 항상 앞으로 나가려는 성질을 가지게 하여 특히 직진성을 좋게 한다.

 Tip 트랙터의 앞바퀴 정렬 요소 : 캠버, 캐스터, 킹핀, 토인

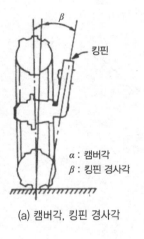

α : 캠버각
β : 킹핀 경사각

(a) 캠버각, 킹핀 경사각

구름저항

(b) 캐스터각

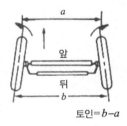

토인=$b-a$

(c) 토인

🔾 **앞바퀴 정렬**

ⓜ **토인** : 앞바퀴를 위에서 보면, 앞이 뒤보다 좁게 되어 있다. 타이어 중심선을 기준으로 하여 앞과 뒤의 차륜폭의 차이로 나타내며, 보통 2~8mm로 한다. 토인은 캠버각 때문에 바퀴가 옆으로 벌어지려는 경향을 방지하여 직진성을 좋게 한다.

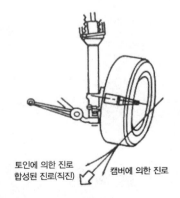

토인에 의한 진로
합성된 진로(직진)
캠버에 의한 진로

🔾 **타이어의 경로**

Tip 주행장치가 수행할 수 있는 기능
- 차체의 하중을 지지한다.
- 불규칙한 노면에서 유발되는 진동을 완화한다.
- 조향할 때 차체의 안정을 기할 수 있어야 한다.
- 구동과 제동할 때 충분한 추진력을 낼 수 있어야 한다.

(4) 조향장치

트랙터의 진행 방향을 임의로 바꾸기 위한 것으로 핸들을 돌리면 웜 기어와 섹터 기어, 피트먼 암, 드래그 링크, 조향 암, 너클 암, 타이로드를 거쳐 좌우 바퀴를 동시에 같은 방향으로 틀어지게 한다. 유압을 이용한 동력 조향장치는 그림과 같이 보통 조향장치 중간에 유압을 이용한 동력 기구를 설치하여 핸들 조작력을 줄이고 신속한 조향을 할 수 있다.

Tip 조향 전달 순서 : 조향 핸들 → 조향 기어 → 피트먼 암 → 조향 암 → 너클 암 → 바퀴

※ 주의 : 언덕길을 내려갈 때 시동을 끄고 내려가서는 절대 안 됨

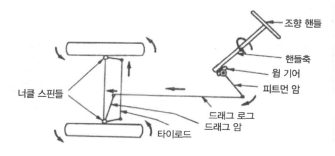

◎ 조향장치(바퀴형)

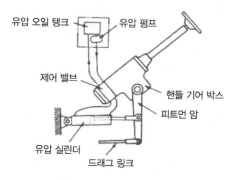

◎ 유압식 동력 조향장치

Tip 조향 기어비 $= \dfrac{조향핸들의\ 회전각}{피드먼\ 암의\ 회전각}$

(5) 제동장치

주행 중 트랙터의 진행속도를 줄이거나 정지시키고 선회를 용이하게 하기 위한 장치가 제동장치이다. 트랙터에 사용되는 제동장치 형식은 그 구조에 따라 외부 수축식, 내부 확장식, 원판 마찰식 등이 있으며, 일반적으로 이물질이 들어가지 않도록 완전 밀폐되어 있다.

> • **유압식 브레이크** : 파스칼의 원리
> • **파스칼의 원리** : 밀폐된 용기에 액체를 넣고 외부에서 압력을 가하면 동일한 압력이 각부에 전달된다.
> • **습식 브레이크(원판 브레이크)** : 밀폐식이며, 큰 제동력을 얻을 수 있고, 열 발생이 적다.

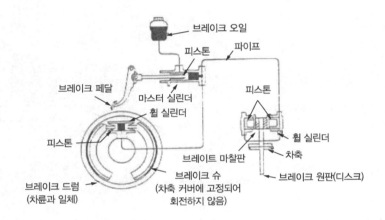

○ 트랙터 브레이크의 종류

(6) 동력 취출장치(Power Take Off, PTO)

PTO는 기관의 동력을 회전형 작업기를 구동시키는데 사용할 목적으로 트랙터 후부에 돌출 시켜 놓은 우회전축을 말하며 Power Take-Off의 약자를 따서 PTO라고 부른다. 동력 취출 방식에는 변속기 구동형, 상시회전형, 독립형, 속도 비례형 등이 있다(축경은 : 1 $\frac{3}{8}$in, 35mm이다).

① **변속기 구동형 PTO** : 변속기의 부축을 경유하여 동력이 전달되는 간단한 구조이나 주 클러치를 끊으면 PTO축도 멈추기 때문에 불편하다.

② **상시 회전형 PTO 또는 라이브 PTO** : 주행속도에 관계없이 독자적인 PTO회전속도를 얻을 수 있고 동력은 주 클러치나 2단 클러치로 단속한다.

③ **독립형 PTO** : 주 클러치 앞에서 동력을 취출하며 PTO 클러치를 가지고 있다. 굴착·굴취, 로터리 경운 등 큰 회전력을 요하는 작업기의 구동에 적합하다.

④ **속도 비례형 PTO** : 주행속도에 비례하는 PTO 회전속도를 얻을 수 있다. 파종·이식 등의 작업기 구동에 적합하다.

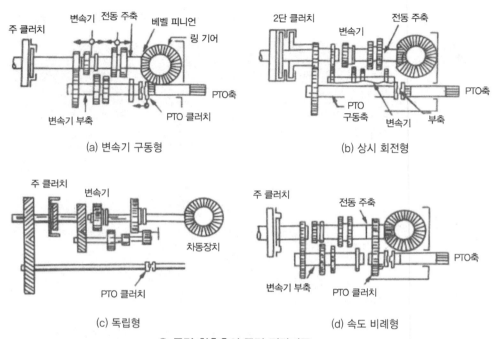

(a) 변속기 구동형

(b) 상시 회전형

(c) 독립형

(d) 속도 비례형

○ **동력 취출축의 동력 전달기구**

PTO는 작업기의 형식이나 종류에 관계없이 어떤 트랙터에나 사용할 수 있도록 국제 규격화되어 있다. 현재 정해진 규격은 540rpm형과 1000rpm형 2가지가 있으나, 최근에는 다양한 회전수 선택이 가능하도록 540~1000rpm을 4등분하여 4단 속도 변화가 가능한 PTO가 많다. PTO축과 작업기의 연결은 유니버설 조인트로 한다.

 Tip PTO로 작업할 수 없는 작업기는 쟁기작업이다.

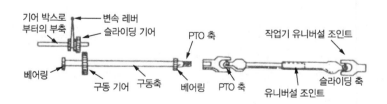

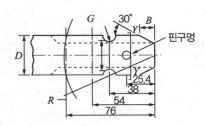

● PTO축의 규격과 유니버설 조인트

(7) 작업기 장착장치(hitch)

① **견인식(trail type)** : 차륜 등이 부착되어 있어 주행할 수 있는 작업기를 견인봉으로 견인하는 것으로 고정식, 수평 요동식, 링크식이 있다.

② **반 장착식(semi-mounted type)** : 트랙터가 전 중량을 지지할 수 없는 큰 작업기에서 작업기의 일부 중량을 트랙터가 지지하고 나머지는 작업기의 차륜으로 지지하는 형태이다.

③ **직장착식(direct mounted type)** : 선회 및 운전 시에 작업기의 전 중량을 트랙터가 지지하는 방식이다. 가장 대표적인 것이 3점 링크 히치이다. 3점 링크 히치는 1개의 상부 링크와 2개의 하부링크로 구성되어 있으며, 하부링크는 리프팅 로드(lifting rod)로 좌우 모두 리프팅 암(lifting arm)에 연결되어 있다. 이 리프팅 암을 유압에 의해서 상하로 조작하여 작업기를 승강시킨다. 상부 링크와 우측 리프팅 로드는 각각 길이를 조절할 수 있어서 작업기의 전후 및 좌우의 기울기를 조절한다. 체크 체인(check chain)과 스테이빌라이저(stabilizer)는 하부 링크의 좌우 진동을 막고 안정을 유지시킨다.

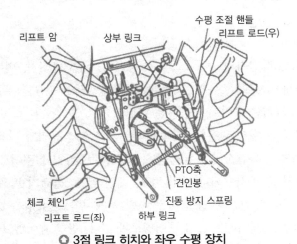

● 3점 링크 히치와 좌우 수평 장치

  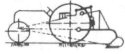

| (a) 견인식 | (b) 반 장착식 | (c) 장착식 |

◎ **작업기의 부착 방법**

■ **수평 안정장치** : 체크체인, 스테빌라이저, 유압 실린더 및 바아식이 있다.

■ **장착식의 특징**
- 전장이 짧아 선회반경이 작다.
- 작업기 중량의 일부 또는 견인저항 일부가 트랙터 중량에 부가됨으로써 견인력이 증가한다.
- 구조가 간단해서 값이 싸다.
- 작업기의 운반, 선회가 용이하다.
- 작업기의 유압제어가 용이하다.

■ **3점 링크 히치에 유압장치를 사용함으로써 인한 장점**
- 작업기의 상하조작이 한 개의 레버에 의해 간단히 조작이 가능하다.
- 조작 레버의 작동 후에는 작업기의 상하조작을 일정한 위치에서 조정된다 (position control).
- 각 링크에 걸리는 저항을 이용하여 항상 일정한 견인 저항이 되도록 조작할 수 있다(draft control).
- 작업기에 급격한 하중이 걸리면 상부 링크에 유압식 안전장치를 설치하여 유압에 의해서 클러치를 끊고 주행을 정지시킬 수 있다.

(8) 유압장치

트랙터에서 유압은 작업기의 승강, 조작, 자동제어, 유압 클러치, 변속기, 핸들 조작, 유압 구동 등에 다양하게 이용된다. 유압펌프로 유압을 발생시켜 필요한 부분에 압력으로 전달하며, 이용하는 힘의 크기는 유압이 작용하는 단면적으로 결정된다. 즉 단면적이 크면 큰 힘이 발생되고, 작으면 작은 힘이 나온다. 작동원리는 파스칼의 원리가 적용된다.

① **유압장치의 구성** : 유압장치는 **유압펌프, 제어밸브, 유압 실린더**로 구성된다. 유압펌프는 기어 펌프가 많이 사용되나 롤러 펌프, 베인 펌프, 플런저 펌프도 사용된다.

제어밸브는 유압의 흐름 방향을 바꾸는 방향 제어밸브, 유량을 조절하는 유량 제어밸브, 그리고 유압을 제어하는 유압 제어밸브가 있다. 방향 제어밸브에는 스풀 밸브가, 압력 제어밸브에는 릴리프 밸브가 대표적이다.

② **유압 제어장치** : 트랙터의 유압 제어에는 위치 제어, 견인력 제어, 혼합 제어 등이 있다.

　㉠ **위치 제어(position control)** : 유압 조정 레버의 위치에 따라 작업기의 위치가 항상 일정한 곳에 있게 하는 기구이다. 평탄한 포장에서는 경심을 일정하게 유지할 수 있으나 굴곡이 심한 포장은 경심이 변한다.

　㉡ **견인력 제어(draft control)** : 작업 중 작업기에 걸리는 저항의 변화를 상부링크의 압축력으로 감지해서, 유압 제어밸브가 자동적으로 작동되어 작업기를 상승 또는 하강시켜 견인 저항을 일정하게 유지시키는 기구이다. 견인 저항의 크기는 유압 조정 레버의 위치에 따라 결정된다.

　㉢ **혼합 제어** : 위치 제어와 견인력 제어를 혼합한 것으로 견인 저항이 적을 때에는 위치 제어에 의해 경심이 일정하게 유지되고, 견인 저항이 클 때에는 견인력 제어에 의해 작업기가 상승해서 경심을 작게 한다.

 Tip
　• **릴리프 밸브 기능** : 유압회로 내 최고 압력을 제한하는 밸브
　• **체크 밸브 기능** : 유체를 한 방향으로만 흐르게 하는 밸브

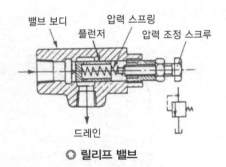

◎ **릴리프 밸브**

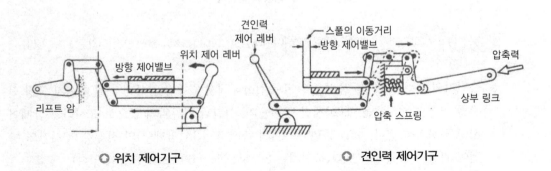

◎ **위치 제어기구**　　　　　　　　　◎ **견인력 제어기구**

(9) 전기장치

디젤 기관 트랙터의 전기회로는 축전지를 중심으로 발전기, 레귤레이터 등의 충전회로와 시동 전동기, 예열장치, 조명, 경보기, 계기류 등의 방전 회로로 구분된다.

① 축전지

㉠ 양극판과 음극판, 황산 등으로 구성되어 있다.

㉡ 1개의 셀에서 발생되는 전압은 2~2.2V이다. 농용으로 현재 널리 사용되고 있는 12V 축전지는 직렬로 연결된 6개의 셀로 이루어져 있다.

㉢ 비중의 측정법 : 배터리 비중계를 똑바로 세워서 투명한 유리관 속에 전해액을 빨아올려 그 속에 뜬 플로트 액면의 상단을 읽는다. 비중은 전해액 온도가 1℃ 상승할 때마다 0.0007만큼 증가하므로, 다음 공식에 따라 기준은 온도(25℃)에서의 비중으로 환산할 필요가 있다.

$$S_{25} = S_t + 0.0007(t - 25)$$

여기서, S_{25} : 25℃ 환산 비중

$\qquad S_t$: 측정할 때의 전해액 비중

$\qquad t$: 측정할 때의 전해액 온도(℃)

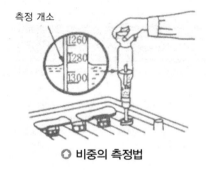

측정 개소

❂ 비중의 측정법

 Tip 축전지에서 1셀당 2.2V일 때 셀이 6개이면 12V이며, 셀당 완전 방전 전압은 1.75V이다.

㉣ **축전지의 용량** : 축전지 용량은 완전 충전상태에서 최종 전압상태가 될 때까지 규정 전류를 연속 방전시켰을 때(20시간 방전율)의 시간과 전류와의 곱으로 표시하고 암페어 시(AH)로 나타낸다. 예를 들면 60AH의 축전지는 3A(암페어)의 전류로 20시간의 방전이 가능한 것을 나타낸다(축전지는 3A × 20H = 60AH의 용량이 있다).

ⓜ 충전상태와 비중과의 관계

충 방전상태	20℃일 때의 비중	전압(V)
완전 충전	1,260~1,280	2.20
3/4충전(1/4방전)	1,230~1,260	2.10
1/2충전(1/2방전)	1,200~1,230	2.00
1/4충전(3/4방전)	1,170~1,200	1.85
완전방전	1,140~1,170	1.75

② 시동회로 및 시동 전동기

ㄱ TM 위치 → 축전지 → 솔레노이드(전동기 스위치) → 시동 전동기 → 피니언 → 플라이 휠의 링 기어 순으로 시동이 된다.

ㄴ 축전지의 소모를 막기 위해 시동 후 곧 시동 스위치가 꺼지도록 된다.

 Tip　　트랙터의 시동 전동기 형식은 직류직권식이다.

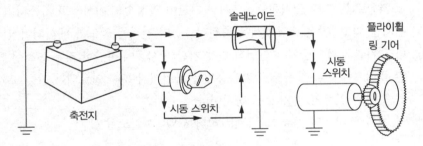

● 트랙터의 시동회로

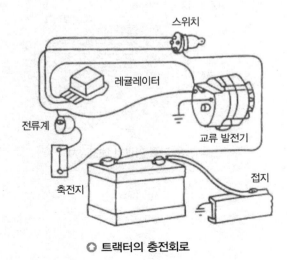

● 트랙터의 충전회로

③ **발전기** : 발전기는 엔진 회전력으로 구동되어 교류 전기를 발생하여, 충전회로를 통해 전기를 축전지에 충전하거나 운전 중 필요한 전력을 공급한다.

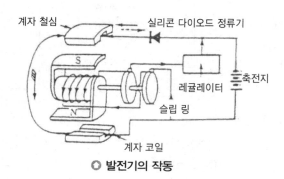

● **발전기의 작동**

④ **레귤레이터** : 레귤레이터는 회전속도에 따라 발전기 전압의 변화에 관계없이 축전기에 공급되는 전압을 축전지의 1.1배 정도로 유지시켜준다(전압, 전류 조정 및 역류 방지 기능).

⑤ **조명회로 및 기타 전기회로** : 트랙터 기관이 일정속도 이상으로 기동되면 발전기로부터 전기를 얻고, 낮은 속도에서는 축전지로부터 전기를 얻도록 배선되어 있다.

⑥ 디젤 기관의 예열장치는 한냉식 디젤 기관의 시동이 곤란한 경우 연소실 안에 설치된 예열 플러그에 전류를 통해서 압축공기를 가열시켜 분사 연료의 착화를 도와 동시에 용이하게 하는 일종의 시동 보조 장치이다.

※ 예열 플러그의 종류 : 봉상형, 히터 코일, 시일드형 등

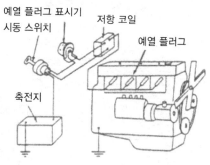

● **농용 디젤 기관의 예열장치**

③ 트랙터의 성능 및 시험

(1) 효율

기관의 출력 P_1, 구동 차축 동력 P_2, 견인 동력 P_3의 순으로 동력이 변화한다.

- 기계효율(η_m) $\eta_m = \dfrac{P_2}{P_1} \times 100\%$

- 견인효율(η_t) $\eta_t = \dfrac{P_3}{P_2} \times 100\%$

- 총효율(η_t) $\eta_t = \dfrac{P_3}{P_1} = \dfrac{P_2}{P_1} \times \dfrac{P_3}{P_2} = \eta_m \times \eta_t$

(2) 견인력과 견인 동력

① 견인력(P) : 트랙터와 작업기 사이에 견인력계를 설치하여 그 장력을 측정한다.

$$F = \frac{60 \times 75 \times Nr\eta_m}{n\pi D} \quad \text{또는} \quad F = \frac{75 \times 3600 \times Nr\eta_m}{1000\,V}$$

여기서, F : 견인력(kg)

        N : 기관 출력(PS)

        N : 기관 회전수(rpm)

        r : 총감속비,

        η_m : 동력 전달 효율

        D : 구동륜 유효 직경(m)

        V : 주행속도(km/h)

② 견인출력(마력 : drawbar power : D_{hp})

$$D_{hp} = \frac{P \times V}{75}[\text{PS}]$$

여기서, P : 견인력(kg)

        V : 주행속도(m/sec)

 Tip   최대 견인 동력은 적절한 슬립률(경지에서는 대개 16%)에서 나타난다.

③ 슬립률(진행 저하율)

$$S = \frac{L - L^{'}}{L} \times 100\%$$

여기서, L : 무부하 시 바퀴 1회전의 진행거리(m)

        $L/$: 부하 시 바퀴 1회전의 진행거리(m)

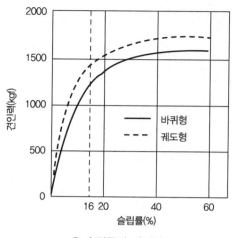

○ 슬립률과 견인력

④ 성능시험

㉠ PTO 성능시험 : 동력 측정계로 최대출력, 연료소비율 등을 조사한다.

㉡ 견인 성능시험 : 견인력, 슬립률, 주행속도, 연료 소비율 등을 측정한다.

㉢ 기타 : 진동, 소음, 브레이크 성능시험 등을 한다.

⑤ PTO 출력

$$P = \eta_p \times N$$

여기서, η_p : 엔진으로부터 PTO축까지의 기계효율

N : 엔진 출력(ps)

(3) 주행저항

① **구름저항**(rolling resistance) : 트랙터의 바퀴와 토양 사이에서 견인력의 크기를 나타낼 수 있다. 굴림 저항은 지반 반력의 수평성분을 말한다.

전진력 $P = F - R$

여기서, F : 지반 전단 반력의 수평성분

R : 구름저항

㉠ 전단저항

$$F = A \cdot C + Wx \tan\phi$$

여기서, A : 전단면적(cm^2)

W : 수직하중(kg)

C : 토양의 점착응력(kg)

ϕ : 토양의 내부 마찰각(°)

ⓛ 구름저항 : 트랙터의 바퀴와 토양사이에 지반반력과 수평성분을 말하며 동하중과 속도에 따라 달라진다.

$$R_r = C_1 W + C_2 W \cdot V [\mathrm{kg}]$$

$$R_r = C_1 W + C_2 W \cdot V [\mathrm{kg}]$$

여기서, R_r : 구름저항(kg)

W : 트랙터 자중(kg)

V : 주행속도(m/sec)

$C_1,\ C_2$: 계수

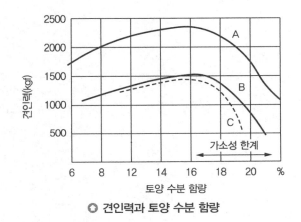

◎ **견인력과 토양 수분 함량**

 Tip 연약한 토양에서는 타이어의 공기압을 줄여 접지 압력을 작게 하는 것이 좋으며, 단단한 토양이나 지반에서는 타이어 공기압이 적은 경우에 구름 저항이 증가한다.

② **등판 저항** : 트랙터가 경사면을 향하여 올라가는 경우에 트랙터 자중의 분력은 진행의 반대방향으로 작용한다. 이때 등판저항은 다음과 같다.

$$R_e = W \sin\alpha [\mathrm{kg}]$$

여기서, R_e : 등판 저항(kg)

W : 트랙터 자중(kg)

α : 등판각(°)

(4) 접지압

여러 가지 물체가 지상에 놓여 있을 때는 그 접지면에서 물체의 전 중량이 지지되는 단위 접지 면적에 걸리는 중량을 접지압이라 한다. 트랙터의 접지압은 트랙터의 형식에 따라 달라지며 차륜 트랙터의 경우에는 일반적으로 자중의 약 40%가 앞 차륜축 상에 나머지 60%

가 후 차륜축상에 걸리도록 만들어져 있다.

① 차륜 트랙터의 경우 접지압

$$P = \frac{W}{A}$$

여기서, P : 접지압(kg)

W : 트랙터 자체 중량(kg)

A : 차륜의 접지면적의 합계(cm^2)

② 궤도 트랙터의 경우 접지압

$$P = \frac{W}{2lb}$$

여기서, P : 접지압(kg)

W : 트랙터 자체 중량(kg)

l : 크롤러의 접지 길이(cm)

b : 크롤러의 폭(cm)

출제예상문제

001 전기학에서 플레밍의 왼손법칙과 관계가 있는 것은?

① 변압기   ② 전류계

③ 발전기   ④ 전동기

해설 플레밍의 왼손법칙 – 전동기
플레밍의 오른손법칙 – 발전기

002 플레밍의 왼손법칙에 적용되는 3가지 요인으로 이루어진 것은?

① 도체의 운동방향, 유도 기전력, 전류의 방향

② 유도 기전력, 자속의 방향, 전류의 방향

③ 도체의 운동방향, 유도 기전력, 자속의 방향

④ 도체의 운동방향, 자속의 방향, 전류의 방향

해설 플레밍의 오른손 법칙에는 도체의 이동방향, 자속 방향, 유도기전력이 적용된다.

003 농용 전동기의 극수는 보통 몇 극으로 나누는가?

① 3~4   ② 4~5

③ 1~2   ④ 4~6

004 농용 3상 유도 전동기에서 3상 교류를 받아 회전을 만드는 부분은?

① 고정자   ② 단락

③ 철심   ④ 회전자

005 원판 모양의 전기철판을 여러 개 겹쳐 원통형의 철심을 만들고 골에 절연하지 않는 강봉을 한 개씩 끼고 고리모양을 엔드링한 것은?

① 콘덴서   ② 회전자

③ 탄소 브러시   ④ 고정자

006 농용 유도 전동기는 일반적으로 널리 사용되는 전동기다. 이것과 관계가 없는 것은?

① 고장이 적고 취급도 쉬우며 특성도 좋다.

② 구조가 간단하고 견고하고 정류자를 가지고 있다

③ 성충철심 안에 만들어진 많은 홈에다 절연된 코일을 넣고 결선 시킨 고정자가 있다.

④ 규소강판으로 성충한 원통철심 바깥쪽에 홈을 만들어 이것에 코일을 넣은 회전자가 있다.

007 농용 3상 유도 전동기의 주요부가 아닌 것은?

① 기동 장치   ② 고정자

③ 회전자   ④ 냉각익근

008 농용 3상 농형 유도 전동기의 기동법이 아닌 것은?

① 기동 보상기법   ② Y–△ 기동법

③ 전 전압 기동법   ④ 2차 기동 저항법

해설 3상 농형 유도 전동기의 종류 : 기동보상기법, Y–△ 기동법 , 전 전압 기동법, 리액터 기동법

009 농용 전동기의 특성으로 옳지 않은 것은?

① 1PS 이상은 3상의 동력선이 이용된다.

② 직류 전동기를 많이 쓴다.

③ 유도 전동기를 많이 쓴다.

④ 1PS 이하의 소형은 단상 유도 전동기가 많이 쓰인다.

010 다음은 농용 유도 전동기의 장점을 기술한 것이다. 틀린 것은?

① 운전 중의 성능이 좋다.

② 회전자의 홈 속에 절연 안 된 구리봉을 넣었다.

③ 구조가 간단하고 튼튼하다.

④ 기동 시의 성능이 좋다.

011 4극 고정자 홈수 36개, 3상 유도 전동기의 홈 간격은 전기 각으로 몇 도인가?

① 10°   ② 15°

③ 5°   ④ 20°

예 해설 (P/2)×기하학적 가속도=(4/2)×(360/36)=20°

012 전자 유도현상에 의해서 코일에 생기는 유도 기전력의 방향을 설명하는 법칙은?

① 플레밍의 왼손법칙

② 플레밍의 오른손 법칙

③ 페러데이의 법칙

④ 렌츠의 법칙

013 3상 유도 전동기의 특징 중 틀리는 것은?

① 농업용에서는 1/2~10PS 이하를 사용한다.

② 3선식 전력선에 의해 가동된다.

③ 기능이 우수하다.

④ 내부 구조가 복잡하다.

014 농용 전동기의 장점에 해당되는 것은?

① 전선으로 전기를 유도하므로 이동작업에 부적당하다.

② 짧은 시간 동안 이용하는데 비경제적이다.

③ 고장이 적으며 과부에 대한 내구력이 크다.

④ 전원 및 배선시설이 필요하다.

015 전동기의 장점 중 틀린 것은?

① 음향과 진동이 적다.

② 폐기류, 냉각수 등이 필요 없다.

③ 기동 및 운전이 용이하다.

④ 배선설비가 필요하다.

016 개루 가스(gor gas)현상은 다음 어느 전동기에서 생기는 현상인가?

① 동기 전동기

② 권선형 유도 전동기

③ 직류 직전 전동기

④ 농용 유도 전동기

017 7kW 이상의 대출력용으로 많이 쓰이는 유도 전동기는?

① 단상 반발 기동형

② 3상 농형

③ 단상 분상 기동형

④ 3상 권선형

018 권선형 유도 전동기의 기동법의 특징은?

① 기동 토크는 크게, 기동전류는 작게 할 수 있다.

② 기동 토크는 작게, 기동전류는 크게 할 수 있다.

③ 기동 토크, 기동 전류 모두를 크게 할 수 있다.

④ 기동 토크, 기동 전류 모두를 작게 할 수 있다.

해설 기동 토크는 크게, 기동 전류는 전부하 전류의 100~150%까지 제한할 수 있다.

019 다음 중 전동기의 명판에 표시되어 있지 않은 것은?

① 전동기의 절연 계급

② 전동기의 극수

③ 전동기의 동기속도

④ 전동기의 정격 출력

020 3상 유도 전동기를 설치할 때 안전상 필요한 것은?

① 3선 중 하나는 기체에 접촉시킨다.

② 3선 중 한 선을 접지시킨다.

③ 기체부분을 접지시키면 안전하다.

④ 볼트는 구리로 된 것을 사용한다.

021 Y-△ 기동법을 설명한 것이다. 잘못 설명한 것은?

① 기동 시는 고정자 결선을 Y결선시킨다.

② Y측으로 하면 △측 전류의 1/3배가 흐른다.

③ Y측에 하면 △측 전류의 3배 전류가 흐른다.

④ 운전 시 고정자 결선을 △결선시킨다.

022 2중 농형 회전자와 관계없는 것은?

① 바깥쪽 도체가 저항이 크다.

② 기동 시 회전력이 크다.

③ 회전자 도체가 안쪽, 바깥쪽의 2개로 되어 있다.

④ 운전 중 효율이 나쁘다.

023 3상 유도 전동기의 결선 방법 중 2개를 서로 바꾸면?

① 회전이 빠르게 된다.

② 회전이 반대가 된다.

③ 회전이 느리게 된다.

④ 아무 이상 없다.

024 3상 유도 전동기의 회전 방향을 바꾸려면?

① 3선 중 2선만 서로 바꾸어 결선한다.

② 3선이 모두 짝이 있어 번호대로 결선한다.

③ 스위치를 멎다가 다시 기동시킨다.

④ 3선을 다 바꾸어 결선한다.

해설 3선 가운데 임의의 두 선을 서로 바꾸면 회전자계의 방향이 바뀌어 모터의 회전 방향도 바뀐다.

025 단상 유도 전동기를 잘 나타낸 것은 어느 것인가?

① 비례추이를 하지 못한다.
② 기동 장치가 필요하다.
③ 유도기에서는 단상을 사용하지 못한다.
④ 기동 토크가 크다.

해설 단상에서는 회전자장이 생기지 않으면 여러 가지 방법으로 회전자장을 만들어 준다. 이 방법에 따라 단상 유도 전동기를 분류하면 분상 기동형, 콘덴서 기동형, 반발 기동형, 세이딩 코일형 등이 있다.

026 농용 전동기 5마력에 사용되는 퓨즈의 크기는?

① 30~35A   ② 10~15A
③ 20~25A   ④ 5A

027 농용 전동기의 가동온도는 얼마가 적당한가?

① 100~120℃   ② 40~50℃
③ 10~20℃   ④ 90~100℃

028 다음은 전동기 선택에 대한 설명 중 잘못된 것은?

① 전동기를 선택할 때 전동기의 기동 특성을 고려해야 한다.
② 전동기의 가격을 고려해야 한다.
③ 전동기의 정격 회전수를 고려한다.
④ 먼지가 많이 나는 농작업에서는 반폐형보다 완전 개방형이 많이 사용된다.

029 전동기에 가장 큰 전류가 흐르는 때는 다음 중 언제인가?

① 가장 큰 토크가 걸릴 경우
② 역률이 가장 클 때
③ 슬립이 0인 경우
④ 시동되는 순간

030 3상 유도 전동기에서 속력이 저하되었을 때의 원인 중 틀린 것은?

① 과부하 때 짐을 가볍게 한다.
② 베어링의 기름이 과부족 현상이다.
③ 고정자 권선의 단락은 교환할 수 있다.
④ 3개의 퓨즈 중 1개가 끊어져 단상 운전일 때가 있다.

031 전동기의 일상정비에 부적당한 것은?

① 사용 후는 깨끗이 닦고 덮개를 덮어 습기 없는 장소에 보관한다.
② 내부는 물을 뿌리고 공기 펌프로 소제한다.
③ 외부의 더럽혀진 부분을 깨끗이 닦는다.
④ 베어링 부분은 점검하고 주유한다.

032 전동기의 점검에 관한 관계 지식이다. 틀린 것은?

① 10초간 손을 대고 있을 수 없는 정도라면 과열된 상태이다.
② 전동기의 온도는 일반적으로 40℃ 이하라야 한다.
③ 3상 유도 전동기에서 갑자기 속도가 떨어지고 전류가 과대해지는 경우는 3개의 퓨즈 중에서 1개가 끊어진 경우가 많다.
④ 과부하는 25%로 2시간 내외가 일반적으로 허용된다.

033 단상 유도 전동기의 특징 중 틀린 것은?

① 내구력은 3상보다 떨어진다.

② 외부 구조가 간단하다.

③ 단상은 전등선에 이용된다.

④ 1–1/2PS의 소형이며, 적은 마력에 이용
된다.

034 부하가 가장 작은 경우에 사용되는 전동기는?

① 단상 유도 전동기

② 3상 권선형 유도 전동기

③ 3상 유도 전동기

④ 3상 농형 유도 전동기

해설 단상 유도 전동기 : 가정용, 농업용, 의료 기계용과
같은 소형기계

035 단상 유도 전동기에서 회전 토크와 관계되는
것은?

① 전류   ② 냉각팬

③ 베어링   ④ 정류자

036 다음 중 단상 유도 전동기의 종류가 아닌 것은?

① 축전기 기동형

② 분상 기동형

③ 반발 기동형

④ 축전기 반발형

037 단상 유도 전동기 중 기동 시 가장 회전력이
큰 것은?

① 세이딩 코일형   ② 분상 기동형

③ 반발 기동형   ④ 콘덴서 기동형

038 단상 유도 전동기의 기동 방법에서 기동 토크
가 가장 적은 방법은?

① 반발 유도형

② 콘덴서 분상형

③ 분발 기동형

④ 분상 기동형

039 다음은 각종 단상 유도 전동기의 특징에 대한
설명이다. 잘못된 것은?

① 세이딩 코일형은 구조가 간단하지만 효
율이 낮다.

② 콘덴서 기동형은 기동전류가 크고 기동
토크가 작다.

③ 반발 기동형은 기동 토크가 비교적 크다.

④ 분산 기동형은 기동 토크가 작다.

040 단상 유도 전동기에 관한 설명 중 틀린 것은?

① 공장과 같이 큰 동력을 요할 경우에 사용
된다.

② 기동 시 회전자계를 형성시켜 줄 기동 장
치가 필요하다.

③ 세이딩 코일형도 단상 유도 전동기의 일
종이다.

④ 분상 기동형, 콘덴서 기동형, 반발 기동
형 등으로 구분된다.

041 농용 트랙터의 시동전동기 형식은?

① 직류 분권식

② 교류 분권식

③ 직류 직권식

④ 교류 직권식

042 유도 전동기의 구조에 대한 설명이다. 그릇된 것은?

① 콘덴서 기동형 전동기는 기동 권선을 필요로 하지 않는다.

② 권선형 전동기는 슬립 링, 브러시, 기동 저항기를 필요로 한다.

③ 3상 유도 전동기의 고정자에는 3조의 코일이 120°의 전기 각을 가지고 권선 되어 있다.

④ 분상 기동형 전동기는 원심 스위치를 가지고 있다.

043 기동 회전력이 강하고 농용 전동기로 가장 많이 사용되는 단상 전동기의 기동형은?

① 축전기 분상 기동형

② 분상 기동형

③ 보상 기동형

④ 반발 기동형

044 전동기와 가솔린 기관과의 큰 차이점은?

① 정·역 가능

② 회전수 변화가 쉽다.

③ 이동식이다.

④ 기동토크가 높다.

045 반발 기동형의 특징 중 맞는 것은?

① 회전수를 일정하게 유지한다.

② 기동 전류가 많이 필요하다.

③ 기동부하가 가벼워 탈곡기, 새끼틀 등에 사용된다.

④ 역률이 좋다.

046 단상 유도 전동기에서 회전자 주권선이 정류자에 접속 2개의 탄소 브러시가 있는 형은?

① 콘덴서 기동형

② 스킬 게이지형

③ 분상 기동형

④ 반발 기동형

> **예 해설** 단상 유도 전동기의 기동 방식으로 브러시를 필요로 하는 것이 반발 기동형이다.

047 단상 유도 전동기 중 콘덴서형에 해당되는 것은?

① 보조 코일은 없다.

② 회전자는 코일이 없고, 고정자는 주권선과 보조 권선으로 나눈다.

③ 회전자는 박스형이고, 고정자는 주 코일에 연결되어 있다.

④ 회전자는 주 코일이고, 고정자는 박스형이다.

048 단상 유도 전동기 중 분상 기동형은?

① 회전이 충분히 되면 원심력에 의해 자동적으로 단락 장치가 작동된다.

② 단상 전류는 기동 때만 주권선만 보조 권선으로 나누어 흐르는데, 이두 코일은 전기적으로 90° 떨어진 곳에 감겨져 있다.

③ 정류자 양쪽에 브러시 2개 단락이 부착되어 있다.

④ 프레임 위에 부착된 콘덴서가 직렬로 접촉되어 통할 때 회전자력을 만든다.

049 농촌에서 탈곡이나 정선등 옥내에서 행하는 농작업에 가장 많이 사용되는 전동기는?

① 콘덴서 기동형 3상 유도 전동기

② 반발 기동형 유도 전동기

③ 콘덴서 기동형 단상 유도 전동기

④ 분상 기동형 단상 유도 전동기

050 단상 유도 전동기에서 회전 방향을 바꿀 수 없는 전동기는?

① 콘덴서 기동형　② 반발코일형

③ 세이딩 코일형　④ 분상 기동형

051 농작업에 이용되는 전동기를 선택할 경우에 반드시 고려해야 할 사항은?

① 전원의 주파수 및 슬립

② 전동기의 효율 및 역률

③ 기동전류의 크기 및 시동 방법

④ 전동기의 외형 및 정격출력

052 농용 트랙터나 경운기의 크기는 무엇으로 표시하는가?

① 배기량　　　② 로터리 크기

③ 기관마력수　④ 자체중량

053 8ps 동력 경운기를 이용하여 벼탈곡 작업을 하다가 고장이 나서 전동기로 대체하려고 한다. 몇 kW의 전동기를 교체하여야 되는가?

① 8kW　　　② 6kW

③ 12kW　　　④ 1kW

해설 $1\text{ps} = 736\text{W}\,8\text{ps} \times 736 = 5888\text{W} = 5.9\text{kW}$

054 10Ω와 15Ω의 저항을 병렬로 연결하여 50A의 전류를 통할 때 15Ω에 흐르는 전류는?

① 30A　　　② 20A

③ 40A　　　④ 10A

055 단자전압이 60V, 전류가 10A, 역률이 0.9일 때 압력 P_i는?

① 600W　　　② 540W

③ 500W　　　④ 666W

해설 $P_i = E \times I \times \cos\phi$

056 유도 전동기에서 동기속도에 관한 설명 중 틀린 것은?

① 자계의 회전속도이다.

② 2극일 경우 매 사이클마다 1회전한다.

③ 실제 작업속도이다.

④ 슬립이 없을 경우 바로 회전자 속도가 된다.

057 동기속도를 구하는 공식은?

① 동기속도 $= \dfrac{60 \times 극수}{주파수}$

② 동기속도 $= \dfrac{60 \times 주파수}{극수}$

③ 동기속도 $= \dfrac{2 \times 60 \times 주파수}{극수}$

④ 동기속도 $= \dfrac{2 \times 60 \times 극수}{주파수}$

해설 $Ns = \dfrac{120 \times f}{p}$

058 전동기의 극수가 4극이고 60HZ일 때 전동기의 회전수는?

① 3200rpm ② 1500rpm

③ 1800rpm ④ 3600rpm

해설

$$Ns = \frac{120 \times f}{p}$$

$$= \frac{120 \times 60}{4} = 1800\text{rpm}$$

059 우리나라에서 6극 60Hz 3상 유도 전동기의 회전수는?

① 1,200rpm ② 2,400rpm

③ 3,000rpm ④ 1,800rpm

해설

$$Ns = \frac{120 \times f}{p}$$

$$= \frac{120 \times 60}{6} = 1200\text{rpm}$$

060 4극, 50Hz의 3상 유도 전동기가 1410rpm으로 회전할 때 회전자 전류의 주파수는 얼마인가?

① 0.3Hz ② 3.02Hz

③ 3Hz ④ 30Hz

해설

$$Ns = \frac{120 \times f}{p}$$

$$= \frac{120 \times 50}{4} = 1500\text{rpm}$$

전동기 슬립 $S\% = \frac{Ns - N}{Ns}$

$$= \frac{1500 - 1410}{1500} = 0.06$$

회전자에 흐르는 전류의 주파수

$$f_{2s} = s f_1 = 0.06 \times 50$$

$$= 3\text{Hz}$$

061 유도 전동기의 슬립율을 구하는 식은?

① $S\% = \dfrac{Ns}{N} \times 100$

② $S\% = \dfrac{N - Ns}{N} \times 100$

③ $S\% = \dfrac{Ns - N}{Ns} \times 100$

④ $S\% = \dfrac{N}{Ns} \times 100$

062 유도 전동기의 동기속도를 Ns, 회전속도를 N이라 하면 슬립은?

① $Ns - N/Ns$ ② $N - Ns/N$

③ $Ns - N/N$ ④ $N - Ns/N$

063 유도 전동기의 극수가 8극이고 60Hz 500kW이다. 전 부하 슬립이 2.5%일 때 회전수는 얼마인가?

① 877 ② 8.77

③ 8270 ④ 87.7

해설

$$Ns = \frac{120 \times f}{p} = \frac{120 \times 60}{8} = 900\text{rpm}$$

슬립률 $S = \dfrac{Ns - N}{Ns}$에서

$$N = N_s(1 - S) = 900(1 - 0.025)$$

$$= 877\text{rpm}$$

064 6극 60Hz 슬립 4%인 3상 유도 전동기의 전 부하 회전수는?

① 1600 ② 1512

③ 1152 ④ 1800

해설

$$N = \frac{120 \times f}{p}\left(1 - \frac{s}{100}\right)$$에서

$$= \frac{120 \times 60}{6}\left(1 - \frac{4}{100}\right) = 1152\text{rpm}$$

065 역률이 가장 좋은 전동기는?

① 콘덴서 전동기　② 반발 기동형

③ 세어링 코일　④ 분상 기동형

066 저항만이 있는 회로의 역률은?

① $\cos\theta = 0$　② $\cos\theta = 1/\sqrt{2}$

③ $\cos\theta = 1$　④ $\cos\theta = 1/2$

067 교류회로에 있어서 역률($\cos\theta$)이란?

① 무효 전력과 피상 전력의 비이다.

② 무효 전력과 유효 전력의 비이다.

③ 유효 전력과 피상 전력의 비이다.

④ 유효 전력과 무효 전력의 차이다.

해설 $Pf = \cos\theta = \dfrac{P}{P_a} = \dfrac{유효전력}{피상전력}$

068 단자전압이 100V, 전류가 7A, 전력이 500W 였을 때의 역률은 얼마인가?

① 71.4%　② 92.5%

③ 62.6%　④ 84.4%

069 3상 유도 전동기의 출력은?

① $\dfrac{\sqrt{3}}{1000} \times 전류 \times 저항 \times 역율 \times 효율$

② $\dfrac{\sqrt{3}}{1000} \times 전압 \times 전류 \times 역율 \times 효율$

③ $\dfrac{\sqrt{3}}{1000} \times 전류 \times 전력 \times 역율 \times 효율$

④ $\dfrac{\sqrt{3}}{1000} \times 전압 \times 저항 \times 역율 \times 효율$

070 1kg·m의 토크로 매분 1000회전하는 기동출력(kW)은?

① 2kW　② 1kW

③ 10kW　④ 0.1kW

해설
$$H = \frac{2\pi NT}{102 \times 60}$$
$$= \frac{2\pi \times 1000 \times 1}{102 \times 60} \fallingdotseq 1.029 kW$$

071 3kW의 발전기를 기동하려면 최소한 몇 PS의 출력을 내는 기관이 필요한가?(단, 기관의 효율은 100%로 한다)

① 5.20PS　② 4.08PS

③ 6.20PS　④ 3.20PS

해설 $1PS = 0.735W$, $1kW = (1/0.735)PS$
$PS = (3/0.735) = 4.08PS$

072 유도 전동기의 속도특성 곡선에 나타나지 않는 것은?

① 토크　② 1차 전압

③ 1차 전류　④ 출력

해설 속도 특성 곡선에는 출력, 1차 전류, 토크, 역률, 슬립(속도) 등이 표시되어 있다.

073 직류 전동기의 효율은?

① $\dfrac{입력}{출력} \times 100\%$

② $\dfrac{출력 + 손실}{입력} \times 100\%$

③ $\dfrac{입력 + 손실}{출력} \times 100\%$

④ $\dfrac{출력}{입력} \times 100\%$

074 농형 전동기의 효율은 어느 정도인가?

① 75~80%　　② 50~75%

③ 25~30%　　④ 100%

075 유도 전동기에서 전동 토크란 무엇인가?

① 전동기의 평균 토크의 값

② 슬립이 0일 때의 토크의 값

③ 최대 토크의 값

④ 전동기를 세우는데 필요한 토크의 값

076 전 부하보다 큰 부하가 걸렸을 때 생기는 현상이 아닌 것은?

① 토크가 감소한다.

② 전류가 증가한다.

③ 효율이 감소한다.

④ 회전속도가 감소한다.

077 유동 전동기의 토크는 전압과 어떤 관계가 있는가?

① 단자전압에 비례한다.

② 단자전압의 1/2승에 비례한다.

③ 단자전압에 관계없다.

④ 단자전압의 제곱에 비례한다.

078 전동기의 출력특성 곡선에 나타나지 않는 것은?

① 역률　　② 효율

③ 소비전력　　④ 토크

079 일정한 주파수 전원에서 운전 중 3상 유도 전동기의 전원 전압이 80%로 되며 부하의 토크는 대략 몇 %가 되는가?(단, 회전수는 일정한 것으로 한다)

① 80　　② 64

③ 90　　④ 55

해설 회전수가 일정하면 토크는 전압의 제곱에 비례한다. $0.80 = (0.64 \times 100) = 64\%$

080 200V의 3상 유도 전동기의 전류는 출력kW에 대하여 약 몇 A 정도인가?(단, 효율 90%, 역률 90%이다)

① 4A　　② 3.6A

③ 5A　　④ 3A

해설

$$W = \frac{W_E \eta}{100}$$

$$= \frac{\sqrt{3}\ VI\cos(1/100)}{100} \times \eta$$

$$I = \frac{W \times 100 \times 100}{\sqrt{3}\ VI\cos\theta\eta}$$

$$= \frac{1 \times 100 \times 100}{1.73 \times 200 \times 0.9 \times 0.9} \fallingdotseq 3.6A$$

081 직류 전동기는 무엇에 의하여 구분되어지는가?

① 계자 권선의 수에 따라

② 전기자 권선의 수에 따라

③ 기동 장치의 종류에 따라

④ 계자 권선과 전기자 권선의 접속 방법에 의해

082 직류 전동기의 구조가 아닌 것은?

① 냉각핀　　② 자계 권선

③ 전기자 철심　　④ 정류자

083 다음중 직류 전동기가 아닌 것은?

① 분권 전동기　　② 복권 전동기

③ 권선형 전동기　④ 직권 전동기

084 다음은 열기관에 대한 정의이다. 다음 중 맞는 것은?

① 열기관은 모두 상하 직선 왕복운동을 한다.

② 열기관은 연료의 사용종류에 따라 가솔린, 디젤 등으로 분류한다.

③ 열기관은 모두 저속기관뿐이다.

④ 열기관은 열에너지를 기계적 에너지로 바꾸는 일을 한다.

085 열기관을 여러 가지 기준에 의해 분류한 것이다. 이중 서로 관계가 적은 것은?

① 내연기관

② 개방 사이클 기관

③ 분사 추진형 기관

④ 증기 사이클 기관

해설 분사 추진형 열기관에 속하는 제트 기관이나 로케트 기관은 연소 방법은 내연기관에 속하고 작동 유체 종류로는 가스 사이클 기관에 속하며 배열 방법에는 개방 사이클 기관에 속한다.

086 다음 중 가스 터빈의 이상 사이클은?

① 사바테 사이클

② 스티어링 사이클

③ 브레이톤 사이클

④ 오토 사이클

해설 **사바테 사이클** : 고속 디젤 기관용, 오토 사이클 : 가솔린 기관용 , 스티어링 사이클 : 스티어링 기관용

087 다음 중 내연기관에 속하지 않는 것은?

① 증기 터빈　　② 가스 터빈

③ 제트 기관　　④ 로터리 기관

088 기관의 열역학적 분류에서 정적 사이클 기관이 아닌 것은?

① 가스기관　　② 석유기관

③ 가솔린 기관　④ 저속디젤 기관

089 다음 중 오토 사이클(otto cycle)이라고 하는 것은 어느 것인가?

① 정적 사이클　② 정압 사이클

③ 복합 사이클　④ 사바테 사이클

090 엔진의 성능곡선을 나타낼 때 관계되지 않는 것은 다음 중 어느 것인가?

① 연료 소비율

② 평균유효압력

③ 토크

④ 기관회전수

091 제동마력이 500ps이고 기관의 시간당 연료 소비량이 108kg, 연료의 1kg당 저위발열량이 10,000kcal라고 하면 이 기관의 열효율은?

① 27.2%　　　② 29.2%

③ 33.2%　　　④ 35%

해설
$$\eta_e = \frac{632.3 \times \mathrm{BPS}}{G \times H_\ell} \times 100$$

$$= \frac{632.3 \times 500}{108 \times 10,000} \times 100 = 29.2\%$$

092 4사이클 4실린더 기관에서 피스톤링 1개당 장력이 1.5kg이고 피스톤1개당 3개의 링이 있을 때 피스톤 평균속도가 10m/s라면 손실동력(kW)은 얼마인가?

① 1.2kW ② 1.76kW
③ 3.6kW ④ 4.8kW

해설

$$F.H.P = \frac{\text{힘}(kg) \times \text{속도}(m/s)}{102kg \cdot m/s}$$

$$= \frac{1.5 \times 3 \times 4 \times 10}{102} = 1.76kW$$

093 4사이클 가솔린 기관을 동력계에 의하여 측정한 결과 2,500rpm에서 회전력이 11.8kg-m였다. 이 기관의 축동력(kW)은?

① 21.2kW ② 32.4kW
③ 30.3kW ④ 45.8kW

해설

$$BHP = \frac{T \times R}{974}$$

$$= \frac{11.8 \times 2,500}{974} = 30.3kW$$

094 비중이 0.72 발열량 10,000kcal/kg인 연료를 사용하여 30분간 시험하는 동안 5l의 연료를 소비하였을 때 이 기관의 연료마력은 얼마인가?

① 24HP ② 92HP
③ 11.4HP ④ 114HP

해설

$$PHP = \frac{C \times W}{10.5t}$$

$$= \frac{10,000 \times 0.72 \times 5}{10.5 \times 30} = 114HP$$

095 실린더 안지름이 80mm이고 피스톤의 행정이 84mm인 4실린더 엔진에서 SAE 마력은?

① 1.59HP
② 15.9HP
③ 3.5HP
④ 35HP

해설

$$SAE = \frac{M^2 \times N}{1613} = \frac{80^2 \times 4}{1613} = 15.9\text{마력}$$

096 수동력계의 암의 길이가 716mm, 기관의 회전수가 3000rpm 동력계의 하중이 25kgf인 경우 이 기관의 제동마력은 몇 ps인가?

① 12.54 ② 50
③ 55.13 ④ 100

해설

$$BHP = \frac{T \times R}{716} \text{에서 } T = 71.6 \times 25kgf \cdot cm$$

$$= 0.716 \times 25kgf \cdot m$$

$$BHP = \frac{0.716 \times 25 \times 3000}{974}$$

$$= 55.13ps$$

097 기관을 성능시험하였더니 95kW에서 1분간 130g의 가솔린을 소비하였다. 연료의 소비율은 몇 g/kW·h인가?

① 72.3 ② 77.5
③ 82.1 ④ 84.5

해설 연료 소비량 $B = 130g/\min = 130 \times 60g/h$, 연료소비율 $f_b = g/PS \cdot h$ 그러므로

$$f_b = \frac{130 \times 60}{95}$$

$$= 82.1g/kW \cdot h$$

098 디젤 엔진의 축에 $T=62\text{kgf}\cdot\text{m}$의 토크를 주면서 1분당 2800rpm으로 회전할 때 이 축에 발생하는 출력은 몇 kW인가?

① 235.7   ② 230.5

③ 178.2   ④ 250

해설 $\text{BHP} = \dfrac{T \times R}{974}$ 에서

$T = 62\text{kgf}\cdot\text{m}$

$R = 2800\text{rpm}$ 이므로

$\text{BHP} = \dfrac{62 \times 2800}{974} = 178.2\text{kW}$

099 다음 압력에 대한 설명 중 옳은 것은?

① 절대압력=계기압력−대기압

② 계기압력=절대압력−대기압

③ 진공압력=계기압+대기압

④ 대기압=계기압+진공압력

해설 절대압력=대기압+계기압=대기압−진공압

100 1kWH의 열의 일당량은 몇 kcal인가?

① 632.3   ② 860

③ 421   ④ 102

해설 $102 \times \dfrac{1}{427} \times 3600 = 860\text{kcal}$

101 다음 설명 중 틀린 것은?

① 가솔린 기관의 열효율은 디젤 기관보다 낮다.

② 행정길이는 크랭크 암 길이의 2배이다.

③ 디젤 기관의 압축비는 15~20 정도의 것이 많다.

④ 압축비는 실린더 체적과 행정체적의 비로 표시된다.

해설 $\varepsilon = \dfrac{V}{V_1} = \dfrac{V_1 + V_2}{V_1} = 1 + \dfrac{V_2}{V_1}$

$\varepsilon - 1 = \dfrac{V_2}{V_1}$

ε : 압축비, V : 실린더 체적($V_1 + V_2$)

V_1 : 연소실 체적 V_2 : 행정체적(배기량)

102 연소실 체적이 50cc, 압축비 6인 4실린더 가솔린 엔진을 보링하였더니 총배기량이 8cc 증가되었다. 압축비는?

① 5.04   ② 6.04

③ 6.4   ④ 7.04

해설 $\varepsilon = 1 + \dfrac{V_2}{V_1}$

$\therefore V_2 = (\epsilon - 1)\,V_1$

$\qquad = (6-1)50 = 250\text{cc}$

$\varepsilon = 1 + \dfrac{V_2}{V_1}$

$\quad = \dfrac{\left(1 + 250 + \dfrac{8}{4}\right)}{50} = 6.04$

103 가솔린 기관의 총배기량이 1536cc, 총 연소실 체적이 219cc라면 이 기관의 압축비는?

① 2   ② 4

③ 6   ④ 8

해설 $\varepsilon = 1 + \dfrac{V_2}{V_1}$

$\quad = 1 + \dfrac{1536}{219} \fallingdotseq 8$

104 행정 90mm, 실린더 직경 95mm인 4사이클 가솔린 엔진의 압축비가 7이다. 연소실 체적은?

① 80.3cc

② 90.3cc

③ 106.3cc

④ 110.3cc

해설

$$\varepsilon = 1 + \frac{V_s}{V_c}$$

$$\therefore V_c = \frac{V_s}{(\epsilon - 1)} = \frac{\frac{\pi}{4} \times 9.5^2 \times 9}{7 - 1}$$

$$= 106.3cc$$

105 압축비 8, 실린더 수 4, 총배기량 1600cc인 행정기관에서 실린더 직경(mm)은?

① 75　　　　② 80

③ 85　　　　④ 90

해설

$$V = \frac{\pi}{4} D^2 S Z = \frac{\pi}{4} D^3 Z$$

$$\therefore D^3 = \frac{1600}{\pi} = 509.6 \mathrm{cm}^3$$

$$D = 79.7 \mathrm{mm}$$

106 실린더 안지름 60mm, 행정 80mm인 8실린더 기관의 총배기량은 몇 cc인가?

① 1809cc

② 2351cc

③ 2451cc

④ 2542cc

해설

$$V = \frac{\pi}{4} D^2 S Z$$

$$= \frac{\pi}{4} 6^2 \times 8 \times 8 \fallingdotseq 1809cc$$

107 정적 사이클의 열효율을 구하는 식은?

① $\eta_{tho} = 1 - \left(\frac{1}{\varepsilon - 1}\right)^{k+1}$

② $\eta_{tho} = 1 - \frac{1}{(\varepsilon - 1)^{k-1}}$

③ $\eta_{tho} = 1 - \left(\frac{1}{\varepsilon}\right)^{k-1}$

④ $\eta_{tho} = 1 - \left(\frac{1}{\varepsilon + 1}\right)^{k-1}$

108 오토 사이클 기관에서 압축비를 6에서 8로 올리면 열효율은 몇 배가 되는가?(단, 비열비 $k = 1.4$)

① 1.0　　　　② 1.1

③ 1.4　　　　④ 1.5

해설

$$\eta_{tho} = 1 - \left(\frac{1}{\epsilon}\right)^{k-1}$$

$$\eta_6 = 1 - \left(\frac{1}{6}\right)^{1.4-1} = 0.512$$

$$\eta_{tho} = \eta_8 = 1 - \left(\frac{1}{8}\right)^{1.4-1} = 0.565$$

$$\therefore \frac{\eta_8}{\eta_6} = \frac{0.565}{0.512} = 1.1$$

109 압축비가 7인 가솔린 기관의 이론 열효율은?(단, $k = 1.4$)

① 35%　　　　② 45%

③ 50%　　　　④ 54%

해설

$$\eta_{tho} = 1 - \left(\frac{1}{\varepsilon}\right)^{k-1}$$

$$= 1 - \left(\frac{1}{7}\right)^{1.4-1} = 0.54 \times 100 = 54\%$$

110 사바테 사이클에서 압축비를 ε, 단절비(체절비)를 σa, 압력상승비(폭발비)를 ρ, 비열비를 k라 할 때 이론 열효율 η_{ths}은?

① $\eta_{ths} = 1 - \dfrac{1}{\varepsilon^{k-1}} \cdot \dfrac{\rho\sigma^k - 1}{(\rho-1) + k\rho(\sigma-1)}$

② $\eta_{ths} = 1 - \dfrac{1}{\varepsilon^{k-1}} \cdot \dfrac{\sigma\rho^k - 1}{(\rho-1) + k\sigma(\rho-1)}$

③ $\eta_{ths} = 1 - \dfrac{1}{\varepsilon^{k-1}} \cdot \dfrac{\sigma\rho^k - 1}{(\sigma-1) + k\sigma(\sigma-1)}$

④ $\eta_{ths} = 1 - \dfrac{1}{\varepsilon^{k-1}} \cdot \dfrac{\sigma\rho^k - 1}{(\sigma-1) + k\sigma(\rho-1)}$

111 다음 사이클 중 차단비가 1에 접근 될수록 열효율이 좋아지는 것은?

① 브레이톤 사이클
② 사바테 사이클
③ 디젤 사이클
④ 오토 사이클

해설 복합 사이클(사바테 사이클)

$\eta_{ths} = 1 - \dfrac{1}{\varepsilon^{k-1}} \cdot \dfrac{\rho\sigma^k - 1}{(\rho-1) + k\rho(\sigma-1)}$ 에서 차단비가 σ가 1에 가까워질수록 효율이 높아진다.

112 디젤 사이클의 열효율을 바르게 설명한 것은?

① 압축비가 작을수록 증가한다.
② 압축비가 클수록 증가한다.
③ 체절비가 증가할수록 증가한다.
④ 압축비에 영향을 받으나 체절비에는 영향을 받지 않는다.

해설 $\eta_{thd} = 1 - \left(\dfrac{1}{\varepsilon}\right)^{k-1} \cdot \dfrac{\sigma^k - 1}{(\rho-1) + k(\sigma-1)}$ 에서

열효율은 압축비 ε에 비례하고 체절비 σ에 반비례

113 행정체적 $14l$인 실린더에서 평균유효압력이 8.4kg/cm^2일 때 사이클 일량은 몇 kg-m인가?

① 11.76
② 117.6
③ 1176
④ 11760

해설 $VS = 14l = 14000\text{cc}$, $W = P \times VS$
$= 8.4 \times 14000 = 117600\text{kg} - \text{cm}$
$= 1176\text{kg} - \text{m}$

114 내연기관의 각 사이클에서 수열량, 최고압력, 최고온도를 일정하게 할 경우 열효율이 가장 좋은 것은?

① 브레이톤 사이클
② 오토 사이클
③ 디젤 사이클
④ 사바테 사이클

해설 수열량, 최고온도, 최고압력이 일정할 때 열효율은 $\eta_{thd} > \eta_{ths} > \eta_{tho}$의 순이다.

115 수열량 및 압축비가 일정할 때 각 사이클 열효율이 가장 높은 순서로 표시한 것은?

① $\eta_{tho} > \eta_{ths} > \eta_{thd}$
② $\eta_{thd} > \eta_{ths} > \eta_{tho}$
③ $\eta_{ths} > \eta_{thd} > \eta_{tho}$
④ $\eta_{tho} > \eta_{thd} > \eta_{ths}$

116 이론 공기 사이클 엔진의 가정 사항이 아닌 것은?

① 압축행정과 동력 행정은 폴리트로픽 변화를 한다.
② 작동 유체의 비열은 일정하다.
③ 열 해리 현상이나 열손실이 없다.
④ 작동 유체는 공기만으로 되어 있다.

117 실제 사이클의 열효율을 증가시키는 방법이 아닌 것은?

① 연료를 완전 연소시킨다.

② 기계 마찰을 줄인다.

③ 연소 시 시간적 지연 기간을 길게 한다.

④ 연소 가스에서 냉각수로 열 이동을 줄인다.

118 다음 중 기계 손실에 해당하지 않은 것은?

① 보기 구동에 의한 손실

② 피스톤, 베어링 등의 마찰 손실

③ 펌프 손실

④ 불완전 연소에 의한 손실

해설 ④ 연소 손실에 속한다.

119 내연기관의 특성 중 틀린 것은?

① 시동의 준비 기간이 짧고 역전도 가능하다.

② 연료를 실린더 내에서 직접 연소시키므로 열손실이 크다.

③ 소형 경량으로 할 수 있으며 마력당 중량이 적다.

④ 고체 연료를 사용하지 않으므로 재를 처리할 필요가 없다.

해설 내연기관은 외연기관보다 열손실이 적다.

120 가솔린 기관에서 기관 회전속도와 점화 진각의 관계가 옳은 것은?

① 회전수 감소와 함께 점화 진각은 커진다.

② 토크의 증가와 함께 점화 진각은 커진다.

③ 회전수와는 관계없이 점화 진각은 일정하다.

④ 회전수 증가와 함께 점화 진각은 커진다.

해설 회전수가 증가되면 점화 진각도 앞당겨진다.

121 가솔린 엔진에 대한 디젤 엔진의 장점이 아닌 것은?

① 배기가스가 가솔린 엔진에 비해 유독하지 않다.

② 열효율이 높다.

③ 실린더 직경의 크기에 제한을 받지 않는다.

④ 운전이 정숙하며 소음도 적다.

122 LPG와 가솔린을 비교한 것이다. 맞는 것은?

① 완전 연소가 가솔린 보다 힘들다.

② 가솔린에 비해 옥탄가가 낮다.

③ 각부의 마멸이 크므로 엔진의 정비작업 횟수가 많아진다.

④ 같은 거리를 주행할 때 가솔린 엔진보다 연료 소비가 많다.

123 가솔린 엔진에 대한 디젤 엔진의 장점이 아닌 것은?

① 엔진 출력당 중량이 적다.

② 연료 소비율이 적고 열효율이 크다.

③ 대형 엔진의 제작이 가능하다.

④ 배기가스의 유독성이 적다.

124 가솔린 노크의 크기에 관한 것 중 맞는 것은?

① 경제 혼합비 부근에서 노크의 강도가 가장 크다.

② 화염 전파의 시간이 길수록 노크의 강도가 크다.

③ 흡기의 압력이 낮을수록 노크의 강도가 크다.

④ 냉각수 온도가 낮을수록 노크의 강도가 크다.

125 엔진에 공급한 연료의 전열량을 100%로 하고 유효한 일을 한량과 각각의 손실을 백분율 (%)로 나타낸 것을 무엇이라 하는가?

① 열감정   ② 열효율

③ 제동효율   ④ 열분해

126 새로운 기체가 실린더 내로 유입되면서 배기를 몰아내는 작용을 무엇이라 하는가?

① 소기작용   ② 배출작용

③ 압출작용   ④ 배기 작용

127 공기의 비열비 k의 값은?

① 0.24   ② 1.04

③ 1.75   ④ 1.40

해설

비열비 $k = \dfrac{\text{정압 비열 } C_p}{\text{정적 비열 } C_v}$

128 정적비열, 정압 비열, 비열비의 관계가 옳은 것은?

① $C_p = \dfrac{k}{k-1}AR$

② $C_p = \dfrac{kAR}{k+1}$

③ $C_v = \dfrac{k}{k-1}AR$

④ $C_v = \dfrac{kAR}{k+1}$

해설

정압 비열 $C_p = \dfrac{k}{k-1}AR$

정적 비열 $C_v = \dfrac{1}{k-1}AR$

129 산소가 온도 27℃, 압력 2kg/cm², 체적 4m³, 100℃, 8kg/cm²로 상태 변화할 경우 체적은 얼마로 되겠는가?(단, 가스 정수 $R = 24.49$ kg.m/kg°K이다)

① 1.24m³   ② 1.75m³

③ 1.95m³   ④ 2.03m³

해설

$\dfrac{P_1 V_1}{T_1} = \dfrac{P_2 V_2}{T_2}$ 에서

$V_2 = V_1 \dfrac{T_2}{T_1} \dfrac{P_1}{P_2}$

$\quad = 4 \times \dfrac{273 + 100}{273 + 27} \times \dfrac{2 \times 10^4}{8 \times 10^4}$

$\quad = 1.243$

130 석유엔진의 압축비는 얼마인가?

① 14 : 1   ② 4.5 ~ 5.5 : 1

③ 5.5 : 1 ~ 8 : 1   ④ 18 : 1

해설 가솔린 엔진 압축비(5.5 : 1 ~ 8 : 1)

디젤 기관의 압축비(14 : 1 ~ 23 : 1)

131 기관의 이론 열효율 중 지압선도에 표시되는 넓이는 무엇을 표시하나?

① 압력   ② 힘

③ 일   ④ 배기량

132 4행정 4기통 기관에서 엔진 실린더 내경이 100mm이고, 행정이 8mm 회전수가 2000일 때 1분간 총배기량(cc)은?

① 563000 ② 251200
③ 361800 ④ 2500

해설

$$V = \frac{\pi D^2}{4} LN \frac{R}{2}$$

$$= \frac{3.14 \times 10^2}{4} \times 0.8 \times 4 \times \frac{2000}{2}$$

$$= 251200\,cc$$

$$\therefore\ 1cm = 10mm,\ 1cm^3 = 1cc$$

133 어떤 4기통 디젤 기관의 점화순서가 1 – 3 – 4 – 2이다. 1번 실린더가 배기행정을 할 때 3번 실린더는 어떤 행정을 하는가?

① 압축행정 ② 배기행정
③ 폭발행정 ④ 흡입행정

134 4행정 사이클 엔진의 장점이 아닌 것은?

① 저속에서 고속까지 속도변화의 범위가 크다.
② 저속운전이 원활하다.
③ 연료 소비율이 적다.
④ 밸브기구가 복잡하여 기계적 소음이 크다.

해설 2사이클 기관은 부품수가 적기대문에 고장도 적다.

135 2행정 사이클 기관에 대한 4행정 사이클 기관의 장점을 든 것이다. 틀린 것은?

① 저속에서 고속까지 넓은 범위의 속도 변화가 가능하다.
② 각 행정의 작동이 확실하고 특히 흡기행

정의 냉각 효과로서 실린더 각 부분의 열적 부하가 적다.
③ 밸브 기구가 기계적으로 간단하고 구조가 간단하다.
④ 흡·배기를 위한 시간이 충분히 주어진다.

136 2행정기관과 4행정기관을 비교 설명한 것 중 틀린 사항은?

① 2행정기관은 4행정기관에 비하여 소형 경량이다.
② 4행정기관은 흡기, 압축, 폭발, 배기 과정이 있지만 2행정기관은 압축과정뿐이다.
③ 2행정 사이클 기관이란 연료와 윤활유를 적당히 섞어 사용한다.
④ 2행정기관에서는 기화기에서 나온 혼합가스는 크랭크 케이스 내로 먼저 들어간다.

137 2행정 1사이클 기관의 소기작용을 설명한 것은?

① 기화기로부터 혼합기를 크랭크 케이스로 흡입하는 작용
② 크랭크 케이스 속의 혼합기를 실린더 내로 흡입시키는 작용
③ 연소가스를 실린더 밖으로 배출시키는 작용
④ 실린더 내의 혼합기를 압축하는 작용

해설 소기공은 크랭크 케이스에 압축된 혼합기를 실린더로 흡입시키는 구멍이다.

138 다음 중 디젤 기관의 연소실 중에서 단실식으로 사용하는 연소실은?

① 직접 분사실식

② 예연소실식

③ 와류실식

④ 공기실식

139 밸브의 구비조건이 아닌 것은?

① 높은 온도에서도 견디어야 한다.

② 가열이 반복되어도 물리적 성질이 변하지 말아야 한다.

③ 높은 온도에서 항장력과 충격에 대한 저항력이 커야 한다.

④ 높은 압축비에 견디어야 한다.

해설 압축비에는 관계없으며 ①, ②, ③ 외에 열의 전도율이 좋아야 하고, 높은 온도, 가스에 의하여 부식되어서는 안되고, 단조와 열처리가 쉽게 이루어지도록 되어야 한다.

140 다음 중 밸브의 재료로서 잘 사용되지 않는 것은?

① 텅스텐 강

② 코발트 크롬 강

③ 니켈 크롬 강

④ 망간 강

141 다음 중 밸브의 구비조건으로 적당하지 않는 것은?

① 내식, 내마멸성이 클 것

② 장시간 운전에 견딜 것

③ 고온 강도 및 경도가 클 것

④ 중량이 클 것

해설 밸브 재료의 구비조건 : 비중이 작을 것, 열팽창 계수가 작을 것, 내식, 내마멸성이 클 것, 피로강도가 클 것, 고온 강도 경도가 클 것, 작동 온도에서 변질되지 않을 것

142 기관의 회전속도는 6000rpm이다. 연소 지연 시간이 1/800초라고 하면 연소 지연 시간 동안에 크랭크축의 회전각도는?

① 15°

② 30°

③ 45°

④ 60°

해설
- 1분간 크랭크축의 회전각도
  $6000 \times 360° = 2160000$
- 1초간 크랭크축의 회전각도
  $2160000 \div 60 = 36000$
  연소 지연시간 동안에 크랭크축의 회전각도
  $360000 \times (1/800) = 45°$
  점화시기는 기관의 회전속도가 증가함에 따라 빠르게 진각시켜야 한다.

143 알루미늄 합금 피스톤에 대한 설명 중 옳지 않은 것은?

① 열전도성과 내열성이 우수하다.

② 규소계의 로우엑스(Lo-EX) 합금 피스톤이 있다.

③ 구리계의 Y합금 피스톤이 있다.

④ 로우엑스는 Y합금에 비하여 비중과 열팽창계수가 큰 결점이 있다.

144 피스톤의 구비조건으로 적당하지 않는 것은?

① 열전도가 잘될 것

② 고온 고압에 견딜 것

③ 중량이 무거울 것

④ 열팽창률이 적을 것

145 피스톤 링의 구비조건과 관계없는 것은?

① 마멸이 적을 것
② 열전도가 좋고 열팽창이 클 것
③ 고온에서 탄성을 유지할 것
④ 저온에서 열팽창이 클 것

146 피스톤 절개구 간극에 대한 설명 중 틀린 것은?

① 엔드 갭이 주는 이유는 피스톤 링의 열팽창 때문이다.
② 엔드 갭이 규정보다 큰 것보다는 기준보다 작은 것이 좋다.
③ 피스톤을 조립할 때 링 엔드 캡이 측압을 받는 쪽으로 오지 않도록 주의한다.
④ 엔드 갭은 실린더 지름 최소부에서 측정한다.

147 피스톤 링에 대한 설명으로 틀린 것은?

① 조직이 세밀한 특수 주철이 주로 사용된다.
② 특수강이 주로 사용되고 있다.
③ 이음의 모양은 종절형, 횡절형, 경사절형 등이 있다.
④ 링 면에는 페록스 코팅이나 파커 라이징이 되어 있다.

148 피스톤 링의 구비조건으로 적당한 것은?

① 열전도가 어려울 것
② 중량이 무거울 것
③ 열팽창률이 클 것
④ 탄성유지와 마모가 적을 것

해설 피스톤링의 마모가 적으면 실린더의 마모가 커진다.

149 피스톤 링의 구비하여야 할 조건으로 옳지 않는 것은?

① 열팽창률이 클 것
② 고온에서 탄성을 유지할 것
③ 실린더 벽에 대하여 균일한 압력을 줄 것
④ 실린더 벽을 지나치게 마멸시키지 않을 것

150 기관 내부에 밸런스 웨이트(Balance weight)의 설치 목적은?

① 중량을 가볍게 하고 오일의 통로로 하기 위하여
② 플라이휠이 동력을 전달하기 위하여
③ 베어링의 편중과 불균형에서 오는 진동을 방지하기 위해서
④ 연료분사시기를 원활하게 맞추기 위해서

151 플라이휠에 대한 설명 중 옳지 않는 것은?

① 엔진의 회전력을 고르게 한다.
② 4행정 엔진용 보다 2행정 엔진용이 작아도 된다.
③ 1기통 엔진은 2기통 엔진보다 작은 것을 사용한다.
④ 동력 행정이외의 행정에 힘을 공급하는 일을 한다.

152 밸브가 갖추어야 할 조건과 관계가 먼 것은?

① 고온에 충분히 견딜 수 있어야 한다.

② 고온가스에 부식되어서는 안 된다.

③ 열전도율이 작아야 한다.

④ 장력과 충격에 충분히 견디어야 한다.

153 농용 디젤 기관에서 감압 장치의 설치 목적에 적합하지 않은 것은?

① 겨울철 오일의 점도가 높을 때 시동을 용이하게 하기 위하여

② 기관의 점검 조정 등 고장 발견 시 등에 작용시킨다.

③ 흡기 또는 배기 밸브에 작용 감압한다.

④ 흡입효율을 높여 압축압력을 크게 하는 데 작용시킨다.

해설 **감압 장치** : 디젤 기관에서 캠축 운동에 관계없이 흡입 밸브 또는 배기 밸브를 열어 실린더내의 압축 압력을 없게 하여 기관 회전을 쉽게 하는 역할을 한다.

154 윤활유의 기능이다 옳지 않는 것은?

① 청정작용　　　② 기밀작용

③ 냉각작용　　　④ 응력집중

해설 윤활유의 기능은 윤활작용, 기밀작용, 냉각작용, 청정작용, 방식방청작용, 응력분산작용, 충격 완화작용 등이 있다.

155 가솔린 엔진용 오일 펌프의 릴리프 밸브의 개폐압은 얼마인가?

① $4 \sim 7 \text{kg/cm}^2$　　② $10 \sim 12 \text{kg/cm}^2$

③ $15 \sim 20 \text{kg/cm}^2$　　④ $1 \sim 3 \text{kg/cm}^2$

156 농용 기관에서 난기 운전을 하는 목적은?

① 엔진의 내구연한에 관계없다.

② 엔진의 내구연한이 짧아진다.

③ 엔진의 내구연한을 연장할 수 있다.

④ 엔진의 고장이 많다.

157 기관을 냉각시키는 방식이다. 적당하지 않은 것은?

① 강제 통풍식은 냉각 팬을 설치, 강제로 다량의 냉각된 공기로 냉각시키는 방식이다.

② 자연 순환식은 대형 기관에 쓰이며 물의 대류작용을 이용한 것이다.

③ 강제 순환식은 냉각수를 물 펌프에 의하여 순환시키는 형식이다.

④ 자연 통풍식은 주행시 받는 냉각된 공기에 의하여 냉각시키는 방식이다.

해설 자연순환식은 물의 대류작용을 이용한 것이나 현재 사용하지 않는다.

158 수냉식 기관의 운전 중의 냉각수의 온도는 어느 정도가 적당한가?

① $30 \sim 40 \text{℃}$　　② $40 \sim 50 \text{℃}$

③ $50 \sim 60 \text{℃}$　　④ $70 \sim 80 \text{℃}$

159 냉각장치의 냉각수의 비점을 올리기 위한 장치는 어느 것인가?

① 라디에이터　　② 압력캡식

③ 물 재킷　　　④ 진공캡식

160 가솔린 기관에서 점화 계통을 차단해도 기관의 점화가 계속되는 현상을 무엇이라 하는가?

① 럼블 (rumble)

② 조기점화(pre ignition)

③ 와일드 핑(wild ping)

④ 런온(run on)

161 가솔린 기관 연료의 구비조건으로 부적당한 것은?

① 안티노크성이 클 것

② 발열량이 클 것

③ 적당한 휘발성이 있을 것

④ 연소 퇴적물의 생성이 좋을 것

162 가솔린 연료의 중요한 성질로 알맞은 것은?

① 세탄가가 높아야 한다.

② 인화점에 높아야 한다.

③ 점도가 높아야 한다.

④ 옥탄가가 높아야 한다.

163 가솔린의 옥탄가를 높이기 위한 첨가제는?

① 세탄

② 4-에틸 납

③ 아초산 아밀

④ α-메틸나프탈렌

164 점화 플러그에서 중심 전극과 바깥 케이싱 사이에 쌓이는 탄소를 불태울 정도의 온도가 필요하다. 알맞은 값은?

① 1000~1300℃   ② 500~800℃

③ 1500~1800℃   ④ 100~300℃

해설 자기청정온도 500~800℃

165 가솔린 기관의 노킹 방지법 중 틀린 것은?

① 내폭성이 강한 연료를 쓴다.

② 냉각수의 온도를 저하시킨다.

③ 화염속도를 느리게 한다.

④ 미연소 후 가스의 온도를 저하시킨다.

166 엔진의 압축비를 올릴 때 옥탄가는 어떻게 변화시켜야 정상운전을 할 수 있는가?

① 내린다.

② 올린다.

③ 그대로 둔다.

④ 압축비와 옥탄가는 무관하다.

해설 압축비를 올리면 압축행정시 실린더의 압력이 올라가므로 노킹을 일으키기 쉽다. 그러므로 노킹을 방지하기 위해 옥탄가가 높은 연료를 사용한다.

167 밸브 스프링의 서징 현상에 관한 설명 중 옳지 않은 것은?

① 스프링의 고유 진동수를 낮게 하여 방지시킬 수 있다.

② 부등 피치의 스프링을 사용하여 방지할 수 있다.

③ 고유 진동수가 다른 2개의 스프링으로 만든 2중 스프링으로 공진을 막을 수 있다.

④ 캠에 의한 밸브의 횟수가 밸브 스프링의 고유 진동수와 동일할 때 일어난다.

168 밸브 간극이 표준 치수보다 훨씬 작을 때에는 어떤 일이 일어나는가?

① 운전 온도에서 밸브가 완전히 개방되지 않는다.

② 운전 온도에서 밸브가 확실하게 밀착되지 않는다.

③ 시동이 곤란하게 된다.

④ 푸시 로드가 굽어진다.

169 밸브 장치에 관한 설명 중 옳은 것은?

① OHC 엔진에서는 캠축이 필요 없다.

② 밸브 스프링은 고유 진동수가 작아야 한다.

③ 유압 태핏을 사용하면 밸브 간극을 조정할 필요가 없다.

④ F헤드형 밸브 장치는 흡·배기 밸브 모두 사이드 밸브이다.

170 점성 마찰력에 관한 설명 중 틀린 것은?

① 유막의 두께에 반비례한다.

② 유막 전단 면적에 비례한다.

③ 서로 상대 운동하는 두 표면의 상대 속도에 비례한다.

④ 유막에 수직으로 작동하는 힘에 비례한다.

171 경계 윤활 영역 중 접촉면 최고 압력 부분에서 경계층이 항복을 일으켜 마찰계수가 급격히 증가하는 영역을 무엇이라 하는가?

① 천이영역　　　② 제1영역

③ 제2영역　　　④ 부분적 접촉 영역

172 배기관에서 배출되는 배기 가스의 색깔이 백색일 때 그 이유는 무엇인가?

① 연소실 내에 공기가 많이 들어 있다.

② 연소실 속에서 윤활유가 혼입 연소하고 있다.

③ 연소실 속에서 연료가 불완전 연소하고 있다.

④ 연소실 속에서 연료가 완전 연소하고 있다.

173 엔진에서 커넥팅 로드 위쪽 부분에 오일 분출 구멍을 두는 이유는?

① 실린더 벽을 잘 윤활하려고

② 오일 압력을 낮게 하기 위하여

③ 오일 소비를 적게 하려고

④ 커넥팅 로드 베어링의 수명을 길게 하려고

174 윤활유의 성질에서 요구되는 사항으로 틀린 것은?

① 비중이 적당할 것

② 인화점 및 발화점이 낮을 것

③ 점성과 온도와의 관계가 민감하지 않을 것

④ 카본을 생성하지 말며 강인한 유막을 형성할 것

175 내연기관의 급유법이 아닌 것은?

① 혼기식　　　　② 비산식

③ 비산 압송식　　④ 자연 순환식

176 윤활유 청정기에서 나온 오일이 모두 윤활부로 가서 급유하는 여과 방식은?

① 샨트식
② 분류식
③ 전류식
④ 자력식

177 다음 중 점도계가 아닌 것은?

① 앵글러 점도계
② 아이볼트 점도계
③ 레드우드 점도계
④ 세이볼트 점도계

178 윤활유에 대한 설명 중 옳은 것은?

① 윤활유의 점도는 온도가 오르면 높아진다.
② 기계유는 가장 점도가 낮다.
③ 윤활유가 열화하면 비중이 작아진다.
④ 그리스 윤활은 오일 윤활에 비하여 마찰 저항이 작다.

179 윤활유의 첨가제로 부적당한 것은?

① 소포제
② 부식 방지제
③ 유성 향상제
④ 산화 촉진제

180 노킹과 조기점화에 관한 설명 중 가장 옳은 것은?

① 조기점화는 연료의 종류로 억제한다.
② 노킹과 조기점화는 서로 인과 관계가 있으나 그 현상은 전혀 다르다.
③ 가솔린 엔진의 노킹은 혼합기의 자연 발화에 의해 일어난다.
④ 혼합기가 점화 플러그에 의해 점화되기 이전에 점화 플러그 이외의 방법에 의해 점화되는 것을 조기점화라 한다.

181 윤활유의 SAE 분류에서 SAE 번호와 점도의 관계를 옳게 표시하고 있는 것은?

① 윤활유의 점도가 높을수록 SAE번호는 작아진다.
② SAE 번호는 윤활유 점도 지수를 표시한다.
③ SAE 번호와 점도와는 아무런 관계가 없다.
④ 윤활유의 점도가 높을수록 SAE 번호는 커진다.

182 냉각 목적에 적당하지 않는 것은?

① 엔진의 폭발에 의해 생기는 열을 냉각시키기 위해서이다.
② 과열로 인한 노킹이나 조기점화현상을 방지하기 위해서이다.
③ 윤활유의 점성을 감소하여 윤활 작용을 원활하게 하기 위해서이다.
④ 금속이 과열되지 않고 불균등하게 팽창하지 않게 하기 위해서이다.

183 기관이 과열되는 원인이 아닌 것은?

① 냉각수가 부족하다.
② 연료가 부족하다.
③ 방열기의 코어가 막혔다.
④ 팬 벨트의 장력이 약하다.

184 가압식 방열기 캡을 사용한 기관의 장점을 든 것이다 옳지 않은 것은?

① 한냉 시 냉각수의 동결을 방지할 수 있다.
② 기관의 열효율을 높일 수 있다.
③ 냉각 효과를 올릴 수 있다.
④ 방열기를 작게 할 수 있다.

해설 물의 비등점은 압력 증가에 따라 상승하므로 물의 온도와 냉각 외기 온도와의 온도차가 클수록 냉각 효과가 올라가고 방열기 면적은 작게 된다. 또한 방열량을 적게 함으로써 열효율을 높일 수가 있다. 부동액을 섞어 줌으로서만이 동결을 방지할 수 있다.

185 농용 디젤 기관의 과급기에 대한 설명 중 옳지 않은 것은?

① 소기 펌프로 사용된다.
② 배기 터빈식 과급기에는 물 재킷이 있다.
③ 구조상 체적형과 유동형으로 대분된다.
④ 크랭크축에 직결하여 구동된다.

186 배기 터빈 과급의 장점이 아닌 것은?

① 구조는 복잡하지만 신뢰성이 높다.
② 배기의 소음이 작아진다.
③ 배기 손실 에너지를 이용하므로 효율이 향상된다.
④ 소형 경량으로 만들 수 있다.

해설 배기 터빈 과급기는 구조가 간단하다.

187 뜨개실 내의 유면을 일정하게 유지시켜 주는 기화기 부품은?

① 입구 및 출구 밸브 ② 뜨개, 니들 밸브
③ 미터링 로드, 제트 ④ 연료노즐, 벤투리

188 혼합기가 농후해지는 원인은?

① 공기 청정기의 막힘
② 흡기 다기관의 조립시 밀착 불량
③ 기화기 뜨개실 유면이 낮음
④ 소음기의 막힘

해설 혼합기 농후 원인은 흡입공기의 감소와 연료 과다 분출 등이며, 이때 배기색은 흑색이다.

189 어떤 4행정 사이클 엔진의 점화순서가 1 – 2 – 4 – 3이다. 3번 실린더가 압축행정을 할 때 1번 실린더는 어떤 행정을 하고 있는가?

① 흡기행정   ② 압축행정
③ 폭발행정   ④ 배기행정

해설 그림에서와 같이 3번 실린더가 압축행정일 때 1번 실린더는 흡기행정, 2번 실린더는 배기행정, 4번 실린더는 폭발행정이다.

190 점화시기를 정할 때 될 수 있는 한 인접한 실린더에 연이어 점화되는 것을 피한 그 이유는?

① 연소가 같은 간격으로 일어나게 한다.
② 크랭크축에 비틀림 진동이 일어나지 않게 한다.
③ 하나의 메인 베어링에 연속해서 큰 하중이 걸리지 않게 한다.
④ 혼합기가 각 실린더에 균일하게 분배되게 한다.

191 점화 플러그에 관한 설명 중 틀린 것은?

① 전극은 니켈 합금이 많이 사용된다.

② 전극의 간극은 0.5~0.8mm 정도이며 간극이 클수록 방전 전압이 높다.

③ 점화 플러그의 냉형은 한대 지방에서 또는 저속 기관에 적합하다.

④ 점화 플러그는 전기 절연성이 좋아야 하며 가스가 새지 않아야 한다.

해설 냉형은 열대 지방이나 고속 기관에 적합하다.

192 점화 플러그 절연 재료의 구비조건이 아닌 것은?

① 기계적 강도가 클 것

② 내열성이 클 것

③ 열팽창 계수가 강과 비슷할 것

④ 열전도율이 작을 것

해설 중앙전극의 열을 냉각시켜 주기 위하여 열전도율이 좋아야 한다.

193 가솔린 기관의 노크를 경감시킬 수 있는 방법이 아닌 것은?

① 화염 전파거리를 짧게 한다.

② 점화 플러그를 2개 설치한다.

③ 노킹 존(knocking zone)의 냉각을 좋게 한다.

④ 연소실을 난류가 일어나지 않도록 설계한다.

194 옥탄가가 100 이상인 경우 PN과 ON 사이의 관계를 옳게 나타내고 있는 것은?

① $PN = \dfrac{1800}{128 - ON}$

② $PN = \dfrac{2800}{128 - ON}$

③ $PN = \dfrac{2800}{280 - ON}$

④ $PN = \dfrac{280}{128 - ON}$

195 조기점화의 장해가 아닌 것은?

① 연료 소비의 증대

② 응력의 증대

③ 출력의 증대

④ 기관의 과열

196 축전지식 점화장치에서 축전기의 연결은?

① 1차 코일 사이에 연결

② 2차 코일 사이에 연결

③ 단속기 접점과 직렬연결

④ 단속기 접점과 병렬연결

해설 배전기 조합내의 축전기는 단속기 접점과 병렬로 연결한다.

197 연료 파이프 속에서 가솔린이 증발하면 어떤 현상이 일어나는가?

① 노크

② 프리이그니션

③ 포스트 이그니션

④ 베이퍼록

해설 베이퍼록은 연료관 속에서 기관의 더운 공기 등으로 인하여 가솔린이 증발되어 연료의 흐름을 차단하는 현상으로 증기폐쇄(vapour lock)라 한다.

198 일반적으로 시동할 때 가솔린과 공기의 혼합비는?

① 1:3~5   ② 1:5~8

③ 1:11~16   ④ 1:15~16

해설 기동 공연비 8:1(저온기동 시 5:1)
이론 공연비 15:1

199 기화기의 뜨개실에서 가솔린이 넘치는 이유가 아닌 것은 어느 것인가?

① 니들 밸브가 파손되었다.

② 연료 펌프가 고장이다.

③ 뜨개가 파손되었다.

④ 니들 밸브에 먼지가 기었을 때

200 엔진에 걸리는 부하의 대·소에 따라 자동적으로 연료의 양을 가감하여 엔진의 회전수를 조정하는 것은?

① 조속기   ② 단속기

③ 기화기   ④ 청정기

201 다기통 기관의 점화순서를 실린더 배열 순서로 하지 않는 이유가 아닌 것은?

① 기관의 발생 동력을 균등하게 한다.

② 크랭크축 회전에 무리가 없도록 한다.

③ 원활한 회전을 하기 위함이다.

④ 발생 동력을 크게 하기 위함이다.

202 원심식 진각장치의 작동범위는?

① 45~55°   ② 15~20°

③ 10~15°   ④ 20~40°

203 점화 플러그를 선정할 때 고압축, 고속회전으로 전극의 소모가 심한 엔진에서는?

① 보통형을 쓴다.

② 온형을 쓴다.

③ 냉형을 쓴다.

④ 열형을 쓴다.

204 엔진의 출력이 일정할 때에 다음에서 맞는 것은?

① 실린더 내의 압력×체적=일정

② 실린더 내의 압력×(회전속도)^2=일정

③ 실린더 내의 압력×회전속도=일정

④ 실린더 내의 (압력)^2×회전속도=일정

205 다음 사항 중 디젤 기관에서 필요치 않은 것은?

① 연료분사 펌프

② 예열 플러그

③ 축전지

④ 배전기

해설 배전기는 전기불꽃 점화방식에서 사용된다.

206 다음은 디젤 기관용 경유가 갖추어야 할 조건을 든 것이다. 맞지 않은 것은?

① 적당한 점도를 가질 것

② 착화성이 좋을 것

③ 협잡물이 없을 것

④ 유황분이 많을 것

207 디젤 노크를 가장 잘 표현한 것은?

① 다량의 연료가 분사와 동시에 연소되기
  때문이다.
② 다량의 연료가 화염전파기간 중에 일시
  에 연소되기 때문이다.
③ 다량의 연료가 그 양에 비해 느린 속도로
  연소하기 때문이다.
④ 다량의 연료가 직접연소기간 중에 연소
  되기 때문이다.

208 디젤 노크를 방지하는 대책에 알맞은 것은?

① 압축 온도를 낮게 하여 기관의 온도를 떨
  어뜨린다.
② 착화지연기간 중에 연료의 분사량을 많
  게 한다.
③ 압축비를 낮게 하여 기관의 온도를 떨어
  뜨린다.
④ 발화성이 좋은 연료를 사용하여 착화지
  연기간을 단축시킨다.

209 포스트 이그니션(post ignition)의 발생 원인
이 아닌 것은?

① 자연발화온도가 높은 연료를 사용할 때
② 점화 플러그의 방전 에너지가 클 때
③ 부적당한 혼합비일 때
④ 착화지연기간이 긴 연료를 사용할 때

210 디젤 노크의 경감 방법으로 옳은 것은?

① 압축비를 높게 한다.
② 연소실 벽의 온도를 낮게 한다.

③ 흡기 압력을 낮게 한다.
④ 착화 지연 시간을 길게 한다.

211 디젤 노크의 방지와 관계되는 사항 중 맞지
않는 것은?

① 연료의 분사시기 및 분사 상태를 양호하
  게 유지할 것
② 흡입 공기의 압축 압력 및 온도를 높일 것
③ 착화성이 좋은 연료를 사용할 것
④ 엔진의 회전속도를 높게 할 것

212 배기가스 배출물에 관한 설명 중 틀린 것은?

① CO, HC는 불완전 연소로 발생한다.
② CO량은 공기 과잉률 λ가 1보다 점점 클
  수록 증가된다.
③ Pb량은 혼합비의 영향을 거의 받지 않
  는다.
④ NOx는 이론 공연비 부근에서 가장 많이
  발생한다.

해설 공기 과잉률이 클수록 완전 연소된다.

213 배기가스 중 유해성분을 줄이기 위해 EGR 방
법을 사용한다. 어느 성분을 줄이기 위한 방
법인가?

① 탄화수소
② 일산화탄소
③ 아황산가스
④ 질소 산화물

해설 E.G.R 방법(exhaust gas recircula-tion method)
은 약자로 배기가스 재순환 방법으로 최고연소온도
를 낮추어 산화물 발생을 억제한다.

214 디젤 기관의 압축비가 높은 이유를 바르게 설명한 것은?

① 기관의 과열을 방지하기 위하여

② 기관의 진동을 작게 하기 위하여

③ 연료의 분사를 용이하게 하기 위하여

④ 공기의 압축열로서 착화시키기 위하여

215 4행정 디젤 사이클 기관의 성능에 영향을 미치는 인자로 가장 작은 것은?

① 배압　　　　② 흡입과 압력

③ 부스트 압력　　④ 배기관 온도

216 디젤 기관에서 NOx 가스 발생을 억제하려면 어떻게 해야 하는가?

① 반응 시간을 길게 한다.

② 흡기 온도를 높인다.

③ 연소 온도를 높인다.

④ O_2의 농도를 낮춘다.

217 디젤 노크를 방지하기 위한 방법으로 부적당한 것은?

① 세탄가가 낮은 연료를 사용한다.

② 냉각수의 온도를 높인다.

③ 착화성이 좋은 연료를 사용한다.

④ 압축비를 높인다.

218 디젤 기관의 연료분사의 3대 요건이 아닌 것은?

① 무화　　　　② 분포

③ 관통력　　　④ 분배

219 연료분사 노즐에 요구되는 조건 중 맞지 않는 것은?

① 후적이 일어나지 않게 할 것

② 분사량을 회전속도에 알맞게 조정할 수 있을 것

③ 분무가 연소실의 구석구석까지 분배되게 할 것

④ 연료를 미세한 안개 모양으로 하여 쉽게 착화되게 할 것

220 연료 장치의 공기 빼기 순서로 알맞은 것은?

① 분사 펌프–연료 여과기–공급 펌프

② 공급 펌프–분사 파이프–분사 펌프

③ 연료 여과기–분사 펌프–공급 펌프

④ 공급 펌프–연료 여과기–분사 펌프

221 디젤 기관 연소실 가운데 디젤 노크를 일으키기 쉬운 연소실은?

① 공기실식

② 예연소실

③ 와류실식

④ 직접 분사식

222 다음에서 초기 분사량이 적은 노즐은?

① 스로틀 노즐　　② 단공 노즐

③ 핀틀 노즐　　　④ 다공 노즐

예 해설 핀틀 노즐은 니들 밸브의 끝이 분구의 앞까지 돌출하고 있어 밸브가 열리면 분무는 그의 환상의 틈새로부터 중공 원추상의 분무가 분산되며 저압에서도 분무의 분포가 좋으며 분사 초의 양을 감소할 수 있으므로 같은 유압에서도 분무의 입자 직경이 작아진다.

223 직접 분사식 연소실의 장점이 아닌 것은?

① 구조가 간단하기 때문에 열효율이 높다.

② 연료의 분사압력이 낮다.

③ 실린더 헤드의 구조가 간단하기 때문에 열변형이 적다.

④ 연소실 체적에 대한 표면적이 작기 때문에 냉각 손실이 적다.

224 디젤 엔진에서 연료분사 펌프의 조속기는 무슨 작용을 하는가?

① 분사시기 조정

② 분사압력 조정

③ 연료분사량 조정

④ 노즐에서 후적 방지

225 소구기관의 특징 아닌 것은?

① 연료의 사용범위가 넓다.

② 연료 소비율이 낮고, 단위 마력당 중량이 크다.

③ 어선이나 소형 화물선 등에 많이 사용된다.

④ 구조가 간단하고 제작이 용이하다.

해설 연료 소비율은 높고 일명 세미디젤 기관으로 불린다.

226 일부 실린더의 마멸이 다른 것보다 큰 것을 발견했을 때 어떤 조치를 할 것인가?

① 그대로 둔다.

② 호닝 머신으로 거의 같은 치수로 수정한다.

③ 새 피스톤 링을 끼운다.

④ 동일 치수로 보링한다.

227 피스톤과 실린더의 간극이 클 때 일어나는 현상 중 틀린 것은?

① 압축 압력이 저하된다.

② 오일이 연소실로 올라온다.

③ 피스톤과 실린더가 소결된다.

④ 피스톤 슬랩 현상이 생긴다.

해설 피스톤과 실린더의 간극이 작으면 피스톤의 열 팽창으로 소결이 일어난다.

228 다음은 피스톤 링 이음에 관한 설명이다. 맞지 않는 것은?

① 이음 간극은 제1링의 경우 피스톤 외경 25mm당 0.075mm 정도이다.

② 이음 방향은 모든 링이 일직선상에 있게 한다.

③ 이음 간극이 작으면 열팽창으로 소결을 일으키기 쉽다.

④ 이음 간극은 톱 링에서 가장 크고 차례로 작게 되어 있다.

해설 링 이음이 일직선상에 있으면 압축, 팽창행정에서 가스 샘이 일어나기 쉽고 오일이 연소실로 들어가기 쉽다.

229 플라이휠을 설계할 때 고려해야 할 사항이 아닌 것은?

① 부하 변동시의 조속 성능

② 기관의 가속 성능

③ 시동시의 기동 성능

④ 기관 출력 성능

해설 기관출력 성능에는 관계없다.

230 베어링 메탈에 필요한 특성이 아닌 것은?

① 윤활제에 대한 친유성이 커야 한다.

② 열전도율이 낮고 축에 잘 용착되지 않아
야 한다.

③ 저널의 변형에 대한 추종 유동성이 있어
야 한다.

④ 내피로성 및 내식성이 커야 한다.

예해설 베어링 메탈은 열전도율이 커야 한다.

231 다음 중 전기 점화에 의한 기관이 아닌 것은?

① 석유기관

② 로터리 기관

③ 디젤 기관

④ 가솔린 기관

예해설 디젤 기관 : 압축 착화기관
소구기관 : 소구점화(표면점화)

232 다음은 소구기관의 특징이다. 관계가 없는 것
은?

① 연료의 사용범위가 넓고 저질 연료 사용
이 가능하다.

② 어선이나 소형 화물선 등에 많이 사용
된다.

③ 연료 소비율이 낮고 단위 마력당 중량이
크다.

④ 구조가 간단하고 제작이 용이하다.

예해설 소구기관 : 세미 디젤 기관이라고도 하며 시동을 하
려면 소구라 하는 부분을 약 250~270℃ 정도 가열
후 시동을 해야 하며, 연료 소비율이 높고 단위 마력
당 중량이 크다.

233 디젤 기관에 경유가 쓰이는 이유 중 적당한
것은?

① 가격이 싸다.

② 발열량이 높다.

③ 착화성이 좋다.

④ 점도가 높다.

234 연소에 영향을 미치는 요소가 아닌 것은?

① 분사시기

② 분무의 상태

③ 연료의 발열량

④ 압축비

예해설 연소에 영향을 미치는 요소 : 분사시기, 압축비, 분
무의 영향, 분사율, 공기 운동의 영향, 기관속도의
영향

235 직접 분사실식에 알맞은 노즐은?

① 개방노즐

② 분공형 노즐

③ 스로틀형 노즐

④ 핀틀형 노즐

236 분사 노즐의 기능으로 옳은 것은?

① 연료 공급 펌프로부터 연료를 분사펌프
로 보내는 작용을 한다.

② 연료분사시기를 조정한다.

③ 실린더 내에 분사하는 연료의 양을 조절
한다.

④ 펌프로부터 보내어진 고압의 연료를 실
린더 내에 분사한다.

237 다음 중 보조 열원이 없이 냉 시동이 가능하며 연료 성질에 둔감한 연소실의 형식은?

① 직접 분사실식

② 공기실식

③ 와류실식

④ 예연소실

238 디젤 기관의 연료로서 필요치 않은 것은?

① 세탄가가 높을 것

② 노크가 발생하지 말 것

③ 불순물이 적을 것

④ 자연 발화점이 높을 것

239 디젤 기관용 경유가 구비해야 할 조건으로 옳지 않은 것은?

① 유황분이 많을 것

② 착화성이 좋을 것

③ 점도가 적당할 것

④ 불순물이 없을 것

240 디젤 노크를 설명한 것 중 틀린 것은?

① 디젤 기관에서 기관의 온도가 낮고 또한 기관의 회전속도도 높을 때에는 디젤 노크를 일으키기 쉽다.

② 착화 늦음이 크면 디젤 노크가 격렬해진다.

③ 압축비가 낮은 기관은 특히 낮은 세탄가의 연료를 사용하여야 디젤 노크를 방지할 수 있다.

④ 디젤 기관에서는 사용연료의 착화온도가 높은 것일수록 노크를 일으키기 쉽다.

241 세탄가(CN)를 설명한 것 중 틀린 것은?

① 세탄가는 α-메틸 나프탈렌의 체적비로 나타낸다.

② 세탄가 $= \dfrac{세탄}{세탄 + \alpha 메틸나프탈렌} \times 100$ 이다.

③ 디젤 연료의 특성을 표시하는 수치이다.

④ 디젤 연료의 착화지연을 길게 하기 위하여 첨가제로 사용한다.

해설 세탄가는 보통 40~50이 적당하며 세탄가가 높으면 노킹이 일어나지 않는다.

242 고속 디젤 기관의 열역학 사이클은 다음 중 어느 것에 해당하는가?

① 정적 사이클   ② 오토 사이클

③ 디젤 사이클   ④ 복합 사이클

243 직접 분사식 연소실의 특징을 잘못 설명한 것은?

① 냉각 손실이 적다.

② 구조가 간단하고 열효율이 높다.

③ 분사펌프와 노즐의 수명이 길다.

④ 분사 노즐의 상태가 기관 성능을 크게 좌우한다.

해설 시동성 우수, 연비저감, 출력증대가 특징이다.

244 연료 여과기 내의 연료 압력의 규정은 어느 정도인가?

① 0.15kg/cm^2 ② 15kg/cm^2

③ 1.5kg/cm^2 ④ 0.015kg/cm^2

245 직접 분사실식의 장점은?

① 연소압력이 낮으므로 분사압력도 낮게 하여도 된다.

② 핀틀형 노즐을 사용하므로 고장이 적고 분사압력도 낮다.

③ 실린더 헤드 구조가 간단하므로 열에 대한 변형이 적다.

④ 발화성이 낮은 연료도 사용하면 노크가 일어나지 않는다.

245 직접 분사식 기관의 분사 노즐 압력은?

① $300 \sim 500 \text{kg/cm}^2$

② $50 \sim 80 \text{kg/cm}^2$

③ $200 \sim 250 \text{kg/cm}^2$

④ $100 \sim 129 \text{kg/cm}^2$

247 다음 중 디젤 기관의 연료 계통을 바르게 표시한 것은?

① 연료 탱크 → 연료 필터 → 연료분사 펌프 → 연료분사 밸브

② 연료 탱크 → 연료분사 펌프 → 연료 필터 → 연료분사 필터

③ 연료 탱크 → 연료분사 밸브 → 연료 필터 → 연료분사 펌프

④ 연료 탱크 → 연료분사 펌프 → 연료 필터 → 연료분사 밸브

248 다음에서 연료 펌프 플런저의 유효행정을 크게 하였을 때에 일어나는 현상은?

① 연료의 송출 압력이 작아진다.

② 연료의 송출량이 많아진다.

③ 연료의 송출량이 적어진다.

④ 연료의 송출 압력이 커진다.

해설 유효 행정을 실제로 연료가 송출되는 행정이다.

249 다음은 분사 펌프의 분사량 조정에 대한 설명이다. 맞는 것은?

① 제어 슬리브와 제어 피니언을 교환한다.

② 플런저 스프링의 장력을 크게 한다.

③ 제어 래크와 제어 피니언의 물림을 변환한다.

④ 태핏 간극을 조정한다.

250 다음 중 딜리버리 밸브의 기능을 바르게 설명한 것은?

① 플런저에 들어오는 연료의 양을 조정한다.

② 노즐의 분사압력을 조정하여 노즐의 후적을 방지한다.

③ 분사압력이 규정 이상으로 높아지는 것을 방지한다.

④ 플런저의 유효 행정이 끝났을 때의 연료의 역류를 방지하고, 또 분사 파이프 내의 압력을 저하시켜 노즐의 후적을 방지한다.

251 연료 공급 펌프의 공급 압력은?

① 1kg/cm^2

② 6kg/cm^2

③ 2kg/cm^2

④ 0.2kg/cm^2

252 분사 노즐의 압력 조정 시 0.1mm짜리 1장이면 분사압력은 얼마 정도가 증가되는가?

① 10kg/cm^2　　② 21kg/cm^2

③ 28kg/cm^2　　④ 14kg/cm^2

253 디젤 기관에서 연료분사 조건의 3대 요건에 들지 않는 것은 어느 것인가?

① 분포　　　　② 관통력

③ 무화　　　　④ 노크

254 디젤 기관에서 노즐 분사압력 조정 작업에 알맞은 것은?

① 분사량 측정은 1분간 분사량으로 측정한다.

② 핀틀, 스로틀 노즐 분사 개시 압력은 $80\sim100\text{kg/cm}^2$이다

③ 조정 나사를 풀면 분사압력이 높아진다.

④ 시험기 레버는 매분 25~50회 정도로 작동시킨다.

해설 시험 레버는 매분 5~6회 작동시키고 조정 나사를 죄면 분사압이 높아지고 분사량 측정은 분사 펌프 시험기로 한다.

255 디젤 기관의 개방형 노즐의 장점이 아닌 것은?

① 구조가 간단하여 제작비가 저렴하다.

② 분사 파이프 내에 공기가 머물지 않는다.

③ 노즐 스프링, 니들 밸브 등 운동 부분이 전혀 없기 때문에 이들에 위한 고장이 없다.

④ 분사압력을 자유로이 조정할 수 있다.

256 어느 가솔린 기관의 제동 연료소비율이 250 g/ps-H이다. 제동 열효율은 몇 %인가?(단, 연료의 저위 발열량은 10,500kcal/kg이다)

① 12.5　　　　② 24.1

③ 36.2　　　　④ 48.3

해설
$$\eta = \frac{632.3 \times B_{HP}}{B \times H_L} \times 100$$
$$= \frac{632.3 \times 1}{0.25 \times 10500} \times 100 = 24.087$$

257 도시마력이 89PS인 가솔린 엔진의 기계효율이 85%이다. 이 엔진의 마찰마력(PS)은?

① 10.35　　　　② 11.35

③ 12.35　　　　④ 13.35

해설
$$P_f = P_i - P_e = P_i(1 - \eta_m)$$
$$= 89(1 - 0.85) = 13.35\text{PS}$$

258 행정 체적 1,000cc, 제동마력 60PS, 회전수 4,500rpm의 4사이클 기관이 있다. 기계효율이 85%일 때 도시평균 유효압력은 몇 kg/cm^2인가?

① 12.00　　　　② 14.12

③ 16.25　　　　④ 18.24

해설
$$P_{mb} = \frac{2 \times 75 \times 60 \times BHP \times 100}{V \times N}$$
$$= \frac{2 \times 75 \times 60 \times 60 \times 100}{1000 \times 4500}$$
$$= 12\text{g/m}^2$$

해설
$$\therefore P_{mi} = \frac{P_{mb}(\text{제동 평균 유효력})}{\eta_m(\text{기계 효율})}$$
$$= \frac{12}{0.84} = 14.12\text{g/m}^2$$

 252 ① 253 ④ 254 ② 255 ④ 256 ② 257 ④ 258 ①

259 정미 출력 80ps를 내는 엔진으로 1ton의 무게를 50m 올리는데 몇 초나 소요되는가? (단, 여기서 사용되는 기구의 마찰손실은 무시한다)

① 4.8 ② 5.3
③ 7.3 ④ 8.3

해설 $P = \dfrac{F \times S}{75 \times t}$ 에서

$t = \dfrac{F \times S}{75 \times P} = \dfrac{1000 \times 50}{75 \times 80} = 8.3 \mathrm{sec}$

260 제동 평균 유효압력을 향상시키기 위한 방법이 아닌 것은?

① 흡기관 내의 온도를 가능한 한 낮춘다.
② 공기 과잉률이 0.9 정도의 과농한 혼합기를 사용한다.
③ 마찰 손실을 가능한 작게 한다.
④ 밸브 오버랩을 가능한 작게 한다.

해설 밸브 오버랩이 너무 적으면 배기가 잘 안되어 충전효율이 나빠 평균 유효압력이 낮아진다.

261 소기 효율에 크게 영향을 미치지 않는 항은 어느 것인가?

① 대기 압력
② 소기 압력
③ 행정 내경비
④ 기관 회전속도

262 2행정 사이클에서 가스 교환율을 증가시키기 위한 방법이 아닌 것은?

① 소배기 작용을 신속히 한다.
② 소기 공급량을 최소로 하되 가장 효과적

인 소기를 행한다.
③ 완전 혼합 소기를 행한다.
④ 소배기 유용을 신속히 한다.

263 내연기관에서 효율의 개선책이 아닌 것은?

① 연소시간을 단축시킨다.
② 압축비를 높인다.
③ 연소가스 온도를 높인다.
④ 피스톤 행정을 짧게 한다.

264 엔진의 출력 시험에서 크랭크축이 밴드 브레이크를 감은 다음 1m의 팔을 두고 그 끝의 힘을 측정하였더니 12kg이었다. 이때 회전 지시계가 1000rpm을 나타내었다. 이 엔진의 제동마력(PS)은 얼마인가?

① 12 ② 16.8
③ 33 ④ 41.4

해설 $\mathrm{BHP} = \dfrac{TR}{716}$

$= \dfrac{12 \times 1 \times 1000}{716}$

$= 16.8 \mathrm{PS}$

265 농용 기관에서 어떤 피스톤의 총 마찰력이 6kg, 피스톤의 평균속도가 15m/sec라 하면, 마찰로 인한 피스톤의 손실마력은 몇 PS인가?

① 1.2 ② 2.2
③ 3.3 ④ 4.4

해설 $\mathrm{FHP} = \dfrac{PV}{75}$

266 농용 기관의 행정 길이가 8cm인 기관이 매분당 회전수가 3000이라면 피스톤의 속도는 몇 m/s인가?

① 2　　　　　　② 4
③ 6　　　　　　④ 8

해설

$$V = \frac{2LN}{60}$$
$$= \frac{2 \times 0.08 \times 3000}{60}$$
$$= 8\text{m/s}$$

267 피스톤의 평균속도가 10m/sec, 행정이 200mm인 4사이클 디젤 기관의 회전수(rpm)는?

① 1500
② 2000
③ 2500
④ 3000

해설

$v = \frac{2sn}{60}$ 에서

$$n = \frac{60v}{2L} = \frac{60 \times 10}{2 \times 0.2} = 1500\text{rpm}$$

268 윤활 이론에서 두 표면이 운동할 때 그 사이의 마찰력 F는 두 표면을 누르는 압력 P에 비례한다. 이때 마찰계수를 μ라 하면 마찰로 인한 손실마력은?(단, 마찰 손실마력은 Psf라 하고 이때 물체의 속도는 V라 한다)

① $Psf = \dfrac{\mu PV}{75}$

② $Psf = \dfrac{\pi PV}{75}$

③ $Psf = \dfrac{\mu PV}{427}$

④ $Psf = \mu PV$

269 3기통 디젤 트랙터로 15km 떨어진 지점을 왕복하는데 40분 걸렸고, 연료 소비량은 1,850cc이었다. 평균 연료 소비량은?

① 8.2km/l
② 12.0km/l
③ 16.21km/l
④ 20.5km/l

해설

$$평균\ 연료\ 소비량 = \frac{주행거리}{소비량}$$
$$= \frac{15 \times 2}{1.85}$$
$$= 16.21(\text{km}/l)$$

1850cc를 l로 고치면 $1850 \div 1000 = 1.85l$가 된다.

270 기관의 성능시험 시 연료 소비량 측정방법으로 부적당한 것은?

① 체적에 의한 측정법
② 유량계에 의한 측정법
③ 중량에 의한 측정법
④ 기관의 회전수에 의한 측정법

271 연료 소비율이 200g/PS-H인 8PS 디젤 기관을 8시간 사용했을 때 연료 소비량은 약 몇 l인가?(단, 연료의 비중은 0.84이다)

① 1600l
② 15.2l
③ 1.6l
④ 1800l

해설

$$연료\ 소비량 = \frac{200 \times 8 \times 8}{0.84}$$
$$= 15238\text{cc}$$
$$= 15.2$$

272 기관의 회전수가 2000rpm이고 착화 늦음 시간은 1/600초일 때 연소지연시간 동안 크랭크축이 회전한 각도는?

① 36°   ② 20°
③ 45°   ④ 25°

> **해설** • 1분간 크랭크축의 회전각도
> =2000×360°=720000°
> • 1초간 크랭크축의 회전각도
> =720000°÷60°=1200°
> • 연소지연시간 동안에 크랭크축이 회전한 각도
> =1200×(1/600)=20°

273 우리나라에 많이 보급되어 있는 승용 트랙터는?

① 정원용   ② 범용형
③ 과수원용   ④ 표준형

274 궤도형 트랙터의 장점이 아닌 것은?

① 고속운전이 가능하다.
② 누르는 면이 넓어서 땅 표면의 전압도가 작다.
③ 고르지 않고 무른 땅의 붕괴가 용이하다.
④ 견인력이 크고 잘 미끄러지지 않는다.

> **해설** 궤도형 트랙터는 접지면적이 넓기 때문에 단위면 압력이 낮아 연약한 지반에도 작업이 가능하다. 무게 중심이 낮아 경사지 작업이 용이하다. 회전반경이 작아 좁은 지역에서도 작업이 용이하다. 슬립이 작아 견인력을 크게 낼 수 있다.

275 차륜형 트랙터의 장점이 아닌 것은?

① 견인력이 크고 잘 미끄러지지 않는다.
② 제작 가격이 싸다.

③ 고속도 운전이 가능하다.
④ 운전이 용이하다.

276 바퀴형 트랙터의 장점이 아닌 것은?

① 무게가 가볍고 고속주행이 가능하다.
② 윤거의 변경이 가능하기 때문에 농작업에 유용하다.
③ 보통 자동차와 비슷하여 운전 및 정비가 쉽다.
④ 무게 중심이 낮아 경사지 작업이 가능하다.

> **해설** 바퀴형 트랙터의 장점은 기동성이 좋고, 정비가 용이하다. 필요에 따라 윤거의 조정이 가능하다. 무게가 가볍고 생산비가 저렴하여 경제적이다.

277 바퀴형 트랙터에 비하여 장궤형 트랙터의 장점이 아닌 것은?

① 접지면적이 넓기 때문에 정지되지 않은 땅 연약지 등에 용이하다.
② 무게의 중심이 비교적 낮기 때문에 경사지 작업도 적용이 가능하다.
③ 견인력이 크다.
④ 휠 트레드의 변경이 가능하기 때문에 농작업에 유용하다.

> **해설** 크로울러를 사용하기 때문에 윤거의 변경은 불가능하다.

278 트랙터 로터 베이터의 구동방식이 아닌 것은?

① 사이드드라이브
② 센터드라이브
③ 분할구동
④ 기어구동

279 트랙터 한냉 시 시동 예열 시간은?

① 10~20초 정도 ② 20~30초 정도

③ 40~50초 정도 ④ 30~40초 정도

280 바퀴형 트랙터 주행장치의 동력 전달 순서를 옳게 나타낸 것은?

① 기관 – 변속기 – 주 클러치 – 구동륜 – 차동 기어

② 기관 – 주 클러치 – 변속기 – 차동 기어 – 구동륜

③ 기관 – 주 클러치 – 차동 기어 – 변속기 – 구동륜

④ 기관 – 변속기 – 주 클러치 – 차동 기어 – 구동륜

281 트랙터의 동력 전달 순서를 올바르게 표현한 것은?

① 엔진 – 주 클러치 – 변속기 – 차동장치 – 뒤차축 – 최종 감속장치

② 엔진 – 주 클러치 – 변속기 – 차동장치 – 최종 감속장치 – 뒷차축

③ 엔진 – 변속기 – 주 클러치 – 차동장치 – 뒷차축 – 최종 감속장치

④ 엔진 – 주 클러치 – 최종 감속장치 – 차동장치 – 뒷차축

282 차륜형 트랙터에서 많이 사용되고 있는 클러치의 종류는?

① V벨트 클러치

② 다판 마찰 클러치

③ 원추 클러치

④ 단판 원판 마찰 클러치

해설 트랙터에서 주 클러치 종류 : 단판클러치, 다판 클러치, 원판클러치, 유체클러치

283 트랙터 크기는 무엇으로 표시하는가?

① 마력수 ② 실린더 수

③ 중량 ④ 축간 거리

284 트랙터에서 클러치 페달에 자유간극을 두는 이유는?

① 변속 조작을 쉽게 하기 위해 둔다.

② 클러치 판의 소손 방지를 위해 둔다.

③ 운전 중 진동을 흡수하기 위해 둔다.

④ 클러치 스프링의 저항력을 생각해서 둔다.

285 다음 중 클러치 페달 유격이 너무 클 때의 현상이다. 관계없는 것은?

① 클러치가 잘 끊기지 않고 끌림 현상이 나타난다.

② 변속할 때 소음이 나고 변속 조작이 잘 안 된다.

③ 클러치 끊김은 나쁘나 동력 전달이 양호하다.

④ 기관 브레이크 조작이 용이하다.

286 농용 트랙터가 언덕을 올라갈 때 주 클러치가 미끄러질 경우의 원인을 설명한 것으로 틀린 것은?

① 클러치 판의 심한 마모

② 클러치 판의 오일 부착

③ 클러치 스프링의 쇠약

④ 클러치 유격 과대

287 운전 중 아교 또는 벨트가 타는 냄새가 나면 당신은 우선 어느 부분의 고장을 예측하여야 하는가?

① 배터리액의 부족
② 클러치 디스크 및 브레이크 링의 타는 냄새
③ 연료가 타는 냄새
④ 엔진이 과냉각

288 트랙터 클러치 판의 페이싱이 마모되면 페달의 자유 간극은?

① 커진다.　　　　② 2배로 커진다.
③ 변화 없다.　　　④ 작아진다.

289 유체 클러치는 몇 개의 구성품으로 되어 있는가?

① 3개　　　　　② 2개
③ 4개　　　　　④ 1개

290 다음 기어 변속기 중에서 클러치를 끊고 즉시 변속이 가능하여 승용 트랙터에서도 점차 사용이 증대되고 있는 것은?

① 상시 맞물림식　　② 유성기어식
③ 동기 맞물림식　　④ 선택 미끄럼식

여 해설 상시 맞물림 기어식도 기어 클러치의 기어가 상대방 기어의 회전속도와 동일하지 않으면 소음이 생기고 기어가 파손될 우려가 있다. 그러므로 2개의 기어가 서로 같은 속도로 회전하도록 하기 위하여 원추클러치에 의해 서로 회전속도를 비슷하게 하여 물리도록 하는 방식으로서 변속이 쉬울 뿐만 아니라 소음이 없으며 고속 주행 중에도 변속이 가능하다.

291 싱크로 메시 기구는 어떤 작용을 하는가?

① 감속작용　　　　② 배력 작용
③ 동기작용　　　　④ 가속작용

292 트랙터의 운행 시 잘못된 사항은?

① 초저속 회전으로 엔진을 사용하면 엔진 오일의 과대한 소모와 피스톤 고착 등의 고장원인이 된다
② 동기 물림식 변속기가 내장된 트랙터는 주행 중 변속레버의 전환이 가능하다
③ 고속회전으로 운행 시 주행속도와 견인 효율이 증가한다.
④ 트랙터를 완전히 정지시키고 변속레버를 전환한다.

293 주행 중 변속기의 기어가 빠지는 원인이 되는 것은?

① 기어 편 마모
② 기어오일이 과다할 때
③ 고속 주행하므로
④ 기어오일이 부족할 때

294 토크 컨버터는 무슨 작용을 하는 장치인가?

① 자동 제동 작용을 한다.
② 토크를 증대하는 작용을 한다.
③ 유압의 압축을 이용하여 펌프 작용을 한다.
④ 에어 압축 작용을 한다.

여 해설 유체 변속기의 하나이다.

295 주행 중 방향을 바꿀 필요가 있을 때 내측의 바퀴를 외측의 바퀴보다 느리게 회전시켜 바퀴가 미끄러지지 않고 선회할 수 있는 장치를 무엇이라 하는가?

① 동력 추출 장치
② 현가 장치
③ 차동장치
④ 변속장치

해설 차동장치는 선회 시 좌우 바퀴의 회전속도를 원활하게 한다.

299 트랙터가 발진시 뒷바퀴 중 한쪽바퀴가 미끄러운 곳에 놓여 있으면 한쪽바퀴만 공회전하여 트랙터는 발진할 수 없게 된다. 이것은 어느 부분의 작용 때문인가?

① 클러치
② 트랜스미션
③ 디프랜셜 기어
④ 화이널 드라이브 기어

해설 차동장치는 최종감속기와 차동기로 되어 있다.

296 트랙터가 커브를 돌 때 좌우 뒷바퀴의 회전속도가 서로 달라져도 무리가 없도록 장치된 부분은?

① 파이널 드라이브
② 디프렌셜 기어
③ 유니버설 조인트
④ 클러치

297 디프렌셜 기어의 작용은 다음 중 어느 것인가?

① 내리막길을 운전할 때 작용한다.
② 브레이크를 작용시킬 때 작용한다.
③ 한쪽으로 회전할 때 작용한다.
④ 언덕길을 운전할 때 작용한다.

300 트랙터의 운전 중 습지에 빠졌다. 무엇을 어떻게 하여야 가장 좋은가?

① 차동장치를 그대로 두고 기관을 저속으로 하고 변속레버를 저속으로 출발한다.
② 차동 정지 장치 페달을 밟으며 선회한다.
③ 차동 고정 장치 페달을 밟고 직진한다.
④ 그대로 변속 기어를 최상단으로 놓고 액셀러레이터를 최대로 높인다.

298 차동장치의 역할 중 가장 적합한 것은?

① 동력을 직각으로 전달하기 위해서
② 클러치의 과격한 조작으로 인한 뒷차축의 부러짐을 막기 위하여
③ 양쪽바퀴의 회전속도가 달라도 구동에 지장이 없게 하기 위하여
④ 뒤 바퀴축의 어느 한쪽이 부러져도 주행할 수 있도록 한다.

301 구동 피니언 잇수가 6, 링 기어 잇수가 30이고, 추진축이 2000rpm일 때 왼쪽바퀴가 300rpm이었다. 이때 오른쪽 바퀴는 몇 rpm 하겠는가?

① 350
② 500
③ 150
④ 600

해설 종감속비 $= (30/6) = 5$, 직진상태에서 양쪽 바퀴의 회전속도는 각각 $2000/5 = 400$rpm 그런데 왼쪽 바퀴가 300rpm 이므로 오른쪽 바퀴의 공식은 $N_2 = 2N - N_1 = 2 \times 400 - 300 = 500$rpm

302 구동륜의 회전력을 크게 하기 위해 마지막으로 감속하는 역할을 하는 것은?

① 차동장치　　　② 클러치
③ 최종 감속장치　④ 변속기

303 트랙터가 1톤의 하중을 끌고 8km/hr의 속도로 움직이면 견인마력은 얼마인가?

① 30.516ps　　② 29.622ps
③ 31.331ps　　④ 28.326ps

해설 $8km/hr = 8 \times 1000/60 = 133.3m/min$
행한 일 $= 1000 \times 133.3kg - m/min$
마력 $= (1000 \times 133.3)/(75 \times 60)$
$= 29.622ps$

304 트랙터에 웨이트를 부착하는 이유은?

① 작업을 보기 좋게 하기 위하여
② 견인력을 증대시키기 위하여
③ 위험을 방지하기 위하여
④ 속도를 높이기 위하여

305 저압 타이어의 호칭 치수이다. 알맞은 것은?

① 타이어의 폭, 타이어의 내경, 플라이 수
② 타이어의 폭, 타이어의 외경, 플라이 수
③ 타이어의 외경, 타이어의 내경, 플라이 수
④ 타이어의 외경, 타이어의 폭, 플라이 수

306 트랙터 고무 타이어에 쓰여진 6.00−12−4PR에서 12란 무엇을 표시하는가?

① 플라이 수　　② 림의 지름
③ 리그의 형상　④ 타이어 폭

해설 코드의 겹침 수를 플라이 수라하며, 플라이 수가 많으면 튼튼하다. 보통 트랙터용 타이어의 플라이 수가 2∼60이며, 타이어의 규격표시는 인치 단위로 한 타이어의 폭과 림의 직경, 그리고 플라이 수로 표시한다.(예 4.00 − 12−4P)
※ 철 차륜의 구조 : 러그, 림, 보스, 스포크

307 트랙터 바퀴에 부동액이나 칼슘 크롤라이드 용액을 넣는 이유 중 알맞은 것은?

① 트랙터 중량을 무겁게 하여 견인력을 증가시키기 위해
② 타이어의 중량을 무겁게 하기 위해
③ 트랙터의 중량을 조정하기 위해
④ 타이어 튜브를 보호하기 위해

308 바퀴형 트랙터의 견인계수가 큰 곳은?

① 사질토양
② 건조한 점토
③ 건조한 가는 모래
④ 콘크리트

309 무부하일 때의 바퀴 1회전에 의한 진행 거리를 l_s, 부하일 때의 바퀴 1회전에 의한 진행거리를 l_d라고 하면, 트랙터의 슬립률(S)은 다음 어느 식이 맞는가?

① $S = \dfrac{l_d}{l_s} \times 100\%$

② $S = \dfrac{l_d - l_s}{l_d} \times 100\%$

③ $S = \dfrac{l_s}{l_d} \times 100\%$

④ $S = \dfrac{ls - ld}{ls} \times 100\%$

310 앞바퀴의 정열은 주행의 안전을 도모하기 위하여 중요하다. 앞바퀴의 정열에서 캐스터가 불량하면 어떤 상태가 되는가?

① 핸들의 유격이 많아진다.
② 앞바퀴가 자동으로 트랙터의 진행방향으로 되돌아오지 않으려 한다.
③ 핸들이 한쪽으로 쏠린다.
④ 앞 타이어의 이상 마모 현상이 일어난다.

311 트랙터의 앞차륜에서 차륜의 앞쪽거리와 뒤쪽거리의 차를 무엇이라 하는가?

① 캐스터　　② 스핀들
③ 토인　　　④ 캠버

312 다음 얼라이먼트 요소 중 가장 큰 값은?

① 캐스터 각　　② 토인
③ 킹핀 경사각　　④ 캠버각

313 트랙터 앞바퀴 얼라이먼트의 요소가 아닌 것은?

① 캠버
② 회전반지름
③ 킹핀각
④ 토인

314 트랙터를 앞에서 보면 바퀴의 윗부분이 아래쪽보다 더 벌어져 있는데 이 벌어진 바퀴의 중심선과 수선사이의 각을 무엇이라 하는가?

① 캐스터　　② 캠버
③ 킹핀각　　④ 토인

315 앞바퀴 얼라이먼트가 하는 역할이라고 할 수 없는 것은?

① 조향 핸들에 복원성을 준다.
② 조향 핸들의 조작을 작은 힘으로 할 수 있게 한다.
③ 타이어 마모를 최소로 한다.
④ 조향장치의 수명을 길게 한다.

316 트랙터의 킹핀 각은 얼마정도인가?

① $10 \sim 15°$　　② $5 \sim 10°$
③ $20 \sim 30°$　　④ $2 \sim 3°$

317 농용 트랙터의 캠버의 각도로 다음 중 가장 적당한 것은?

① $5 \sim 7°$　　② $1 \sim 4°$
③ $8 \sim 10°$　　④ $0.5 \sim 1°$

318 앞에서 보았을 때 윗부분과 아랫부분의 경사진 각도를 무엇이라 하는가?

① 캐스터　　② 캠각
③ 토인　　　④ 캠버각

319 다음 중 일반적으로 가장 큰 각도는?

① 캐스터　　② 토인
③ 캠버　　　④ 킹핀의 경사

320 트랙터 유압회로에서 안전밸브는?

① 릴리프 밸브　　② 체크 밸브
③ 언로드 밸브　　④ 스풀 밸브

답　310 ②　311 ③　312 ③　313 ②　314 ②　315 ④　316 ②　317 ②　318 ④　319 ④　320 ①

321 트랙터에서 사용되는 시동모터 형식은?

① 직류 직권식

② 교류 직권식

③ 복권식

④ 분권식

322 유압 펌프에서 가장 많이 쓰이는 펌프는?

① 기어 펌프

② 로터리 펌프

③ 플런저 펌프

④ 베인 펌프

323 앞바퀴 정렬의 필요성이 아닌 것은?

① 핸들의 복원성

② 핸들의 유격 형성

③ 조정의 용이성

④ 타이어의 마멸방지

324 앞바퀴의 사이드 슬립 조정은?

① 캐스터로 조정한다.

② 토인과 캠버로 조정한다.

③ 쇽업 소버로 조정한다.

④ 토인만으로도 할 수 있다.

325 핸들에 적당한 유격을 두어야 하는 이유?

① 우리나라는 도로사정이 좋으므로

② 앞바퀴를 보호하기 위하여

③ 핸들유격이 전혀 없으므로

④ 노면에 받는 충격이 직접 핸들에 전달되지 않게 하기 위하여

326 트랙터의 조향 핸들을 1회전하여 피트먼 암이 20° 움직였다면 조향 기어는 몇 도 움직이겠는가?

① 22°

② 20°

③ 24°

④ 18°

327 축간거리가 2m인 트랙터의 바깥바퀴의 조향 각이 30°이다. 최소 회전 반경은?(단, 바퀴의 접지면 중심과 킹핀과의 거리는 15cm이다)

① 2.25m

② 3.2m

③ 4.15m

④ 5m

 해설

$$R = \frac{L}{\sin\alpha} + r$$
$$= \frac{2}{\sin 30} + 0.15$$
$$= 4.15\text{m}$$

328 트랙터의 핸들이 1회전하였을 때 피트먼 암이 30° 움직였다. 조향 기어의 비는 얼마인가?

① 12:1

② 6.5:1

③ 12.5:1

④ 6:1

 해설

$$\text{조향 기어비} = \frac{\text{조향 핸들이 움직인량}}{\text{피트먼 암의 움직인량}}$$
$$= \frac{360}{30} = 12$$

329 트랙터에서 가장 많이 사용되고 있는 브레이크는?

① 가압식 브레이크

② 유압식 브레이크

③ 진공식 브레이크

④ 전기식 브레이크

330 유압식 브레이크는 누구의 원리를 이용한 것인가?

① 베르누이의 원리

② 보일 샤를의 원리

③ 아르키메더스의 원칙

④ 파스칼의 원리

331 트랙터를 경사지에서 정차시킬 때 어떻게 해야 하는가?

① 브레이크와 주 클러치만 사용한다.

② RPM을 저속으로 하고 주 클러치와 브레이크 페달을 천천히 밟는다.

③ 저속으로 하고 브레이크만 사용한다.

④ RPM을 중속으로 하고 주 클러치를 밟는다.

332 트랙터에서 독립 브레이크를 사용하는 이유는?

① 회전반경을 넓게 하기 위하여

② 정지가 잘 안되어서

③ 급정지 때문에

④ 회전반경을 좁히기 위하여

333 작은 힘으로 확실한 제동력을 가지는 브레이크는?

① 원판식 브레이크

② 외부 수축식 브레이크

③ 내부 수축식 브레이크

④ 내부 확장식 브레이크

334 브레이크 페달의 적당한 유격은?

① 35~50mm

② 25~35mm

③ 40~60mm

④ 10~20mm

335 트랙터의 제동장치에 속하는 것은?

① 에어 브레이크식

② 내부 확장식

③ 압축식

④ 기어식

336 트랙터에서 작업기에 동력을 공급하기 위한 부분은?

① 차동장치

② 클러치

③ 동력 취출장치(P.T.O)

④ 유체 변속장치

337 트랙터 경사지 안전 각도는?

① 15°   ② 35°

③ 45°   ④ 60°

338 2단 클러치를 사용하며, 기체를 정지하고서도 회전시킬 수 있는 PTO의 형식은 무엇인가?

① 독립형 PTO

② 속도 비례형 PTO

③ 라이브 PTO

④ 변속기 구동형 PTO

339 P.T.O축의 ISO 표준 저속 RPM은?

① 520±10rpm

② 530±10rpm

③ 510±10rpm

④ 540±10rpm

340 국제 표준 고속 P.T.O축의 회전수는 얼마 인가?

① 1100±25rpm

② 1000±25rpm

③ 1200±25rpm

④ 900±25rpm

341 동력 취출축의 표준 회전속도는?

① 450rpm 또는 1000rpm

② 540rpm 또는 900rpm

③ 450rpm 또는 900rpm

④ 540rpm 또는 1000rpm

342 국제적으로 표준화되어 있는 부속품은?

① 엔진 RPM

② 쟁기의 수

③ 변속 단수

④ PTO축(동력 취출축)

343 P.T.O란?

① 차동장치

② 동력 취출장치

③ 주 클러치 장치

④ 변속장치

344 P.T.O축의 국제 표준규격은?

① 1 1/8 ″

② 1 1/2 ″

③ 1 3/8 ″

④ 1 1/4 ″

345 다음 설명 중 라이브 PTO의 설명으로서 가장 적당한 것은?

① 동력 취출축은 주 클러치를 밟아도 그대 로 살아있고, 기관을 정지시켜야만 정 지할 수 있다.

② 동력 취출축의 정지는 작업기에 있는 별 도의 클러치를 작동해야만 가능하다.

③ 동력 취출축은 주 클러치 페달을 1단만 밟으면 주행만 정지하고 2단에서만 끊 어진다.

④ 동력 취출축의 구동이 주 클러치와 같은 클러치도 작동된다.

해설 라이브 PTO : 2단에서는 PTO의 구동이 단락 되도 록 되어 있다.
상시형 PTO축은 주행부와 분리 동력 전달이 있다.

346 다음은 트랙터의 PTO와 밀접한 관계를 가지 고 있는 항목이다. 틀린 것은?

① 스핀들

② 유니버설 조인트

③ 540rpm

④ 스플라인

해설 트랙터에서 PTO축은 국제규격이며 브로칭 가공으 로 제작한다.

347 다음 중 트랙터의 뒷바퀴의 공기압을 나타낸 것이다. 옳은 것은?

① 0.3~0.9kg/cm^2

② 0.84~1.4kg/cm^2

③ 1.5~3kg/cm^2

④ 3~5kg/cm^2

예 해설 앞바퀴의 공기압은 1.4~2.52kg/cm^{2}이다.

348 3점 연결 작업기 순서는? (트랙터를 뒤에서 봤을 때)

① 톱 링크 → 오른쪽 로워 링크 → 왼쪽 로워 링크

② 톱 링크 → 왼쪽 로워 링크 → 오른쪽 로워 링크

③ 왼쪽 로워 링크 → 오른쪽 로워 링크 → 톱 링크

④ 왼쪽 로워 링크 → 톱 링크 → 오른쪽 로워 링크

349 3점지지 장치에 작업기를 부착할 때 제일 먼저 부착하는 것은?

① 하부 링크   ② 오른쪽 링크

③ 톱 링크   ④ 왼쪽 링크

350 트랙터의 3점지지 장치로 작업기를 부착할 때 마지막으로 부착시키는 링크는?

① 우측하부 링크

② 드롭바

③ 톱 링크(상부링크)

④ 좌측하부 링크

351 트랙터의 3점 히치로 연결된 작업기는 다음 어느 형식에 속하는가?

① 완전 장착식   ② 견인식

③ 반장착식   ④ 자주식

352 트랙터의 유압장치에서 피스톤의 단면적은 1cm^{2}이고 램 피스톤의 단면적은 20cm^{2}이다. 여기에서 작은 피스톤에 5kg의 힘을 작용시켰다면 램 피스톤은 얼마만큼의 힘을 받는 셈이 되는가?

① 20kg   ② 50kg

③ 5kg   ④ 100kg

예 해설 작은 피스톤에 5kg의 힘을 작용시켰다면 램 피스톤에서 5kg의 힘을 받는다. 그러나 램 피스톤의 단면적이 20cm^{2}라면 5×20=100kg의 힘을 받는다.

353 위 문제에서 작은 피스톤이 20cm 움직이면 큰 피스톤은 얼마만큼 움직이게 되나?

① 1cm

② 4cm

③ 20cm

④ 움직이지 않는다.

예 해설 작은 피스톤의 이동의 비는 중량의 비와 같으므로 작은 피스톤이 20cm 움직이면 큰 피스톤은 1cm 움직인다.

354 대형 트랙터의 유압선택에서 포지션 컨트롤과 드래프트 컨트롤이 있는데 드래프트 컨트롤의 위치에서는 어떤 작업을 할 때 선택하는가?

① 로터리 작업   ② 쟁기 작업

③ 롤러 작업   ④ 파종 작업

355 트랙터로 쟁기 작업할 때 위치조정레버를 사용한다. 이때 견인 부하 조정레버는 어느 위치에 놓아야 하는가?

① 중간

② 위

③ 아래

④ 아무데나 상관없다.

356 트랙터에서 전 중량을 트랙터 전체가 지지하는 방식은?

① 견인식　　　　② 장착식

③ 반장착식　　　④ 유압식

357 트랙터에 장치된 유압장치에 관한 설명 중 틀린 것은?

① 견인력 제어에 쓰인다.

② 작업기에 회전구동력을 전달한다.

③ 작업기를 끌어올리고 내리는데 쓰인다.

④ 위치 제어에 쓰인다.

358 트랙터 견인부하 장치를 일정하게 하는 것은?

① 차동 제어장치

② 위치 제어장치

③ 점화장치

④ 3점 지지 장치

359 어느 트랙터가 2ton의 하중을 끌고 8km/h의 속도로 움직이면 견인마력은?

① 31.331HP　　② 30.55HP

③ 29.622HP　　④ 59.24HP

해설

$8km/h = (8 \times 1000)/60 m/min$

$= 133.3 m/min$

행한 일 $= 2000 \times 133.3 = 26600 kg-m/min$

마력 $= (266000/59 \times 60) = 59.24 hp$

360 트랙터 견인력이 150kg이고 시속 45km/h로 주행할 때 구동마력은 얼마인가?

① 30PS　　　　② 25PS

③ 40PS　　　　④ 30PS

해설

$45km/h = (45 \times 1000)/(60 \times 60)$

$= 12.5 m/sec$

$N_d = \dfrac{Pv}{75}$

$= \dfrac{150 \times 12.5}{75} = 25ps$

361 바퀴형 트랙터 주행장치의 동력 전달 순서를 옳게 나타낸 것은?

① 기관 → 주 클러치 → 차동 기어 → 변속기 → 구동륜

② 기관 → 주 클러치 → 변속기 → 차동 기어 → 구동륜

③ 기관 → 변속기 → 주 클러치 → 차동 기어 → 구동륜

④ 기관 → 변속기 → 주 클러치 → 구동륜 → 차동 기어

5

제 **5** 편

종합평가문제

농업기계 산업기사

001 다음 중에서 수축 여유를 가장 적게 주는 것은?

① 주강   ② 황동

③ 주철   ④ 알루미늄

002 목형의 길이를 L, 금속의 수축률은 ϕ, 주물의 길이를 l이라 할 때 이들 관계식으로 옳은 것은?

① $\phi = \dfrac{L-l}{L}$ ② $\phi = \dfrac{L+l}{L}$

③ $L = \dfrac{\phi-l}{\phi}$ ④ $L = \dfrac{\phi+l}{\phi}$

003 목형의 중량이 6kg, 비중이 0.6인 적송일 때 주철 주물의 무게는 얼마인가?(단, 주철의 비중은 7.2이다)

① 45kg   ② 48kg

③ 62kg   ④ 72kg

해설
$$W_m = \frac{S_m}{S_p} W_p = \frac{7.2}{0.6} \times 6 = 72\text{kg}$$

004 주물사가 갖추어야 할 조건이 아닌 것은?

① 성형성이 좋아야 한다.

② 내화성이 좋아야 한다.

③ 용해성이 좋아야 한다.

④ 통기성이 좋아야 한다.

해설 주물사의 구비조건
- 내화성이 크고 화학적 변화가 생기지 않을 것

- 가격이 싸고 구입이 쉬울 것
- 적당한 강도를 가져서 쉽게 파손되지 않을 것
- 주형 제작이 쉬울 것
- 통기성이 좋을 것

005 주형에서 통과 공기량 V는 1800cm^3, 공기 압력 P가 1cm, 시편의 단면적 v가 25cm^2, 높이 h가 10cm, 배기시간 t가 10 min일 때 통기도 K는 얼마인가?

① 60cm/min

② 70cm/min

③ 75cm/min

④ 91.67cm/min

해설
$$K = (Vh/PAt)$$
$$= 1800 \times 10 / (1 \times 19.635 \times 10)$$
$$= 91.67\text{cm/min}$$

006 금속을 소성 가공할 대, 냉간 가공과 열간 가공의 구별은 어떤 온도를 기준으로 하는가?

① 담금질 온도   ② 재결정온도

③ 변태 온도   ④ 단조 온도

007 단조의 장점에 대하여 설명한 것 중 틀린 것은?

① 재료의 가격이 싸다.

② 사용재료의 손실이 적다.

③ 금속 결정이 치밀하게 되며, 기계적 성질이 향상된다.

④ 재료가 연화되어 성형이 잘된다.

008 단조완료 온도에 관한 다음 설명에서 옳지 않은 것은 어느 것인가?

① 단조온도가 낮으면(재결정온도 이하) 가공 경화되어 내부에 변형이 남을 때가 있다.

② 단조 완료 온도가 높으면 결정이 미세화되고 기계적 성질이 좋아진다.

③ 재결정온도 이상에서는 경화되어도 재결정 현상으로 연화되므로 경화되지 않은 것과 같은 결과가 된다.

④ 단조에 적합한 온도는 재결정온도와 융점과의 사이에 있고 온도가 높을수록 변형 저항이 작아 가공이 용이하다.

009 단조 작업에서 해머의 무게가 100kg, 해머의 타격 속도가 20m/s, 해머의 효율이 0.8%일 때 해머의 순간적인 운동 에너지는 얼마인가?(단, g는 9.8m/s^2)

① 91.9kg-m   ② 919kg-m
③ 18.37kg-m   ④ 187.3kg-m

해설
$$E = \frac{\omega}{2g} V^2 \eta$$
$$= \frac{10}{2 \times 9.8} 20^2 \times 0.9$$
$$= 187.3 \ kg-m$$

010 유압 프레스에서 유효 단면적을 A, 유효 단면적에 작용하는 최고의 유압을 P라 할 때 유압 프레스의 용량 Q는?

① $Q = A + P$ ② $Q = A \times P$
③ $Q = \dfrac{A}{P}$ ④ $Q = \dfrac{P}{A}$

011 압연가공에서 압하율을 나타내는 식은 어느 것인가?(단, H_0는 압연 전의 두께, H_1은 압연 후의 두께이다.

① $\dfrac{H_1 - H_0}{H_1} \times 100\%$

② $\dfrac{H_0 - H_1}{H_0} \times 100\%$

③ $H_1 - \dfrac{H_0}{H_1} \times 100\%$

④ $H_1 + \dfrac{H_0}{H_1} \times 100\%$

012 인발 작업에서 지름 5.5mm의 와이어를 3mm로 만들었을 때 단면 수축률은?

① 50.25%
② 60.25%
③ 70.25%
④ 82.25%

해설 단면 수축률
$$= \frac{A_0 - A_1}{A_0} \times 100$$
$$= \frac{5.5^2 - 3^2}{5.5^2} \times 100 = 70.25\%$$

013 인발 작업에서 지름 5mm의 와이어를 3mm로 만들었을 때 가공도는?

① 36%   ② 40%
③ 49%   ④ 53%

해설 가공도
$$= \frac{A_1}{A_0} \times 100 = \frac{3^2}{5^2} \times 100 = 36\%$$

014 두께 1.5mm인 탄소강판에 지름 3.2mm의 구멍을 펀칭할 때 전단력을 구하여라.(단 전단응력 $\tau = 25kg/mm^2$이다)

① 3250kg　　② 3652kg

③ 3768kg　　④ 3875kg

해설 $P = \pi d t \tau$

$= 3.14 \times 32 \times 1.5 \times 25 = 3768kg$

015 판 두께가 2mm의 연강판에서 지름 20mm인 구멍을 펀칭하려고 한다. 이때 프레스의 슬라이드 평균속도를 5m/min, 기계효율을 70%라 할 때 소요동력은 얼마인가?(단, 전단저항은 $25kg/mm^2$이다)

① 4.3PS　　② 3.75PS

③ 4.98PS　　④ 5.28PS

해설 소요동력 $N = \dfrac{P v_m}{75 \times 60 \times \eta}$

$= \dfrac{3140 \times 5}{75 \times 60 \times 0.7}$

$= 4.98PS$

여기서, $P = \pi d \tau t = 20 \times 3.14 \times 25 \times 2$

$= 3140kg$

016 다음 조직 중에서 어느 것이 경도가 가장 높은가?

① 마르텐사이트　　② 소르바이트

③ 오오스테나이트　　④ 트루스타이트

해설 경도 순서 : 시멘타이트 > 마르텐사이트 > 트루스타이트 > 소르바이트 > 퍼얼라이트 > 오오스테나이트 > 페라이트

017 다음 중 측정에서 우연 오차를 없애는 최선의 방법은?

① 온도에 의한 오차를 없게 한다.

② 개인 오차를 없게 한다.

③ 반복 측정하여 평균한다.

④ 측정기 자체의 오차를 없게 한다.

018 측정기의 분류 중 틀린 것은?

① 길이 측정기　　② 각도 측정기

③ 평면 측정기　　④ 직접 측정기

019 제품의 치수가 허용치수 내에 있는지 여부를 검사하는 게이지는?

① 옵티미터

② 다이얼 게이지

③ 버니어 캘리퍼스

④ 한계 게이지

020 한계 게이지의 마멸 여유는 어느 쪽에 주는가?

① 양쪽 다 준다.

② 통과측에 준다.

③ 정지측에 준다.

④ 양쪽 다 주지 않는다.

해설 한계 게이지의 통과측은 사용에 따라 마멸이 되므로 이를 감안해 마멸 여유를 준다.

021 사인바에(sin bar)로 각도를 측정할 때 한계 값은?

① 45°　　② 40°

③ 35°　　④ 30°

해설 사인바에서는 45° 이상이 되면 측정오차가 커지므로 45° 이하의 각도를 측정한다.

022 블록 게이지의 측정면 평면도, 밀착상태, 돌기의 유무를 알아보는 측정기는?

① 정반
② 공구 현미경
③ 옵티컬 플레이트
④ 수준기

023 줄 눈금의 크기 표시가 옳은 것은?

① 줄의 길이에 관계없다.
② 1mm에 대한 눈금 수이다.
③ 1cm에 대한 눈금 수이다.
④ 1inch에 대한 눈금 수이다.

해설 줄 눈의 크기는 길이 1인치에 대한 눈의 수로써 나타낸다. 100mm의 줄에서 황목은 36, 중목 45, 유목 110의 눈 수로 되어 있다.

024 스크레이퍼 작업에서는 가공 정도를 평당 몇 개라고 한다. 이것은 무엇에 대한 접촉면의 수를 말하는가?

① 1mm 평방   ② 100cm 평방
③ 1inch 평방   ④ 10cm 평방

해설 스크레이퍼 작업의 가공 정도는 1인치 평방의 면적당 접촉점 수로서 나타내는데 거친 가공은 1~6, 정밀가공은 6~19, 초정밀 가공은 20 이상이다.

025 다음은 용접 자세의 기호를 설명한 것 중 맞는 것은?

① V-하향자세   ② OH-위 보기
③ F-수평자세   ④ F-수직 자세

해설 F : 하향(flat), V : 수직(vertical), OH : 위보기(over head), H : 수평(horizontal), H-Fil : 수평 자세 필릿(horizontal fillet)

026 모재를 (+)극에 용접봉을 (−)극에 연결하는 아크 용접은?

① 비용극성   ② 용극성
③ 역극성   ④ 정극성

027 구성인선을 감소시키는 방법 중 옳은 것은?

① 마찰저항이 큰 공구를 사용한다.
② 절삭깊이를 깊게 한다.
③ 절삭속도를 고속으로 한다.
④ 상면 경사각을 작게 한다.

028 기어 세이빙 작업은 무엇을 하는 것인가?

① 절삭된 기어를 열처리하는 기계
② 기어 절삭공구를 다듬는 기계
③ 특수 기어를 가공하는 기계
④ 절삭된 기어를 고정밀도로 다듬는 기계

029 절삭속도 140m/min, 절삭깊이 6mm, 이송 0.25mm/rev로 75mm 지름의 원형 단면봉을 선삭한다. 300mm의 길이만큼 선삭하는 데 필요한 가공 시간은?

① 약 1분   ② 약 2분 30초
③ 약 3분   ④ 약 4분

해설
$$N = \frac{1000\,V}{\pi D} = \frac{1000 \times 140}{3.14 \times 75}$$
$$= 594.4\text{rpm}$$
$$\frac{375}{594.4 \times 0.25} = 2.525\text{min} \times \frac{60s}{1\text{min}}$$
$$= 151.5\text{초}$$
$$L = l_1 + D = 300 + 75 = 375\text{mm} = 2분3초$$

※ $\frac{1}{100}$ 단위에서 1min은 60초 단위이므로

$\frac{60s}{1\text{min}}$ 로 환산에서 다시 분으로 나타내야 한다.

030 실린더 라이너, 피스톤링, 주철관등과 같이 속이 빈 주물을 제작하는 데 가장 적합한 주조법은?

① 다이캐스팅법

② 셀몰딩법

③ 원심 주조법

④ 인베스트먼트 주조법

031 다음 중 광파 간섭 현상을 이용하여 평면도를 측정하는 기구는 어느 것인가?

① 옵티컬 플랫

② NF식 표면 거칠기 측정기

③ 오토 콜리메이터

④ 공급 현미경

032 축 방향의 하중 W와 비틀림을 동시에 받을 때 볼트의 지름 d를 구하는 식은 다음 중 어느 것인가?

① $d = \sqrt{\dfrac{2W}{\sigma_a}}\,\mathrm{mm}$

② $d = \sqrt{\dfrac{2}{\pi}\dfrac{W}{\sigma_a}}\,\mathrm{mm}$

③ $d = \sqrt{\dfrac{8W}{3\sigma_a}}\,\mathrm{mm}$

④ $d = \sqrt{\dfrac{8W}{\sigma_a}}\,\mathrm{mm}$

033 너트의 풀림 방지법에 해당되지 않는 것은?

① 가스켓을 사용

② 분할 핀을 사용

③ 로크너트를 사용

④ 와셔를 사용

034 로크너트에 대한 설명 중 옳지 않은 것은?

① 죄인 다음 아래 너트를 약간 풀어준다.

② 너트의 풀림 방지

③ 상하 너트가 볼트와의 접촉면이 서로 다르다

④ 볼트의 강도를 높인다.

035 무게 5t의 물체를 4개의 볼트로 매어 달았다. 이때 허용인장응력을 $6\mathrm{kg/mm^2}$라 하면 볼트의 지름은 얼마로 하면 되는가?

① M16

② M18

③ M20

④ M22

> **예 해설** 볼트 1개에 작용하는 하중은 $5000 \div 4 = 1250\mathrm{kg}$ 이다.
>
> $d = \dfrac{2W}{\sigma_a}$
>
> $= \dfrac{2 \times 1250}{6} = 20.4\mathrm{mm}$
>
> $d = 20.4$ 이상인 것으로 이것에 가장 가까운 미터 보통나사는 $M = 22$이다.

036 리벳팅을 한 후에 코킹(caulking) 작업을 하는 목적은?

① 기체 또는 액체가 누설하지 않도록 하기 위하여 행한다.

② 강판의 가로 탄성 계수를 증가하기 위하여

③ 보일러 리벳이음의 효율을 증가시키기 위하여 행한다.

④ 보일러 동판의 강도를 좋게 하기 위하여

037 판 두께 46mm, 리벳의 지름 16mm, 리벳의 구멍지름 17mm, 피치 64mm인 1줄 리벳 겹치기 이음에서 판의 효율은 얼마인가?

① 70.2%　　　　② 73.4%

③ 76.7%　　　　④ 80.5%

예 해설

$$\eta_t = \frac{p-d}{p}$$

$$= \frac{64-17}{64} = 73.4\%$$

038 용접부에서 생기는 잔류응력을 없애려면 어떻게 하면 되는가?

① 풀림을 한다.　　② 뜨임을 한다.

③ 불림을 한다.　　④ 담금질을 한다.

예 해설 용접부는 열을 받기 때문에 변형이나 잔류응력이 있다. 이를 없애는 방법으로 풀림 처리를 한다.

039 용접 후 피이닝을 하는 목적은 무엇인가?

① 용접 후의 변형을 방지하기 위해서

② 모재의 재질을 검사하기 위해서

③ 응력을 강하게 하고 변형을 적게 하기 위해서

④ 도료를 없애기 위해서

040 굽힘과 비틀림이 동시에 작용할 때 상당 비틀림 모멘트 T_e는 어느 것인가?

① $T_e = \sqrt{M^2 + T^2}$

② $T_e = \sqrt{M + T}$

③ $T_e = \frac{1}{2}\sqrt{M^2 + T^2}$

④ $T_e = 2\sqrt{M^2 + T^2}$

041 300rpm으로 3kW를 전달시키고 있는 축의 비틀림 모멘트는 몇 kg-m인가?

① 4260kg-m　　② 4630kg-m

③ 6320kg-m　　④ 9740kg-m

예 해설

$$T = 9.74 \times 10^5 \frac{H}{N}$$

$$= \frac{9.74 \times 10^5 \times 3}{300}$$

$$= 9740\text{kg·m}$$

042 다음 중 고정축 이음이 아닌 것은?

① 머프 커플링

② 플렉시블 커플링

③ 마찰 원통 커플링

④ 셀러 커플링

예 해설 고정축 커플링에는 원통형 커플링과 플랜지 커플링이 있으며, 원통형 커플링에는 커플링, 분할 원통 커플링, 셀러 커플링 등이 있다.

043 축지름이 50mm의 원통 커플링에서 30ps, 200rpm의 동력을 전달할 때 체결 볼트 1개에 생기는 인장응력은 얼마이겠는가?

① 5.77kg/mm^2　　② 6.44kg/mm^2

③ 7.88kg/mm^2　　④ 8.99kg/mm^2

예 해설

$$T = 716200 \frac{H}{N} = 716200 \frac{30}{200}$$

$$= 1074300\text{kg-m}$$

$$W = \frac{2T}{\pi \mu d} = \frac{2 \times 1074300}{\pi \times 0.2 \times 50}$$

$$= 6843\text{kg}$$

$$\therefore \sigma_a = \frac{4W}{\pi \times \delta^2 \times 3} = \frac{4 \times 6843}{\pi \times 18^2 \times 3}$$

$$= 8.99\text{kg/mm}^2$$

044 2개 축의 축선이 정확하게 일직선으로 되지 않을 경우 충격 진동을 완화하는 이음은?

① 올덤 커플링

② 플렉시블 커플링

③ 플랜지 커플링

④ 셀러 커플링

045 900rpm으로 20kW를 전달하는 연강축에 플랜지형 고정축 이음을 했을 때 축지름을 구하여라. 단, 축재료의 허용 비틀림 응력을 2kg/mm²d 한다.

① 35mm

② 40mm

③ 50mm

④ 55mm

해설 $T = 716200 \dfrac{H}{N}$

$= 716200 \dfrac{20}{900} = 21600 \text{kg} - \text{mm}$

$\therefore d = \sqrt[3]{\dfrac{5T}{\tau_a}} = \sqrt[3]{\dfrac{5 \times 21600}{2}}$

$= 37.8 \text{mm}$

$\therefore$ 축지름은 표준규격에서 40mm를 택한다.

046 용량 10ton의 윈치 후크에 사용하는 단열 드러스트 볼 베어링의 하중을 구하면?(단, f_w : 2.5)

① 20000kg

② 23000kg

③ 25000kg

④ 27000kg

해설 $P = 2.5 \times 10000 = 25000 \text{kg}$

047 회전수 900rpm으로 베어링 하중 530kg을 받는 엔드 저널 베어링의 지름을 구하여라. (단, 허용 베어링 압력 $p = 0.085\text{kg/mm}^2$, 허용 $pv = 0.2\text{kg/mm}^2 - \text{m/s}$, 마찰계수 $\mu = 0.006$으로 한다)

① 45mm

② 50mm

③ 55mm

④ 60mm

해설 $l = \dfrac{\pi D N}{6000 pv} = \dfrac{\pi \times 530 \times 900}{6000 \times 0.2}$

$= 125 \text{mm}$

$d = \dfrac{Pl}{d} = \dfrac{530}{0.085 \times 125}$

$= 50 \text{mm}$

048 두 축이 평행하고 이가 축에 평행한 기어는?

① 스퍼 기어

② 헬리컬 기어

③ 스큐어 베벨 기어

④ 베벨 기어

049 잇수 50, 모듈 5의 평치차의 피치원 직경은 몇 mm인가?

① 150mm

② 250mm

③ 350mm

④ 450mm

해설 $D = mz = 5 \times 50 = 250 \text{mm}$

050 모듈 $m = 4$, 잇수 50의 표준 평치차의 외경은 몇 mm인가?

① 200

② 208

③ 230

④ 100

해설 $D_0 = (Z + 2)m = (50 + 2) \times 4$

$= 208 \text{mm}$

051 체인에 대한 설명 중 옳지 않은 것은?

① 속도비는 1~5 : 1 이상 할 수 없다.

② 체인의 링크 수는 홀수로 하는 것이 좋다.

③ 4m 이하의 축간 거리에 사용한다.

④ 체인의 피치가 늘어나면 소리가 난다.

해설 체인 전동에서 속도비는 5 : 1까지가 적당하나 최대로 7 : 1까지도 한다.

052 평형 걸기에서 벨트의 길이는?

① $L = 2C + \dfrac{\pi}{2}(D_A + D_B) + \dfrac{(D_A + D_B)^2}{2C}$

② $L = 2C + \dfrac{\pi}{2}(D_A + D_B) + \dfrac{(D_B - D_A)^2}{4C}$

③ $L = C + \dfrac{\pi}{2}(D_A + D_B) + \dfrac{(D_A - D_B)^2}{2C}$

④ $L = C + \dfrac{\pi}{2}(D_A + D_B) + \dfrac{(D_A + D_B)^2}{4C}$

해설 십자 걸기

$$L = 2C + \frac{\pi}{2}(D_1 + D_2) + \frac{(D_2 - D_1)^2}{4C}\,[\mathrm{mm}]$$

십자 걸기

$$L = 2C + \frac{\pi}{2}(D_1 + D_2) + \frac{(D_2 + D_1)^2}{4C}\,[\mathrm{mm}]$$

053 체인 휠의 피치가 15.88mm, 잇수가 20일 때의 회전수가 600rpm이라면 체인의 평균속도는 몇 m/s인가?

① 3.17   ② 31.7

③ 5.17   ④ 51.7

해설
$$V = \frac{pZN}{60 \times 1000}$$
$$= \frac{600 \times 15.88 \times 20}{60 \times 1000}$$
$$= 3.17\mathrm{m/s}$$

054 브레이크 용량을 표시하는 식은?

① 마찰계수×속도 압력 계수

② 마찰계수×속도 변화율

③ 마찰계수×속도

④ 마찰력×속도계수

055 두께 10mm, 인장강도 40kg/mm²의 연강판으로 8kg/cm²의 내압을 받는 원통을 만들려고 한다. 안전율을 4로 하면 원통의 직경은 얼마로 할 것인가?

① 2000mm   ② 2500mm

③ 3000mm   ④ 3500mm

해설
$$\sigma = \frac{pD}{200t}\text{에서 } D = \frac{200t\sigma}{p}$$

허용인장응력

$$\sigma_w = \frac{40}{4} = 10\mathrm{kg/mm^2}$$

$$\sigma = \frac{pD}{200t}\text{에서}$$

$$D = \frac{200t\sigma}{p}$$

$$= \frac{200 \times 10 \times 10}{8} = 2500\mathrm{mm}$$

056 베어링을 설계할 때 유의하여야 할 요건이 아닌 것은?

① 친숙성이 좋아서 유동성이 있어야 한다.

② 구조가 간단하여 수리나 유지비가 적게 들어야 한다.

③ 마찰저항이 크면 손실 동력이 되도록 작아야 한다.

④ 내열성이 있어서 고열에도 강도가 떨어지지 않아야 한다.

057 치직각 모듈율 $m=6$, 잇수 $z=60$인 헬리컬 기어의 피치원 지름은 얼마인가?(단, 비틀림각 $\beta=30°$이다)

① 311.769mm　　② 372.769mm
③ 415.692mm　　④ 447.692mm

해설
$$D_s = m_s Z = \frac{m_n}{\cos\beta} Z = \frac{6}{\cos 30} 60 ≒ 415.692$$

058 피치 12.7mm, 잇수 20인 체인 휠이 매분 500회전할 때 이 체인의 평균속도는?

① 약 1.5m/s　　② 약 2.1m/s
③ 약 6.6m/s　　④ 약 7.8m/s

해설
$$v = \frac{pzn}{60 \times 1000} = \frac{12.7 \times 20 \times 500}{60 \times 1000} ≒ 2.1\text{m/s}$$

059 성크(묻힘)키 규격에서 15×10은 무엇을 가르치는가?

① 키의 높이×폭　　② 키의 길이×폭
③ 키의 폭×높이　　④ 키의 길이×높이

060 다음 중 경운 정지의 목적에 가장 적절한 것은?

① 작물 생육에 알맞은 환경 조건을 준다.
② 종자를 파종한다.
③ 방제를 한다.
④ 관개하는 작업이다.

해설
• 알맞은 토양구조 마련
• 잡초제거 및 솎아내기로 생육을 억제
• 작물의 잔류물을 매몰
• 작물의 재식, 관개, 배수 및 수확작업 등에 알맞은 토양 표면을 조성
• 토양침식 방지 및 미생물의 활동을 촉진
• 농약 및 기름의 효과를 균일하게 하고 증대시킴

061 쟁기의 구조 중에서 흙덩어리를 올리면서 반전하고 파쇄하는 부분은?

① 바닥쇠　　② 볏
③ 이체　　④ 브레이스

해설
• 플로우의 3대 요소 : 보습, 지측판, 바닥쇠
• 플로우의 3지점 : 뒤쪽, 보습끝, 보습날개

062 플로우에서 지측판(landslide)의 역할은 어떤 것인가?

① 지축판이 반전한다.
② 플로우를 안정하게 지지한다.
③ 흙을 자른다.
④ 기체를 안정시킨다.

해설
지측판은 쟁기 끝에서 뒤쪽으로 플로우의 진행방향을 따라 고정된 납작한 쇠이며 플로우의 자중과 발토판에 작용하는 흙의 측압을 지지하고, 플로우의 안정과 직진을 유지하여 준다. 쟁기의 바닥쇠에 해당된다.

063 경운 정지작업의 종류가 아닌 것은?

① 쇄토작업
② 평탄작업
③ 두둑 및 도랑작업
④ 탈곡작업

064 쇄토작업의 작용이 아닌 것은?

① 진압　　② 정지
③ 파쇄　　④ 반전

해설
쇄토작업에서 가장 중요한 작용은 파쇄작용이며 흙덩이의 파쇄작용은 압쇄작용, 자활작용, 절단작용의 복합작용에 의해 파괴될 수 있다.

065 쟁기의 3대 요소가 아닌 것은?

① 보습

② 볏

③ 바닥쇠

④ 몰드볼드

066 플로우 중 이체의 구조에 따른 종류?

① 몰드볼드 플로우

② 로터리 플로우

③ 반장착형 플로우

④ 디스크 플로우

067 볏의 기능은?

① 오른쪽으로 뒤집어 흙을 반전한다.

② 쟁기 자체의 안정을 유지

③ 경폭의 조정

④ 흙의 절삭

068 지측판의 역할은?

① 흙속을 파고들어 수평 절단한다.

② 절삭작용

③ 플로우 자체의 안정을 유지

④ 흙의 반전 작용

069 플로우에서 석션의 기능은?

① 흙속으로 침입해 들어가는 힘을 준다.

② 절삭된 흙을 반전한다.

③ 흙을 파쇄한다.

④ 수직으로 절단한다.

070 플로우의 3지점이 아닌 것은?

① 뒷축

② 보습끝

③ 보습날개

④ 볏

071 측방석션(수평석션)의 기능은?

① 흙과 마찰을 감소시킨다.

② 플로우의 진행방향을 일정하게 유지

③ 절삭에 필요한 힘을 준다.

④ 경폭의 조정

072 원판 플로우에서 콜터의 기능은?

① 흙을 미리 수직으로 절단

② 흙을 오른쪽으로 반전

③ 흙을 미리 수평 절단

④ 일정한 경심 유지

073 원판 플로우의 특징이 아닌 것은?

① 구조가 복잡하다.

② 자전 때문에 흙이 잘 붙지 않는다.

③ 포장, 건조, 뿌리가 적은 땅에 좋다.

④ 원판의 각도를 적절히 조절하므로 써 여러 가지 토양 조간에서도 작업이 가능

해설 원반 플로우는 견인만 하고 구동은 안 함. 마르고 단단한 땅에 적당하며 쇄토작용이 크다. 개간지와 같이 나무뿌리가 남아 있는 경지에 사용하며 소요동력이 적게 든다. 원판의 각도를 적절히 조절함으로써 여러 가지 토양 조건에서도 작업이 가능하다. 날 부분이 길어 연마작용과 자전에 의한 마찰 마모가 작다. 자전 때문에 흙이 잘 붙지 않는다. 반전이 불가능하여 초지에는 불가능하다.

074 원판 플로우의 원판각과 경사각은?

① 원판각 45° 경사각 15°

② 원판각 40° 경사각 20°

③ 원판각 40° 경사각 15°

④ 원판각 45° 경사각 20°

해설 원반지름은 61~71cm 정도이며, 원반각은 약 45°, 경사각은 약 15°이고, 18~30cm 간격으로 연결한다.

075 플로우의 비저항 식은?

① $K = R/d = R/w \times a(\text{kg/cm}^2)$ R : 견인저항 a : 역토 단면적(cm^2) d : 경심 w : 경폭

② $K = R/a = w/R \times d(\text{kg/cm}^2)$ R : 견인저항 a : 역토 단면적(cm^2) d : 경심 w : 경폭

③ $K = R/a = R/w \times d(\text{kg/cm}^2)$ R : 견인저항 a : 역토 단면적(cm^2) d : 경심 w : 경폭

④ $K = R/a = w/R \times d(\text{kg/cm}^2)$ R : 견인저항 a : 역토 단면적(cm^2) d : 경심 w : 경폭

076 쟁기의 보습과 바닥쇠가 차지하는 견인저항은?

① 75% ② 80%

③ 70% ④ 65%

077 정지용 쇄토 기계는?

① 스파이크 해로우

② 원판 해로우

③ 오프셋 디스크 해로우

④ 원통형 롤러

078 진압기의 역할?

① 흙을 잘게 부수고 평탄하게 한다.

② 흙의 침식을 방지한다.

③ 경도의 동결 방지한다.

④ 녹비와 퇴비의 부패를 억제시킨다.

079 진압기가 종류가 아닌 것은?

① 원통형 롤러   ② 켈티패커 롤러

③ 심토 롤러   ④ 원판 해로우

해설 컬티패커(cultipacker) : 소맥답용 롤러(진압기)이다. 컬티패커는 V자형의 중공 주철제 바퀴를 축에 나란히 놓은 것으로 다듬질면이 규칙적이고, 바람의 침식방지가 좋고, 토양의 수분 유지가 효과적이다. 복열일 때는 앞바퀴의 홈과 홈 사이를 뒷 바퀴가 지나므로 파쇄력이 우수하다.

080 중경 제초기가 아닌 것은?

① 컬티베이터

② 로터리 호우

③ 위이더 멜쳐

④ 답용 중경제초기

해설 제초기 : 스티어리지 호우(steerage hoe), 위이더 멜쳐(weeder malcher)

081 종자를 일정한 간격을 두고 연속적으로 파종하는 기계는?

① 이파기   ② 산파기

③ 조파기   ④ 점파기

해설 감자 파종기는 씨감자를 한 개씩 일정한 간격으로 파종하는 일종의 점파기이다. 다른 종자에 비해 씨감자는 크고 모양도 다양하여 전용점파기가 이용되며 시비도 동시에 이루어진다.

082 콩, 옥수수, 목화, 채소 심는 이식 기계는?

① 이파기
② 산파기
③ 조파기
④ 점파기

해설 **조파기** : 트랙터 부착용 파종기로서 일정한 간격과 깊이로 파종을 하는 기계

083 종자 배출방법이 아닌 것은?

① 유동적 배출법
② 경사 홈 로울식
③ 기계적 배출법
④ 구멍 롤러식 배츨법

084 종자관이란?

① 종자를 저장하는 관
② 종자에 흙을 덮어주는 기관
③ 배출부에서 나온 종자를 지면까지 유도시키는 관
④ 종자를 눌러주는 관

해설 종자상자 내에서 회전하는 종자판 위에는 컷오프(cut off)와 녹 아웃(knock out)가 있는데, 컷오프는 홈 위에 있는 여분의 종자를 제거하며, 녹 아웃은 홈 속의 종자를 종자관으로 떨어트리는 역할을 한다.

085 구절기란?

① 종자에 비료를 뿌려 주는 역할
② 종자를 가볍게 눌러주는 역할
③ 종자를 심을 때 먼저 골을 파는 역할
④ 종자를 흙으로 덮어주는 역할

086 육묘 일수가 30일 일 때의 중묘의 초장은 몇 cm인가?

① 3~4cm
② 5~7cm
③ 8~10cm
④ 10~20cm

해설 육묘 일수 30~40일, 엽령 3.5~4.5

087 점파기의 종류가 아닌 것은?

① 반자동식
② 전 자동식
③ 전자(피커힐식)
④ 진공식

088 이앙기에서 조절이 되지 않는 것은?

① 조간 조절
② 주간 조절
③ 식부 조절
④ 주 클러치 조절

089 이앙기에서 식부 본수 조절 중 맞는 것은?

① 바퀴 크기로 조절
② 횡이송, 종이송으로 조절
③ 식부 클러치 간극 조절
④ 플로트의 높이로 조절

090 전작용 이식기의 종류에 속하지 않는 것은?

① 호퍼식 이식기
② 디스크식 이식기
③ 롤러식 이식기
④ 홀더식 이식기

091 다음 중 미립화 약제 분포입자의 특성이 아닌 것은?

① 미립화　　② 산성화
③ 부착　　④ 비행확산

092 다음 내용 중 동력 분무기의 공기실 기능이 아닌 것은?

① 기계 사용 연한을 향상시킨다.
② 압력을 일정하게 유지한다.
③ 송수 상태를 균일화하게 한다.
④ 소액량의 맥동을 양호하게 한다.

093 인력 분무기의 종류가 아닌 것은?

① 배낭자동형　　② 어깨걸이형
③ 자동형　　④ 배낭형

094 동력살분무기의 약액 도달거리는?

① 4m　　② 5m
③ 3m　　④ 6m

095 동력살분무기의 3대 구성부품은?

① 팬, 엔진, 약액통
② 압력조절장치, 공기실, 펌프
③ 약액통, 노즐, 압력조절장치
④ 노즐, 공기실, 엔진

096 원심 펌프의 특징은?

① 토출량 조절이 어렵다.
② 효율이 크다.

③ 설계가 간단하다.
④ 고속 회전이 적당하다.

097 미스트기의 윤활방식은?

① 혼합식
② 비산식
③ 압송식
④ 자연 순환식

098 미스트기의 피스톤의 고정방식은?

① 부동식　　② 반 부동식
③ 요동식　　④ 전 부동식

099 동력살분무기의 작업 성능을 바르게 나타낸 것은?

① 살포너비×살포속도×살포시간/60
② 살포너비×살포속도×살포시간/360
③ 살포너비×살포속도×60/살포시간
④ 살포너비×살포시간×60/살포속도

100 작업기 풀리 직경을 구하는 공식은?

① 작업기 풀리직경=엔진 풀리직경×엔진 회전수/작업기 회전수
② 작업기 풀리직경=작업기 회전수/엔진 회전수기×엔지풀리 직경
③ 작업기 풀리직경=작업기 회전수/풀리 직경×엔진 회전수
④ 작업기 풀리직경=엔진 풀리직경/엔진 회전수×작업기 회전수

101 엔진 풀리직경 구하는 공식을 바르게 나타낸 것은?

① 엔진 풀리직경=작업기 풀리직경×작업 기 회전수/엔진 회전수

② 엔진 풀리직경=작업기 풀리직경/작업 기 회전수×엔진 회전수

③ 엔진 풀리직경=작업기 풀리직경×작업 기 회전수×엔진 회전수

④ 엔진 풀리직경=작업기 풀리직경×엔진 회전수/작업기 회전수

102 푸트 밸브기능은 어느 것인가?

① 유체의 역류방지
② 물을 흡입한다.
③ 물을 분사한다.
④ 오물을 제거한다.

103 프라이밍에 대한 설명 중 옳은 것은?

① 오물을 걸러 주는 것
② 물의 역류를 방지하는 것
③ 펌프 내에 물을 채우는 것
④ 펌프 내의 물을 빼는 것

104 공동현상(케비테이션)이란?

① 효율이 증가한다.
② 양수량이 증가된다.
③ 기포가 발생하여 충격음과 진동이 발생 한다.
④ 축류 펌프에서 많이 발생한다.

105 스프링클러의 구조가 맞는것은?

① 살수기, 펌프, 배관
② 살수기, 배관, 펌프, 원동기
③ 살수기, 노즐, 원동기
④ 살수기, 배관, 물탱크

106 다음 노즐의 종류 중 분무의 도달거리를 조절 할 수 있는 노즐은?

① 원판형 노즐
② 캡형 노즐
③ 철포형 노즐
④ 환산형 노즐

107 스프링클러 압력이 올바른 것은?

① 저압$(0.5\sim1.0\text{kg/cm}^2)$
중압 $(3.0\sim4.0\text{kg/cm}^2)$
고압$(4.2\sim8.0\text{kg/cm}^2)$
보통압$(1.0\sim2.0\text{kg/cm}^2)$

② 저압$(0.6\sim1.0\text{kg/cm}^2)$
중압$(3.0\sim4.5\text{kg/cm}^2)$
고압$(5.0\sim6.0\text{kg/cm}^2)$
보통압$(1.0\sim2.0\text{kg/cm}^2)$

③ 저압$(0.4\sim1.0\text{kg/cm}^2)$
중압$(3.0\sim4.0\text{kg/cm}^2)$,
고압$(4.2\sim7.0\text{kg/cm}^2)$
보통압$(1.0\sim2.0\text{kg/cm}^2)$

④ 저압$(0.4\sim1.5\text{kg/cm}^2)$
중압$(2.0\sim4.0\text{kg/cm}^2)$
고압$(4.2\sim7.0\text{kg/cm}^2)$
보통압$(2.0\sim3.0\text{kg/cm}^2)$

108 스피드 스프레이 기어에서 약액의 분무압력은?

① 10~20kg/cm^2

② 20~30kg/cm^2

③ 30~40kg/cm^2

④ 40~50kg/cm^2

109 전처리부에서 디바이더의 올바른 기능은?

① 넘어진 작물을 일으켜 세운다.

② 작물을 벤다.

③ 작물을 운반한다.

④ 볏짚을 처리한다.

110 바인더에서 주행속도와 같은 것은?

① 러그 속도   ② 예취부 속도

③ 크랭크축 속도   ④ 결속속도

111 다음 중 바인더에 없는 장치는?

① 결속부   ② 전처리부

③ 예취부   ④ 배진 장치

112 콤바인의 반송장치로 예취부에서 예취된 작물을 결속 장치까지 운반하는 부분으로 예취날 바로 후방에는 회전 러그가 있는 장치는?

① 콜렉터   ② 디바이더

③ 픽업체인   ④ 피트만

113 콤바인 전처리부에서 콜렉터의 기능이 맞는 것은?

① 디바이더, 픽업체인, 러그

② 급통, 디바이더, 러그

③ 픽업체인, 러그, 리일

④ 리일, 급통, 러그

114 전처리부의 구조 특징이 올바른 것은?

① 주물 재질의 부품이 많다.

② 주행속도와 러그의 속도는 같다.

③ 윤활유 주입개소가 없다.

④ 러그는 철판으로 만들어진다.

115 예취부의 예도와 수도의 간격은?

① 벼, 보리 : 0.4~0.8mm

② 벼, 보리 : 0.3~0.7mm

③ 벼, 보리 : 0.5~0.9mm

④ 벼, 보리 : 0.3~1.0mm

116 결속기의 설명이 틀린 것은?

① 도어의 압력은 20~30kg/cm^{2}이 적당하다.

② 빌과 홀더의 압력은 서로 다르다.

③ 결속기 내부에 윤활유를 주입하여야 한다.

④ 일반 공업용 실을 사용한다.

117 바인더에서 끈의 굵기 단위는?

① 데시벨   ② 파운드

③ 데니어   ④ 칸델라

118 콤바인의 주요부에 속하지 않는 것은?

① 예취부   ② 반송부

③ 결속부   ④ 선별부

119 급동과 선별체 간극은?

① 5~10mm ② 3~7mm

③ 5~8mm ④ 4~7mm

120 다음 중 정치의 기능은?

① 타격, 마찰 작용을 하지 않는다.

② 주철로 만들어진다.

③ 작물의 불순물을 탈곡한다.

④ 헝클어진 작물을 정리한다.

121 드로우 엘리베이터의 기능은?

① 곡물을 퍼 올린다.

② 수분을 제거한다.

③ 검불을 제거한다.

④ 정곡립만 탈곡통에 보낸다.

122 급속 건조가 작물에 미치는 영향인자는?

① 곡물이 파쇄된다.

② 수분을 제거한다.

③ 검불을 제거한다.

④ 정곡립만 탈곡 등에 보낸다.

123 곡물 저장 시 저장고 설계의 3요소가 아닌 것은?

① 밀도 ② 온도

③ 공극률 ④ 비중

124 헤이 모어의 예취 높이조정은 무엇으로 하는가?

① 바퀴 ② 유압 실린더

③ 3점 링크 ④ 광센서의 위치

125 모어 컨디셔란 무엇인가?

① 목초를 압쇄하는 기계이다.

② 목초를 반전하는 기계이다.

③ 목초를 모으는 기계이다.

④ 목초를 꾸려서 묶는 기계이다.

126 헤이 베일러란?

① 한 쪽으로 모으는 기계

② 쌓기, 운반, 저장에 사용하는 기계

③ 목초를 압축하고 꾸려서 묶는 기계

④ 풀을 수확하고 세단, 운반차 위에 퍼 올리는 수확기

127 목초 운반기계가 아닌 것은?

① 로드 왜건 ② 헤이 포크

③ 헤이 스위프 ④ 빅 베일러

128 사료 분쇄기의 종류가 아닌 것은?

① 해머밀 ② 피드그라인더

③ 초퍼밀 ④ 버킷형 밀커

129 헤이 큐버란?

① 세단한 풋베기 목초를 급속 건조하여 압축 성형하는 장치

② 옥수수의 탈립에 쓰인다.

③ 뿌리, 고구마 등의 세단에 사용하는 기계

④ 수종의 사료를 배합하는 기계

130 벼를 1차로 현미로 만드는 도정 기계는?

① 현미기　　② 정미기
③ 삭발기　　④ 콤바인

131 탈곡기에서 급치와 수망의 틈새는?

① 3~6mm　　② 6~8mm
③ 8~10mm　　④ 10~12mm

132 동력 예취기에는 모어, 리이퍼, 바인더, 콤바인 등이 있다. 예취와 탈곡을 겸하고 사용되는 기계는?

① 모어　　② 리퍼
③ 바인더　　④ 콤바인

133 수평 또는 높은 곳으로 곡물을 이동 또는 운반하는데 쓰이는 것은?

① 버킷 엘리베이터
② 슬랫 컨베이어
③ 스크루 컨베이어
④ 공기 컨베이어

134 다음 중 인력 예취기는 어느 것인가?

① 리퍼　　② 사이드
③ 모어　　④ 바인더

135 콤바인의 ACD 센서란 무엇인가?

① 공급 깊이 제어장치
② 주행속도 감지 장치
③ 자동 방향 제어장치
④ 예취 높이 감지 장치

136 콤바인의 중요 부분이 아닌 것은?

① 픽업 장치
② 예취부
③ 탈곡부
④ 주행부

137 콤바인에서 검불이나 미탈 곡물 등이 모아지는 곳은?

① 1번 구　　② 2번 구
③ 3번 구　　④ 드로어

138 바인더에서 매듭 끈이 풀어지는 원인은?

① 매듭기 스프링이 너무 약하다.
② 매듭기 스프링이 너무 강하다.
③ 끈 브레이크 스프링이 너무 강하다.
④ 매듭기와 끈 안내와의 틈새가 너무 작다.

139 콤바인에서 많이 사용하는 무단 변속장치는?

① H.S.T
② 펠콘 풀리
③ 토크 컨버터
④ 유체 클러치식 자동 변속기

140 바인더의 예취부에서 미끄럼 판이 하는 역할은?

① 예취날이 잘 미끄러지게 도와준다.
② 예취날이 앞뒤로 끄덕거리지 않게 한다.
③ 예취 칼날에 이물질이 끼이지 않게 한다.
④ 인기 러그를 일으켜 세움 속도가 빠르게 한다.

141 다음에서 m은 습량 기준 함수율, n은 건량 기준 함수율, W_m은 수분 중량, W_d은 건물 중량이다. 건물 기준 함수율을 구하는 공식은?

① $n = \dfrac{W_m - W_d}{W_d} \times 100$

② $n = \dfrac{100 - m}{m}$

③ $n = \dfrac{W_d \times 100}{W_m}$

④ $n = \dfrac{m}{100 - m} \times 100$

해설 습량 기준 함수율

$$m = \dfrac{W_m}{W_m + W_d} \times 100\%$$

142 바인더의 고정날과 예취날의 간격은 무엇으로 조절하는가?

① 조임 나사로 한다.
② 너트로 조인다.
③ 조절판으로 한다.
④ 리벳으로 조인다.

143 바인더의 결속부 클러치 도어에는 압력이 얼마일 때 결속작업이 행하여지는가?

① 20~30kg   ② 5~15kg
③ 50~70kg   ④ 1~10kg

144 콤바인 방향 제어장치의 솔레노이드 밸브에 관한 설명이다 틀린 것은?

① 솔레노이드가 2개이다.
② 가동 철심에 의해 스풀을 움직인다.
③ 수동으로는 작동시킬 수 없다.

④ 우선 회쪽 코드는 흑색, 좌선 회쪽 코드는 백색으로 되어 있다.

145 콤바인에서 초음파 센서는 어느 장치에 이용되는가?

① 예취 높이 감지
② 방향 감지
③ 짚 배출 속도 감지
④ 곡물 호퍼 충진량 감지

146 콤바인 짚 배출 센서의 기능은?

① 짚이 막히면 전기신호를 보내 경보를 발하게 한다.
② 짚 속에 이삭이 있으면 급통 회전수를 높이게 한다.
③ 짚이 절단되지 않고 방출되면 경보음이 울리게 한다.
④ 짚이 막히면 모든 기능을 강화시킨다.

147 콤바인의 2번 구 센서는 다음 중 어떤 장치로 되어 있는가?

① 리미터 스위치
② 트랜지스터
③ 로터리 자석과 납 스위치
④ 솔레노이드 밸브

148 콤바인의 배진량 조절은 어떻게 하는가?

① 마이티 스티어링으로 조절
② 탈곡실내의 처리 조절판의 나비너트 또는 탈곡실 커버 위의 레버로 조절
③ 탈곡 클러치로 조절
④ 작물의 이송 속도를 조절

149 바인더와 콤바인을 비교할 때 바인더에만 있는 장치는?

① 탈곡 장치　　② 결속 장치
③ 인기 장치　　④ 예취 장치

150 리퍼나 콤바인에는 없고 바인더에만 있는 중요부분은?

① 주행장치
② 예취 장치
③ 결속 장치
④ 동력 전달장치

151 바인더는 어떤 작물 전용 수확기계인가?

① 벼　　　　　② 보리
③ 사료용 풀　　④ 감자

152 이앙기의 자동 플로트가 작동하지 않으면?

① 엔진이 멈추게 된다.
② 좌, 우로 미끄러진다.
③ 식부 깊이가 일정하지 않는다.
④ 전진을 멈추게 된다.

153 조파 이앙기의 압축판이 하는 역할은?

① 지면을 편평하게 눌러 준다.
② 모가 뜨지 않게 약간 눌러 준다.
③ 육모 상자에서 밀려나오는 모를 눕혀 준다.
④ 육모 상자에서 모를 밀어낸다.

154 승용 이앙기의 토인은 어느 범위가 알맞은가?

① 2~5mm 이하　　② 0~15mm 정도
③ 20mm 이상　　　④ 25~30mm 정도

155 동력 이앙작업 시 표면 정지를 하며 기체의 중량을 받쳐주는 역할을 하는 것은?

① 유압레버　　　② 플로트
③ 묘탑재판　　　④ 식부침 클러치

156 이앙작업에서 뜬 모가 발생하는 원인이 아닌 것은?

① 식부조부 마모 또는 취부 불량
② 이앙 깊이 조정 불량
③ 흙이 너무 부드럽거나 단단하다.
④ 물이 너무 적다.

157 이앙기에서 스윙 장치란 무엇을 말하는가?

① 차륜상하 위치 저장 레버 조합
② 좌우 차륜이 독립 현가 작용을 할 수 있는 장치
③ 플로트 부착 장치
④ 이앙기에서 사용하는 도그 클러치의 일종

158 이앙기에 설치되어 있는 클러치는?

① 조향 클러치, 주행 클러치, 식부 클러치
② 주 클러치, 조향 클러치
③ 조향 클러치, 식부 클러치
④ 주행 클러치, 식부 클러치, 주 클러치

답　149 ②　150 ③　151 ③　152 ③　153 ④　154 ②　155 ②　156 ④　157 ②　158 ①

159 트레셔는 무슨 기계인가?

① 맥류 탈곡 조제기

② 사료 분쇄기

③ 사료 절단기

④ 곡물 건조기

160 목초용 기계가 아닌 것은?

① 모어

② 에이 테더

③ 포리지 하베스터

④ 피드 그라인더

해설 피드 그라인더는 사료용 곡물을 분쇄하는 기계이다.

161 연소실 체적이 50cc, 압축비 6인 4실린더 가솔린 엔진을 보링하였더니 총배기량이 8cc 증가되었다. 압축비는?

① 5.04

② 6.04

③ 6.4

④ 7.04

해설

$$\varepsilon = 1 + \frac{V_s}{V_c}$$

$$\therefore V_s = (\varepsilon - 1) V_c = (6-1)50$$

$$= 250cc$$

$$\varepsilon = 1 + \frac{V_s}{V_c}$$

$$= \frac{\left(1 + 250 + \frac{8}{4}\right)}{50} = 6.04$$

162 가솔린 기관의 총배기량이 1536cc, 연소실 체적이 219cc라면 이 기관의 압축비는?

① 2

② 4

③ 6

④ 8

해설

$$\varepsilon = \frac{\text{실린더 체적}(V)}{\text{연소실 체적}(V_c)}$$

$$= \frac{\text{연소실 체적}(V_c) + \text{행정 체적}(V_s)}{\text{연소실 체적}(V_c)}$$

$$= 1 + \frac{V_s}{V_c}$$

$$= 1 + \frac{1536}{219} \fallingdotseq 8$$

163 행정 90mm, 실린더 직경 95mm인 4사이클 가솔린 엔진의 압축비가 7이다. 연소실 체적은?

① 80.3cc

② 90.3cc

③ 106.3cc

④ 110.3cc

해설

$$\epsilon = 1 + \frac{V_s}{V_c}$$

$$\therefore V_c = \frac{V_s}{(\epsilon - 1)}$$

$$= \frac{\frac{\pi}{4} \times 9.5^2 \times 9}{7-1} = 106.3cc$$

164 정적 사이클 기관이 아닌 것은?

① 가스기관

② 석유기관

③ 가솔린 기관

④ 저속디젤 기관

165 압축비 8, 실린더 수 4, 총배기량 1600cc인 정행정기관에서 피스톤 직경(mm)은?

① 75mm

② 80mm

③ 85mm

④ 90mm

해설

$$V = \frac{\pi}{4} D^2 SZ = \frac{\pi}{4} D^3 Z$$

$$\therefore D^3 = \frac{1600}{\pi} = 509.6cm^3$$

$$D = 79.7mm$$

166 실린더 안지름 60mm, 행정 80mm인 8실린더 기관의 총배기량은 몇 cm^3인가?

① $1809cm^3$ ② $2351cm^3$

③ $2451cm^3$ ④ $2542cm^3$

☞ 해설

$$V = \frac{\pi}{4} D^2 S Z$$

$$= \frac{\pi}{4} 6^2 \times 8 \times 8$$

$$\fallingdotseq 1809cm^3$$

167 정적 사이클의 열효율을 구하는 식은?

① $\eta_{tho} = 1 - \left(\frac{1}{\varepsilon - 1} \right)^{k+1}$

② $\eta_{tho} = 1 - \frac{1}{(\varepsilon - 1)^{k-1}}$

③ $\eta_{tho} = 1 - \left(\frac{1}{\varepsilon} \right)^{k-1}$

④ $\eta_{tho} = 1 - \left(\frac{1}{\varepsilon + 1} \right)^{k-1}$

168 오토 사이클 기관에서 압축비를 6에서 8로 올리면 열효율은 몇 배가 되는가?(단 비열비 k=1.4)

① 1.0   ② 1.1

③ 1.4   ④ 1.5

☞ 해설

$$\eta_{tho} = 1 - \left(\frac{1}{\varepsilon} \right)^{k-1}$$

$$\eta_6 = 1 - \left(\frac{1}{6} \right)^{1.4-1} = 0.512$$

$$\eta_{tho} = \eta_8 = 1 - \left(\frac{1}{8} \right)^{1.4-1}$$

$$= 0.565$$

$$\therefore \frac{\eta_8}{\eta_6} = \frac{0.565}{0.512} = 1.1$$

169 압축비가 7인 가솔린 기관의 이론 열효율은?(단, k=1.4)

① 35%   ② 45%

③ 50%   ④ 54%

☞ 해설

$$\eta_{tho} = 1 - \left(\frac{1}{\varepsilon} \right)^{k-1}$$

$$= 1 - \left(\frac{1}{7} \right)^{1.4-1} = 0.54\%$$

170 사바테 사이클에서 압축비를 ε, 단절비(체절비)를 σa, 압력 상승비(폭발비)를 ρ, 비열비를 k라 할 때 이론 열효율 n_{tho}은?

① $\eta_{ths} = 1 - \frac{1}{\varepsilon^{k-1}} \cdot \frac{\rho \sigma^k - 1}{(\rho - 1) + k\rho(\sigma - 1)}$

② $\eta_{ths} = 1 - \frac{1}{\varepsilon^{k-1}} \cdot \frac{\sigma \rho^k - 1}{(\rho - 1) + k\sigma(\rho - 1)}$

③ $\eta_{ths} = 1 - \frac{1}{\varepsilon^{k-1}} \cdot \frac{\sigma \rho^k - 1}{(\sigma - 1) + k\sigma(\sigma - 1)}$

④ $\eta_{ths} = 1 - \frac{1}{\varepsilon^{k-1}} \cdot \frac{\sigma \rho^k - 1}{(\sigma - 1) + k\sigma(\rho - 1)}$

171 4행정기관에서 엔진 실린더 내경이 100mm이고, 행정이 8mm 회전수가 2000일 때 1분간 총배기량(cc)은?

① 563000cc

② 62800cc

③ 361800cc

④ 2500cc

☞ 해설

$$V = \frac{\pi D^2 L N R}{4}$$

$$= \frac{3.14 \times 10^2 \times 0.8 \times (2000/2)}{4} cm^2$$

$$= 62800cc$$

172 다음 중 내연기관에 속하지 않는 것은?

① 증기 터빈
② 가스 터빈
③ 제트 기관
④ 로터리 기관

173 행정 길이 8cm인 기관이 매분당 회전수가 3000이라면 피스톤의 속도는 몇 m/sec인가?

① 2m/sec
② 4m/sec
③ 6m/sec
④ 8m/sec

예 해설
$$V = \frac{2Sn}{60}$$
$$= \frac{2 \times 0.08 \times 3000}{60} = 8\text{m/s}$$

174 피스톤의 평균속도가 10m/sec, 행정이 200mm인 4사이클 디젤 기관의 회전수(rpm)는?

① 1500rpm
② 2000rpm
③ 2500rpm
④ 3000rpm

예 해설
$$V = \frac{2sn}{60} \text{에서}$$
$$n = \frac{60v}{2s}$$
$$= \frac{60 \times 10}{2 \times 0.2} = 1500\text{rpm}$$

175 공기의 비열비 k의 값은?

① 0.24
② 1.04
③ 1.75
④ 1.40

예 해설
$$비열비\ k = \frac{정압\ 비열\ C_p}{정적\ 비열\ C_v} = 1.4$$

176 정적비열, 정압 비열, 비열비의 관계가 옳은 것은?

① $C_p = \dfrac{k}{k-1}AR$

② $C_p = \dfrac{kAR}{k+1}$

③ $C_v = \dfrac{k}{k-1}AR$

④ $C_v = \dfrac{kAR}{k+1}$

예 해설
$$정압\ 비열\ C_p = \frac{k}{k-1}AR$$
$$정정\ 비열\ C_v = \frac{1}{k-1}AR$$
$$CP - CV = AR$$

177 기관을 성능시험하였더니 95PS에서 1분간 130G의 가솔린을 소비하였다. 연료의 소비율은 몇 g/PS·h인가?

① 72.3g/PS·h
② 77.5g/PS·h
③ 82.1g/PS·h
④ 84.5g/PS·h

예 해설 연료 소비량 $B = 130\text{g/min} = 130*60\text{g/h}$, 연료소비율 $f_b = \text{g/PS·h}$ 그러므로
$$f_b = \frac{130 \times 60}{95}$$
$$= 82.1\text{g/PS·h}$$

178 수동력계의 암의 길이가 716mm, 기관의 회전수가 3000rpm 동력계의 하중이 25kgf인 경우 이 기관의 제동마력은 몇 PS인가?

① 12.54PS   ② 50PS

③ 75PS   ④ 100PS

해설 $N_e = \dfrac{TN}{716}$ 에서

$T = 71.6 \times 25 \text{kgf} \cdot \text{cm}$

$\quad = 0.716 \times 25 \text{kgf} \cdot \text{m}$

$N_e = \dfrac{0.716 \times 25 \times 3000}{716}$

$\quad = 75 \text{PS}$

179 전동기가 축에 $T = 62 \text{kgf} \cdot \text{m}$의 토크를 주면서 1분당 2800rpm으로 회전할 때 이 축에 발생하는 출력은 몇 PS인가?

① 235.7   ② 230.5

③ 242..5   ④ 250

해설 $N_e = \dfrac{TN}{716}$ 에서

$T = 62 \text{kgf} \cdot \text{m}$

$N = 2800 \text{rpm}$ 이므로

$N_e = \dfrac{62 \times 2800}{716} = 242.5 \text{PS}$

180 제동마력이 500ps이고 기관의 시간당 연료소비량이 108kg, 연료의 1kg당 저위발열량이 10,000kcal라고 하면 이 기관의 열효율은?

① 27.2%   ② 29.2%

③ 33.2   ④ 35%

해설 $\eta e = \dfrac{632.3 \times \text{BPS}}{G \times H_\ell} \times 100$

$\quad = \dfrac{632.3 \times 500}{108 \times 10,000} \times 100 = 29.2\%$

181 연료 1kg을 연소시키는데 드는 이론적 공기량과 실제로 드는 공기량과의 비율은?

① 혼합비

② 공기 과잉률

③ 공기율

④ 연소율

182 옥탄가가 100 이상인 경우 PN과 ON 사이의 관계를 옳게 나타내고 있는 것은?

① $\text{PN} = \dfrac{1800}{128 - \text{ON}}$

② $\text{PN} = \dfrac{2800}{128 - \text{ON}}$

③ $\text{PN} = \dfrac{2800}{280 - \text{ON}}$

④ $\text{PN} = \dfrac{280}{128 - \text{ON}}$

183 옥탄가가 80이란 무엇을 말하는가?

① 연료 속에 이소옥탄이 80%, 노멀 헵탄이 20% 비율로 혼합되어 있을 때 이소옥탄의 체적 비율을 말한다.

② 연료 속에 이소옥탄이 80%, 노멀 헵탄이 20% 비율로 혼합되어 있을 때 이소옥탄의 중량 비율을 말한다.

③ 연료 속에 이소옥탄이 20%, 노멀 헵탄이 80% 비율로 혼합되어 있을 때 이소옥탄의 체적 비율을 말한다.

④ 연료 속에 이소옥탄이 20%, 노멀 헵탄이 80% 비율로 혼합되어 있을 때 이소옥탄의 중량 비율을 말한다.

184 다음 중 가솔린 기관의 이론 혼합비를 옳게 나타낸 것은?

① 12 : 1
② 13 : 1
③ 14 : 1
④ 15 : 1

185 윤활유 청정기에서 나온 오일이 모두 윤활부로 가서 급유하는 여과 방식은?

① 샨트식
② 분류식
③ 전류식
④ 자력식

예해설 전류식 : 여과된 오일은 모두 윤활부에서 윤활 후 오일 팬으로 복귀되는 형식이다.

186 밸브의 구비조건으로 옳지 않는 것은?

① 높은 온도에서도 견디어야 한다.
② 가열이 반복되어도 물리적 성질이 변하지 말아야 한다.
③ 높은 온도에서 항장력과 충격에 대한 저항력이 커야 한다.
④ 높은 압축비에 견디어야 한다.

예해설 압축비에는 관계없으며 ①, ②, ③ 외에 열의 전도율이 좋아야 하고, 높은 온도, 가스에 의하여 부식되어서는 안되고, 단조와 열처리가 쉽게 이루어지도록 되어야 한다.

187 다음 사항 중 기관의 점화시기에 관계되는 사항이 아닌 것은?

① 기관의 회전속도
② 기관의 부하
③ 사용연료의 옥탄가
④ 기관의 사용 윤활유

188 디젤 기관에서 연료분사 조건의 3대 요건에 들지 않는 것은 어느 것인가?

① 분포
② 관통력
③ 무화
④ 산화

189 직접 분사식 연소실의 장점이 아닌 것은?

① 구조가 간단하기 때문에 열효율이 높다.
② 연료의 분사압력이 낮다.
③ 실린더 헤드의 구조가 간단하기 때문에 열변형이 적다.
④ 연소실 체적에 대한 표면적이 작기 때문에 냉각 손실이 적다.

예해설 직접 분사실식에 알맞은 노즐은 분공형 노즐이다.

190 분사압력은 다음의 어느 것으로 조절하는가?

① 딜리버리 밸브 스프링
② 밸브 스프링
③ 노즐 홀더의 조정 스프링
④ 플런저 리턴 스프링

191 연소실 중에서 냉각 손실이 가장 큰 연소실은?

① 예연소실
② 직접 분사실식
③ 2행정 사이클 직접 분사실식
④ 와류실식

예해설
• 냉각손실 : 와류실식 > 예연소실 > 직접 분사실식
• 열효율이 가장 좋은 연소실 : 직접 분사실식
• 디젤 노크를 일으키기 쉬운 연소실 : 직접 분사실식

192 디젤 노크의 경감방법으로 옳은 것은?

① 압축비를 높게 한다.

② 연소실 벽의 온도를 낮게 한다.

③ 흡기 압력을 낮게 한다.

④ 착화 지연 시간을 길게 한다.

193 다음 중 가스 터빈의 이상 사이클은?

① 사바테 사이클

② 스티어링 사이클

③ 브레이톤 사이클

④ 오토 사이클

해설 **사바테 사이클** : 고속 디젤 기관용, 오토 사이클 : 가솔린 기관용, 스티어링 사이클 : 스티어링 기관용

194 가스 터빈의 3대 구성요소가 옳은 것은?

① 터빈, 압축기, 연소기

② 분사 펌프, 편심률, 터빈

③ 터빈, 압축기, 노즐

④ 터빈, 편심률, 연소기

195 바퀴형 트랙터 주행장치의 동력 전달 순서를 옳게 나타낸 것은?

① 기관 – 변속기 – 주 클러치 – 구동륜 – 차동 기어

② 기관 – 주 클러치 – 변속기 – 차동 기어 – 구동륜

③ 기관 – 주 클러치 – 차동 기어 – 변속기 – 구동륜

④ 기관 – 변속기 – 주 클러치 – 차동 기어 – 구동륜

해설 기관 → 주 클러치 → 변속장치 → 베벨 기어 → 차동 기어 → 감속기어 → 구동기어 → 뒷바퀴

196 경운, 쇄토 및 정지작업을 동시에 하는 작업기는?

① 로터리   ② 플로우

③ 쟁기   ④ 원판 해로

해설 **견인형 작업기** : 쟁기, 구동형 작업기 : 로터리, 견인+구동형 : 쟁기+로터리

197 트랙터에서 경사지 안전각도는?

① 30°   ② 45°

③ 60°   ④ 75°

198 트랙터에서 시동 모터의 형식은?

① 직류 분권식   ② 교류 분권식

③ 직류 직권식   ④ 복권식

199 트랙터에서 유압회로 조정기는?

① 포지션 레버   ② 드래프트 레버

③ 변속 레버   ④ 유압 레버

200 트랙터 유압회로에서 안전밸브는?

① 체크 밸브   ② 릴리프 밸브

③ 스풀 밸브   ④ 디셀레이션 밸브

해설 제어밸브에는 방향 제어밸브, 유량 제어밸브, 압력 제어밸브가 있다.

방향 제어밸브 : 체크 밸브, 포핏 밸브, 스풀 밸브, 절환 밸브

201 유압펌프에서 가장 많이 사용되는 펌프는?

① 기어 펌프 ② 원심 펌프

③ 피스톤 펌프 ④ 플런저 펌프

202 유압식 브레이크는 누구의 원리를 이용한 것인가?

① 베르누이의 원리

② 보일 샬의 원리

③ 아르키메더스의 원칙

④ 파스칼의 원리

203 국제적으로 표준화되어 있는 부속품은?

① 엔진 RPM

② 쟁기의 수

③ 변속 단수

④ PTO축(동력 취출축)

해설 P.T.O(Power Take Off) : 동력 취출장치, P.T.O는 브로칭가공을 한다.

204 앞바퀴 정렬의 필요성이 아닌 것은?

① 조향휠의 복원성을 준다.

② 조향휠의 조작을 확실하게 하고 안정성을 준다.

③ 타이어 마멸을 감소할 수 있다.

④ 조향휠의 조작력이 많다.

205 트랙터 앞바퀴 얼라이먼트의 3대 요소가 아닌 것은?

① 캠버 ② 회전반지름

③ 킹핀각 ④ 토인

206 플레밍의 왼손법칙과 관계가 깊은 것은?

① 변압기 ② 전류계

③ 발전기 ④ 전동기

207 플레밍의 왼손법칙에 적용되는 3가지 요인으로 이루어진 것은?

① 도체의 운동방향, 유도 기전력, 전류의 방향

② 유도 기전력, 자속의 방향, 전류의 방향

③ 도체의 운동방향, 유도 기전력, 자속의 방향

④ 도체의 운동방향, 자속의 방향, 전류의 방향

해설 프레밍의 오른손 법칙에는 도체의 이동방향, 자속 방향, 유도기전력이 적용된다.

208 3상 유도 전동기의 주요부가 아닌 것은?

① 기동 장치 ② 고정자

③ 회전자 ④ 냉각 익근

209 3상 농형 유도 전동기의 기동법이 아닌 것은?

① 기동보상 기법 ② Y−Δ 기동법

③ 전 전압 기동법 ④ 2차 기동 저항법

210 농용 전동기의 특성으로 옳지 않는 것은?

① 1PS 이상은 3상의 동력선이 이용된다.

② 직류 전동기를 많이 쓴다.

③ 유도 전동기를 많이 쓴다.

④ 1PS 이하의 소형은 단상 유도 전동기가 많이 쓰인다.

211 다음은 농형 유도 전동기의 장점을 기술한 것이다. 틀린 것은?

① 운전 중의 성능이 좋다.

② 회전자의 홈 속에 절연 안 된 구리봉을 넣었다.

③ 구조가 간단하고 튼튼하다.

④ 기동 시의 성능이 좋다.

212 전자 유도 현상에 의해서 코일에 생기는 유도 기전력의 방향을 설명하는 법칙은?

① 플레밍의 왼손법칙

② 플레밍의 오른손 법칙

③ 페러데이의 법칙

④ 렌츠의 법칙

213 3상 유도 전동기의 특징 중 틀린 것은?

① 농업용에서는 1/2~10PS 이하를 사용한다.

② 3선식 전력선에 의해 가동된다.

③ 기능이 우수하다.

④ 내부 구조가 복잡하다.

214 전동기 장점에 해당되는 것은?

① 전선으로 전기를 유도하므로 이동작업에 부적당하다.

② 짧은 시간 동안 이용하는데 비경제적이다.

③ 고장이 적으며 과부에 대한 내구력이 크다.

④ 전원 및 배선시설이 필요하다.

215 3상 유도 전동기의 회전 방향을 바꾸려면?

① 3선 중 2선만 서로 바꾸어 결선한다.

② 3선이 모두 짝이 있어 번호대로 결선한다.

③ 스위치를 멎다가 다시 기동시킨다.

④ 3선을 다 바꾸어 결선한다.

해설 3선 가운데 임의의 두 선을 서로 바꾸면 회전자계의 방향이 바뀌어 모터의 회전 방향도 바뀌어진다.

216 단상 유도 전동기를 잘 나타낸 것은 어느 것이냐?

① 비례추이를 하지 못한다.

② 기동 장치가 필요하다.

③ 유도기에서는 단상을 사용하지 못한다.

④ 기동 토크가 크다.

해설 단상에서는 회전자장이 생기지 않으면 여러 가지 방법으로 회전자장을 만들어 준다. 이 방법에 따라 단상 유도 전동기를 분류하면 분상 기동형, 콘덴서 기동형, 반발 기동형, 세이딩 코일형 등이 있다.

217 다음은 전동기 선택에 대한 설명 중 잘못된 것은?

① 전동기를 선택할 때 진동기의 기동 특성을 고려해야 한다.

② 전동기의 가격을 고려해야 한다.

③ 전동기의 정격 회전수를 고려한다.

④ 먼지가 많이 나는 농작업에서는 반폐형보다 완전 개방형이 많이 사용된다.

답 211 ④ 212 ④ 213 ④ 214 ③ 215 ① 216 ② 217 ③

218 전동기에 가장 큰 전류가 흐르는 때는 다음 중 언제인가?

① 가장 큰 토크가 걸릴 경우
② 역률이 가장 클 때
③ 슬립이 0인 경우
④ 시동되는 순간

219 3상 유도 전동기에서 속력이 저하되었을 때의 원인 중 틀린 것은?

① 과부하 때 짐을 가볍게 한다.
② 베어링의 기름이 과부족 현상이다
③ 고정자 권선의 단락은 교환할 수 있다.
④ 3개의 퓨즈 중 1개가 끊어져 단상 운전 일 때가 있다.

220 부하가 가장 작은 경우에 사용되는 전동기는?

① 단상 유도 전동기
② 3상 권선형 유도 전동기
③ 3상 유도 전동기
④ 3상 농형 유도 전동기

🔍**해설** **단상 유도 전동기** : 가정용, 농업용, 의료 기계용과 같은 소형 기계

221 다음 중 단상 유도 전동기의 종류가 아닌 것은?

① 축전기 기동형
② 분상 기동형
③ 반발 기동형
④ 축전기 반발형

222 단상 유도 전동기중 기동 시 가장 회전력이 큰 것은?

① 세이딩 코일형
② 분상 기동형
③ 반발 기동형
④ 콘덴서 기동형

🔍**해설** 기동 토크가 가장 적은 방법은 분상 기동형이다.

223 다음은 각종 단상 유도 전동기의 특징에 대한 설명이다. 잘못된 것은?

① 세이딩 코일형은 구조가 간단하지만 효율이 낮다.
② 콘덴서 기동형은 기동전류가 크고 기동 토크가 작다.
③ 반발 기동형은 기동 토크가 비교적 크다.
④ 분산 기동형은 기동 토크가 작다.

224 농촌에서 탈곡 등 옥내에서 행하는 농작업에 가장 많이 사용되는 전동기의 종류는?

① 콘덴서 기동형 3상 유도 전동기
② 반발 기동형 유도 전동기
③ 콘덴서 기동형 단상 유도 전동기
④ 분상 기동형 단상 유도 전동기

225 단상 유도 전동기에서 회전 방향을 바꿀 수 없는 전동기는?

① 콘덴서 기동형
② 반발코일형
③ 세이딩 코일형
④ 분상 기동형

226 8ps 동력 경운기를 이용하여 보리탈곡 작업을 하다가 고장이 나서 전동기로 대체하려고 한다. 몇 kW의 전동기를 교체하여야 되는가?

① 8kW

② 6kW

③ 12kW

④ 1kW

 해설

$$1PS = 736W \quad 8PS \times \frac{736\,w}{1\,PS}$$

$$= 5888W = 5.9kW$$

227 동기속도를 구하는 공식은?

① 동기속도 $= \dfrac{60 \times 극수}{주파수}$

② 동기속도 $= \dfrac{60 \times 주파수}{극수}$

③ 동기속도 $= \dfrac{2 \times 60 \times 주파수}{극수}$

④ 동기속도 $= \dfrac{2 \times 60 \times 극수}{주파수}$

해설

$$Ns = \frac{120 \times f}{p}$$

228 전동기의 극수가 4극이고 60HZ일 때 전동기의 회전수는?

① 3200rpm

② 1500rpm

③ 1800rpm

④ 3600rpm

해설

$$Ns = \frac{120 \times f}{p}$$

$$= \frac{120 \times 60}{4} = 1800rpm$$

229 4극, 50Hz의 3상 유도 전동기가 1410rpm으로 회전할 때 회전자 전류의 주파수는 얼마인가?

① 0.3Hz

② 3.02Hz

③ 3Hz

④ 30Hz

해설

$$Ns = \frac{120 \times f}{p}$$

$$= \frac{120 \times 50}{4} = 1500rpm$$

전동기 슬립 $S\% = \dfrac{Ns - N}{Ns}$

$$= \frac{1500 - 1410}{1500} = 0.06$$

회전자에 흐르는 전류의 주파수

$$f_{2s} = sf_1 = 0.06 \times 50$$

$$= 3Hz$$

230 유도 전동기의 슬립율을 구하는 식은?

① $S\% = \dfrac{Ns}{N} \times 100\%$

② $S\% = \dfrac{N - Ns}{N} \times 100\%$

③ $S\% = \dfrac{Ns - N}{Ns} \times 100\%$

④ $S\% = \dfrac{N}{Ns} \times 100\%$

231 유도 전동기의 극수가 8극이고 60Hz 500kW이다. 전 부하 슬립이 2.5%일 때 회전수는 얼마인가?

① 877rpm

② 8.77rpm

③ 8270rpm

④ 87.7rpm

해설

$$Ns = \frac{120 \times f}{p}$$

$$= \frac{120 \times 60}{8} = 900rpm$$

슬립율 $S = \dfrac{Ns - N}{Ns}$ 에서

$$N = N_s(1 - S) = 900(1 - 0.025)$$

$$= 877rpm$$

232 6극 60Hz 슬립 4%인 3상 유도 전동기의 전부하 회전수는?

① 1600rpm ② 1512rpm

③ 1152rpm ④ 1800rpm

예 해설 $N = \dfrac{120 \times f}{p}\left(1 - \dfrac{s}{100}\right)$에서

$$= \dfrac{120 \times 60}{6}\left(1 - \dfrac{4}{100}\right) = 1152\text{rpm}$$

233 역률이 가장 좋은 전동기는?

① 콘덴서 전동기 ② 반발 기동형

③ 세어링 코일 ④ 분상 기동형

234 1kg·m의 토크로 매분 1000회전하는 제동마력은?

① 2kW ② 1kW

③ 10kW ④ 0.1kW

예 해설 $H = \dfrac{2\pi NT}{75 \times 60}$

$$= \dfrac{2\pi \times 1000 \times 1}{75 \times 60} \fallingdotseq 1.4\text{PS}$$

$$1.4 \times \dfrac{736 W}{1 PS} = 1029\text{W} = 1.029\text{kW}$$

235 3kW의 발전기를 기동하려면 최소한 몇 PS의 출력을 내는 기관이 필요한가?(단, 기관이 효율은 100%로 한다)

① 5.20PS ② 4.08PS

③ 6.20PS ④ 3.20PS

예 해설 $1\text{PS} = 0.736\text{W}$

$$= \left(3\text{kW} \times \dfrac{1\text{PS}}{0.736\text{kW}}\right)$$

$$= \dfrac{3}{0.736}[\text{PS}] = 4.08\text{PS}$$

236 유도 전동기의 속도특성 곡선에 나타내지 않는 것은?

① 토크 ② 1차 전압

③ 1차 전류 ④ 출력

예 해설 속도 특성 곡선에는 출력, 1차 전류, 토크, 역률, 슬립(속도)등이 표시되어 있다.

237 농형 전동기의 효율은 어느 정도인가?

① 75~80% ② 50~75%

③ 25~30% ④ 100%

238 직류 전동기가 아닌 것은?

① 분권 전동기

② 복권 전동기

③ 권선형 전동기

④ 직권 전동기

6

제 **6** 편

과년도
기출문제

농업기계 산업기사

2012 기출문제

2012. 5. 20

※ 7, 13, 14, 20번 문제는 출제기준 변경으로 인하여 출제되지 않습니다.

제1과목 농업기계 공작법

01 아크 용접 전류가 너무 낮고, 운봉 속도가 느린 때 발생하는 것으로 융합 불량이라고도 하는 것은?

① 기포
② 언더컷
③ 균열
④ 오버랩

02 밸브 가이드의 중심과 밸브 시트가 동심원이 되는가를 점검할 때 다음 중 가장 적합한 것은?

① 캡 시험기
② 스프링 시험기
③ 다이얼 게이지
④ 컨로드 얼라이너

03 램의 진행방향과 반대방향으로 소재가 압축되며 소비동력이 적고, 흔히 경질 재료에 사용되는 압출(extrusion)은?

① 직접 압출(direct extrusion)
② 역식 압출(inverse extrusion)
③ 충격 압출(impact extrusion)
④ 관재 압출(tube extrusion)

04 직경이 50mm인 고속도강 호브를 사용하여 합금강 기어 소재에 기어를 절삭하려 할 때 호브의 회전수는 약 몇 rpm인가?(단, 절삭속도 $V = 20$m/min이다)

① 127
② 256
③ 57
④ 412

05 절삭에서 칩의 기본형에 대한 설명 중 잘못된 것은?

① 유동형 칩은 연성 재료를 고속 절삭할 때 발생한다.
② 전단형 칩은 연성 재료를 저속 절삭할 때 발생한다.
③ 열단형 칩은 공구의 전진 방향의 하부 쪽에 균열이 발생한다.
④ 균열형 칩은 절삭작업이 진행됨에 따라 서서히 균열이 증대된다.

06 방전 가공용 전극의 구비조건으로 틀린 것은?

① 가공 속도가 작을 것
② 가공 정밀도가 높을 것
③ 기계 가공이 쉬울 것
④ 가공 전극의 소모가 적을 것

07 다음 공작 기계 중 키 홈 절삭을 할 수 없는 기계는?

① 세이퍼
② 밀링머신
③ 선반
④ 플레이너

08 300mm의 사인바를 사용하여 피측정물의 경사면과 사인바의 측정 면이 일치하였을 때, 사인바 양단의 게이지블록 높이 차가 42mm 이었다. 경사각은?

① 4° ② 8°
③ 12 ④ 16°

09 주물사의 다공성을 유지하기 위한 첨가재료가 아닌 것은?

① 점토 ② 볏짚
③ 톱밥 ④ 코크스분

10 사인바로 각도 측정 시 측정오차가 커지지 않도록 몇 도 이하에서 측정하는 것이 좋은가?

① 55° ② 45°
③ 60° ④ 70°

11 나사가 결합된 상태에서 머리 부분이 부러졌을 경우 빼낼 때 사용 공구로 가장 적합한 것은?

① 니퍼
② 익스트랙터
③ 탭 렌치
④ 바이스플라이어

12 기계의 분해조립 시 간극조정 단계에서 쓰이는 계측도구로 알맞은 것은?

① 다이얼 게이지
② 필러 게이지
③ 압력 게이지
④ 피치 게이지

13 일반적으로 선반의 크기를 나타내는 것은?

① 선반의 높이와 베드의 길이
② 베드상의 스윙과 센터 간의 최대거리
③ 주축대의 높이와 센터 간의 거리
④ 선반의 무게와 모터의 마력

14 연삭기 숫돌의 외경이 200mm이고, 회전수가 3000rpm이면 숫돌의 원주 속도는 약 몇 m/min인가?

① 1885 ② 2556
③ 2775 ④ 2885

15 다음 중 측정에서 우연 오차를 없애는 최선의 방법은?

① 개인 오차를 없앤다.
② 온도에 의한 오차를 없앤다.
③ 측정기 자체의 오차를 없앤다.
④ 반복 측정하여 평균값을 구한다.

16 치수공차의 설명으로 가장 적합한 것은?

① 기준 치수에서 측정값을 뺀 값
② 최대 허용치수와 최소 허용치수의 차
③ 측정치로부터 모평균을 뺀 값
④ 측정치로부터 참값을 뺀 값

17 인발가공에서 지름이 10mm인 봉재를 지름이 3mm인 봉재로 만들었을 때 단면 감소율은?

① 80% ② 81%
③ 90% ④ 91%

18 1/20mm 측정용 버니어 캘리퍼스의 설명으로 올바른 것은?

① 본척 눈금은 1mm, 1눈금은 12mm 25등분한 것

② 본척 눈금은 1mm, 1눈금은 19mm 20등분한 것

③ 본척 눈금은 0.5mm, 1눈금은 19mm 25등분한 것

④ 본척 눈금은 0.5mm, 1눈금은 24mm 25등분한 것

19 다음 중 판금작업에서 2개의 판재를 서로 겹쳐서 결합시키는 소성작업을 무엇이라고 하는가?

① 시밍(seaming)

② 비딩(beading)

③ 컬링(curling)

④ 엠보싱(embossing)

20 연삭숫돌 표면에 무디어진 입자나 기공을 메우고 있는 칩을 제거하여 본래의 형태로 숫돌을 수정하는 방법은?

① 드레싱

② 채터링

③ 글레이징

④ 로딩

21 300rpm으로 10PS을 전달하는 트랙터 로터리 회전 중심축에 굽힘 모멘트 3000kgf−cm가 동시에 작용하는 경우에 축지름의 크기 d는 약 몇 mm 정도가 가장 적합한가?(단, 허용 비틀림응력 $\tau_a = 400\text{kg/cm}^2$이고, 굽힘 모멘트와 비틀림모멘트의 동적효과계수는 $K_m = 1.5$, $K_t = 1.2$로 한다)

① 41   ② 51

③ 65   ④ 78

22 유량을 조절하는 밸브가 아닌 것은?

① 나비 밸브

② 격막 밸브

① 슬루스 밸브

④ 체크 밸브

23 끼워맞춤의 종류가 아닌 것은?

① 헐거운 끼워맞춤

② 억지 끼워맞춤

③ 중간 끼워맞춤

④ 보통 끼워맞춤

24 700rpm으로 1400kg−cm의 토크를 전달할 때 필요한 마력은?

① 8PS

② 10PS

③ 14PS

④ 16PS

25 한 쌍의 기어에서 잇면 사이에 작용하는 수직 하중이 너무 과중하면 기어의 회전과 더불어 과대한 반복응력이 생겨 심한 마모로 잇면에 발생하는 현상은?

① 이의 전위
② 이 뿌리의 절삭
③ 이의 언더컷(undercut)
④ 이의 점부식(pitting)

26 1개의 리벳으로 2개의 전단면을 갖는 경우 안전을 고려한 허용하중은 1개의 전단면을 가질 때의 약 몇 배 정도가 가장 적합한가?

① 0.8
② 1.0
③ 81.8
④ 3.0

27 한 쌍의 헬리컬 기어의 잇수가 20, 60일 때, 축직각 모듈이 4. 비틀림각이 15°일 경우 치직각(이직각) 모듈과 중심거리(mm)는 얼마인가?

① 3.86, 165.6
② 414, 171.4
③ 3.86, 154.4
④ 4.14, 165.6

28 다음 중 일반적인 기계 부품의 체결용으로 가장 많이 사용되는 나사는?

① 삼각나사
② 사다리꼴나사
③ 사각나사
④ 톱니나사

29 500kgfm의 비틀림 모멘트를 받고 있는 축의 직경은 약 몇 mm 이상이어야 하는가?(단, 축 재료의 허용전단응력 $\tau = 5kgf/mm^2$이다)

① 80
② 70
③ 60
④ 50

30 브레이크 드럼의 지름이 500mm, 브레이크 드럼에 수직하게 작용하는 힘이 3kN인 경우 드럼에 작용하는 토크는?(단, 마찰계수 $\mu = 0.2$이다)

① 150N-m
② 100N-m
③ 75N-m
④ 15N-m

31 와이어로프의 크기는 일반적으로 무엇으로 표시하는가?

① 소선의 지름
② 소선의 길이
③ 외접원의 지름
④ 스트랜트의 길이

32 축지름이 240mm에 스러스트 하중이 1500kgf 작용할 때, 컬러 베어링의 외경이 370mm일 경우 최대 허용압력이 0.05kgf/mm²이면 최소 몇 개의 컬러가 필요한가?

① 5
② 6
③ 7
④ 10

33 2개의 축을 축 방향으로 연결하는데 사용하는 결합요소로 주로 인장하중 또는 압축하중을 받는 축을 연결하는 것은?

① 코터
② 묻힘 키
③ 안장 키
④ 접선 키

34 어떤 코일 스프링에 40kgf의 하중을 걸었더니 그 처짐이 5cm였다. 이 스프링의 스프링 상수는 몇 kgf/cm인가?

① 2
② 4
③ 6
④ 8

35 기관의 흡배기 밸브의 코일 스프링의 점검항목으로 거리가 먼 것은?

① 장력 ② 직각도

③ 자유고 ④ 감김수

36 다음 중 V벨트의 일반적인 규격(형식)을 나타내는 기호가 아닌 것은?

① M ② A

③ B ④ O

37 플라이휠(fly wheel)의 에너지를 저장할 수 있는 능력은 무엇에 의해 결정되나?

① 중량 모멘트 ② 관성 모멘트

③ 방출 모멘트 ④ 압축 모멘트

38 기계의 안전설계에서 하중의 종류 등의 사용조건에 따라 결정되는 안전율을 나타낸 식은?

① 안전율 $= \dfrac{기초강도}{허용응력}$

② 안전율 $= \dfrac{탄성한도}{허용응력}$

③ 안전율 $= \dfrac{비례한도}{기초강도}$

④ 안전율 $= \dfrac{탄성한도}{기초강도}$

39 농업기계는 수리 부품의 교환을 용이하게 하기 위하여 표준화를 많이 하고 있다. 표준화의 장점이 아닌 것은?

① 시장조사에 의하여 생산량을 자유로 결정할 수 있다.

② 생산, 설계, 시험방법 등이 규격화 되어 있어 생산이 능률적이다.

③ 규격품의 품질, 형상, 치수 등은 단계적으로 규정되어 있어 단가가 높아진다.

④ 검사방법이 표준화되어 있어 품질관리가 쉬워 품질이 향상된다.

40 일반적인 너트의 풀림을 방지하는 방법이 아닌 것은?

① 나비너트 사용

② 스프링 와셔(washer) 사용

③ 분할핀 사용

④ 로크너트(lock-nut) 사용

제3과목 **농업기계학**

41 자탈형 콤바인의 주행장치를 크롤러형으로 하는 이유로 가장 적합한 것은?

① 접지압을 적게 하기 위함이다.

② 선회 동작이 용이하기 때문이다.

③ 기체 높이를 낮게 하기 위함이다.

④ 논두렁을 잘 넘어갈 수 있기 때문이다.

42 목초의 건조를 촉진시키기 위하여 목초를 뒤집는 일을 주목적으로 하는 작업기는?

① 헤이테더(hay tedder)

② 헤이베일러(hay baler)

③ 헤이레이크(hay rake)

④ 헤이로더(hay loader)

43 목초 수확기(forage harvester)의 주 작업이 아닌 것은?

① 목초를 베는 작업
② 목초를 잘게 세절하는 작업
③ 목초를 묶는 작업
④ 잘라진 목초를 운반차로 이송하는 작업

44 목초나 채소 종자와 같이 크기가 작고 불규칙 형상의 종자를 파종하는 기계로 가장 적합한 것은?

① 광폭휴립 산파기
② 세조파기
③ 동력살분파기
④ 공기식 점파기

45 일반적으로 과일의 선별인자로서 잘못된 것은?

① 색깔   ② 당도
③ 비중   ④ 외관

46 탈곡기의 급통 유효지름이 42cm, 주속도가 12m/s일 때 급통의 회전수는?

① 약 265rpm   ② 약 546rpm
③ 약 780rpm   ④ 약 1062rpm

47 연삭식 정미기에 관한 설명 중 틀린 것은?

① 높은 압력을 이용하므로 정백실 내의 압력은 마찰식보다 높다.
② 도정된 백미의 표면이 매끄럽지 못하고 윤택이 없는 결점이 있다.
③ 정백 정도는 곡물이 정백실 내에 머무르는 시간에 비례한다.

④ 연삭식 정미기는 쌀알이 부서지는 경우가 적은 것이 특징이다.

48 다음 중 올바른 분뇨처리방법이 아닌 것은?

① 분뇨처리과정에는 고체와 액체를 분리하는 고액분리
② 액상의 분뇨는 발효조를 이용하여 액상 콤 포스트를 만들 수 있으며 이것은 퇴비살포기를 이용하여 논밭에 살포한다.
③ 액상 분뇨가 과량으로 발생할 때는 정화시설을 통해 방류시킨다.
④ 고형분을 콤포스트화할 때에는 유기물의 분해속도가 최대가 되도록 호기성 발효에 유리한 짚, 톱밥, 왕겨 등을 혼합한다.

49 채취된 시료의 질량이 20g, 완전히 마른 후의 질량이 18g이라면 습량기준 함수율은 얼마인가?

① 10.0%   ② 10.5%
③ 11.1%   ④ 12.0%

50 방제용 기계가 갖추어야 할 조건이 아닌 것은?

① 살포대상에 약제의 도달성이 좋아야 한다.
② 살포대상에 약제가 균일하게 뿌려져야 한다.
③ 살포대상에 약제의 증발성이 좋아야 한다.
④ 살포대상작물에 약제가 골고루 부착되어야 한다.

51 다음 중 조파기로 파종할 때 종자의 이동과 파종순서로 가장 적절한 것은?

① 종자(호퍼) → 복토장치 → 종자 배출장치 → 구절기 → 진압기

② 종자(호퍼) → 종자 배출장치 → 진압기 → 복토장치 → 구절기

③ 종자(호퍼) → 종자 배출장치 → 복토장치 → 구절기 → 진압기

④ 종자(호퍼) → 종자 배출장치 → 구절기 → 복토장치 → 진압기

52 스프링클러를 이용한 관수 시 단점에 속하지 않는 것은?

① 시설비가 다소 비싸다.

② 수압과 바람의 영향을 받는다.

③ 가지와 잎이 많은 경우에는 잎에서 증발 손실이 많다.

④ 과수에만 사용할 수 있다.

53 다음 중 동력 분무기의 분무 상태가 나쁘고 분무입자가 큰 경우의 원인이 아닌 것은?

① 노즐구멍이 마모되어 커졌다.

② 노즐의 구멍수가 적다.

③ 압력이 떨어졌다.

④ 흡입량이 적다.

54 다음 중에서 자탈형 콤바인에는 없고 투입식 콤바인(보통형 콤바인)에만 있는 것은?

① 예취날　　　② 릴

③ 탈곡통　　　④ 풍구

55 과수원 등에서 사용되는 대형 동력액제 살포기로서 분사되는 액제의 입자가 인력분무기에 비해 미세한 분무기는?

① 파이프더스터

② 인력살포기

③ 스피드스프레이어

④ 동력살분무기

56 산림 속에 벌채된 목재를 임도까지 운반하는 기계장치로는 보통 집재기를 사용한다. 다음 중 집재기를 구성하는 기계요소가 아닌 것은?

① 스틸 와이어로프

② 가지 절단기

③ 권취드럼

④ 정역 회전장치

57 다음 중 원판형 플로우의 장점이 아닌 것은?

① 토질에 따라 플로우 각도를 변경하여 사용할 수 있다.

② 반전 성능은 몰드보드 플로우보다 높다.

③ 스크레이퍼에 의한 흙의 부착이 적다.

④ 플로우의 회전으로 견인 저항이 적다.

58 양수량은 $18m^3/min$, 양정는 7m, 펌프의 전효율이 76%일 때, 양수기를 구동하기 위한 원동기 축동력(kW)은?

① 27.1

② 32.5

③ 36.8

④ 45.1

59 이앙기에서 경반이 일정하지 않아도 기체의 안전성을 유지하고 작업정도를 좋게 하는 것은?

① 식부장치
② 플로트
③ 모탑재대
④ 차륜

60 경운작업에서 흙을 미리 수직으로 절단하여 절삭작용을 도와주는 플로우의 보조 장치로 알맞은 것은?

① 콜터
② 트렌처
③ 마스트
④ 이체

제4과목   **농업동력학**

61 전기가 1초 동안에 하는 일이 크기를 전력이라 하며, 기본단위로 와트(W)를 사용한다. 다음 중 전류 I, 전압 V, 위상차 ϕ인 3상 교류의 전력 P를 계산하는 식은?

① $P = \dfrac{1}{\sqrt{2}} IV\cos\Phi$

② $P = \sqrt{2}\, IV\cos\Phi$

③ $P = \dfrac{1}{\sqrt{3}} IV\cos\Phi$

④ $P = \sqrt{3}\, IV\cos\Phi$

62 트랙터 앞차축의 하중을 균등하게 하여 차축과 축 받침의 미모를 방지하고자 앞바퀴의 아래쪽을 위쪽보다 약간 좁게 조정하여 놓은 것을 무엇이라 하는가?

① 캠버각
② 캐스터각
③ 코인
④ 킹핀경사각

63 가솔린 기관 성능시험에서 출력이 15.2kW일 때, 연료 소비량이 3.9kg/h이었다. 사용 가솔린의 저위 발열량이 44MJ/kg일 때 이 기관의 제동열효율은 약 몇 %인가?

① 24
② 28
③ 32
④ 36

64 다음은 전동기의 기동방법이다. 농형 3상 유도 전동기의 기동방법이 아닌 것은?

① 스타델타 기동법
② 기동보상기 기동법
③ 리액터 기동법
④ 분상기동형 기동법

65 4행정기관은 크랭크축 몇 회전에 1사이클을 마치는가?

① 1회전
② 2회전
③ 4회전
④ 8회전

66 디젤 엔진에 필요한 장치가 아닌 것은?

① 점화장치
② 연료분사장치
③ 윤활장치
④ 냉각장치

67 유압식 브레이크가 작동하는데 필요한 구성 장치에 해당하지 않는 것은?

① 브레이크 슈
② 휠 실린더
③ 피니언 기어
④ 미스터 실린더

68 가솔린 엔진에 있어서 압축비를 7, 동작가스의 단열지수가 1.4이면 이론적 효율은 약 몇 %가 되는가?

① 26　　　　　② 38

③ 47　　　　　④ 54

69 다음 중 앞바퀴 정렬과 관계가 없는 것은?

① 휠 웨이트　　② 토인

③ 캐스터각　　④ 캠버각

70 구동축 하중이 1250kg, 차속은 0.75㎧일 때의 견인력 10kN인 트랙터의 기관출력은 20kW이었다. 이 트랙터의 총효율을 구하면 몇 %인가?

① 37.5　　　　② 50.5

③ 60.3　　　　④ 74.5

71 가솔린 기관을 시동할 때 기화기의 벤추리관 입구에 설치 혼합가스의 농도를 짙게 하여 시동을 용이하게 하는 것은?

① 쵸크 밸브

② 스로틀 밸브

③ 커넥팅 로드

④ 연료 여과기

72 3점 링크 히치에 작업기를 장착하여 사용할 때의 특징으로 틀린 것은?

① 유압제어가 불가능하다.

② 작업 회전반경이 작다.

③ 큰 견인력을 얻을 수 있다.

④ 작업기 운반이 용이하다.

73 다음 중 기관의 연료소비율을 나타내는 단위로 적합한 것은?

① g/kW-h　　　② L/km

③ km/L　　　　④ kW/hr

74 다음 중 축전지 3개를 병렬로 연결하였을 때 가장 올바른 것은?

① 동일 부하로 3배 이상 사용할 수 있다.

② 3배의 전압을 높여 쓸 수 있다.

③ 전류는 일정하나 많은 전압을 얻을 수 있다.

④ 축전지의 수명을 연장시킬 수 있다.

75 유도 전동기에서 동기속도에 관한 설명으로 올바른 것은?

① 슬립이 증가하면 동기속도는 증가한다.

② 부하가 증가하면 동기속도는 증가한다.

③ 주파수가 증가하면 동기속도는 감소한다.

④ 고정자 극수가 증가하면 동기속도는 감소한다.

76 운전 중인 내연기관으로부터 지압계를 이용하여 측정할 수 있는 선도는?

① 압력-체적　　② 온도-체적

③ 압력-온도　　④ 체적-시간

77 디젤 기관의 직접분사식 연소실에 관한 설명으로 잘못된 것은?

① 열효율이 높다.

② 분사압력이 높다.

③ 시동이 곤란하다.

④ 연료분사장치의 수명이 짧다.

답　68 ④　69 ①　70 ①　71 ①　72 ①　73 ①　74 ①　75 ④　76 ①　77 ③

78 트랙터가 선회할 때 구동차축의 좌우 속도비를 자동적으로 조절해 주는 장치는?

① 조향장치

② 차동장치

③ 최종 감속장치

④ 제동장치

79 시동 전동기의 피니언 기어와 맞물려 회전되는 것은?

① 거버너 기어

② 크랭크 기어

③ 타이밍 기어

④ 플라이휠 링 기어

80 트랙터 동력 취출축(PTO)의 동력을 로터리 작업기의 경운축에 전달할 때 로터리 작업기의 구동방식이 아닌 것은?

① 이중 측방 구동식

② 중앙 구동식

③ 측방 구동식

④ 분할 구동식

> **2013**
> 2013. 6. 2

기출문제

※ 3, 5, 8, 13번 문제는 출제기준 변경으로 인하여 출제되지 않습니다.

제1과목 **농업기계 공작법**

01 버니어 캘리퍼스의 아들자와 어미자 눈금의 일치점이 그림에서 ※ 위치이면 몇 mm인가?

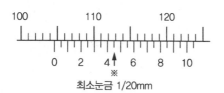

최소눈금 1/20mm

① 100.45   ② 104.45
③ 112.45   ④ 113.45

02 아크 용접시 발생하는 용접결함인 오버랩의 발생원인으로 가장 적합한 것은?

① 용접 전류가 너무 낮을 때
② 아크 길이가 너무 길 때
③ 용접속도가 너무 빠를 때
④ 용접부가 급속하게 응고할 때

03 선반가공에서 가공물의 지름이 100mm이고, 주축의 회전속도가 100rpm이라면 절삭속도는?

① 15.4m/min
② 21.4m/min
③ 26.4m/min
④ 31.4m/min

04 다음의 게이지 중에서 각도 측정기가 아닌 것은?

① 수준기   ② 서피스 게이지
③ 사인바   ④ 콤비네이션 세트

05 밀링 작업에서 밀링 커터의 회전수를 n, 커터의 날수를 Z, 날개당 이송을 f_Z라 할 때 테이블의 1분간 이송량 F를 구하는 식은?

① $F = f_Z \times Z \times n$
② $F = (f_Z \times Z)/n$
③ $F = (Z \times n)/f_Z$
④ $F = (n \times f_Z)/Z$

06 인발작업에서 지름 5mm의 철사를 4mm로 하였을 때 단면 수축률은?

① 단면수축률 64%
② 단면수축률 36%
③ 단면수축률 80%
④ 단면수축률 20%

07 게이지블록의 용도별 등급 구분이 아닌 것은?

① 공작용
② 검사용
③ 표준용
④ 교육용

08 다음 중 연삭숫돌의 3대 요소에 해당되지 않는 것은?

① 입자
② 기공
③ 결합도
④ 결합제

09 방전 가공기에서 가공기의 능력을 나타내는 것으로 옳지 않은 것은?

① 헤드의 크기
② 가공탱크의 크기
③ 공작물의 최대 중량
④ 전원용량

10 다음 줄 작업에 관한 설명 중 틀린 것은?

① 손의 힘은 물론 몸의 체중을 이용하여 작업한다.
② 줄은 황목, 중목, 세목의 순서로 바꾸어 작업한다.
③ 표면을 매끈하게 다듬기 위해 윤활기름을 치면서 작업한다.
④ 직진법보다 사진법이 가공물을 깎아내는 데 유리하다.

11 강을 A_0변태점 이상으로 가열한 후 노(盧)나 재 속에서 서서히 냉각시킴으로써 강의 조직을 미세화하고 내부응력을 제거하는 열처리 방법은?

① 담금질(Quenching)
② 뜨임(Tempering)
③ 불림(Normalizing)
④ 풀림(Annealing)

12 트랙터의 조향 핸들 유격이 크게 되는 원인과 관계가 없는 것은?

① 조향 기어의 조정이 불량하다.
② 앞바퀴 베어링이 마모되었다.
③ 조향 암이 헐겁다.
④ 타이어의 공기압이 너무 높다.

13 선반을 사전 점검함으로써 얻는 이점이 아닌 것은?

① 돌발적인 고장으로 작업중지를 방지한다.
② 기계효율을 높인다.
③ 소모품 교체 빈도를 감소시킨다.
④ 보수로 인한 쉬는 시간을 줄일 수 없다.

14 절삭저항이 200kgf이고, 절삭속도가 60m/min이면 절삭동력은 약 얼마인가?

① 2.0kW
② 2.5kW
③ 2.7kW
④ 3.0kW

15 절삭가공에서 절삭제에 대한 설명 중 틀린 것은?

① 칠의 제거작용을 하여 절삭작업이 용이하게 한다.
② 가공물의 온도를 상승시켜 가공을 쉽도록 한다.
③ 공구인선을 냉각시켜 공구의 경도 저하를 방지한다.
④ 윤활 및 방청 작용으로 가공표면을 양호하게 한다.

16 농용 기관의 분해, 조립 시 유의사항 중 잘못된 것은?

① 공구는 목적 이외의 사용을 금한다.
② 볼트, 너트의 조임 정도를 확인한다.
③ 분해 시 순서에 관계없이 작은 것부터 한다.
④ 분해, 조립 시에는 볼트, 너트를 대각선 방향으로 풀고 조인다.

17 목형 제작 시 나무에 홈을 가공할 경우 사용되는 공구는?

① 정(chlsel)
② 스패너(spener)
③ 렌치(wrench)
④ 플라이어(pliers)

18 드라이버(Screw driver)의 규격은 무엇으로 표시하는가?

① 손잡이를 제외한 중량
② 손잡이를 포함한 중량
③ 드라이버의 평균 지름
④ 날의 폭과 같이

19 가용성의 모형재료(납, 왁스, 합성수지)로 원형을 만들어 내화물질을 바른 후 원형을 녹여 쇳물을 붓는 특수주조방법은?

① 셀 몰드법
② 인베스트먼트법
③ 칠드 주조법
④ 다이캐스팅

20 절삭가공에서 칩(chip)의 형상과 가장 관련이 적은 요소는?

① 절삭속도
② 가공물의 재질
③ 공구각
④ 가공해야 할 양

제2과목 **농업기계요소**

21 다음 중 유체 수송 배관설비에서 밸브의 역할이 아닌 것은?

① 유체의 유량조절
② 유체의 속도조절
③ 유체의 방향전환
④ 유체의 흐름 단속

22 농용기관의 크랭크축과 플라이휠 고정용으로 쓰이며, 특히 작은 지름의 테이퍼 축에 사용되는 일명 우드러프(woodruff)키는?

① 페더키
② 접선키
③ 반달키
④ 둥근키

23 5cm의 연강 봉에 4톤의 인장력이 걸렸을 때 연강봉의 내부에 생기는 응력은?

① $204kgf/cm^2$
② $386kgf/cm^2$
③ $453kgf/cm^2$
④ $548kgf/cm^2$

24 V-벨트에 표시된 A30이 뜻하는 것은?

① 재료가 A호이며 직경이 30cm이다.

② 단면이 A형이고 유효둘레가 30cm이다.

③ 단면이 A형이고 유효둘레가 30inch 이다.

④ A는 제작번호이고 단면의 두께가 30mm 이다.

25 체인의 특성으로 볼 수 없는 것은?

① 미끄럼 발생으로 효율이 낮다.

② 큰 동력을 전달할 수 있다.

③ 전동효율이 95% 이상이다.

④ 일정 속도비를 얻을 수 있다.

26 분할 핀의 호칭은 다음 중 어느 것으로 정하는가?

① 핀 중심부의 지름

② 핀 머리의 지름

③ 핀 끝부분의 지름

④ 핀 구멍의 지름

27 래칫 휠의 작용으로 맞지 않는 것은?

① 역전 방지

② 브레이크의 일부로도 사용

③ 한 쪽 방향으로 토크를 전달

④ 완충 작용

28 농용 트랙터의 동력 취출축(PTO)은 각형 스플라인축을 일반적으로 이용하는데 550rpm으로 전동하는 PTO축의 전달마력은 몇 PS인

가?(단, P_m =1kg/mm², l =100mm, z = 6, d =50mm, d_0 =46mm, b =9mm, h = 2mm, η =0.75, 모따기 C =0.4mm로 한다)

① 5   ② 7

③ 10   ④ 12

29 다음 기어 중 회전운동을 직선운동으로 변환할 때 사용하는 것은?

① 베벨 기어

② 래크와 피니언

③ 헬리컬 기어

④ 웜과 웜기어

30 접선키의 사용각도는?

① 90° 두 곳   ② 45°

③ 120° 두 곳   ④ 160° 두 곳

31 원동차의 지름 300mm, 종동차의 지름 400mm의 원통마찰차에서 원동차가 10분간 700번 회전할 때 종동차는 20분에 몇 번 회전하는가?

① 550rpm   ③ 750rpm

③ 1050rpm   ④ 1250rpm

32 길이가 100mm인 코일 스프링에 스프링 상수가 8kgf/mm, 6kgf/mm인 2개의 스프링을 직렬로 연결하였을 때 등가 스프링 상수는 몇 kgf/mm인가?

① 0.29   ② 3.43

③ 4.05   ④ 6.13

33 구름 베어링에 있어서 기본 부하용량을 C, 베어링에 걸리는 하중을 P, 베어링 회전수가 N이라고 할 때, 수명계수 f_h을 구하는 식은?

① $f_h = \dfrac{C}{P}r\sqrt{\dfrac{33.3}{N}}$

② $f_h = \dfrac{C}{P}r\sqrt{\dfrac{N}{33.3}}$

③ $f_h = \dfrac{P}{N}r\sqrt{\dfrac{N}{33.3}}$

④ $f_h = \dfrac{P}{C}r\sqrt{\dfrac{33.3}{N}}$

34 용량 10ton의 윈치 훅(hook)에 사용하는 단열 스러스트 뽈베어링의 하중은 몇 kg인가? (단, $f_u = 2.30$이다)

① 25,000 ② 24,000
③ 23,000 ④ 22,000

35 다음 중 래칫 휠과 포올 장치의 사용목적이 아닌 것은?

① 역전방지
② 토크 및 힘의 전달
③ 조속작용
④ 완충작용

36 억지 끼워맞춤 또는 중간 끼워맞춤에서 최대 죔새란?

① 축의 최대치수 - 구멍의 최소치수
② 축의 최소치수 - 구멍의 최대치수
③ 구멍의 최대치수 - 축의 기준치수
④ 구멍의 최소치수 - 축의 기준치수

37 노트의 풀림방지용으로 사용하는 방법이 아닌 것은?

① 부시를 사용하는 방법
② 스프링와셔를 사용하는 방법
③ 로크너트에 의한 방법
④ 핀에 의한 방법

38 아이볼트의 허용인장응력은 620kgf/cm²이다. 3.2ton 하중이 걸릴 때 볼트의 호칭지름(바깥지름)으로 가장 적합한 규격은?

① 25mm ② 30mm
③ 35mm ④ 40mm

39 유니버설 조인트에 대한 특징을 설명한 것으로 틀린 것은?

① 두 축이 만나는 각이 운전 중 약간 변화해도 동력을 전달할 수 있다.
② 두 축이 같은 평면 내에 있고, 그 축의 중심선이 어떤 각도로 교차하는 경우에 사용한다.
③ 훅 조인트(hook joint)라고도 하며 공작기계, 자동차의 동력 전달 훅 등에 이용된다.
④ 동력을 전달할 수 있는 교차되는 두 축의 최대 각도는 5°이다.

40 두 축이 이루는 각이 직각이 될 때 사용하는 잇수가 같은 한 쌍의 베벨 기어를 무엇이라 하는가?

① 스퍼어 기어 ② 헬리컬 기어
③ 헤링본 기어 ④ 마이터 기어

제3과목 농업기계학

41 다음 중 농업기계의 사고발생요인에 해당되지 않는 것은?

① 인간적인 요인

② 기계적인 요인

③ 환경적인 요인

④ 기능적인 요인

42 다음 중 건초 수확작업에 이용되지 않는 것은?

① 예취 접속기(reaper)

② 결속기(binder)

③ 건초 적재기(hay loader)

④ 구굴기(ditcher)

43 이론작업량이 0.6ha/h, 포장효율이 60%이면 포장 작업량은 몇 ha/h인가?

① 0.36

② 0.3

③ 0.1

④ 1.0

44 왕복식 모어(reciprocating mower)에서 절단 나이프와 칼날 받침판의 간격을 유지하는 기능을 하는 것은?

① 커터 바(cutter bar)

② 나이프 바(knife bar)

③ 마찰 판(weering plate)

④ 나이프 클립(knife clip)

45 솎음 목적을 달성하기 위하여 사용하는 솎음 기계에 대한 설명으로 잘못된 것은?

① 횡 방향 솎음(직교 솎음법)을 실시한다.

② 종 방향 솎음(평행 솎음법)을 실시한다.

③ 회전식 솎음기가 있다.

④ 날이 왕복하는 왕복식 솎음기계가 있다.

46 경운, 정지기계의 종류가 아닌 것은?

① 쇄토기 　　　② 제초기

③ 진압기 　　　④ 두둑 및 골성형기

47 온실의 환경조절에 대한 설명 중에서 틀린 것은?

① 최적탄산가스 농도는 작물에 따라 다르나 일반적으로 공기 중 탄산가스 농도의 3~5배 정도로 알려져 있다.

② 광기 후 조절에는 보광과 차광이 있으며 보광에는 일장보광과 재배보광이 있다.

③ 온실에서 자연환기는 중력환기와 풍력 환기가 있는데 풍력 환기량은 환기창 높이의 1/2승에 비례한다.

④ 여름철 온실의 냉방법에는 패드앤드팬, 미스트앤드팬 등의 증발법과 온실 외부에 물을 흘려 내리는 방법 등이 있다.

48 다음 중 배합사료 조제와 관련된 기계가 아닌 것은?

① 익스트루더 　　　② 클로어

③ 펠릿 일 　　　④ 스크루 피터

49 곡립의 비중과 마찰력을 이용한 선별기는?

① 스크린선별기

② 요동식 현미분리기

③ 기류선별기

④ 홀 선별기

50 어떤 도정공장에서 투입된 벼의 질량이 100kg일 때, 생산된 백미의 질량이 72kg이었다. 현미기의 탈부율이 82%이었다면 정미기의 정백수율은?

① 82%

② 59%

③ 72%

④ 87%

51 트랙터의 P.T.O를 사용하지 않는 작업기는?

① 플로우

② 로터베이터

③ 헤이레이크

④ 헤이베일러

52 트랙터 장착용 로더에 관한 설명으로 잘못된 것은?

① 프론트 로더(Front loader)라고도 한다.

② 트랙터 자체의 유압동력을 이용한다.

③ 전복의 위험이 있어 주의가 필요하다.

④ 다수의 작은 버킷이 달려 있다.

53 양수기를 관정의 수면 위 약 1m 되는 지점에 설치하고, 양수기가 설치된 지점보다 약 10m 높은 곳에 있는 논에 1분당 약 4.5톤의 물을 퍼올리려고 한다. 양수기를 구동하는 엔진은 적어도 몇 마력 이상이 되어야 하는가?

① 3마력

② 8마력

③ 11마력

④ 18마력

54 승용 이앙기로 모 이앙작업을 할 때 조정할 수 없는 것은?

① 식부 깊이

② 식부 본수

③ 주간 간격

④ 조간 간격

55 다음은 무엇에 대한 설명인가?

> 지상방제가 불가능한 산림지역이나, 넓은 지역에 동일한 약재를 살포한다. 악천후로 방제시기를 놓친 경우 신속한 방제작업이 가능하다.

① 스피드 스프레이어

② 공중살포법

③ 붐 분무기

④ 자동방제

56 평면경을 한 논에서 로터리로 쇄토작업을 하고자 할 때에 가장 적당한 경운 날 배치법은?

① 좌, 우 양 끝의 날과 중앙을 제외하고 모두 외향으로 한다.

② 좌, 우 양 끝 날과 중앙 날을 제외하고 모두 내향으로 한다.

③ 좌, 우 양 끝 날과 중앙 날을 제외하고 인접한 날을 서로 반대방향으로 한다.

④ 좌, 우 양 끝 날과 중앙 날을 제외하고 두 날씩 내향 외향으로 배열한다.

57 전작(田作)용 이식기의 주요 구성장치가 아닌 것은?

① 식부장치

② 복토장치

③ 배중장치

④ 구절장치

58 곡물을 건조하려고 한다. 건조의 3대 요인이 아닌 것은?

① 공기의 온도
② 공기의 습도
③ 공기의 양
④ 공기의 함수율

59 다음 중 채소나 과일은 곡물과 달리 습도를 높게 하여 저장하는 이유로 가장 알맞은 것은?

① 곰팡이 번식 방지
② 무게 감소 방지
③ 해충 번식 방지
④ 당도 감소 방지

60 평면식 건조기에서 상하층간 함수율차가 큰 원인이 아닌 것은?

① 곡물의 외적고가 30cm 이상일 때
② 초기함수율이 20% 이상일 때
③ 40℃ 이상 고온으로 건조할 때
④ 강제로 통풍할 때

제4과목 **농업동력학**

61 장궤형 트랙터의 장점이 아닌 것은?

① 접지면적이 넓어 연약 지반 작업이 쉽다.
② 무게 중심이 낮아 경사지 작업에 편리하다.
③ 주행속도가 빠르고 정비가 쉽다.
④ 슬립이 적어 큰 견인력을 낼 수 있다.

62 점화순서가 1-2-4-3인 4실린더 가솔린 기관에서 3번 실린더가 압축행정일 때 2번 실린더는 어떤 행정인가?

① 흡기행정
② 압축행정
③ 팽창(폭발)행정
④ 배기행정

63 트랙터의 작업기 투착형식 중에서 작업기의 모든 중량을 트랙터가 지지하는 것은?

① 견인식　　　② 반 장착식
③ 직접 장착식　④ 수평 요동식

64 2행정 사이클 기관에 대한 특징을 설명한 것 중 틀린 것은?

① 4행정 사이클 기관에 비하여 연소상태가 불완전하다.
② 디젤 기관보다는 가솔린 기관에 많이 사용된다.
③ 4행정 사이클 기관에 비하여 연료 소비가 많다.
④ 4행정 사이클 기관과 같은 실마력을 내려면 2배의 실린더 용적이 필요하다.

65 충전회로에서 전류계는 배터리와 어떻게 연결되어 있는가?

① 직렬연결
② 병렬연결
③ 직병렬연결
④ 직렬 및 직병렬 연결

66 분상 기동형, 콘덴서 기동형 등으로 분류되며, 기동 시에 회전자계가 형성되지 않으므로 어떤 방법에 의해 기동 시 회전자계를 형성시켜 주어야 하는 전동기는?

① 농형 유도 전동기
② 권선형 유도 전동기
③ 단상 유도 전동기
④ 삼상 유도 전동기

67 트랙터의 선회 및 곡진(曲進)을 용이하게 하기 위해서 좌우 구동륜의 회전속도를 서로 다르게 해주는 장치는?

① 차동장치　　② 최종 구동장치
③ 변속기　　④ 클러치

68 실린더의 내정이 110mm, 피스톤 행정 150mm, 간극 체적이 85.5cc인 기관의 압축비는?

① 15.7　　② 16.7
③ 17.7　　④ 19.1

69 다음의 동력 경운기용 작업기 중에서 구동형 작업기에 해당하는 것은?

① 쟁기　　② 배토기
③ 트레일러　　④ 로타리

70 다음 부품을 사용하는 4륜식 트랙터에서 조향 핸들을 돌리면 원기어 다음에 동력이 전달되는 장치는?

① 조향 암(steering arm)
② 드래그 링크(drag link)
③ 타이 로드(tie rod)
④ 피드먼 암(pitman arm)

71 디젤 기관의 연료로서 구비해야 할 조건이 아닌 것은?

① 적당한 점도를 가질 것
② 적당한 세탄가를 가질 것
③ 옥탄가가 높을 것
④ 발열량이 클 것

72 차륜의 진행방향과 차륜의 평면이 이루는 각으로 차륜이 직진할 때 외부로부터 받는 측면 하중이나 충격을 흡수하기 위하여 앞바퀴에 적용하는 각은?

① 캠버 각　　② 킹핀 경사각
③ 캐스터 각　　④ 토인 각

73 트랙터로 실측한 견인력이 20kN일 때의 주행속도가 1.5m/s이었다면 트랙터의 견인출력은 몇 kW인가?

① 10　　② 20
③ 30　　④ 40

74 승용트랙터에서 일반적으로 전기가 흘러가는 시동회로의 회로가 올바른 것은?

① 슬레노이드 → 시동스위치 → 축전지 → 시동전동기
② 시동스위치 → 슬레노이드 → 축전지 → 시동전동기
③ 축전지 → 시동스위치 → 솔레노이드 → 시동전동기
④ 시동스위치 → 축전지 → 시동전동기 → 솔레노이드

75 동력 경운기의 제동장치에 관한 설명 중 틀린 것은?

① 습식 브레이크가 사용된다.
② 내부 확장식 브레이크가 많이 사용된다.
③ 주 클러치 레버와 연동되어 작동된다.
④ 좌우 브레이크가 각각 작동된다.

76 6극 3상 유도 전동기의 동기속도는 몇 rpm인가?(단, 전원의 주파수는 60Hz이다)

① 1,800rpm
② 1,600rpm
③ 1,400rpm
④ 1,200rpm

77 디젤 엔진의 연소실방식 중 분사압력이 가장 높은 것은?

① 직접 분사식   ② 예연소실식
③ 와류실식   ④ 공기실식

78 어느 기관에서 50g의 연료를 소비하는데 10초가 걸린다. 이 기관의 총 출력이 60kW일 경우 연료 소비율은 약 몇 kg/kW·gh인가?

① 0.2   ② 0.3
③ 0.4   ④ 0.5

79 다음의 내연기관 중 왕복형 기관은?

① 제트 기관
② 피스톤 기관
③ 가스 터빈 기관
④ 로터리 기관

80 내연기관에서 윤활유의 기능에 해당하지 않는 것은?

① 윤활작용
② 기밀작용
③ 냉각작용
④ 압축작용

> **2014**
> 2014. 5. 25

기출문제

※ 4, 9, 14, 16, 44번 문제는 출제기준 변경으로 인하여 출제되지 않습니다.

제1과목 **농업기계 공작법**

01 비중 0.38인 목형의 중량이 12kgf이고, 주철의 비중은 7.30이고 수축률은 1%라고 할 때 주물의 중량(kgf)은 약 얼마인가?

① 156.8　　　② 223.6
③ 266.8　　　④ 302.2

02 일반적인 금속 절단용 쇠톱의 수 가공 작업에 관한 설명 중 틀린 것은?

① 1분간 톱날의 왕복 횟수는 보통 손작업에서 100~120회이다.
② 작업할 때는 밀 때만 힘을 주고, 당길 때는 힘을 주지 않는다.
③ 톱 이빨은 강철 절단용에는 1cm에 7개 정도가 일반적이다.
④ 톱날의 길이는 손작업에서 25cm의 것을 사용한다.

03 지름이 100mm인 연강봉을 절삭할 때 주축의 회전속도가 50rpm이라면 절삭속도는 약 몇 m/min인가?

① 15.7　　　② 20.0
③ 20.3　　　④ 20.7

04 지름이 60mm인 재료를 선반에서 절삭할 때, 절삭속도를 약 150m/min로 했다면 주축의 1분당 회전수는 약 얼마인가?

① 893　　　② 796
③ 645　　　④ 526

05 원통 센터리스 연삭기의 특징에 대한 설명 중 틀린 것은?

① 다른 연삭에 비교하여 연삭작업에 숙련을 요구한다.
② 숫돌의 폭이 크므로 마멸이 적고 수명이 길다.
③ 속이 비어 있는 중공(中空) 원통 연삭에 편리하다.
④ 가늘고 긴 공작물의 연삭에 적합하다.

06 조립용 공구인 렌치 및 스패너(wernch & spanner)에 관한 설명 중 틀린 것은?

① 볼트, 너트 등을 돌리는데 사용되는 공구이다.
② 렌치 및 스패너의 치수는 너트의 치수로 표시한다.
③ 재질은 공구강 또는 연강의 단조품이며 가단주철로 만든다.
④ 양구 렌치(Double head wrench)는 폭을 조절할 수 있는 렌치이다.

07 실린더헤드 볼트를 규정된 힘만큼 조일 경우 사용하는 공구로 가장 적합한 것은?

① 조절 렌치 　　② 토크 렌치

③ 파이프 렌치 　④ 스파크 렌치

08 길이 측정에서 온도에 대한 보정을 하고자 할 때 일반적으로 고려해야 할 사항이 아닌 것은?

① 측정기의 열팽창계수

② 측정시의 온도

③ 측정물의 열팽창계수

④ 측정시의 습도

09 선반용 부속장치 중 면판(face plate) 사용 목적을 바르게 설명한 것은?

① 공작물에 센터의 끝이 들어가는 구멍을 뚫을 때

② 대형 공작물이나 불규칙하며 복잡한 형상의 공작물을 가공할 때

③ 구멍의 내, 외경 흔들림 공차를 최소로 할 때

④ 가늘고 긴 공작물을 가공할 때

10 금긋기 작업에서 가공물의 중심을 잡거나, 정반 위에서 가공물을 이동시켜 평행선을 그을 때와 평행면의 검사용 등으로 사용하는 수기 가공용 공구로 가장 적합한 것은?

① 스크레이퍼 　② 서피스 게이지

③ 디바이더 　　④ 콤파스와 편파스

11 다음 중 구성인선의 방지법으로 옳은 것은?

① 절삭공구의 인선을 예리하게 할 것

② 절삭속도를 작게 할 것

③ 절삭깊이를 크게 할 것

④ 절삭공구의 경사각을 작게 할 것

12 1차로 가공된 가공물의 안지름보다 다소 큰 강철 볼(ball)을 압입하여 통과시킨 후 가공물의 표면을 소성 변형시켜 가공하는 작업은?

① 스크레이퍼 작업

② 버니싱 작업

③ 스포트 심 작업

④ 다이스 탭 작업

13 다음 중 동력 경운기의 타이어 공기압은 몇 kgf/cm^2 정도가 가장 적합한가?

① 1.0~1.5 　　② 2.0~3.0

③ 4.0~5.0 　　④ 6.0~8.0

14 연삭소손(grinding burn)에 관한 설명 중 옳은 것은?

① 공작물 표면이 국부적으로 타는 현상

② 숫돌바퀴가 타는 현상

③ 절삭유가 타는 현상

④ 칩이 탄 상태

15 ϕ12mm 드릴로 깊이 50mm 구멍을 작업하려고 한다. 드릴 1회전 시 길이방향의 이송은 0.1mm이고, 이때의 회전수가 450rpm이라면 구멍가공에 소요되는 시간은 약 몇 분인가?(단, 드릴 끝 원추부의 높이는 3mm이다)

① 1.2 　　② 2.3

③ 3.0 　　④ 4.5

16 호닝 머신에서 내면 가공 시 공작물에 대해 혼(hone)의 운동으로 가장 적합한 것은?

① 회전운동

② 직선 왕복운동

③ 회전운동과 축 방향의 왕복운동의 교대운동

④ 회전운동과 축 방향의 왕복운동의 합성운동

17 다음 중 전기저항 용접에 해당되는 것은?

① 가스 용접

② 아크 용접

③ 스폿 용접(점 용접)

④ 납땜 용접

18 다음 중 길이 측정기가 아닌 것은?

① 버니어 캘리퍼스

② 마이크로미터

③ 사인 바

④ 다이얼 게이지

19 다음 중 베어링 압입과 빼내기 방법에 대한 설명 중 틀린 것은?

① 가열 끼워맞춤에는 120℃의 기름(oil)속에 베어링을 가열하여 끼운다.

② 소형이나 중형은 압입에 의한 방법으로 한다.

③ 대형은 가열 끼워맞춤 방법으로 한다.

④ 베어링을 뺄 때는 베어링 풀러를 이용한다.

20 용접으로 생긴 잔류응력을 제거하기 위한 열처리로 가장 적합한 방법은?

① 담금질을 한다.　② 뜨임을 한다.

③ 풀림을 한다.　④ 불림을 한다.

제2과목 **농업기계요소**

21 나사의 피치가 3mm인 3줄 나사를 1/2 회전하였을 때 이동거리는 몇 mm인가?

① 1.5　　　　② 4.5

③ 6.0　　　　④ 9.0

22 역전방지와 토크 및 힘의 제동에 사용하는 브레이크는?

① 폴 브레이크

② 밴드 브레이크

③ 블록 브레이크

④ 원추 브레이크

23 압축 코일스프링에서 코일의 평균 지름을 3배로 하면 동일 축방향의 하중에 의한 압축량은 몇 배로 되는가?

① 3배　　　　② 9배

③ 18배　　　④ 27배

24 용접에 의하여 용접봉과 모재의 일부가 용융하여 응고된 부분을 무엇이라고 하는가?

① 열영향부　　② 보강금속

③ 모재　　　④ 용착부

25 축의 지름이 15mm인 축에 15N·m의 토크가 작용한다. 이 축에 묻힘 키($b \times h \times l =$ 5mm ×5mm×20mm)를 사용한다면 키에 작용하는 전단응력은 몇 N/mm²인가?

① 5 ② 10
③ 20 ④ 40

26 피치가 15.4mm이고, 리벳의 지름이 6mm인 리벳이음의 경우 판의 효율은 몇 %인가?

① 39 ② 61
③ 84 ④ 92

27 농기계 구동축 지지에는 롤러 베어링을 많이 사용하고 있다. 다음 중 미끄럼베어링과 비교한 롤러 베어링의 단점이 아닌 것은?

① 접촉 폭이 크다.
② 소음이 생기기 쉽다.
③ 바깥지름이 크게 된다.
④ 충격에 약하다.

28 지름이 25mm인 트랙터 PTO축에 10kN의 압축하중이 작용할 때 축에 발생하는 압축응력은 약 얼마인가?

① 10.2MPa ② 16.8MPa
③ 20.4MPa ④ 40.7MPa

29 치 직각 모듈 $m = 3$, 비틀림 각 30°, 잇수가 각각 30개, 80개인 한 쌍의 헬리컬기어의 피치원 지름은?

① 95.3mm, 198.4mm
② 105.7mm, 218.2mm

③ 167.4mm, 245.3mm
④ 103.9mm, 277.1mm

30 머리가 없이 봉의 양쪽에 나사가 있는 볼트는?

① 관통 볼트 ② 탭 볼트
③ 아이 볼트 ④ 스터드 볼트

31 나사 호칭이 3/4 − 10UNC인 나사에 대한 설명으로 틀린 것은?

① 나사 축선 1인치 안에 10개의 나사산이 있다.
② 바깥지름이 3/4인치이다.
③ 유니파이 가는 나사이다.
④ 피치는 2.54mm이다.

32 벨트를 풀리에 거는 방법 중 바로 걸기는 위쪽을 이완측으로 한다. 그 주된 이유로 가장 적합한 것은?

① 벨트 걸기가 편리하다.
② 전달능력을 감소시킨다.
③ 이완측 장력을 증가시킨다.
④ 접촉각을 크게 할 수 있다.

33 다음 중 일반적인 전동용 체인의 종류가 아닌 것은?

① 블록 체인
② 롤러 체인
③ 볼 체인
④ 사일런트 체인

34 비닐하우스의 급수장치에 분당 약 0.1m³물을 평균유속 0.5m/s의 속도로 보내려고 한다. PVC관의 안지름으로 가장 적합한 것은?

① 65mm

② 52mm

③ 40mm

④ 26mm

35 원통 코일스프링에서 스프링 지수 C의 일반적인 사용범위로 가장 적합한 것은?

① 2~3

② 5~10

③ 14~20

④ 25~30

36 끼워맞춤에서 구멍의 치수가 축의 치수보다 클 경우 그 치수 치를 의미하는 용어로 가장 적합한 것은?

① 틈새   ② 죔새

③ 격차   ④ 공차

37 동력 경운기 엔진과 주 클러치 조합의 동력전달은 V벨트 전동장치에 의해 연결된다. 이 동력 경운기용 V벨트 장치에 대한 설명으로 틀린 것은?

① 이음매가 없어 운전이 정숙하고 충격을 완화하는 작용을 한다.

② 지름이 작은 풀리에도 사용할 수 있다.

③ 홈의 양면에 밀착되므로 마찰력이 평 벨트보다 작다.

④ 평 벨트와 같이 벗겨지는 일이 없다.

38 그림과 같은 연강의 응력–변형률 선도에서 후크(Hooke)의 법칙이 성립되는 것은?(단, P : 비례한도, e : 탄성한계, Y_1 : 상항복점, Y_2 : 하항복점, u : 극한강도, B : 파괴강도)

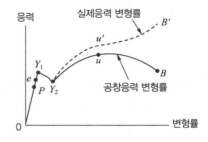

① O에서 P까지   ② e에서 Y_2까지

③ u에서 B까지   ④ Y_1에서 Y_2까지

39 다판 클러치 마찰면의 수가 Z라고 할 때 전달할 수 있는 토크 T를 구하는 식은?(단, 마찰계수는 μ, 축 방향으로 미는 힘 P, 마찰원판의 평균지름이 D_m 이다)

① $T = \dfrac{Z \times \mu \times P \times D_m}{4}$

② $T = \dfrac{Z \times \mu \times P \times D_m}{2}$

③ $T = \dfrac{Z \times \mu \times P \times D_m}{8}$

④ $T = \dfrac{Z \times \mu \times P \times D_m}{6}$

40 두 축의 중심거리가 2500mm이고 큰 풀리 지름 600mm 작은 풀리 지름 300mm인 전동장치에서 엇걸기에 필요한 평벨트의 길이로 옳은 것은?

① 6422mm   ② 6494mm

③ 5422mm   ④ 5494mm

제3과목 농업기계학

41 예냉에 대한 설명 중 틀린 것은?

① 신선도를 유지한다.

② 증산·부패를 억제한다.

③ 농산물을 순간 냉동시킨다.

④ 청과물의 수확 직후 온도를 낮춘다.

42 건량기준으로 함수율이 20%인 벼 1000kg이 있다면 이 중에서 물이 차지하는 양은 약 몇 kg인가?

① 154 ② 167

③ 187 ④ 200

43 양수기에서 양수량이 30m³/min이고 전양정이 3m이었다면 수동력은 얼마인가?

① 14.7kW ② 17.75kW

③ 18.75kW ④ 20.8kW

44 최근 생산되는 화학비료는 입자 상태의 복합비료가 대부분이다. 이와 같은 입상비료를 살포하는 대표적인 시비기는?

① 퇴비 살포기 ② 분말 시비기

③ 브로드 캐스터 ④ 액비 살포기

45 이앙기에서 모의 식부 깊이를 일정하게 유지해 주는 역할을 하는 것은?

① 고무 입힌 철차륜

② 플로트

③ 식부기구

④ 가늠자

46 예취된 사료용 풀의 건조속도를 빠르게 하여 건초를 만들고자 한다. 이때 사용되는 목장용 축산기계는?

① 헤이 로더

② 헤이 테더

③ 헤이 베일러

④ 헤이 레이크

47 경운 정지작업을 하는 목적이 아닌 것은?

① 잡초를 제거하고 과밀한 작물을 제거한다.

② 후속작업이 쉽도록 토양을 부드럽게 한다.

③ 토양 내부의 미생물의 활동을 저지시킨다.

④ 표토를 반전, 매몰시켜 유기물의 부식을 촉진시킨다.

48 탈곡작업 시 선별이 잘 안되는 원인으로 가장 거리가 먼 것은?

① 공급속도가 빠르다.

② 체인과 레일과의 간격이 좁다.

③ 탈곡기가 기울었다.

④ 배진 방향과 풍향이 일치한다.

49 50마력 트랙터를 2500만 원에 구입하였다. 8년 후 폐기 시 가격이 100만 원이라고 한다. 직선법에 따라 계산할 때 이 트랙터의 연간 감가상각비는 얼마인가?

① 100만 원 ② 200만 원

③ 300만 원 ④ 400만 원

50 작물의 생육을 돕거나 억제할 목적으로 사용되는 관리작업기계의 종류가 아닌 것은?

① 중경 기계

② 제초 기계

③ 배토 기계

④ 심토 파쇄 기계

51 목초를 장기간 안전하게 저장하려고 한다. 목초의 함수율을 몇 % 이하까지 건조시켜 주는 것이 좋은가?

① 18% ② 25%

③ 38% ④ 52%

52 다음 중 액제 살포에 필요한 조건으로 틀린 것은?

① 도달성이 좋아야 한다.

② 부착율이 좋아야 한다.

③ 공중으로 비산이 많아야 한다.

④ 살포작업능률이 좋아야 한다.

53 정미기에서 곡립과 곡립 사이에 마찰력이 형성되게 하여 현미의 바깥층을 제거되게 하는 작용은?

① 찰리작용 ② 절삭작용

③ 마찰작용 ④ 연삭작용

54 플로우(plow)에서 흙을 수직으로 절단해서 플로우의 저항력을 감소시켜 주는 것은?

① 원판 ② 스크레이퍼

③ 브래킷 ④ 콜터

55 급경사지 운반기인 모노레일(monorail)의 특징으로 틀린 것은?

① 최대 운반 경사각은 45°까지 가능하다.

② 레일 높이의 조절이 자유롭다.

③ 기계 조작이 극히 간단하다.

④ 일정 위치에 운반 저장할 수 없다.

56 벼의 도정공정에 있어서 홈 선별기에 의해 선별하는 것이 가장 적합한 것은?

① 변색 된 쌀 ② 왕겨

③ 현미 ④ 쌀눈

57 다음 중 로터리 경운 작업기의 구동방식으로 틀린 것은?

① 중앙 구동방식 ② 분할 구동방식

③ 상하 구동방식 ④ 측방 구동방식

58 다음 중 건조와 저장을 동시에 할 수 있는 건조기는?

① 횡류 연속식 건조기

② 원형 빈 건조기

③ 순환식 건조기

④ 벌크 건조기

59 굵은 흙덩이를 잘게 부숨과 동시에 표면을 수평으로 고르는 정지용 작업기는?

① 플로우(plow)

② 해로(harrow)

③ 컬티베이터(cultivater)

④ 엔시레이지 카터(ensilage cutter)

60 농업기계 선택 시 고려할 주요사항으로 거리가 먼 것은?

① 사후 봉사의 신속성

② 취급 및 조작상의 편리성

③ 경영규모의 확대 및 기계의 크기 축소

④ 영농여건에 대한 적합성

제4과목 **농업동력학**

61 차륜형 트랙터에 좌우 독립 브레이크를 사용하는 중요한 이유인 것은?

① 제동 성능을 높이기 위하여

② 급정지를 하기 위하여

③ 경지에서 작업할 때 회전 반경을 작게 하기 위하여

④ 직진성을 좋게 하기 위하여

62 디젤 기관의 노크(knock) 방지 대책을 잘못 설명한 것은?

① 착화지연을 짧게 한다.

② 압축비를 높게 한다.

③ 흡기온도를 높게 한다.

④ 회전속도를 빠르게 한다.

63 디젤 기관에서 완전 연소를 위해 연료분사장치가 갖추어야 할 조건이 아닌 것은?

① 연소실 내에서 적합한 연료의 무화와 분포가 이루어질 것

② 연료분사시기가 정확하고 분사시기는 필요에 따라 조정이 가능할 것

③ 다기통 기관일 경우 각 실린더에 서로 다른 양의 연료 주입이 가능할 것

④ 분사가 끝난 후에는 연료의 누출이 없을 것

64 다음은 가솔린 4행정기관의 지압선도이다. 그림에서 선분 a → b에 해당되는 것은?

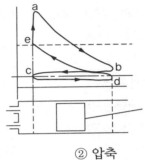

① 흡입 ② 압축

③ 배기 ④ 팽창

65 가솔린 기관에 비교하여 디젤 기관의 장점으로 틀린 것은?

① 열효율이 높고 연료소비율이 적다.

② 배기가스의 유해성이 적다.

③ 전기점화장치나 기화기가 필요 없다.

④ 압축비가 낮기 때문에 적은 용량의 시동장치로 시동이 가능하다.

66 차륜형 트랙터에 비교하여 궤도형 트랙터의 장점인 것은?

① 접지압이 크다.

② 견인력이 크다.

③ 최저지상고가 높다.

④ 선회 반경이 크다.

67 농용 트랙터에서 기관의 동력을 구동형 작업기에 전달하기 위한 장치(PTO)는?

① 차동장치

② 변속장치

③ 동력 취출장치

④ 주행장치

68 기관의 냉각수 부동액으로 적합하지 않은 것은?

① 식염수

② 메탄올

③ 에탄올

④ 에틸렌글리콜

69 기관의 과급기에 관한 설명으로 틀린 것은?

① 기관의 동일 체적에서 출력을 증대시키기 위해 흡입 공기량을 증가시킨다.

② 배기터빈 과급이 기계식 과급에 비해 효과적이다.

③ 디젤 기관의 과급은 노크현상을 증대시킨다.

④ 배기터빈 과급기는 배기에너지의 이용방법에 따라 정압 과급기, 동압 과급기로 구분한다.

70 실린더 총배기량이 1800cm^{3}이고, 연소실 총체적이 225cm^{3}인 기관의 압축비는?

① 8

② 9

③ 10

④ 11

71 콘크리트 노면에서 10kN의 수평 견인력을 작용시켜 7.2km/h로 견인할 때 차축 동력이 40kW이었다면 트랙터의 견인효율은 약 몇 %인가?

① 20

② 40

③ 50

④ 60

72 차륜형 트랙터에서 동력 조향장치의 구성요소에 해당되지 않는 것은?

① 유압모터

② 유압펌프

③ 유압 실린더

④ 조향 컨트롤 밸브

73 트랙터 캐스터 각에 대한 설명으로 옳은 것은?

① 차체의 옆에서 볼 때 킹핀이 뒤쪽으로 2~3° 경사지게 되어 있다.

② 차체의 앞에서 볼 때 바퀴의 상단이 밖으로 2° 정도 경사져 있다.

③ 차체의 앞에서 볼 때 바퀴의 하단이 밖으로 2° 정도 경사져 있다.

④ 차체의 위에서 볼 때 바퀴의 앞쪽이 5~10mm 좁게 되어 있다.

74 내연기관에 사용되는 윤활유의 주요 기능이 아닌 것은?

① 기밀작용

② 냉각작용

③ 응력집중작용

④ 부식방지작용

75 트랙터의 발전기에서 나오는 전압을 충전에 필요한 일정한 전압으로 유지시켜 주는 장치는 무엇인가?

① 레귤레이터　　② 다이오드
③ 계자코일　　　④ 슬립링

76 트랙터의 작업기 장착방법 중 견인식과 비교한 직접 장착식의 특징이 아닌 것은?

① 전장이 짧고 회전반경이 작다.
② 작업기의 운반 및 선회가 용이하다.
③ 유압제어가 용이하다.
④ 견인력이 작다.

77 동기속도 2000rpm, 전부하 시의 회전수 1500rpm인 유도 전동기의 슬립율은?

① 15%　　　　② 25%
③ 32%　　　　④ 42%

78 디젤 기관의 연료분사장치의 성능에서 분무 형성의 3대 요건이 아닌 것은?

① 무화상태가 좋아야 한다.
② 관통력이 커야 한다.
③ 과급되어 있어야 한다.
④ 균일하게 분산되어야 한다.

79 외연기관과 비교한 내연기관의 장점이 아닌 것은?

① 열효율이 높다.
② 고체 연료를 사용한다.
③ 소형 경량이다.
④ 열에너지 손실이 적다.

80 기관에서 플라이휠에 대한 설명으로 틀린 것은?

① 가능한 한 직경을 크게 한다.
② 실린더의 수가 적을수록 큰 것을 사용한다.
③ 토크변동을 줄이기 위해 부착한다.
④ 회전속도가 적은 기관일수록 큰 것을 사용한다.

> **2015**
> 2015. 5. 31

기출문제

※ 2, 6, 12, 20번 문제는 출제기준 변경으로 인하여 출제되지 않습니다.

제1과목　농업기계 공작법

01 100mm 사인바를 이용하여 30°를 만들 경우 필요한 블록 게이지의 높이 차는 몇 mm인가?

① 40
② 50
③ 60
④ 70

02 밀링 작업에서 다듬질면의 조도 중 1개의 날 끝마다 나타나는 공구의 흔적은?

① 회전 마크(revolution mark)
② 채터 마크(chatter mark)
③ 그루브 마크(groove mark)
④ 투스 마크(tooth mark)

03 디젤 기관의 실린더 헤드 볼트를 조일 때, 마지막에 사용하는 공구로 가장 적합한 것은?

① 플러그 렌치
② 스피드 렌치
③ 토크 렌치
④ 롱 소켓 렌치

04 25mm 기준 봉으로 세팅한 마이크로미터로 공작물을 측정하여 30275mm를 얻었다면 실제 치수는?(단, 기준봉의 실제 길이는 24.995mm이다)

① 29.275mm
② 30.275mm
③ 30.270mm
④ 30.280mm

05 다음 중 전해연마의 특징에 대한 설명으로 틀린 것은?

① 가공 변질층이 나타나지 않는다.
② 복잡한 형상의 연마도 가능하다.
③ 가공면에는 방향성이 있다.
④ 내마멸성, 내부식성이 좋아진다.

06 선반을 이용하여 직경 30mm 저탄소강 환봉으로 트랙터 드로바의 연결핀을 가공하고자 한다. 바이트의 재질을 고려하여 절삭속도는 16m/min일 때 선반의 주축 회전수는 약 얼마로 하는 것이 좋은가?

① 150rpm
② 170rpm
③ 340rpm
④ 360rpm

07 절삭가공에서 구성인선(built-up-edge)의 방지대책으로 틀린 것은?

① 절삭깊이와 이송을 작게 한다.
② 공구의 측면과 상면의 경사각을 크게 한다.
③ 절삭속도를 되도록 느리게 한다.
④ 윤활성이 좋은 절삭유를 사용한다.

08 강의 적당한 강인성을 부여하기 위하여 A1 변태점 이하의 온도에서 가열하는 열처리 방법은?

① 퀜칭(quenching)

② 노멀라이징(normalizing)

③ 어닐링(annealing)

④ 템퍼링(tempering)

09 세라믹 절삭공구의 일반적인 특성 중 틀린 것은?

① 고온에서 경도가 높다.

② 경질 합금보다 인성이 적다.

③ 주철의 절삭이 불가능하다.

④ 경질 합금보다 고속작업이 용이하다.

10 양수기의 흡입 양정을 측정하려면 흡입구 측에 어떤 게이지를 설치하여야 하는가?

① 압력 게이지

② 진공 게이지

③ 플러그 게이지

④ 회전 게이지

11 접합의 수단으로 이용되는 용접의 장점이 아닌 것은?

① 이름 접합부의 이음효율이 높다.

② 재료의 절감과 중량을 경량화할 수 있다.

③ 자동화 작업을 용이하게 할 수 있다.

④ 접합부의 재질이 변화하지 않는다.

12 연삭기의 연삭력은 441N이고, 연삭속도는 2000m/min일 때 연삭효율을 무시한 이론적인 연삭동력은 몇 kW인가?

① 18.7　　② 16.7

③ 14.7　　④ 12.7

13 프레스 가공의 종류에 속하지 않는 것은?

① 전단 가공(shearing work)

② 리밍 가공(reaming work)

③ 굽힘 가공(bendong work)

④ 드로잉 가공(drawing work)

14 압연가공에서 롤러를 통과하기 전의 두께 25mm가 통과 후 20mm로 되었다면 입하율은?

① 20%　　② 25%

③ 40%　　④ 45%

15 드릴로 뚫은 구멍의 내면을 매끈하고 정확하게 가공하는 작업은?

① 컷팅(cutting)

② 태핑(tapping)

③ 리밍(reaming)

④ 치핑(chipping)

16 가공물의 표면에 미세한 입자의 연한 숫돌을 작은 압력으로 가공물에 가압하면서 진동을 주어 가공하는 방법은?

① 호닝　　② 래핑

③ 슈퍼 피니싱　　④ 버핑

17 절삭제(cutting fluids)를 사용하는 목적이 아닌 것은?

① 냉각 작용　　② 절삭저항 증가
③ 윤활 작용　　④ 세척 작용

18 기계에 의해 가공된 평면이나 원통면을 더욱더 정밀하게 다듬질하는 수작업은?

① 폴리싱　　　② 스크레이핑
③ 버니싱　　　④ 슈퍼피니싱

19 일반적인 저 탄소강재의 선반 절삭저항에 대한 3분력 크기를 비교한 것으로 옳은 것은?

① 주분력<이송분력<배분력
② 이송분력<배분력<주분력
③ 주분력<이송분력<배분력
④ 주분력<배분력<이송분력

20 다음 중 일반적인 선반작업이 아닌 것은?

① 외경 절삭　　② 키 홈 절삭
③ 나사 절삭　　④ 내경 절삭

농업기계요소

21 코일 스프링에서 스프링의 평균지름을 2배로 하고 축방향의 하중을 1/2로 하면 늘어나는 양은 몇 배로 되는가?

① 1/2배　　　② 1배
③ 2배　　　　④ 4배

22 볼 나사(ball screw)의 장점이 아닌 것은?

① 나사의 효율이 좋다.
② 높은 정밀도를 유지할 수 있다.
③ 백래시를 작게 할 수 있다.
④ 나사 종류 중 가장 강력한 체결력이 있다.

23 직선으로 가는 배관(pipe)의 방향을 90°만큼 바꾸려 할 때 쓰이는 파이프 이음쇠의 명칭은?

① 캡
② 엘보
③ 유니언
④ 플러그

24 접합하는 모재의 한 쪽에 구멍을 뚫고 판재의 표면까지 채우는 용접방법은?

① 그루브 용접(groove welding)
② 필릿 용접(fillet welding)
③ 비드 용접(bead welding)
④ 플러그 용접(plug welding)

25 브레이크의 용량을 계산하는 식으로 옳은 것은?

① 마찰계수×허용 접촉압력×브레이크 드럼의 원주 속도
② 마찰계수×허용 접촉압력×브레이크 드럼의 각 속도
③ 속도계수×허용 접촉압력×브레이크 드럼의 원주 속도
④ 속도계수×허용 접촉압력×브레이크 드럼의 각 속도

26 전위차의 사용목적이 아닌 것은?

① 언더컷을 방지하려고 할 경우

② 이의 강도를 개선하려고 할 경우

③ 중심거리를 변화시키려고 할 경우

④ 미끄럼률을 증대하려고 할 경우

27 농용기관에서 직선 왕복운동을 회전운동으로 바꾸어 주는데 사용되는 축은?

① 직선 축   ② 중간 축

③ 크랭크축   ④ 플렉시블 축

28 자유로이 굽어질 수 있고, 내산성이 커서 산성유체와 수도용으로 쓰이는 관은?

① 주철관   ② 동관

③ 알루미늄관   ④ 연관

29 끼워맞춤의 정밀도를 나타내는 표시방법 중 옳은 것은?

① 구멍, 축 모두 대문자를 쓴다.

② 구멍, 축 모두 소문자로 쓴다.

③ 구멍에는 소문자, 축에는 대문자를 쓴다.

④ 구멍에는 대문자, 축에는 소문자를 쓴다.

30 치차열(Gear train)에서 속도비를 구하는 식은?

① $\dfrac{구동치차의\ 회전수의\ 곱}{피동치차의\ 잇수의\ 곱}$

② $\dfrac{피동치차의\ 치차의\ 곱}{구동치차의\ 회전수의\ 곱}$

③ $\dfrac{구동치차의\ 잇수의\ 곱}{피동치차의\ 잇수의\ 곱}$

④ $\dfrac{피동치차의\ 잇수의\ 곱}{구동치차의\ 잇수의\ 곱}$

31 코터이음에서 축에 3600N의 인장력이 작용할 경우 코터의 너비×높이가 각각 15mm×80mm이다. 이때 코터가 받는 전단응력은 약 몇 N/cm²인가?

① 150   ② 226

③ 250   ④ 300

32 밸브의 무게와 밸브 양쪽의 압력차를 이용하여 자동으로 작동하게 되어 있는 역류 방지용 밸브는?

① 슬루스 밸브(sluice valve)

② 정지 밸브(stop valve)

③ 안전밸브(relief valve)

④ 체크 밸브(check valve)

33 접촉면의 내경이 80mm, 외경이 140mm인 단판 클러치에서 마찰계수가 $\mu = 0.2$, 접촉면 압력이 $P = 0.2$N/mm²일 때, 200rpm으로 약 몇 kW를 전달할 수 있는가?

① 0.48   ② 0.63

③ 0.95   ④ 1.27

34 플라이휠에서 각속도 w_1에서 w_2까지 가속된 결과 운동에너지의 증가를 ΔE, 1사이클 사이에 발생하는 에너지를 E라 할 때, 에너지 변동계수 q를 나타낸 것은?

① $q = \dfrac{E}{w_2 - w_1}$ ② $q = \dfrac{w_2 - w_1}{\Delta E}$

③ $q = \dfrac{1}{\Delta E}$ ④ $q = \dfrac{\Delta E}{E}$

35 밸브 봉에 의해 밸브가 상하로 움직여서 관로를 개폐하는 것으로 밸브 개폐에 시간이 걸리고 고가인 것은?

① 게이트 밸브(gate valve)

② 스톱 밸브(stop valve)

③ 체크 밸브(check valve)

④ 안전밸브(safety valve)

36 리벳이음과 비교한 용접이음의 장점이 아닌 것은?

① 기밀성이 양호하다.

② 재료를 절감할 수 있다.

③ 중량을 경감시킨다.

④ 변형이 어렵고 잔류응력이 남지 않는다.

37 지름이 5cm인 원형 단면봉에 2000kgf의 인장하중이 작용할 때 이 봉에 생기는 인장응력은 약 몇 kgf/cm² 인가?

① 80.0

② 101.8

③ 400.0

④ 509.3

38 전기용접이음에서 재료의 하중을 W, 길이를 L, 두께를 t로 할 때, 용접부의 인장응력을 구하는 계산식으로 옳은 것은?

① $\sigma = t \cdot L / W$

② $\sigma = W \cdot L \cdot t$

③ $\sigma = W / t \cdot L$

④ $\sigma = L / W \cdot t$

39 비틀림 모멘트 4000kg·cm, 회전수 500rpm인 전동축의 전달마력은?

① 17.9PS

② 20.5PS

③ 27.9PS

④ 10.5PS

40 베어링의 번호가 6208일 때 이 베어링의 안지름은 몇 mm인가?

① 8

② 16

③ 40

④ 80

제3과목 농업기계학

41 농업기계학의 목적이 아닌 것은?

① 노동 생산성 향상

② 토지 생산성 향상

③ 생산비의 증가

④ 중노동 탈피

42 감자 파종기에 관한 설명 중 거리가 먼 것은?

① 반자동식(엘리베터식)은 보조 작업자가 필요 없다.

② 파종 깊이가 깊기 때문에 대형 배토판 형식이 구절기를 이용한다.

③ 파종 깊이가 깊기 때문에 대형 디스크형 복토기를 이용한다.

④ 일정한 간격으로 파종하는 일종의 점파기다.

43 원심 펌프의 양수량이 1m³/min이고, 전양정이 13.5m일 때 전 효율이 60%이면 축동력은 몇 kW가 소요되는가?

① 3.68

② 4.52

③ 5.21

④ 6.31

44 동력 탈곡기의 탈곡망과 탈곡치 선단의 틈새로 적당한 것은?

① 1~2mm   ② 5~8mm

③ 10~12mm   ④ 14~16mm

45 정지용 작업기에 해당되지 않는 것은?

① 쇄토기   ② 진압기

③ 이식기   ④ 균평기

46 쟁기의 볏과 동일한 역할을 하는 플로우의 부품 명칭은?

① 마스트   ② 랜드 사이드

③ 콜터   ④ 몰드 보드

47 현미기의 작동에 이상이 발생했을 경우 살펴봐야 할 중요한 항목이 아닌 것은?

① 2개의 고무 롤러간의 간격

② 고속 롤러의 표면상태

③ 현미의 함수율

④ 공급장치의 공급 상태

48 농산물을 어떤 일정한 온도와 습도를 가진 조건에 방치할 때 수분을 잃지도 않고 얻지도 않는다면 이때의 곡물 함수율을 무엇이라 부르는가?

① 평형 함수율

② 습량기준 함수율

③ 건량기준 함수율

④ 평균 함수율

49 중경 제초기의 주요 부품이 아닌 것은?

① 중경날   ② 솎음날

③ 제초날   ④ 배토판

50 이앙기의 조간 간격이 30cm, 주간 간격은 18cm일 때 3.2m²에 필요한 주수로 적합한 것은?

① 85   ② 69

③ 61   ④ 40

51 건조 과정에서 일정 시간 건조된 곡물을 탱크 내에 머무르게 하여 곡물의 내부 수분이 곡물의 표면으로 이동하는 과정을 무엇이라 하는가?

① 순환   ② 템퍼링

③ 예건   ④ 저류

52 농약 방제작업 시 농약액의 입자가 작을 때, 나타나는 현상이 아닌 것은?

① 피복면적비가 증가

② 바람에 의해 쉽게 증발·비산

③ 부착율이 저하

④ 작업자나 주위환경을 오염

53 곡물을 수평이나 수직 또는 경사방향으로 모두 이송할 수 있는 반송장치는?

① 드로우어

② 벨트 컨베이어

③ 스크류 컨베이어

④ 버킷 엘리베이터

54 건초를 압축 결속하는 데 사용하는 기계는?

① 베일러

② 모어컨디셔너

③ 테더

④ 레디얼레이크

55 곡물 건조의 목적으로 거리가 먼 것은?

① 농산물을 장시간 저장할 수 있다.

② 종자의 발아력을 유지할 수 있다.

③ 함수율이 높은 곡물을 일찍 수확할 수 있다.

④ 수분을 전혀 함유하지 않는 곡물을 만들 수 있다.

56 사료 분쇄기에서 옥수수, 귀리, 콩, 맥류 등과 같은 곡류를 분쇄하는 기계는?

① 쵸퍼밀

② 루트카터

③ 피드 그라인더

④ 콘셀러

57 조파기 구조 중 배출부에서 나온 종자가 흩어지지 않도록 지상으로 유도하기 위한 장치는?

① 종자관

② 작구기

③ 종자 배출장치

④ 균평관

58 시간이 경과함에 따라 기계의 가치가 떨어지는 비용과 가장 관계가 있는 용어는?

① 감가상각비   ② 고정비

③ 변동비용   ④ 이용비용

59 기계장치 중 하우스의 난방에 이용할 수 없는 것은?

① 온수 보일러

② 온풍 난방기

③ 지열 히트 펌프(heat pump)

④ 미스트 앤 팬(mist and fan)

60 토양의 수분함량을 측정하기 위해 토양의 표본을 채취하여 분석한 결과 토양을 건조하기 전에 토양 전체의 질량이 100g, 토양을 건조한 후의 질량이 78g이었다. 토양의 수분함량은 건량기준으로 몇 %인가?

① 24.3   ② 28.2

③ 31.2   ④ 35.4

제4과목   **농업동력학**

61 궤도형 트랙터의 장점이 아닌 것은?

① 접지 면적이 넓어 연약 지반에서도 작업이 가능하다.

② 무게 중심이 낮아 경사지 작업이 편리하다.

③ 기동성이 좋고 정비가 편리하다.

④ 회전 반경이 작다.

62 트랙터는 좌·우 브레이크 페달에 의해 독립적으로 제동할 수 있게 되어 있다. 이와 같이 독립 브레이크를 사용하는 이유로 가장 적합한 것은?

① 급정지를 해야 하기 때문에
② 제동이 잘 안되기 때문에
③ 슬립을 줄이기 위해서
④ 회전 반경을 작게 하기 위해서

63 실린더 헤드에 위치하여 냉각수의 온도에 따라 라디에이터로 통하는 냉각수의 통로를 개폐하여 냉각수의 온도를 일정하게 유지해 주는 장치는?

① 물 재킷　　　　② 냉각 팬
③ 서모스탯　　　　④ 오일 필터

64 가솔린 기관의 열효율 향상과 노크 방지에 적합한 연소실 조건이 아닌 것은?

① 밸브 면적을 크게 한다.
② 화염전파경로를 짧게 한다.
③ 연소실 표면적을 크게 한다.
④ 혼합기 와류를 형성할 수 있는 구조로 한다.

65 가솔린 기관 혼합기의 공기와 연료의 혼합비인 공연비를 나타내는 것은?

① $\dfrac{\text{연료의 부피}}{\text{공기의 부피}}$　　② $\dfrac{\text{연료의 질량}}{\text{공기의 질량}}$

③ $\dfrac{\text{공기의 부피}}{\text{연료의 부피}}$　　④ $\dfrac{\text{공기의 질량}}{\text{연료의 질량}}$

66 동력 경운기를 작업방식에 따라 구분한 것이 아닌 것은?

① 견인형　　　　② 구동형
③ 차륜형　　　　④ 견인 구동 겸용형

67 윤활유의 SAE 번호에 대한 설명으로 옳은 것은?

① 윤활유의 점도가 높을수록 큰 번호이다.
② 윤활유의 품질이 좋을수록 큰 번호이다.
③ 겨울에는 여름보다 큰 번호의 윤활유를 사용한다.
④ 윤활유의 품질이나 용도를 고려한 점도 분류법이다.

68 연약지에서 견인력을 높이기 위한 트랙터 보조 주행장치가 아닌 것은?

① 스트레이크　　② 리프팅 로드
③ 타이어 거들　　④ 플로트 철차륜

69 압축비가 4.5인 가솔린 기관에서 공기표준 사이클의 열효율은?(단, 비열비는 1.4이다)

① 45%　　　　② 55%
③ 78%　　　　④ 87%

70 4극 3상 유도 전동기의 슬립율이 5%일 때, 회전자의 실제 회전수는?(단, 전원은 60Hz이다)

① 1800rpm　　② 1750rpm
③ 1710rpm　　④ 1700rpm

71 트랙터 구동륜에 걸리는 하중을 크게 하는 목적으로 가장 적합한 것은?

① 기체의 안정을 유지한다.

② 조향성을 높인다.

③ 견인력을 높인다.

④ 엔진의 진동을 억제한다.

72 전기가 1초 동안에 하는 일의 크기를 전력이라 하며, 기본단위로 와트(W)를 사용한다. 다음 중 전류 I, 전압 V, 위상차 ϕ인 3상 교류의 전력 P를 계산하는 식은?

① $P = \dfrac{1}{\sqrt{2}} IV\cos\phi$

② $P = \sqrt{2}\, IV\cos\phi$

③ $P = \dfrac{1}{\sqrt{3}} IV\cos\phi$

④ $P = \sqrt{3}\, IV\cos\phi$

73 미끄럼 기어식 변속장치에 대한 설명으로 옳은 것은?

① 유체를 통해 주축의 회전력을 변속축에 전달한다.

② 기어를 결합시킬 때 기어에 손상을 끼칠 염려가 있다.

③ 기어를 항상 결합시켜 둔다.

④ 기어와 주축을 결합하는 슬라이딩 칼라를 이용한다.

74 4극의 유도 전동기에 60Hz의 3상 교류를 흐르게 했을 때 이 유도 전동기의 동기속도는?

① 1700rpm ② 1740rpm

③ 1800rpm ④ 1820rpm

75 실린더의 측면에 캠축을 설치하여 캠, 푸시로드 로커암 등이 작동하므로 기구가 복잡하고 소음이 크며, 밸브 개폐 시기를 정확히 맞추기는 어려우나 가스의 출입이 용이한 밸브 구동방식은?

① 측밸브식

② 측캠축식

③ 두상 밸브식

④ 두상 캠축식

76 트랙터 축전지의 충전 상태 판별방법과 관계가 가장 먼 것은?

① 셀(cell)의 수

② 전해액(H_2SO_4)의 비중

③ 축전지의 전압

④ 셀(cell) 전압

77 일반적인 디젤 기관의 연소실 중 열효율이 가장 좋은 형식은?

① 직접분사식

② 와류실식

③ 예연소실식

④ 공기실식

78 트랙터 유압장치에서 유압실린더나 유압모터의 작동속도를 조절해주는 역할을 주로하는 밸브는?

① 방향 제어밸브

② 안전 제어밸브

③ 압력 제어밸브

④ 유량 제어밸브

79 트랙터의 앞바퀴 정렬에 해당되지 않는 것은?

① 토 아웃(toe out)

② 캠버 각(camber angle)

③ 캐스터 각(caster angle)

④ 킹핀 경사각(kingpin angle)

80 내연기관 연료의 기화성에 대한 설명으로 틀린 것은?

① 낮은 온도에서도 기화성이 좋아야 한다.

② 가속성 향상을 위해 기화성이 좋아야 한다.

③ 균일한 분배를 위해 기화성이 낮아야 한다.

④ 증기 폐색 현상은 기화성이 좋은 경우 발생한다.

2016 기출문제
2016. 5. 8

※ 3, 4, 15, 16번 문제는 출제기준 변경으로 인하여 출제되지 않습니다.

제1과목 농업기계 공작법

01 단식 분할법에서 크랭크의 회전수를 n, 등분 수를 N이라고 하면 분할 크랭크의 회전수를 구하는 식은?

① $n = N/40$ ② $n = N/20$
③ $n = 40/N$ ④ $n = 20/N$

02 탭(tap) 작업 시 탭의 파손원인이 아닌 것은?

① 구멍이 너무 작거나 구부러진 경우
② 탭의 지름에 적합한 핸들을 사용하지 않을 경우
③ 탭의 날이 예리하고 절삭속도를 낮게 한 경우
④ 막힌 구멍의 밑바닥에 탭의 선단이 닿았을 경우

03 선반 작업에서 가늘고 긴 공작물을 가공할 때 공작물이 휘거나 진동을 방지하는 데 사용되는 기구는?

① 면판 ② 방진구
③ 돌리개 ④ 연동척

04 연삭숫돌 원주에 파상의 흔적이 생겼을 때 원주를 원하는 모양으로 수정하는 것을 무엇이라고 하는가?

① 트루잉(truing)
② 프레싱(pressing)
③ 로딩(loading)
④ 글레이징(glazing)

05 표면을 매끈하게 하기 위해 강구나 초경합금의 볼 모양의 공구를 공작물 구멍에 압입하여 구멍표면을 매끈하게 다듬는 가공법은?

① 버니싱 ② 전해연마
③ 방전가공 ④ 액체 호닝

06 마이크로미터의 프린들 피치를 0.5mm로 하고 심블의 원주를 50등분 하면 심블 원주의 1눈금은 몇 mm인가?

① 0.005 ② 0.01
③ 0.05 ④ 0.1

07 다음 중 탭과 다이스에 대한 설명으로 틀린 것은?

① 기계 탭은 선반으로 나사를 내는 공구이다.
② 탭은 수나사를 다이스는 암나사를 내는 데 사용된다.
③ 핸드 탭은 3개가 한 조로 형성된다.
④ 탭이 경사지게 들어가면 파손을 일으킬 수 있다.

08 300mm의 사인바를 사용하여 피측정물의 경사면과 사인바의 측정면이 일치하였을 때, 사인바 양단의 게이지블록 높이 차가 42mm 이었다. 이때의 경사각은?

① 4° ② 8°
③ 12° ④ 16°

09 접시머리 나사의 머리부를 공작물에 묻히게 하기 위해 원뿔 모양으로 자리를 파는 작업을 무엇이라고 하는가?

① 카운터 싱킹(counter sinking)
② 카운터 보링(counter boring)
③ 스폿 페이싱(spot facing)
④ 보링(boring)

10 연성 재료를 고속 절삭할 때 생기는 칩(chip)의 형상으로 다음 중 가장 적합한 것은?

① 경작형 ② 균열형
③ 전단형 ④ 유동형

11 아크 용접에서 정극성에 대한 설명 중 옳은 것은?

① 모재를 (−)극에 용접봉을 (+)극에 연결한다.
② 용접봉의 녹음이 빠르다.
③ 모재의 용입이 깊다.
④ 비드 폭이 넓다.

12 내연기관에서 밸브 간극을 조정할 때 사용하는 측정 게이지는?

① 센터 게이지 ② 틈새 게이지
③ 한계 게이지 ④ 다이얼 게이지

13 표면 거칠기의 측정법이 아닌 것은?

① 광파간섭법
② 전기충전법
③ 촉침법
④ 광전단법

14 용접에서 피복제(flux)에 대한 설명 중 옳은 것은?

① 공기유입을 좋게 하여 산화가 빨리 되도록 도와준다.
② 용접봉의 용융속도를 느리게 한다.
③ 슬래그를 용착금속 내에 묻히게 하여 용접면을 깨끗하게 한다.
④ 주철, 동, 동합금의 용재(flux)로써 봉사(H_2BO_3)를 사용할 수 있다.

15 그림과 같은 공작물을 절삭할 때 심압대 편위량은 몇 mm인가?

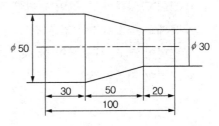

① 10 ② 20
③ 30 ④ 40

16 WA 60L 8V라는 연삭숫돌 표시에서 60은 무엇을 의미하는가?

① 결합도 ② 입도
③ 결합제 ④ 지름

17 강을 A₃ 변태점보다 20~50℃ 정도 높은 온도로 가열한 후 급냉시켜 정도를 증가시키는 열처리 방법은?

① 뜨임(tempering)
② 풀림(annealing)
③ 담금질(quenching)
④ 불림(normalizing)

18 정반 위에 올려놓고 정반 면을 기준으로 하여 높이를 측정하거나 스크라이버 끝으로 금 긋기 작업을 하는 데 사용하는 측정기는?

① 마이크로미터
② 버니어 캘리퍼스
③ 하이트 게이지
④ 컴비네이션 세트

19 목형에 사용되는 목재의 구비조건으로 틀린 것은?

① 절이 균일하고, 가공이 용이할 것
② 목재로서의 결함이 없을 것
③ 변형이 크고, 내구력이 클 것
④ 가격이 저렴할 것

20 배럴 가공에서 미디어(media)의 가공작용 설명으로 틀린 것은?

① 표면의 치수 정밀도를 낮춘다.
② 녹이나 스케일을 제거한다.
③ 거스러미를 제거한다.
④ 표면의 광택을 낸다.

제2과목 **농업기계요소**

21 100kg의 하중을 받고 처짐이 20mm가 생기는 코일 스프링에서 코일지름 $D = 40mm$, 소선의 지름 $d = 8mm$이라 할 때 유효 감김수는?(단, 횡탄성 계수 $G = 8.1 \times 103kg/mm^2$이다)

① 12.96
② 22.48
③ 25.92
④ 44.96

22 그림과 같은 유성기어에서 기어 A를 고정하고 암 C를 우회전으로 100회전시켰을 때 기어 B는 몇 회전하는가?(단, 기어 A의 잇수 $Z_A = 100$ 기어 B의 잇수 $Z_B = 20$이다)

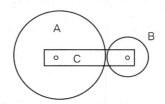

① 600회전
② 500회전
③ 400회전
④ 300회전

23 M20×2인 2줄 나사의 리드는 몇 mm인가?

① 2
② 4
③ 20
④ 40

24 두 축이 같은 평면 내 있으면서 그 중심선이 어느 각도로 교차하고 있을 때 사용하는 축이음으로서 트랙터의 PTO축에서 로타리 구동축까지 토크를 전달하는 커플링은?

① 원통 커플링(cylindrical coupling)

② 유니버셜 커플링(universal coupling)

③ 올덤 커플링(Oldham's coupling)

④ 플렉시블 커플링(flexible coupling)

25 농업기계는 수리 부품의 교환을 용이하게 하기 위하여 표준화를 많이 하고 있다. 표준화의 장점으로 가장 거리가 먼 것은?

① 시장조사에 의하여 생산량을 자유로 결정할 수 있다.

② 생산, 설계, 시험방법 등이 규격화되어 있어 생산이 능률적이다.

③ 규격품의 품질, 향상, 치수 등은 단계적으로 규정되어 있어 단가가 높아진다.

④ 검사방법이 표준화되어 있어 품질관리가 쉬워 품질이 향상된다.

26 나사의 크기(호칭지름)는 일반적으로 수나사의 무엇으로 표시하는가?

① 안지름 ② 바깥지름

③ 골지름 ④ 유효지름

27 다음 기어 중 회전운동을 직선운동으로 변환할 때 사용하는 것은?

① 베벨 기어 ② 래크와 피니언

③ 헬리컬 기어 ④ 웜과 웜기어

28 다음 중 세로 변형률 ε를 나타낸 식은?(단, l = 재료의 처음 길이, λ = 길이 변형량)

① $\varepsilon = \dfrac{l}{\lambda}$ ② $\varepsilon = \lambda l$

③ $\varepsilon = \dfrac{\lambda}{l}$ ④ $\varepsilon = \dfrac{\lambda}{2l}$

29 베어링 번호 6208Z2P4에서 08은 무엇을 나타내는가?

① 안지름번호로 안지름 8mm이다.

② 치수기호 8을 나타낸다.

③ 형식기호 8을 나타낸다.

④ 안지름번호로 안지름 40mm이다.

30 웜휠의 잇수를 Z, 웜의 줄 수를 n이라고 하면 감속비 i는?

① $i = \dfrac{n}{Z}$ ② $I = \dfrac{Z}{n}$

② $I = n \times Z$ ④ $I = n\sqrt{Z}$

31 코일 스프링에 100N의 인장하중을 가했더니 길이가 1cm 늘어났다면 이 스프링의 스프링 상수는?

① 1mm/N ② 10mm/N

③ 1N/mm ④ 10N/mm

32 다음 중 분할 핀의 호칭은 어느 것으로 정하는가?

① 핀 중심부의 지름 ② 핀 머리의 지름

③ 핀 끝부분의 지름 ④ 핀 구멍의 지름

33 무거운 기계를 달아 올릴 때 사용하는 볼트로 적합한 것은?

① 기초볼트

② 아이 볼트

③ 스터드 볼트

④ 스테이 볼트

34 구멍지름의 치수가 $\phi 10 \begin{smallmatrix} +0.035 \\ -0.012 \end{smallmatrix}$ 일 때, 공차는?

① 0.012

② 0.023

③ 0.035

④ 0.047

35 2개의 축을 축 방향으로 연결하는 데 사용하는 결합요소로 주로 인장하중 또는 압축하중을 받는 축을 연결하는 것은?

① 코터

② 묻힘 키

③ 안장 키

④ 접선 키

36 단열 레이디얼 볼 베어링에서 베어링 하중이 1000kgf, 회전수 5000rpm일 때 기본부하용량이 7500kgf인 볼 베어링의 수명은 약 몇 시간(hr)인가?

① 1206

② 1372

③ 1405

④ 1912

37 다음 중 유체의 역류방지 목적으로 설치하는 밸브의 종류는?

① 나비 밸브

② 격막 밸브

③ 슬루스 밸브

④ 체크 밸브

38 다음 중 유체 수송 배관설비에서 밸브의 역할이 아닌 것은?

① 유체의 유량 조절

② 유체의 속도 조절

③ 유체의 방향 전환

④ 유체의 흐름 단속

39 원판 브레이크에서 축 방향으로 1ton의 힘을 가할 때 제동될 동력의 크기는 약 몇 PS인가?(단, 축의 회전수가 50rpm, 마찰계수는 $\mu = 0.4$, 마찰면 수는 4, 브레이크 드럼의 평균지름은 90mm이다)

① 3

② 5

③ 7

④ 9

40 블록과 브레이크륜 사이의 마찰계수를 μ, 브레이크 압력을 q[kgf/mm²], 브레이크륜의 속도를 V[m/s]라 할 때 브레이크 용량(kgf·m/mm²·s)을 바르게 나타낸 식은?

① $\mu \cdot q \cdot V$

② $\dfrac{\mu \cdot q \cdot V}{75}$

③ $\dfrac{q \cdot V}{\mu}$

④ $\dfrac{V}{\mu \cdot q}$

제3과목 **농업기계학**

41 다음 중 볏 짚, 풀, 보릿 짚, 고구마 덩굴, 퇴비 등을 절단하는 사료 조제기는?

① 헤이로더

② 플라이휠형 커터

③ 헤머 밀

④ 피이드 그라인더

42 분뇨처리방법으로 틀린 것은?

① 분뇨처리과정에는 고체와 액체를 분리하는 고액분리과정이 있다.

② 액상의 분뇨는 발효조를 이용하여 액상 콤 포스트를 만들 수 있으며 이것은 퇴비 살포기를 이용하여 논밭에 살포한다.

③ 액상 분뇨기 과량으로 발생할 때는 정화시설을 통하여 방류시킨다.

④ 고형분을 콤포스트화 할 때에는 유기물의 분해속도가 최대가 되도록 호기성 발효에 유리한 짚, 톱밥, 왕겨 등을 혼합한다.

43 다음 중 농업기계의 총수리비 계수는?

① $\dfrac{\text{내구연한}}{\text{총수리비}} \times \text{구입가격}$

② $\dfrac{\text{총수리비}}{\text{구입가격}}$

③ $\dfrac{\text{구입가격} - \text{폐기가격}}{\text{내구연한}}$

④ $\dfrac{\text{총수리비}}{\text{이용시간수}}$

44 곡물의 원료 정선기에 대한 설명으로 옳은 것은?

① 원료 내에 포함되어 있는 가벼운 이물질은 기류선별 과정에서 제거된다.

② 조선기라고도 하며, 도정과정에서 현미와 왕겨를 분리하는 작업도 함께 수행할 수 있다.

③ 일반적으로 비중선별이나 크기선별을 사용하지 않고 기류선별을 이용하는 것이 많다.

④ 생산물의 품위를 향상시키는 역할은 하지만 가공공정의 효율을 높이지는 못한다.

45 살수기 관개에 대한 설명으로 틀린 것은?

① 침투성이 좋지 못한 흙에서는 지표에 고이고 증발손실이 많다.

② 잎이 무성한 경우에는 엽면에서의 증발손실이 많다.

③ 살수기 관개는 지표를 굳게 한다.

④ 수압의 변화 및 바람에 따라 살수상태가 변한다.

46 농업기계화의 목적으로 가장 거리가 먼 것은?

① 토지생산성의 향상

② 노동생산성의 향상

③ 신품종의 개량

④ 중노동으로부터의 해방

47 동력 취출축(PTO)으로부터 동력을 받아 토양을 절삭, 파쇄 등을 하는 작업기는?

① 쟁기

② 디스크 해로우

③ 플로우

④ 로터리

48 자탈형 콤바인의 급동 지름이 450mm이고, 급치의 높이가 50.05mm일 때 급동의 유효 지름은?

① 399.95mm   ② 450.00mm

③ 480.05mm   ④ 550.10mm

49 조파기에서 구절기의 기능에 대한 설명으로 가장 적합한 것은?

① 배출된 종자의 파종위치를 유도한다.

② 적합한 깊이로 이랑을 판다.

③ 파종 후 이랑을 덮는다.

④ 흙이 덮힌 이랑을 가볍게 누른다.

50 원예시설 내에 주요 환경관리장치가 아닌 것은?

① 환기장치

② 수소 농도 제어장치

③ 탄산가스농도 제어장치

④ 광환경 조절장치

51 이앙기에 부착된 플로트의 기능이 아닌 것은?

① 승용에서는 식부깊이를 일정하게 유지한다.

② 보행용에서는 조간거리를 일정하게 유지한다.

③ 플로트가 승·하강하면서 차륜깊이가 조절된다.

④ 이앙기 본체를 지지한다.

52 미곡종합처리장의 설치 목적이 아닌 것은?

① 미곡의 생산비 절감

② 미곡의 품질향상 도모

③ 처리시설 자동화를 통한 노동력 절감

④ 경영규모 및 복합영농의 축소

53 다음은 벼의 도정작업체계이다. ( )에 알맞은 것은?

> 벼정선기 → 현미기 → 현미분리기 → ( ) → 연미기 → 계량 → 포장

① 정미기

② 미강 집적사이클론

③ 쇄미분리풍구

④ 색채 선별기

54 경운 정지작업으로 가장 거리가 먼 것은?

① 쇄토작업

② 균평작업

③ 견인작업

④ 쟁기작업

55 평면식 건조기의 특성이 아닌 것은?

① 구조가 간단하고 취급이 쉽다.

② 곡물 이외의 농산물건조에도 이용된다.

③ 상하층 간 함수율의 차이가 적다.

④ 최하층의 곡물은 건조 초기에 급속히 건조된다.

56 트랙터가 경폭이 90cm인 플로우로 10cm의 깊이를 경운할 때 경운저항이 22500N이 작용하였다. 이때 경운비 저항은?

① $2.5N/cm^2$

② $25N/cm^2$

③ $225N/cm^2$

④ $250N/cm^2$

57 이랑과 작물포기 사이의 잡초를 제거하고 표토를 긁어 토양을 부드럽게 함으로써 통기와 투수성을 좋게 하여 작물의 생육을 촉진시키고자 한다. 이 작업의 가장 알맞은 농작업기는?

① 중경제초기

② 배토기

③ 심토파쇄기

④ 예취기

58 농약을 살포하는 방법 중 줄을 맞추어 심은 작물에 띠 모양으로 일부에만 살포하는 방법은?

① 전면 살포　　② 대상 살포
③ 점 살포　　　④ 직접 살포

59 분쇄를 고체의 전단과정으로 가정하여 소요 동력을 쇄성물의 표면적에 비례한다는 분쇄 법칙은?

① Kick의 법칙
② Rittinger의 법칙
③ Bond의 법칙
④ Maxwell의 법칙

60 곡물의 건조 전 무게 100g이고, 완전건조 후 곡물의 무게가 80g일 때 건조 전 곡물의 건량 기준 함수율은?

① 20%　　　　② 25%
③ 40%　　　　④ 80%

제4과목　　**농업동력학**

---

61 총배기량 1500cc, 연소실 체적 250cc인 기관의 압축비는?

① 2 : 1　　　　② 5 : 1
③ 6 : 1　　　　④ 7 : 1

62 트랙터의 구조에서 조향장치에 해당하는 것은?

① 변속기　　　② 메인 클러치
③ 차동장치　　④ 너클 암

63 트랙터의 최대 견인 출력 시험에서 유지해야 할 타이어의 슬립 수준으로 가장 적합한 것은?

① 5%　　　　　② 10%
③ 15%　　　　④ 20%

64 기관속도가 500rpm일 때 프로니 브레이크 동력계의 눈금이 2kN이었다면 기관의 축동력은 약 몇 kW인가?(단, 프로니 브레이크의 암의 길이는 0.5m이다)

① 26.2　　　　② 36.7
③ 47.2　　　　④ 52.4

65 12V–100AH의 축전지 4개가 그림과 같이 혼합연결 되었을 때, ㉠ → ㉡ 사이의 전압과 용량(AH)은 각각 얼마인가?

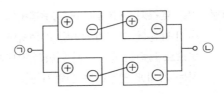

① 전압 24V, 용량 200AH
② 전압 24V, 용량 400AH
③ 전압 48V, 용량 200AH
④ 전압 48V, 용량 400AH

66 60Hz 전원에서 5kW 전동기의 극수가 2극이고 슬림이 8%라면 전동기 축의 분당 회전수(rpm)는?

① 1656
② 1800
③ 3312
④ 3600

---

67 윤활유가 갖추어야 할 성질이 아닌 것은?

① 열전도도가 좋고 응고점이 낮을 것

② 급속과의 부착성이 낮을 것

③ 적당한 점도를 가질 것

④ 인화점이 높을 것

68 4행정 사이클 기관에서 흡입밸브의 닫힘 시기로 하사점을 지나서 크랭크축이 30~50° 회전하였을 시기를 선택하는 가장 중요한 이유는 무엇인가?

① 역화 방지

② 배압의 감소

③ 노킹의 방지

④ 실린더 내에 많은 혼합기 유입

69 기동 토크가 크고 회전속도가 부하에 반비례하기 때문에 부하가 0이면 회전속도가 증가하므로 과속을 방지하기 위하여 반드시 구동하는 기계에 연결하는 전동기는?

① 분권 전동기

② 직권 전동기

③ 복권 전동기

④ 단권 전동기

70 3상 유도 전동기의 회전속도를 연속적으로 조절하기 위하여 전동기에 인가되는 교류 전원의 주파수를 변경시키는 장치는?

① 리액터

② 인버터

③ 콘덴서

④ 클러치

71 실린더 내경이 80mm, 행정이 85mm인 4행정 4기통 엔진의 총배기량은 약 몇 cc인가?

① 1709   ② 1854

③ 1906   ④ 2098

72 트랙터의 작업기 부착형식 중에서 작업기의 모든 중량을 트랙터가 지지하는 것은?

① 견인식

② 장착식

③ 반 장착식

④ 수평 요동식

73 장궤형 트랙터의 장점이 아닌 것은?

① 접지면적이 넓어 연약지반 작업이 쉽다.

② 무게 중심이 낮아 경사지 작업에 편리하다.

③ 주행속도가 빠르고 정비가 쉽다.

④ 슬립이 적어 큰 견인력을 낼 수 있다.

74 디젤 기관의 직접 분사실식 연소실에 관한 설명으로 틀린 것은?

① 열효율이 높다.

② 분사압력이 높다.

③ 시동이 곤란한다.

④ 연료분사장치의 수명이 짧다.

75 구동축 하중이 1250kg, 차속은 0.75m/s일 때의 견인력 10kN인 트랙터의 기관출력은 20kW이었다. 이 트랙터의 총효율은?

① 37.5%   ② 50.5%

③ 60.3%   ④ 74.5%

76 다음 중 기관의 연료소비율을 나타내는 단위로 적합한 것은?

① g/kW·h
② L/km
③ km/L
④ kW/hr

77 트랙터의 선회 및 곡진(曲進)을 용이하게 하기 위해서 좌우 구동륜의 회전속도를 서로 다르게 해주는 장치는?

① 차동장치
② 최종 구동장치
③ 변속기
④ 클러치

78 가솔린 기관과 비교한 디젤 기관의 장점이 아닌 것은?

① 대형 엔진의 제작이 가능하다.
② 기관의 출력당 무게가 적다.
③ 연료 소비율이 적다.
④ 열효율이 높다.

79 플라이휠에 물린 피니언 기어의 과다한 회전으로 시동전동기의 회전자가 따라 돌아가는 것을 방지해주는 것은?

① 당김코일
② 플런저
③ 오버러닝 클러치
④ 릴레이

80 냉각수의 비등점을 올리는 장치는?

① 냉각핀
② 서모스탯
③ 콘덴서
④ 라디에이터 캡

2017 기출문제

2017. 5. 7

제1과목 **농업기계 공작법**

01 다음 중 리머(reamer)공구를 사용하는 경우로 가장 적절한 것은?

① 봉재에 수나사를 가공할 때
② 뚫어진 구멍에 나사를 가공할 때
③ 공작 기계의 미끄럼 면을 정밀 다듬질할 때
④ 드릴로 뚫은 구멍의 안쪽 면을 정밀하게 다듬질할 때

02 탭 작업 시 주의사항으로 틀린 것은?

① 공작물을 수평으로 놓는다.
② 절삭유를 충분히 사용한다.
③ 탭 핸들을 양손으로 잡고 돌린다.
④ 작업이 끝날 때 까지 반대로 돌리지 않는다.

03 실린더헤드 볼트를 규정된 힘만큼 조일 경우 사용하는 공구로 가장 적합한 것은?

① 조절 렌치
② 토크 렌치
③ 파이프 렌치
④ 스파크 렌치

04 기계의 분해조립 시 간극 측정단계에서 쓰이는 계측도구로 알맞은 것은?

① 필러 게이지
② 압력 게이지
③ 피치 게이지
④ 다이얼 게이지

05 일감을 고정하여 안전하게 작업을 하기 위하여 사용하는 공구는?

① 정
② 정반
③ 바이스
④ 센터펀치

06 실린더 라이너, 주철관 등 주형을 회전시키며 용융금속을 주입하여 제작하는 주조법은?

① 셀몰드법
② 다이캐스팅
③ 원심 주조법
④ 인베스트먼트 주조법

07 목형을 제작할 때 고려해야 할 주요사항만으로 짝지어진 것은?

① 목형구배, 내열성, 덧붙임
② 덧붙임, 통기성, 라운딩
③ 수축 여유, 덧붙임, 라운딩
④ 목형구배, 수축 여유, 열전도성

답 01 ④ 02 ④ 03 ② 04 ① 05 ③ 06 ③ 07 ③

08 절삭작업에서 주분력이 2kN이고, 절삭속도가 60m/min일 때 절삭동력은 몇 kN인가?

① 1 　　　　② 2
③ 3 　　　　④ 4

09 용접결합 중 전류가 과대할 때 모재 용접부의 양단이 지나치게 녹아서 오목하게 파인 것을 무엇이라 하는가?

① 기공 　　　② 언더컷
③ 오버랩 　　④ 용입 부족

10 다음 중 전기저항 용접의 종류에 속하지 않는 것은?

① 심 용접 　　② 아크 용접
③ 스폿 용접 　④ 업셋 용접

11 일반적으로 동력 경운기의 로터리 칼날을 교환하는데 가장 적합한 공구는?

① 스크레이퍼 　② 양구 스패너
③ 드라이버 　　④ 서피스 게이지

12 지름 40mm의 커터가 절삭속도 20m/min로 절삭할 때 주축 회전수는 약 몇 rpm인가?

① 100 　　　② 159
③ 200 　　　④ 127

13 다음 중 주물 모서리 부분에 충격에 취약한 부분이 만들어지는 것을 방지하기 위한 방법으로 가장 적당한 것은?

① 덧붙임 　　② 라운딩
③ 목형 기울기 ④ 코어 프린트

14 다음의 게이지 중에서 각도 측정기가 아닌 것은?

① 수준기
② 서피스 게이지
③ 사인바
④ 콤비네이션 세트

15 다음 중 주물사의 구비조건으로 가장 거리가 먼 것은?

① 통기성이 있어야 한다.
② 내화성이 있어야 한다.
③ 성형성이 있어야 한다.
④ 연성이 있어야 한다.

16 일반적으로 10mm 두께의 연강재료를 가스용접하려 할 때 용접봉의 지름은 몇 mm인가?

① 18 　　　② 12
③ 6 　　　④ 2

17 일반적으로 볼트 머리가 부러졌을 때 빼내는 공구로 가장 적합한 것은?

① 익스트렉터 　② 파이프 렌치
③ 플러그 렌치 　④ 탭과 다이스

18 전류 조정이 용이하고 가변저항을 사용함으로써 용접 전류의 원격조정이 가능한 용접기는?

① 탭 전환형
② 가동 코일형
③ 가동 철심형
④ 가포화 리액터 형

19 다음 중 각종 박강판의 두께를 측정할 때 사용하는 공구는?

① 틈새 게이지　　② 피치 게이지

③ 반지름 게이지　　④ 와이어 게이지

20 다음 중 측정의 종류에서 간접 측정은?

① 사인바에 의한 각도 측정

② 버니어 캘리퍼스에 의한 길이 측정

③ 마이크로미터에 의한 외경 측정

④ 버니어 캘리퍼스에 의한 깊이 측정

제2과목 **농업기계요소**

21 다음 중 핀 키라고도 하며 핸들과 같이 토크가 작은 곳의 고정에 가장 적합한 키는?

① 반달 키　　　　② 평 키

③ 새들 키　　　　④ 둥근 키

22 구름 베어링에 있어서, 기본동정격하중을 C, 베어링에 걸리는 하중을 P, 베어링 회전수가 N이라고 할 때, 수명계수 f_h를 구하는 식은?(단, r은 베어링 내·외륜과 전동체의 접촉상태에서 결정되는 정수이다)

① $f_h = \dfrac{C}{P} r \sqrt{\dfrac{33.3}{N}}$

② $f_h = \dfrac{C}{P} r \sqrt{\dfrac{N}{33.3}}$

③ $f_h = \dfrac{P}{N} r \sqrt{\dfrac{C}{33.3}}$

④ $f_h = \dfrac{P}{C} r \sqrt{\dfrac{33.3}{N}}$

23 그림과 같이 2개의 스프링을 연결하였다. 합성 스프링 상수 K는 몇 N/mm인가?(단, $K_1 = 0.1$N/mm, $K_2 = 0.15$N/mm)

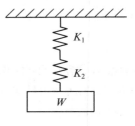

① 0.06　　　　② 0.15

③ 0.25　　　　④ 0.94

24 배관설비에서 역류를 방지하여 유체를 한 방향으로 흐르게 하는 밸브는?

① 감압 밸브　　　② 슬루스 밸브

③ 체크 밸브　　　④ 나비형 밸브

25 축경 60mm의 전동축에 200rpm으로 1kW를 전달시키는 묻힘키의 길이는 약 몇 mm인가?(단, 키의 전단응력은 2MPa, 축경에 대한 키의 폭×높이=18mm×12mm이다)

① 44.2　　　　② 49.3

③ 54.6　　　　④ 60.8

26 다음 중 두 축의 중심선이 어느 각도로 교차되고, 그 사이의 각도가 운전 중 다소 변하여도 자유로이 운동을 전달할 수 있는 축 이음은?

① 고정 커플링

② 플렉시블 커플링

③ 유니버설 커플링

④ 올덤 커플링

27 다음 중 시간과 더불어 불규칙하게 변화하여 작용하는 하중은?

① 변동하중　　　② 반복하중

③ 충격하중　　　④ 이동하중

28 비틀림 모멘트 350N·m을 받고 있는 축의 직경은 약 몇 mm로 하는 것이 적당한가?(단, 허용전단응력은 6MPa이다)

① 67　　　　　　② 60

③ 55　　　　　　④ 49

29 접촉면의 안지름이 100mm, 바깥지름 140mm인 단판 클러치가 1200rpm에서 2kW의 동력을 전달하려면 축방향으로 클러치판을 밀어 주어야 하는 힘은 약 몇 N인가?(단, 접촉면의 마찰계수는 0.2이다)

① 1025　　　　　② 1125

③ 1225　　　　　④ 1325

30 축과 구멍의 틈새와 죔새를 기준으로 한 끼워맞춤에서 항상 틈새만 있는 것은?

① 상용 끼워맞춤

② 중간 끼워맞춤

③ 헐거운 끼워맞춤

④ 억지 끼워맞춤

31 축의 둘레에 4~20개의 키를 같은 간격으로 절삭가공한 것으로 축의 노치 효과를 적게 하고 큰 토크의 전달이 가능한 기계요소는?

① 코터　　　　　② 묻힘키

③ 반달키　　　　④ 스플라인

32 농용 트랙터 브레이크 드럼에 작용하는 힘이 300N이고 마찰계수가 0.2인 브레이크의 제동력은 몇 N인가?

① 20　　　　　　② 40

③ 60　　　　　　④ 80

33 비틀림 각이 25°인 헬리컬 기어에서 잇수가 50, 치직각 모듈이 4일 때 피치원 지름은 약 몇 mm인가?

① 200.00　　　　② 208.00

③ 220.68　　　　④ 243.49

34 플라이휠에서 각속도 변동계수 δ, 질량 관성 모멘트 J 1회전 중의 평균 각속도를 ω라 할 때 변동 에너지 ΔE는?

① $\Delta E = J\delta\omega$　　　② $\Delta E = J\delta\omega^2$

③ $\Delta E = J\delta^2\omega$　　　④ $\Delta E = J^2\delta\omega$

35 다음 중 기어 이의 크기를 결정하는 기준으로 가장 거리가 먼 것은?

① 모듈　　　　　② 원주 피치

③ 중심거리　　　④ 지름 피치

36 다음 중 축 설계 시 고려할 사항으로 가장 거리가 먼 것은?

① 연성·전성

② 비틀림 변형

③ 강도

④ 진동

37 다음 중 스프링의 기능 및 용도에 대한 설명으로 가장 거리가 먼 것은?

① 하중의 측정 및 조정

② 에너지의 축적

③ 진동 및 충격의 완화

④ 회전체의 속도제어

38 회전비가 1 이상인 벨트 전동장치에서 바로걸기형과 엇걸기 형의 접촉각에 대한 설명 중 옳은 것은?

① 바로걸기 형의 경우 접촉각은 양쪽이 $180°$ 보다 크다.

② 엇걸기 형의 경우 접촉각은 양쪽이 $180°$ 보다 크다.

③ 바로걸기와 엇걸기의 접촉각은 모두 같다.

④ 접촉각은 걸기형에 무관하다.

39 피치가 4mm, 골지름이 34.6mm, 바깥지름이 39mm인 사각나사에 작용하중이 1.5kN, 나사의 접촉압력이 3MPa일 때 너트의 높이는 몇 mm인가?

① 2.45

② 6.85

③ 7.86

④ 9.53

40 기계재료의 극한 강도를 σ_u, 허용응력을 σ_a, 안전율을 S라고 할 때 다음 관계식으로 옳은 것은?

① $\sigma_u \cdot \sigma_a = 1/S$

② $\sigma_u / \sigma_a = S$

③ $\sigma_u \cdot \sigma_a = 2S$

④ $\sigma_u \cdot \sigma_a = S$

제3과목 **농업기계학**

41 다음 중 콤바인의 방향센서 부착위치로 가장 알맞은 것은?

① 조향레버 앞

② 분초간 뒤

③ 예취칼날 앞

④ 크롤러 내

42 사일로나 사료 저장 탱크에서 취출된 엔실리지 또는 배합사료를 먹이통에 자동적으로 배분하여 일시에 많은 가축에게 사료를 공급하는 장치는?

① 헤이스태커

② 벙크 피더

③ 해머밀

④ 포리지 하베스트

43 다음 중 변동비에 속하지 않는 것은?

① 연료비

② 윤활유비

③ 노임

④ 세금

44 습량기준 함수율이 15%인 80kg의 곡물 중 수분량은 몇 kg인가?

① 68

② 35

③ 12

④ 5

45 송출 유량 15m³/min을 3m 양정으로 양수 작업할 때 필요한 양수기의 이론 동력은 약 몇 kW인가?

① 3.35

② 4.55

③ 7.35

④ 10.55

46 커터 바 모어의 가드(guard) 역할은?

① 칼날이 뒤로 밀려나지 않게 하는 역할

② 목초를 안쪽으로 넘어지게 하는 역할

③ 칼날을 보호해주며 목초를 갈라주는 역할

④ 칼날이 위로 못 올라오게 하는 역할

47 미스트 발생장치 중에서 약제의 분사방향이 송풍방향과 반대방향으로 설치하여 분사시키는 방식은?

① 충돌판식

② 공기충돌식

③ 공기분사식

④ 충돌프로펠러식

48 곡물을 포대에 담아 처리하지 않고 바로 트럭이나 트레일러에 적재할 수 있는 기능을 가진 것으로서 산물처리 콤바인에서만 볼 수 있는 장치는?

① 체인 컨베이어　② 곡물 탱크

③ 배진 날개　④ 배출 오거

49 어떤 작업기의 포장작업 폭이 1.2m이고, 전진 속도가 1.3km/h이며 작업효율이 75%라고 할 때 포장작업능률은 몇 ha/h인가?

① 11

② 11.7

③ 1.17

④ 0.117

50 산림 속에 벌채된 목재를 임도까지 운반하는 기계장치로는 보통 집재기를 사용한다. 다음 중 집재기를 구성하는 기계요소가 아닌 것은?

① 스로틀 조작장치

② 가지 절단기

③ 감기 드럼

④ 정역 회전장치

51 일반적으로 이앙작업 시 수심은 포장의 흙이 가라앉은 후 표토 위로 얼마 정도가 가장 능률적인가?

① 1~2cm　② 5~6cm

③ 7~8cm　④ 9~10cm

52 다음 중 작물이 자라는 동안 실시하는 관리작업이 아닌 것은?

① 중경　② 제초

③ 배토　④ 심경

53 원판 플로우의 장점이 아닌 것은?

① 마찰이 작아 견인저항이 적다.

② 뿌리나 돌에 의한 파손의 우려가 적다.

③ 무게가 가벼워 취급이 용이하다.

④ 원판의 각도를 변경시켜 토질에 대한 적응성을 높일 수 있다.

54 고무롤 현미기의 작동원리에 대한 설명으로 틀린 것은?

① 두 롤러 사이에 벼를 투입한다.

② 두 롤러의 회전 방향은 서로 반대이다.

③ 두 롤러 사이의 회전속도는 동일하다.

④ 마찰에 의한 전단력을 이용하여 탈부한다.

55 종자판식 점파기에서 녹-아웃(knock-out)이 하는 주요 작용은?

① 종자의 크기를 선별한다.
② 홈 안의 종자를 종자관으로 떨어뜨린다.
③ 홈 위의 여분의 종자를 제거한다.
④ 종자의 흩어짐을 방지한다.

56 다음 중 선별기 중에서 과일 또는 곡물의 표면 색깔에 의한 선별에 사용될 수 있는 가장 적절한 방법은?

① 마찰선별   ② 자력선별
③ 광학선별   ④ 공기선별

57 평면식 건조기에서 상하층간에 과도한 함수율의 차이가 나타나는 주요 원인이 아닌 것은?

① 초기 함수율이 20% 이상일 때
② 40℃ 이상의 고온으로 건조하였을 때
③ 곡물의 단위 중량당 송풍량이 많을 때
④ 곡물의 퇴적고가 30cm 이상일 때

58 일반적인 경운의 목적에 대한 설명으로 틀린 것은?

① 잡초 제거
② 토양 침식 방지
③ 유기물의 부식과 단립화 방지
④ 작물에 알맞은 토양 표면 조성

59 병충해 방제기구가 갖추어야 할 살포입자의 구비조건과 가장 거리가 먼 것은?

① 도달성   ② 균일성
③ 부착성   ④ 산성

60 다음 중 조파기의 주요 장치가 아닌 것은?

① 배종 장치
② 쇄토 장치
③ 복토장치
④ 구절(골타기) 장치

제4과목 **농업동력학**

61 가솔린 엔진에 압축기가 7, 동작가스의 단열지수가 1.4라면 이론적 효율을 약 몇 %가 되는가?

① 26   ② 38
③ 47   ④ 54

62 4사이클 엔진에서 도시평균 유효압력 750kPa, 총배기량 1400cc, 회전속도 1800rpm일 때, 도시출력은 몇 kW인가?

① 11.5   ② 15.8
③ 18.3   ④ 21.1

63 열 과정에서 엔트로피 특성에 대한 설명으로 틀린 것은?

① 엔트로피는 온도에 대하여 함수관계가 있다.
② 엔트로피가 증가한다는 것은 열기관의 열효율이 감소함을 의미한다.
③ 엔트로피는 특정한 상태가 일어날 수 있는 가능성의 정도를 나타낸다.
④ 엔트로피는 항상 감소하는 방향으로 진행한다.

64 차륜형 트랙터에서 주행을 정지하거나 선회 반경을 작게 할 목적으로 사용되는 장치는?

① 제동장치   ② 동력 취출장치

③ 변속장치   ④ 견인장치

65 일반적으로 과수원용 트랙터에 대한 설명으로 가장 거리가 먼 것은?

① 차체가 중심이 높아야 한다.

② 무게 중심이 낮아야 한다.

③ 돌출부를 철판으로 감싼 구조이어야 한다.

④ 수목에 손상을 주지 않으면서 주행할 수 있어야 한다.

66 트랙터 동력 취출축(PTO)의 동력을 로타리 작업기의 경운축에 전달할 때 로타리 작업기의 구동방식이 아닌 것은?

① 이중 측방 구동식

② 중앙 구동식

③ 측방 구동식

④ 분할 구동식

67 디젤 연료의 성질 중 디젤 노크에 저항하는 성질을 무엇으로 표시하는가?

① 옥탄가   ② 부탄가

③ 세탄가   ④ 프로탄가

68 축전지 연결법 중 병렬 연결법에 관한 설명으로 옳은 것은?

① 축전지 전체의 전압은 연결 축전지수에 비례하여 증가한다.

② 축전지 용량은 연결 축전지수에 비례해서 증가한다.

③ 각 축전지의 양극(+), 음극(−)을 차례로 연결한다.

④ 전체 전압 및 용량은 1개의 축전지와 같다.

69 표준온도 20℃에서 축전지의 완전히 방전된 상태를 나타내는 전해액의 비중값은?

① 1.12   ② 1.28

③ 2.25   ③ 2.28

70 다음 중 윤활유가 갖추어야 할 성질로 가장 거리가 먼 것은?

① 적당한 점도를 가질 것

② 유성이 좋을 것

③ 인화점이 낮을 것

④ 금속의 부식이 적을 것

71 그림과 같은 오토 사이클의 압력-체적(P-V) 선도에서 연소실 체적을 나타내는 부분은?

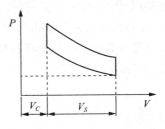

① $V_c + V_s$ ② $V_s - V_c$

③ V_s ④ V_c

72 어느 기관의 행정이 100mm이면 크랭크 암의 길이는 약 몇 mm인가?

① 200 ② 100
③ 50 ④ 25

73 압축비가 8.44, 피스톤 행정은 78mm인 4행정 사이클 기관이 있다. 연소실 체적이 65cm^{3}일 때 실린더의 내경은 약 몇 mm인가?

① 77 ② 89
③ 102 ④ 127

74 4륜식 트랙터에서 조향 핸들을 돌리면 웜 기어 다음에 동력이 전달되는 장치는?

① 조향 암 ② 드래그 링크
③ 타이로드 ④ 피트먼 암

75 4극 3상 유도 전동기의 실제 회전수가 1710rpm일 때, 슬립율은 몇 %인가?(단, 전원은 60Hz이다)

① 3 ② 5
③ 8 ④ 10

76 트랙터 앞차축의 하중을 균등하게 하여 차축과 축 받침의 마모를 방지하고자 앞바퀴의 아래쪽을 위쪽보다 약간 좁게 조정하여 놓은 것을 무엇이라 하는가?

① 캠버각
② 토인각
③ 캐스터각
④ 킹핀 경사각

77 연료파이프 속 가솔린이 증발하여 발생한 기포로 인해 연료의 흐름이 원활하지 못한 상태를 무엇이라고 하는가?

① 노킹 ② 베이퍼 록
③ 조기점화 ④ 포스트 이그니션

78 다음 중 분상 기동형, 콘덴서 기동형 등으로 분류되며, 기동 시에 회전자계가 형성되지 않아 회전자계를 형성시켜 주어야 하는 전동기는?

① 농형 유도 전동기
② 권선형 유도 전동기
③ 단상 유도 전동기
④ 삼상 유도 전동기

79 일반적으로 수냉식 기관과 비교하여 공랭식 기관의 장점으로 옳은 것은?

① 냉각 효과가 좋다.
② 체적효율이 좋다.
③ 고 압축비를 사용할 수 있다.
④ 마력당 중량이 작다.

80 다음과 같이 표시되어 있는 트랙터용 타이어에 대한 설명에서 옳은 것은?

(11.2 − 24)

① 림의 지름은 11.2inch이다.
② 타이어의 플라이수는 24이다.
③ 타이어 단면의 지름은 11.2inch이다.
④ 타이어의 바깥지름은 12inch이다.

2019
2019. 4.27

기출문제

제1과목 농업기계 공작법

01 일반적인 농업기계의 분해조립 시 주의사항으로 틀린 것은?

① 순서에 맞게 조립한다.
② 방향, 맞춤 표식을 확인한다.
③ 분해를 자주하여야 고장을 예방할 수 있다.
④ 체결토크, 유격, 간주, 무게 등을 균형 있게 한다.

02 금긋기 작업에 필요 없는 공구는?

① 스크레이퍼
② 서피스 게이지
③ 하이트 게이지
④ 평면대 및 앵글 플레이트

03 다음 공구 중 측정용으로 사용하는 것은?

① 스패너
② 파이프 렌치
③ 탭과 다이스
④ 버니어 캘리퍼스

04 리벳이음과 비교한 용접이음의 장점을 설명한 것으로 틀린 것은?

① 기밀과 수밀성이 우수하다.
② 접합부 형상이 균일하고 강도가 높다.
③ 내부 응력에 의한 균열의 발생이 적다.
④ 이음의 형상을 자유롭게 선택할 수 있다.

05 재료를 열간 또는 냉간 가공하기 위하여 회전하는 롤러 사이에 통과시켜 판, 봉, 형재를 만드는 소성 가공은?

① 단조가공
② 압축가공
③ 전조가공
④ 압연가공

06 유압 프레스의 유효 단면적이 100cm²이고, 최고 유압은 100kgf/cm²이 필요할 때 유압 프레스의 용량은 약 몇 ton인가?(단, 프레스의 여유율은 30%로 한다)

① 8ton
② 10ton
③ 13ton
④ 15ton

07 베어링 압입과 빼내기 방법에 대한 설명으로 틀린 것은?

① 대형은 가열 끼워맞춤 방법으로 한다.
② 소형이나 중형은 압입에 의한 방법으로 한다.
③ 베어링을 뺄 때는 베어링 풀러를 이용한다.
④ 가열 끼워맞춤을 할 때는 200℃ 이상의 기름 속에 베어링을 가열하여 끼운다.

08 다음 중 금형 속에 용융금속을 대기압 이상의 압력을 가하여 주입하는 것으로, 고속 대량 생산에 가장 적합한 주조법은?

① 셀 몰드법

② 원심주조법

③ 다이 캐스팅법

④ 인베스트먼트법

09 줄작업에 관한 설명 중 틀린 것은?

① 줄을 밀 때 체중을 몸에 가하여 줄을 민다.

② 줄은 세목 → 중목 → 황목의 순서로 작업한다.

③ 볼록한 면의 수정작업에는 직진법보다 사진법으로 작업한다.

④ 눈은 항상 가공물을 보며 작업하고 줄을 당길 때는 가공물에 압력을 주지 않는다.

10 선반 가공에서 구성인선(built-up edge)의 방지법이 아닌 것은?

① 경사각을 작게 할 것

② 절삭속도를 빠르게 할 것

③ 절삭깊이를 작게 할 것

④ 윤활성이 좋은 절삭제를 사용할 것

11 200mm의 사인 바를 사용하여 피측정물의 경사면과 사인바 측정면을 일치시켰을 때 블록 게이지의 높이 차이가 100mm였다면 이때 각은 몇 도인가?

① 20°

② 30°

③ 45°

④ 60°

12 전기저항 용접 중 돌기의 접촉부를 만들어 놓고 압력을 가하면서 용접하는 것은?

① 심 용접(seam welding)

② 버트 용접(butt welding)

③ 스폿 용접(spot welding)

④ 프로젝션 용접(projection welding)

13 엔진의 피스톤 링을 끼우고 뺄 때, 다음 중 가장 중요한 공구는?

① 스텃 풀러

② 리지 라이머

③ 링 익스팬더

④ 링 홈 클리이너

14 절삭속도(m/min)를 구하는 식으로 옳은 것은?(단 d : 공작물의 지름(mm), n : 1분 동안 회전수이다)

① $\dfrac{\pi dn}{1000}$

② $\dfrac{1000n}{\pi d}$

③ $\dfrac{1000}{\pi dn}$

④ πdn

15 절삭에서 칩의 기본형에 대한 설명으로 틀린 것은?

① 유동형 칩은 연성 재료를 고속 절삭할 때 발생한다.

② 전단형 칩은 연성 재료를 저속 절삭할 때 발생한다.

③ 열단형 칩은 점성이 큰 가공물을 경사각이 작은 공구로 절삭할 때 발생한다.

④ 균열형 칩은 절삭작업이 진행됨에 따라 서서히 균열이 증대되며 발생한다.

16 선반으로 강철 환봉을 가공하여 작업이 연결핀을 제작하고자 한다. 주절삭 저항력이 1800kg, 절삭속도가 70m/min일 때 절삭에 소비되는 절삭동력은 약 몇 kW인가?

① 2.8   ② 2.6
③ 20.6   ④ 28.8

17 불활성 가스 아크 용접에서 불활성 가스로 가장 많이 사용하는 것은?

① 산소, 수소
② 수소, 네온
③ 헬륨, 아르곤
④ 수소, 아세틸렌

18 다음 중 디젤 기관의 실린더 헤드 볼트를 조일 때, 마지막에 사용하는 공구로 가장 적합한 것은?

① 토크 렌치
② 플러그 렌치
③ 스피드 렌치
④ 롱 소켓 렌치

19 비중 0.38인 목형의 중량이 12kgf이고, 주철의 비중은 7.30이며, 수축률은 1%라고 할 때 주물의 중량은 약 몇 kgf인가?

① 156.8kgf   ② 223.6kgf
③ 266.8kgf   ④ 302.2kgf

20 암나사를 가공하는 데 필요한 공구는?

① 탭   ② 다이스
③ 스크레이퍼   ④ 스크라이버

제2과목 **농업기계요소**

21 기계 재료의 허용응력을 σ_a, 기준강도를 σ_s 라 할 때 안전율 S를 구하는 식은?

① $S = \dfrac{\sigma_a}{\sigma_s}$ ② $S = \dfrac{\sigma_s}{\sigma_a}$

③ $S = \sigma_a \times \sigma_s$ ④ $S = \sigma_s \times \sigma_a^2$

22 다음 중 일반적으로 감속비가 가장 큰 기어 감속기는?

① 내접 기어 감속기
② 랙과 피니언 감속기
③ 헬리컬 기어 감속기
④ 웜과 웜 기어 감속기

23 플라이휠에 대한 설명으로 틀린 것은?

① 동력원과 작업기 사이의 부하 변동을 감소시킨다.
② 플라이휠은 동력원의 출력축과 가까운 곳에 설치한다.
③ 플라이휠의 중량이 대부분 림에 집중되어 있는 것은 관성 모멘트를 크게 하기 위한 것이다.
④ 전동추기 저속일수록, 낮은 속도 변동률이 요구될수록 지름이 작은 가벼운 플라이휠을 설치한다.

24 피치가 50mm, 리벳 죔 후의 직경이 20mm일 때 강판의 효율은 몇 %인가?

① 40   ② 50
③ 60   ④ 70

25 밸브 봉에 의해 밸브가 상하로 움직여서 관로를 개폐하는 것으로, 밸브 개폐에 시간이 걸리고 고가인 것은?

① 스톱 밸브　　② 게이트 밸브

③ 체크 밸브　　④ 안전밸브

26 트랙터의 PTO축과 같이 다수의 미끄럼키를 표면에 깎아 놓은 형태의 축은?

① 둥근축　　② 미끄럼축

③ 스플라인축　　④ 세레이션축

27 다판 클러치의 마찰면의 수가 Z라고 할 때 전달할 수 있는 토크 T를 구하는 식은?(단, 마찰계수는 μ, 축 방향으로 미는 힘은 P, 마찰원판의 평균지름은 D_m이다)

① $T = \dfrac{Z \times \mu \times P \times D_m}{2}$

② $T = \dfrac{Z \times \mu \times P \times D_m}{4}$

③ $T = \dfrac{Z \times \mu \times P \times D_m}{6}$

④ $T = \dfrac{Z \times \mu \times P \times D_m}{8}$

28 쬠 공구가 필요 없는 너트는?

① 나비 너트　　② 육각 너트

③ 사각 너트　　④ 플랜지 너트

29 평면 내에서 서로 직각인 인장응력 $6x = 400\text{kN/cm}^2$, $6y = 300\text{kN/cm}^2$만이 작용한다. 최대 주응력은 약 몇 kN/cm²인가?

① 300　　② 350

③ 400　　④ 700

30 직경 60mm의 중실축이 1500kN·mm의 비틀림모멘트와 750kN·mm의 굽힘모멘트를 동시에 받을 때 발생하는 최대 전단응력은 약 몇 N/mm²인가?

① 27.6　　② 39.5

③ 44.8　　④ 62.4

31 체인의 특성으로 틀린 것은?

① 큰 동력을 전달할 수 있다.

② 전동효율이 95% 이상이다.

③ 일정한 속도비를 얻을 수 있다.

④ 미끄럼 발생으로 효율이 낮다.

32 브레이크 라이닝의 구비조건이 아닌 것은?

① 내열성이 클 것

② 마찰계수가 클 것

③ 내마멸성이 작을 것

④ 제동효과가 양호할 것

33 두 축의 중심거리가 2500mm이고 큰 풀리의 지름이 600mm, 작은 풀리의 지름이 300mm인 전동장치에서 엇걸기에 필요한 평벨트의 길이는 약 몇 mm인가?

① 6422

② 6494

③ 5422

④ 5494

34 블록 브레이크에서 블록이 드럼을 미는 힘은 1.2kN, 접촉면적은 30cm², 브레이크 드럼의 원주속도가 6m/s, 마찰계수가 0.2인 브레이크 용량은 약 몇 N/mm²·m/s인가?

① 0.5

② 0.05

③ 0.48

④ 4.8

35 3줄 나사에서 피치가 3mm이면 리드는 몇 mm인가?

① 1   ② 3

③ 6   ④ 9

36 키의 종류 중 전달 토크가 작은 것에서 큰 순서로 나열한 것은?

① 평키 < 안장키 < 성크키 < 접선키

② 안장키 < 평키 < 성크키 < 접선키

③ 접선키 < 성크키 < 평키 < 안장키

④ 안장키 < 성크키 < 접선키 < 평키

37 일반적인 전동용 체인의 종류가 아닌 것은?

① 볼 체인

② 블록 체인

③ 롤러 체인

④ 사일런트 체인

38 너클 핀 이음에 대한 일반적인 설명으로 틀린 것은?

① 축의 한 쪽을 포크(fork)로 만든다.

② 축의 한 쪽은 아이(eye)로 만든다.

③ 포크에 아이(eye)를 넣고 핀을 끼워 축 방향 하중을 받는 두 축을 연결하는 데 사용한다.

④ 상대운동을 할 수 없으므로 구조물의 인장막대로는 사용하나 차량 동력 전달장치에는 사용할 수 없다.

39 직경 40mm인 중실축이 191N·m 전단토크를 전달할 때 이 축에 생기는 전단응력은 약 몇 N/cm²인가?

① 1.52   ② 15.2

③ 23   ④ 230

40 제품의 치수한계 표시법에서 최대 허용치수에 대한 설명으로 옳은 것은?

① 항상 쫌새가 최대인 치수

② 허용 한계치수의 기준이 되는 치수

③ 실 치수에 대하여 허용되는 최대 치수

④ 실 치수에 대하여 허용되는 최소 치수

제3과목　농업기계학

41 다음 중 농업기계 선택 시 고려해야 할 주요 사항으로 가장 거리가 먼 것은?

① 사후 봉사의 신속성

② 영농 여건에 대한 적합성

③ 취급 및 조작상의 편리성

④ 경영규모의 확대 및 기계의 크기 축소

42 50마력 트랙터를 2500만 원에 구입하였고, 8년 후 폐기 시 가격이 100만 원이라고 한다. 직선법에 따라 계산할 때 이 트랙터의 연간 감가상각비는 얼마인가?

① 100만 원　　　　② 200만 원
③ 300만 원　　　　④ 400만 원

43 다음 중 과수원용 트랙터의 특징으로 가장 적절한 것은?

① 2륜 구동이다.
② 지상고가 낮다.
③ 선회반경이 크다.
④ 폭이 넓고 길이가 길다.

44 조파기의 종자 배출장치에서, 배출된 종자를 파종 위치로 유도하기 위한 종자관 바로 앞에 설치되어 있으며 적당한 깊이로 이랑을 파는 장치는?

① 직파기　　　　② 작구기
③ 복토기　　　　④ 구절기

45 곡물을 온·습도가 일정한 공기 중에 놓아 두면 일정한 함수율에 도달하는 것을 무엇이라 하는가?

① 단열포화
② 평형함수율
③ 습량기준 함수율
④ 건량기준 함수율

46 다음 중 조파기의 구절기 모양에 속하지 않는 것은?

① 삽형　　　　② 슈형
③ 원판형　　　　④ 로터리형

47 경운의 목적에 대한 설명으로 틀린 것은?

① 뿌리 내릴 자리와 파종할 자리에 알맞은 흙의 구조를 마련해 준다.
② 잡초를 제거하고 불필요하게 과밀한 작물을 솎아 준다.
③ 경사지 농업에서의 등고선 경운, 골 만들기 등은 토양침식의 원인이 된다.
④ 지표면에 붙어 월동하는 병균과 해충을 죽이는 데 기여한다.

48 동력 경운기가 5000N의 하중을 끌고 3.6 km/h의 속도로 움직일 때 견인출력은 약 몇 kW인가?

① 5　　　　② 7.5
③ 10　　　　④ 13

49 일반적으로 미곡처리장에서 빠른 건조를 위해 사용하는 화력 건조기가 아닌 것은?

① 순환식 건조기
② 연속식 건조기
③ 곡물 빈 건조기
④ 마찰식 건조기

50 다수의 노즐을 설치하여 미세한 입자를 분사하고 강한 송풍을 이용하여 먼 거리까지 약액을 살포할 수 있으며 주로 과수원에서 활용하는 방제기는?

① 분무기　　　　② 살분기
③ 연무기　　　　④ 스피드 스프레이어

답 42 ③ 43 ② 44 ④ 45 ② 46 ④ 47 ③ 48 ① 49 ④ 50 ④

51 다음 중 일반적으로 방제기의 종류에서 분무 입자의 크기가 가장 작은 것은?

① 살립기　　　　② 인력 분무기

③ 동력 분무기　　④ 동력살분무기

52 다음 중 자탈형 콤바인의 주행장치를 크롤러형으로 하는 이유로 가장 적합한 것은?

① 접지압을 적게 하기 위함이다.

② 선회 동작이 용이하기 때문이다.

③ 기체 높이를 낮게 하기 위함이다.

④ 논두렁을 잘 넘어갈 수 있기 때문이다.

53 예냉에 대한 설명으로 틀린 것은?

① 신선도를 유지한다.

② 증산·부패를 억제한다.

③ 농산물을 순간 냉동시킨다.

④ 청과물을 수확직후 온도를 낮춘다.

54 다음 중 정지기계에 해당되는 것은?

① 컬티베이터

② 스티리지 호우

③ 디스크 해로우

④ 몰드보드 플로우

55 일반적으로 미곡종합처리장에 설치되어 있는 순환식 건조기 상부의 곡물 탱크부를 일컫는 말로, 건조기 용량의 대부분을 차지하는 것은?

① 건조실　　　　② 템퍼링실

③ 빈 스크린　　　④ 주상 스크린

56 반자동 탈곡기에서 풍구, 배진판, 검불거름쇠 등으로 구성되어 있는 부품은?

① 탈곡부　　　　② 선별부

③ 전처리부　　　④ 곡물이송부

57 다음 중 고무를 현미기에서 곡립에 가해지는 마찰력 및 전단력의 정도와 관련이 없는 것은?

① 회전차율

② 고무의 경도

③ 안내깃의 모양

④ 고무롤의 간격

58 동력 경운기의 경운작업속도가 1.2m/s, 경운날의 회전속도가 250rpm, 그리고 경운축의 동일 단면에 2개의 날이 장착되어 있다. 이 경우 경운피치는 몇 cm인가?

① 5.2　　　　　② 9.8

③ 14.4　　　　 ④ 18.6

59 다음 중 중경 제초기 제초날의 기본형 3가지 종류가 아닌 것은?

① 삼각날　　　　② 원판날

③ 반쪽날　　　　④ 괭이날

60 3.3m^{2}당 포기주수를 80~85로 하려면 조간거리가 30cm일 때 주간거리는 약 몇 cm로 해야 하는가?

① 8　　　　　　② 13

③ 18　　　　　 ④ 23

61 카르노사이클에서 0℃와 100℃ 사이에서 작동하는 (A)와 300℃와 400℃ 사이에서 작동하는 (B)가 있을 때, (A)와 (B) 중 어느 편이 열효율이 좋은가?

① A가 좋다.
② B가 좋다.
③ 같다(A=B)
④ 주어진 조건만으로는 비교할 수 없다.

62 트랙터 엔진 동력이 50kW이고 전달 기계효율이 90%, 견인효율이 80%일 때 견인 동력은 몇 kW인가?

① 32 ② 36
③ 40 ④ 45

63 부하 변동에 관계없이 기관의 회전속도를 일정한 범위로 유지시키는 장치는?

① 조속기 ② 크랭크축
③ 플라이휠 ④ 타이밍 기어

64 공기 타이어에 관한 설명 중 틀린 것은?

① 카캐스(carcass)는 면사나 화학사를 감은 내부 고무층이다.
② 플라이 등급은 카캐스를 구성하는 고무층의 수로 결정된다.
③ 크라운각이 작으면 타이어의 조향기능이 우수하다.
④ 크라운각이 크면 지면과의 완충기능이 우수하다.

65 트랙터에 작업기를 부착하는 방법이 아닌 것은?

① 자주식
② 견인식
③ 완전장착식
④ 프레임장착식

66 다음 중 트랙터에서 차동 잠금장치의 역할로 가장 적합한 것은?

① 트랙터의 선회를 자유롭게 한다.
② PTO를 작동시켜 로터리 경운작업을 돕는다.
③ 트랙터의 감속비를 크게 하여 견인력을 증대시킨다.
④ 차동기어의 작동을 정지시켜 좌우 바퀴를 같은 속도로 회전시킨다.

67 다음 중 정해진 운전조건에서 일정한 시간동안 운전을 보증할 수 있는 출력으로 가장 적합한 용어는?

① 최대 출력
② 경제 출력
③ 정격 출력
④ 공칭 출력

68 4극 3상 유도 전동기의 슬립률이 5%일 때 회전자의 실제 회전수는 약 몇 rpm인가?(단, 전원의 주파수는 60Hz이다)

① 1800 ② 1750
③ 1710 ④ 1700

69 궤도형 트랙터의 장점이 아닌 것은?

① 회전반경이 작다.

② 기동성이 좋고 정비가 편리하다.

③ 무게 중심이 낮아 경사지 작업이 편리하다.

④ 폭발압력이 낮기 때문에 소음이 작다.

70 가솔린 기관과 비교한 디젤 기관의 특징에 대한 설명으로 옳은 것은?

① 흡입행정 시 연료만을 흡입한다.

② 전기점화장치가 복잡하여 고장이 많다.

③ 연료 소비율은 낮으며 열효율이 높다.

④ 폭발 압력이 낮기 때문에 소음이 작다.

71 다음 액체 연료 중 증류온도가 가장 낮은 연료는?

① 등유　　　　　② 경유

③ 중유　　　　　④ 가솔린

72 A, B피스톤이 관로로 연결되어 있으며, A피스톤의 단면적이 5cm², B피스톤의 단면적이 10cm²일 때, A에 100N의 힘을 주었을 경우, B 피스톤이 밀어 올릴 수 있는 힘은 몇 N인가?

① 50　　　　　② 100

③ 200　　　　　④ 400

73 농용 트랙터에서 기관의 동력을 구동형 작업기에 전달하기 위한 장치(PTO)는?

① 차동장치　　　② 변속장치

③ 주행장치　　　④ 동력 취출장치

74 플라이휠에 물린 피니언 기어의 과다한 회전으로 시동전동기의 회전자가 따라 돌아가는 것을 방지해 주는 것은?

① 플런저

② 릴레이

③ 당김코일

④ 오버런닝 클러치

75 가솔린 기관의 기화기에서 혼합기를 만들 때 유입 공기량을 조절하는 장치는?

① 벤츄리관　　　② 니들 밸브

③ 초크 밸브　　　④ 스로틀 밸브

76 가솔린 기관의 열효율 향상과 노크 방지에 적합한 연소실 조건이 아닌 것은?

① 연소실을 크게 한다.

② 밸브 면적을 크게 한다.

③ 화염전파 경로를 짧게 한다.

④ 혼합기 와류를 형성할 수 있는 구조로 한다.

77 다음 회로와 같은 단상 유도 전동기의 기동 방식인 것은?

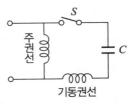

① 분상 기동형　　　② 반발 기동형

③ 콘덴서 기동형　　④ 세이딩 코일형

78 주로 궤도형 트랙터의 조향 브레이크에 사용하며, 브레이크 밴드가 드럼 외면에 설치되어 회전하는 드럼에 밀착되어 제동이 걸리는 형식은?

① 내부 확장식

② 외부 수축식

③ 원판 브레이크식

④ 원추 브레이크식

79 디젤 기관 트랙터에서 전기 계통의 주요 구성품에 포함되지 않는 것은?

① 축전지

② 콘덴서

③ 발전기

④ 시동전동기

80 디젤 엔진에 필요한 장치가 아닌 것은?

① 점화장치

② 윤활장치

③ 냉각장치

④ 연료분사장치

기출문제

제1과목 농업기계 공작법

01 표준 드릴 날 끝의 각도는?

① 90°   ② 98°

③ 108°   ④ 118°

02 지름 60mm인 재료를 선반에서 절삭할 때, 절삭속도를 150m/min으로 했다면 주축의 1분당 회전수는 약 얼마인가?

① 893   ② 796

③ 645   ④ 526

03 절삭공구의 윗면 경사각이 크고 공작물의 재질이 연하며 절삭속도가 빠를 때 나타나는 가장 이상적인 칩의 형태는?

① 전단형 칩   ② 열단형 칩

③ 유동형 칩   ④ 균열형 칩

04 사인바로 각도측정 시 측정오차가 커지지 않도록 기준면에 대하여 몇 도 이하에서 측정하는 것이 좋은가?

① 45°   ② 55°

③ 60°   ④ 70°

05 줄 작업방법이 아닌 것은?

① 직진법   ② 사진법

③ 원형법   ④ 병진법

06 1/20mm 측정용 버니어 캘리퍼스의 설명으로 옳은 것은?

① 본척 눈금은 1mm, 부척 1눈금은 12mm를 25등분한 것

② 본척 눈금은 1mm, 부척 1눈금은 19mm를 20등분한 것

③ 본척 눈금은 0.5mm, 부척 1눈금은 19mm를 25등분한 것

④ 본척 눈금은 0.5mm, 부척 1눈금은 24mm를 25등분한 것

07 절삭속도를 구하는 식으로 옳은 것은?(단, 속도 v의 단위는 m/min, 기공물의 지름 d는 mm, 매 분 회전수 n은 rpm이다)

① $v = \dfrac{\pi \cdot d \cdot n}{1000}$ ② $v = \dfrac{1000}{\pi \cdot d \cdot n}$

③ $v = \dfrac{\pi \cdot d^2 \cdot n}{1000}$ ④ $v = \dfrac{1000}{\pi \cdot d^2 \cdot n}$

08 다이얼 게이지의 특성이 아닌 것은?

① 측정범위가 넓다.

② 소형, 경량으로 취급이 용이하다.

③ 연속된 변위량의 측정이 가능하다.

④ 한 번에 한 개소의 측정만 가능하다.

09 농업기계의 로터리 커버(rotary cover) 제작 시 가공법으로 가장 적절한 것은?

① 압출가공　　② 인발가공

③ 압연가공　　④ 프레스 가공

10 손 다듬질 공구로 정밀한 평면 또는 원동면을 다듬질 할 때 사용하는 공구는?

① 정　　　　　② 쇠톱

③ 디바이더　　④ 스크레이퍼

11 금속 판재의 두께를 측정하는데 가장 적당한 게이지는?

① 피치 게이지　　② 반지름 게이지

③ 와이어 게이지　④ 테이퍼 게이지

12 화학적 표면경화법의 종류가 아닌 것은?

① 침탄법　　　② 질화법

③ 청화법　　　④ 고주파 경화법

13 다음 중 동력 경운기의 6.00−12 타이어 공기 압은 몇 kgf/cm^2 정도가 가장 적합한가?

① 1.1~1.4kgf/cm^2

② 3.1~3.4kgf/cm^2

③ 4.1~5.4kgf/cm^2

④ 6.1~8.4kgf/cm^2

14 소성 상태의 재료를 다이에 통과시켜 구멍과 같은 단면 모양의 긴 것을 제작하는 가공법은?

① 전조　　　　② 단조

③ 압출　　　　④ 프레스

15 농업기계 분해 시 일반적인 주의사항으로 틀린 것은?

① 분해 목적을 알고 분해한다.

② 분해 순서에 따라서 분해한다.

③ 조립을 위하여 표시하며 분해한다.

④ 스패너를 망치 대용으로 사용한다.

16 담금질한 것에 적당한 온도로 A$_1$ 변태점 이하에서 가열하여 인성을 부여하고 조직을 균일화하는 열처리는?

① 불림　　　　② 뜨임

③ 풀림　　　　④ 침탄

17 드릴가공, 단조가공 등에 의하여 이미 뚫어져 있는 구멍을 좀 더 크게 확대하거나 정밀도를 높이는 가공은?

① 보링　　　　② 단조

③ 압연　　　　④ 압출

18 용접법의 종류 중 용접이 아닌 것은?

① 마찰용접

② 테르밋 용접

③ 피복 아크 용접

④ 불활성 가스 아크 용접

19 나사의 유효지름을 측정할 수 있는 공구로 가장 적절한 것은?

① 사인바

② 플러그 게이지

③ 나사 링 게이지

④ 나사 마이크로미터

20 프레스 가공을 전단작업, 성형작업, 압축작업으로 분류할 때 성형작업은?

① 펀칭(punching)

② 시밍(seaming)

③ 블랭킹(blanking)

④ 브로칭(broaching)

제2과목 농업기계요소

21 용접이음에서 재료의 하중 W, 길이 L, 두께 t로 할 때, 용접부의 인장응력(σ)을 구하는 계산식은?

① $\sigma = \dfrac{t+L}{W}$

② $\sigma = W \times L \times t$

③ $\sigma = \dfrac{W}{t+L}$

④ $\sigma = \dfrac{L}{t \times W}$

22 기계 부품의 단면이 급격히 변하는 부분에 국부적으로 특별히 큰 응력이 발생하는 현상은?

① 코킹

② 피로

③ 크리프

④ 응력집중

23 축 설계 시 고려사항으로 가장 거리가 먼 것은?

① 연성

② 변형

③ 강도

④ 진동

24 기어 절삭을 할 때 간섭이 계속 일어나도록 두면 기어의 이뿌리가 깎여 이뿌리가 가늘어지는 현상을 무엇이라 하는가?

① 언더컷

② 백래쉬

③ 이의 물림

④ 이의 미끄럼

25 강봉의 극한강도가 2800N/cm², 안전율 4, 직경 4cm일 때, 강봉의 허용 인장하중은 약 몇 kN인가?

① 7.2

② 8.8

③ 9.1

④ 10.5

26 V벨트의 규격(형식)을 나타내는 기호가 아닌 것은?

① M

② A

③ C

④ O

27 축의 둘레에 4~20개의 키를 같은 간격으로 절삭가공한 것으로, 축의 노치 효과를 적게 하고 큰 토크의 전달이 가능한 기계요소는?

① 코터

② 묻힘키

③ 반달키

④ 스플라인

28 관의 지름이 크거나 유체의 압력이 큰 경우에 사용되며, 필요 시 분해 및 조립에 적합한 이음은?

① 용접이음

② 나사이음

③ 플랜지 이음

④ 인서트 이음

29 나사의 피치가 3mm인 3줄 나사를 1/2회 전하였을 때 이동거리는 몇 mm인가?

① 1.5

② 4.5

③ 6.0

④ 9.0

30 원판 중앙에 구멍이 있고 원추형 모양이며 접시 스프링이라고도 하며 프레스의 완충장치, 공작기계 등에 쓰이는 스프링은?

① 겹판 스프링　　② 벌류트 스프링

③ 태엽 스프링　　④ 원판 스프링

31 구름 베어링(rolling bearing)의 특성과 거리가 먼 것은?

① 레디얼 베어링은 축과 직각인 방향의 하중을 지지하는 데 사용된다.

② 전동체의 모양에 따라 볼 베어링과 롤러 베어링으로 나뉜다.

③ 구름 베어링은 내륜, 외륜, 전동체, 리테이너로 구성되는 경우가 일반적이다.

④ 볼 베어링은 롤러 베어링보다 큰 하중과 충격 하중을 지지할 수 있다.

32 압축 스프링의 자유 높이를 바르게 나타낸 것은?

① 스프링에 하중이 작용하지 않을 때 높이

② 스프링의 유효 감김수에 피치를 곱한 값

③ 스프링에 작용하는 하중으로 늘어난 길이

④ 스프링에 최대의 압축하중을 가하고 잰 길이

33 비틀림 모멘트 350N·m를 받고 있는 축의 직경은 약 몇 mm로 하는 것이 적당한가?(단, 허용전단응력은 6MPa이다)

① 67　　　　　　② 60

③ 55　　　　　　④ 49

34 피치원의 원둘레를 잇수로 나눈 것을 무엇이라 하는가?

① 모듈　　　　　② 원주피치

③ 지름피치　　　④ 물림률

35 끼워맞춤의 종류로 틀린 것은?

① 헐거운 끼워맞춤

② 억지 끼워맞춤

③ 중간 끼워맞춤

④ 보통 끼워맞춤

36 단열 레이디얼 볼 베어링에서 베어링 하중이 10000N, 회전수 5000rpm일 때 기본부하 용량이 75000N인 볼 베어링의 정격 수명은 약 몇 시간(hr)인가?

① 1206　　　　　② 1372

③ 1405　　　　　④ 1912

37 회전하는 축의 끝에 설치되어 회전속도와 출력 토크의 변동을 줄여 일정한 속도와 출력 토크를 유지할 수 있도록 하는 기계요소는?

① 브레이크

② 스프링

③ 플라이휠

④ 방진 고무

38 길이가 150mm인 스프링에 추를 달았더니 170mm가 되었다면, 추의 무게는 얼마인가?(단, 스프링상수는 1N/mm)

① 10N　　　　　② 15N

③ 20N　　　　　④ 25N

39 두 축의 중심선이 어느 각도로 교차되고, 그 사이의 각도가 운전 중 다소 변하여도 자유로이 운동을 전달할 수 있는 축 이음은?

① 고정 커플링

② 올덤 커플링

③ 유니버셜 커플링

④ 플랙시블 커플링

40 피치 15.4mm이고, 리벳의 지름 6mm인 리벳 이음의 경우 판의 효율은 몇 %인가?

① 39   ② 61

③ 84   ④ 92

제3과목 **농업기계학**

41 퇴비 살포기에서 퇴비를 흐트러뜨리는 것은?

① 비터   ② 살포장치

③ 전동장치   ④ 반송 체인

42 농산물 건조기의 종류가 아닌 것은?

① 통풍 건조기   ② 열풍 건조기

③ 개방 건조기   ④ 저장형 건조기

43 트랙터가 경복이 100cm인 플로우(plow)로 10cm의 깊이를 경운할 때 경운저항이 22500N 작용한다면 경운비 저항은?

① 2.25N/cm^2 ② 22.5N/cm^2

③ 225N/cm^2 ④ 250N/cm^2

44 콤바인의 주요 기능이 아닌 것은?

① 예취   ② 정미

③ 탈곡   ④ 선별

45 농산물 건조 시 항률 건조와 감률 건조의 경계에 상응하는 함수율은?

① 기준 함수율   ② 자유 함수율

③ 임계 함수율   ④ 평형 함수율

46 고무 롤러 현미기에서 고속롤러의 회전속도가 1200rpm이고, 저속롤러의 회전속도가 900rpm일 때 회전차율은 얼마인가?(단, 두 롤러의 지름은 250mm로 같다)

① 25%   ② 30%

③ 35%   ④ 40%

47 원판 플로우(disk plow)의 장점으로 거리가 먼 것은?

① 마찰이 작아 견인저항이 작다.

② 무게가 가벼워 취급이 용이하다.

③ 뿌리나 돌에 의한 파손의 우려가 적다.

④ 원판의 각도를 적절히 조절함으로써 여러 토양조건에서도 작업이 가능하다.

48 미곡종합처리장의 설치 목적이 아닌 것은?

① 미곡의 생산비 절감

② 미곡의 품질향상 도모

③ 경영 규모 및 복합 영농의 축소

④ 처리 시설 자동화를 통한 노동력 절감

49 보통형 콤바인의 특징으로 거리가 먼 것은?

① 곡물은 포대로 운반된다.

② 탈곡된 짚은 부서져 나오므로 긴 채로는 이용할 수 없다.

③ 도복된 재료의 예취성능을 높이기 위하여 전처리부에 릴을 장착하였다.

④ 예취된 작물이 오거와 반송체인을 통하여 탈곡, 선별부에 투입되어 처리된다.

50 동력 분무기의 주요 구성요소가 아닌 것은?

① 펌프

② 공기실

③ 송풍부

④ 압력조절 밸브

51 조파기의 주요 장치가 아닌 것은?

① 종자 배출장치　② 쇄토 장치

③ 구절기　　　　④ 복토기

52 양수기에서 양수량이 72m³/min, 전 양정이 2m, 물의 단위체적당 무게를 9800N/m³라고 할 때 수동력은 몇 kW인가?

① 7.5　　　　　② 12.5

③ 18.5　　　　　④ 23.5

53 농업기계화의 목적으로 가장 거리가 먼 것은?

① 토지 생산성의 향상

② 노동 생산성의 향상

③ 신품종의 개량

④ 중노동으로부터의 해방

54 로터리 경운날 종류 중 날 끝부분이 편평부와 80~90°의 각을 이루고 있으며, 잡초가 많은 흙을 경운하는데 효과적이고 대형 트랙터의 경운날로 주로 사용되는 형태의 날은?

① 삽형 날　　　　② 보통형 날

③ 작두형 날　　　④ L자형 날

55 원심 펌프의 풋 밸브(foot valve)의 주된 역할은?

① 흡입되는 물의 속도를 조절한다.

② 양수되는 물의 속도를 조절한다.

③ 토출되는 물의 맥동을 완화한다.

④ 펌프와 관 안의 물의 역류를 방지한다.

56 축사 안의 분뇨와 깔짚을 축사 밖으로 반송시키는 기계는?

① 초퍼밀

② 펄세이터(맥동기)

③ 반크리너(제분기)

④ 밀크클로우(파지기)

57 조파 파종기에서 구절기의 역할은?

① 종자를 배출한다.

② 파종할 이랑을 만든다.

③ 복토된 종자를 눌러 준다.

④ 파종한 후 종자를 복토한다.

58 시비기의 종류로 틀린 것은?

① 조파기

② 퇴비 살포기

③ 액비 살포기

④ 입상 거름 살포기(브로드 캐스터)

59 농업기계가 촉진되면서 농업기계의 보급에 대한 변화추세로 잘못된 것은?

① 고속화   ② 승용화

③ 자동화   ④ 고급화

60 로터리 경운 작업기의 구동방식으로 틀린 것은?

① 중앙 구동방식

② 분할 구동방식

③ 상하 구동방식

④ 측방 구동방식

제4과목   **농업동력학**

61 차륜형 트랙터와 비교한 장궤형 트랙터의 장점이 아닌 것은?

① 구조가 간단하고, 가격이 저렴하다.

② 슬립이 적어 큰 견인력을 낼 수 있다.

③ 접지면적이 넓어 연약 지반 작업이 용이하다.

④ 무게 중심이 비교적 낮아 경사지 작업에도 적용 가능하다.

62 변속포크를 이용하여 주축의 기어를 미끄러지게 하여 변속축 기어에 물리게 하는 가장 간단한 변속방식은?

① 미끄럼 기어식

② 상시물림 기어식

③ 동기물림 기어식

④ 변속물림 기어식

63 가솔린 1kg을 연소하는데 필요한 이론 공기량은 몇 kg인가?(단, 이론 혼합비는 15이다)

① 7   ② 15

③ 22   ④ 30

64 트랙터에서 한랭 시 시동이 곤란한 경우 엔진의 연소실을 가열함으로써 시동을 용이하게 하는 장치는?

① 수온계

② 충전 램프

③ 예열 플러그

④ 점화 플러그

65 수직하중이 5kN이며, 마찰계수가 0.25인 경우 전달할 수 있는 마찰력은 몇 kN인가?

① 5   ② 3.75

③ 1.25   ④ 0.75

66 트랙터의 작업기 부착형식 중에서 작업기의 모든 중량을 트랙터가 지지하는 것은?

① 견인식

② 장착식

③ 반 장착식

④ 수평 요동식

67 3상 유도 전동기의 속도 제어법으로 틀린 것은?

① 극수 변환법

② 주파수 변환법

③ 2차 저항 제어법

④ 2차 전압 제어법

68 선기어, 링 기어 및 캐리어 등을 이용하여 속도비를 다양하게 바꾸는 변속기 형식은?

① 선택미끄럼 기어식
② 동기물림 기어식
③ 상시물림 기어식
④ 유성기어식

69 내연기관에서 행성(stroke)의 의미로 가장 적합한 것은?

① 피스톤이 실린더 내에서 왕복한 거리
② 피스톤이 상사점에 있을 때의 실린더 체적
③ 피스톤이 하사점에서 상사점까지 움직이는 거리
④ 피스톤이 실린더 헤드 쪽으로 가장 가깝게 온 거리

70 캠버각의 기능은?

① 조향 기능을 향상시킨다.
② 노면의 저항을 작게 한다.
③ 주행의 안정성을 유지한다.
④ 차량의 직진성을 좋게 한다.

71 윤활유가 갖추어야 할 성질이 아닌 것은?

① 응고점이 낮을 것
② 인화점이 높을 것
③ 적당한 점도를 가질 것
④ 금속과의 부착성이 낮을 것

72 3상 유도 전동기의 형식인 것은?

① 분상 기동형 전동기
② 반발 기동형 전동기
③ 콘덴서 기동형 전동기
④ 농형 전동기

73 기관의 과급기에 대한 설명으로 틀린 것은?

① 기관의 동일 체적에서 출력을 증대시키기 위해 흡입 공기량을 증가시킨다.
② 배기터빈 과급이 기계식 과급기에 비해 효과적이다.
③ 디젤 기관의 과급은 노크현상을 증대시킨다.
④ 배기터빈 과급기는 배기에너지의 이용 방법에 따라 정압 과급기, 동압 과급기로 구분한다.

74 기관의 냉각수 부동액으로 적합하지 않은 것은?

① 식염수
② 메탄올
③ 에탄올
④ 에틸렌글리콜

75 디젤 기관의 직접분사식 연소실에 관한 설명으로 틀린 것은?

① 열효율이 높다.
② 분사압력이 높다.
③ 시동이 곤란하다.
④ 연료분사장치의 수명이 짧다.

76 유압의 방향을 조절하는 것이 주요 목적인 것은?

① 스풀 밸브   ② 유체 퓨즈
③ 릴리프 밸브   ④ 유압 실린더

77 트랙터의 유압제어장치 중 토양상태의 변화에 관계없이 일정한 경심으로 경운할 경우나 로터리 경운과 같이 견인력의 검출이 곤란한 경우 등에 이용되는 것은?

① 속도 제어   ② 위치 제어
③ 혼합 제어   ④ 견인력 제어

78 배기량이 같은 2사이클 기관과 비교하여 4사이클 기관의 특징을 설명한 것으로 옳은 것은?

① 출력이 크다.
② 효율이 낮다.
③ 구조가 간단하다.
④ 연료소비율이 낮다.

79 트랙터의 견인력이 3.6kN, 주행속도가 1.3m/s 일 때, 견인 동력은 약 몇 kW인가?

① 3.7   ② 4.7
③ 5.1   9.4

80 트랙터가 선회할 때 구동차축의 좌우 속도비를 자동적으로 조절해 주는 장치는?

① 조향장치   ② 차동장치
③ 제동장치   ④ 최종 감속장치

답 76 ③ 77 ② 78 ④ 79 ④ 80 ②

> **2020**
> 2020. 6. 6

기출문제

01 볼트 머리가 부러졌을 때 빼내는 공구로 가장 적합한 것은?

① 익스트렉터
② 파이프 렌치
③ 플러그 렌치
④ 탭과 다이스

02 아크 용접 시 발생하는 용접결함인 오버랩의 발생원인으로 가장 적합한 것은?

① 용접전류가 너무 낮을 때
② 아크 길이가 너무 길 때
③ 용접속도가 너무 빠를 때
④ 용접부가 급속하게 응고할 때

03 전해연마의 특징이 아닌 것은?

① 내마멸성, 내부식성이 약해질 염려가 있다.
② 가공 변질층이 없고 평활한 가공만을 얻을 수 있다.
③ 복잡한 형상의 제품도 전해 연마가 가능하다.
④ 연질의 알루미늄, 구리 등도 쉽게 광택면을 가공할 수 있다.

04 금긋기 가공의 유의사항으로 틀린 것은?

① 선은 가늘고 선명하게 한 번에 그어야 한다.
② 기준면과 기준선을 설정하고 금긋기 순서를 결정한다.
③ 같은 치수의 금긋기 선은 전후, 좌우를 구분하고 여러 번 긋는다.
④ 금긋기 선을 불필요하게 깊게 그어 혼동이 일어나는 일이 없도록 한다.

05 기계 가공에 의한 내부응력과 용점의 잔류응력을 제거하기 위한 열처리로 가장 적합한 것은?

① 불림
② 풀림
③ 뜨임
④ 담금질

06 오차를 나타내는 표시는?

① 측정값 + 참값
② 측정값 − 참값
③ 평균값 + 참값
④ 평균값 − 참값

07 지름 50cm인 연강 봉을 선반에서 절삭할 때 주축의 회전수가 100rpm이면 절삭속도는 약 몇 m/min인가?

① 15.7
② 17.5
③ 20.3
④ 31.4

08 연삭기의 연삭력은 441N이고, 연삭속도는 2000m/min일 때 연삭효율을 무시한 이론적인 연삭동력은 몇 kW인가?

① 18.7   ② 16.7

③ 14.7   ④ 12.7

09 탭(tap) 작업 시 탭의 파손 원인이 아닌 것은?

① 일감의 구멍이 너무 작거나 구부러진 경우

② 탭의 지름에 적합한 핸들을 사용하지 않을 경우

③ 1번 탭, 2번 탭, 3번 탭 순으로 작업을 한 경우

④ 막힌 구멍의 밑바닥에 탭의 선단이 닿았을 경우

10 블록 게이지의 다듬질 가공법으로 가장 적합한 방법은?

① 슈퍼 피니싱

② 액체 호닝

③ 전해 가공

④ 래핑

11 기계에 의해 가공된 평면이나 원통면을 더욱더 정밀하게 다듬질하는 수작업은?

① 버니싱   ② 폴리싱

③ 호닝   ④ 슈퍼피니싱

12 방전 가공용 전극의 구비조건으로 틀린 것은?

① 가공속도가 작을 것

② 가계 가공이 쉬울 것

③ 가공 정밀도가 높을 것

④ 가공 전극의 소모가 적을 것

13 전류 조정이 용이하고 가변저항을 사용함으로써 용접전류의 원격조정이 가능하며, 소음이 적고 과전류 아크 발생을 용이하게 할 수 있는 용접기는?

① 탭 전환형   ② 가동 코일형

③ 가동 철심형   ④ 가포화 리액터형

14 드릴로 뚫은 구멍에 암나사를 가공하는 공구는?

① 탭   ② 리머

③ 생크   ④ 다이스

15 아크 용접에서 전류가 커지면 저항이 감소하므로 전압도 낮아지는 특성은?

① 극성   ② 부특성

③ 아크쏠림   ④ 아크스트림

16 100mm 사인바를 이용하여 30°를 만들 경우 필요한 블록 게이지의 높이 차는 몇 mm인가?

① 40   ② 50

③ 60   ④ 70

17 인발작업에서 지름 5mm의 철사를 지름 4mm로 하였을 때 단면 수축률은?

① 20%   ② 36%

③ 64%   ④ 80%

18 다음 공구 중 일반적으로 폭이 조절되는 것은?

① 해머(hammer)

② 파이프 렌치(pipe wrench)

③ 소켓 렌치(socket wrench)

④ 양구 렌치(double head wrench)

19 정밀입자 가공법인 호닝(honing)가공은 무엇으로 공작물을 가공하는가?

① 연삭액 ② 호닝 숫돌

③ 모래 ④ 샌드페이퍼

20 일반적인 선반작업이 아닌 것은?

① 외경 절삭 ② 나사 절삭

③ 내경 절삭 ④ 키 홈 절삭

제2과목 농업기계요소

21 표준 스퍼기어의 잇수가 30, 바깥지름이 160mm인 기어의 모듈은 얼마인가?

① 13 ② 10

③ 7 ④ 5

22 원형봉에 비틀림 모멘트를 가하면 비틀림 변형이 생기는 원리를 이용한 스프링은?

① 토션 바 스프링

② 겹판 스프링

③ 접시 스프링

④ 벌류트 스프링

23 평 벨트에서 유효장력은 어떻게 나타내는가?(단, 긴장측 장력 T_t, 이완측 장력 T_s)

① $T_t + T_s$

② $T_t - T_s$

③ $T_t \times T_s$

④ T_t / T_s

24 래칫 휠의 기능으로 적절하지 않은 것은?

① 역전방지

② 완충 작용

③ 브레이크의 일부로도 사용

④ 한 쪽 방향으로 토크를 전달

25 구름 베어링에 있어서 기본 동정격하중을 C, 베어링에 걸리는 하중을 P, 베어링 회전수가 N이라고 할 때, 수명계수 f_h를 구하는 식은?(단, r은 베어링 내·외륜과 전동체의 접촉상태에서 결정되는 정수이다)

① $f_h = \dfrac{C}{P} \cdot \sqrt[r]{\dfrac{33.3}{N}}$

② $f_h = \dfrac{C}{P} \cdot \sqrt[r]{\dfrac{N}{33.3}}$

③ $f_h = \dfrac{P}{N} \cdot \sqrt[r]{\dfrac{C}{33.3}}$

④ $f_h = \dfrac{P}{C} \cdot \sqrt[r]{\dfrac{33.3}{N}}$

26 700rpm으로 14N·m의 토크를 전달할 때 필요한 동력은 약 몇 kW인가?

① 0.76 ② 0.87

③ 1.03 ④ 1.52

답 18 ② 19 ② 20 ④ 21 ③ 22 ① 23 ② 24 ② 25 ① 26 ③

27 미끄럼 베어링과 비교한 구름 베어링의 특징 으로 적절하지 않은 것은?

① 윤활이 쉽다.

② 충격에 강하다.

③ 마찰손실이 적다.

④ 소음이 생기기 쉽다.

28 끼워맞춤에서 구멍의 치수가 축의 치수보다 클 경우 그 치수 차를 의미하는 용어로 적합 한 것은?

① 공차   ② 격차

③ 틈새   ④ 죔새

29 축과 구멍의 헐거운 끼워맞춤 시 구멍의 최소 치수에서 축의 최대치수를 뺀 값은?

① 최대 죔새

② 최대 틈새

③ 최소 죔새

④ 최소 틈새

30 와셔를 사용하는 경우가 아닌 것은?

① 볼트의 강도가 약할 때

② 너트의 풀림을 방지할 때

③ 볼트 결합부의 구멍이 클 때

④ 자리면이 연하여 볼트의 체결이 압력을 견딜 수 없을 때

31 코너이음에서 축에 3600N의 인장력이 작용 할 경우 코터가 받는 전단응력은 약 몇 N/mm² 인가?(단, 코너의 너비×높이는 15×80mm 이다)

① 1.5   ② 2.2

③ 2.5   ④ 3.5

32 유체를 한 방향으로만 흘러가게 하고, 역류하 지 않도록 하는 밸브는?

① 체크 밸브

② 스톱 밸브

③ 슬루스 밸브

④ 나비형 밸브

33 3줄 나사에서 피치가 1.5mm일 때, 2회전시 키면 몇 mm 이동하는가?

① 3mm   ② 6mm

③ 9mm   ④ 12mm

34 안전율의 기준 정도 선정 시 반복 하중이 작 용할 경우 어떤 강도를 기준으로 하는가?

① 항복점   ②극한강도

③ 피로한도   ④ 좌굴응력

35 피치 19.05, 잇수 40의 롤러 체인이 600rpm 으로 회전할 때 체인의 평균속도는 약 몇 m/s 인가?

① 4.8   ② 7.6

③ 12.6   ④ 15.4

36 테이퍼 각 α, 마찰각 ρ인 양쪽 테이퍼 코터의 자립 조건은?

① $\rho < \alpha$ ② $\alpha \leq \rho$

③ $\rho < 2\alpha$ ④ $\alpha \leq 2\rho$

37 스프링의 종류로서 압축공기의 탄성을 이용한 일종의 유체 스프링이라고도 하는 스프링은?

① 판 스프링

② 공기 스프링

③ 토션바 스프링

④ 스파이어럴 스프링

38 한쪽 방향으로 힘과 토크를 전달하거나 회전축의 역회전을 방지하기 위하여 주로 사용되는 것은?

① 래칫

② 마찰차

③ 베벨 기어

④ 블록 브레이크

39 회전운동을 직선운동으로 변환할 때 사용하는 기어는?

① 베벨 기어

② 랙과 피니언

③ 헬리컬 기어

④ 웜과 웜기어

40 핀의 용도로 가장 거리가 먼 것은?

① 너트의 풀림 방지

② 부품의 영구적인 결합

③ 부품의 이동과 회전을 방지

④ 부품의 조립이나 고정 시 위치 결정

제3과목 **농업기계학**

41 로터리 경운 작업기의 구동방식(동력 전달 방식)이 아닌 것은?

① 측방 구동식 ② 중앙 구동식

③ 분할 구동식 ④ 좌우 구동식

42 건조속도의 표시방법으로 적절하지 않은 것은?

① 단위시간당 전력소비량

② 단위시간당 함수율의 감소량

③ 단위시간당 증발되는 수분의 양

④ 단위시간당 제거되는 수분의 무게

43 이앙기의 논체를 지지하며, 승하강하면 차륜의 깊이가 조절되어 모가 심어지는 깊이를 조절하는 장치는?

① 식부알

② 플로트

③ 가로 이송 조절장치

④ 세로 이송 조절장치

44 건조속도가 너무 빠르거나 건조온도가 너무 높아 곡물에 금이 가거나 파열이 생기는 현상을 예방하기 위한 조치방법으로 적절하지 않은 것은?

① 건조 온도를 낮춘다.

② 가열된 곡물을 급냉시킨다.

③ 일정량의 수분을 서서히 제거시킨다.

④ 건조 온도가 높을 때에는 습도가 높은 공기를 사용한다.

45 사양토에서 로터리경운작업을 할 때, 비회전력(비토크)이 0.1N·m/cm^{2}이고, 경운폭이 80cm, 경심이 15cm일 때 소요되는 경운축의 토크는?

① 50N·m
② 80N·m
③ 120N·m
④ 180N·m

46 탈곡기의 급통 유효지름이 42cm, 주속도가 12m/s일 때, 급통의 회전수는 약 몇 rpm인가?

① 546rpm
② 626rpm
③ 780rpm
④ 1062rpm

47 원예시설 내에 주요 환경관리장치가 아닌 것은?

① 환기장치
② 광환경(광기후) 조절장치
③ 수소이온 농도 제어장치
④ 탄산가스 농도 제어장치

48 곡물 시료의 건조 전 진량이 120g, 완전 건조 후 질량이 100g인 곡물의 건량기준 함수율은?

① 16.7%(db)
② 16.7%(wb)
③ 20%(db)
④ 20%(wb)

49 정미기에서 곡립과 곡립사이에 마찰력이 형성되게 하여 현미의 바깥층을 제거되게 하는 작용은?

① 찰리작용
② 절삭작용
③ 마찰작용
④ 연삭작용

50 조파기의 구절기 모양에 속하지 않는 것은?

① 삽형
② 슈형
③ 드럼형
④ 원판형

51 빛을 이용하여 피선별물 개체의 크기, 표면의 빛깔 내부품질 등을 관별하는 선별기는?

① 춤 선별기
② 광학 선별기
③ 기름 선별기
④ 스크린 선별기

52 띠 모양으로 일부에만 살포하는 방법으로서 줄을 맞추어 심은 작물에 적용하는 농약의 살포방법은?

① 감 살포
② 전면 살포
③ 대상 살포
④ 직접 살포

53 시간이 경과함에 따라 기계의 가치가 떨어지는 비용과 관련된 용어로 적절한 것은?

① 고정비
② 창고비
③ 변동비용
④ 감가상각비

54 이앙기의 작업능률과 가장 관련이 없는 것은?

① 작업속도
② 회행시간
③ 모의 보급시간
④ 모판의 청결도

55 배토기에 대한 설명으로 틀린 것은?

① 날끝, 분토판, 배토판으로 구성된다.
② 날끝은 흙을 혼합하여 쌓이게 한다.
③ 흙덩어리는 분토판에 의하여 파쇄된다.
④ 배토판에 흙의 양을 조절하는 조절판부
   착이 가능하다.

56 포장의 중앙에서 바깥쪽으로 차례로 맴돌면
서 경운하는 로터리 작업방법은?

① 회경법   ② 연접법
③ 나선형 경법   ④ 건너뛰기 경법

57 쇄토의 원리가 아닌 것은?

① 절단   ② 충격
③ 압쇄   ④ 인발

58 과수원 등에서 사용되는 대형 동력액제 살포
기로서 분사되는 액제의 입자가 인력분무기
에 비해 미세한 분무기는?

① 인력살분기
② 동력살분기
③ 파이프더스터
④ 스피드스프레이어

59 자탈형 콤바인에서 작물을 예취할 부분과
예취하지 않을 부분을 확실히 분리시키는 장
치는?

① 번승부
② 디바이더
③ 픽업 디바이스
④ 걸어 올림 장치

60 농업기계의 총수리비 계수는?

① $\dfrac{총수리비}{구입가격}$

② $\dfrac{총수리비}{이용시간 수}$

③ $\dfrac{총수리비}{내구연한} \times 구입가격$

④ $\dfrac{구입가격 - 폐기가격}{내구연한}$

제4과목　　**농업동력학**

61 차륜형 트랙터와 비교한 궤도형 트랙터의 특
징은?

① 접지압이 크다.
② 견인력이 크다.
③ 선회 반경이 크다.
④ 지상고가 높다.

62 열 과정에서 엔트로피 특성에 대한 설명으로
틀린 것은?

① 엔트로피는 온도에 대하여 함수관계가
   있다.
② 엔트로피가 증가한다는 것은 열기관의
   열효율이 감소함을 의미한다.
③ 엔트로피는 특정한 상태가 일어날 수 있
   는 가능성의 정도를 나타낸다.
④ 엔트로피는 항상 감소하는 방향으로 진
   행한다.

63 가솔린의 무게에 의한 구성비는 탄소(C) 85%, 수소(H) 15%이라면, 가솔린 1kg이 완전 연소하는 데 필요한 산소의 양은 약 몇 kg 인가?

① 1.73
② 2.33
③ 2.87
④ 3.47

64 트랙터 유압장치에서 유압 실린더 및 유압모터의 작동속도를 조절해 주는 역할을 주로 하는 밸브는?

① 방향 제어밸브
② 안전 제어밸브
③ 유량 제어밸브
④ 압력 제어밸브

65 디젤 기관의 노크방지대책으로 틀린 것은?

① 압축비를 높게 한다.
② 착화 지연을 짧게 한다.
③ 흡기 온도를 높게 한다.
④ 회전속도를 빠르게 한다.

66 캠축을 실린더 상부에 설치하는 장치로 밸브의 개폐시기를 가장 정확하게 맞출 수 있는 구동방식은?

① 측밸브식
② 두상 밸브식
③ 두상 캠축식
④ 입상 밸브식

67 다음과 같이 표시되어 있는 트랙터용 타이어에 대한 설명에서 가장 옳은 것은?

> (11.2-24)

① 림의 지름은 11.2inch이다.
② 타이어의 플라이 수는 24inch이다.
③ 타이어 단면의 지름은 11.2inch이다.
④ 타이어의 바깥지름은 12inch이다.

68 트랙터용 12V 축전지는 몇 개의 셀(cell)로 구성되어 있는가?

① 5
② 6
③ 7
④ 8

69 트랙터의 실제 견인력이 6kN, 주행속도가 0.5m/s일 때 트랙터의 견인 출력은 몇 kW 인가?

① 3
② 6
③ 12
④ 15

70 공기압 타이어 장치와 비교한 궤도형 주행장치의 특징으로 가장 적절한 것은?

① 슬립의 감소
② 접지면적의 감소
③ 소용동력의 감소
④ 습지, 사지에서 작업의 어려움

71 다음 연료 중 비중이 가장 낮은 것은?

① 경유
② 등유
③ 중유
④ 가솔린

72 차축 동력에 대한 견인장치에 의해 발생된 견인 동력의 비율로 정의되는 용어는?

① 견인효율　　　② 견인계수

③ 축동비율　　　④ 슬립률

73 유압장치에서 단면적이 20cm² 안 피스톤에 1.2kN의 하중이 가해질 때 단면적이 4cm² 인 다른 피스톤 면에서는 얼마의 힘이 가해져야 이 하중을 지지할 수 있는가?

① 600N　　　② 400N

③ 280N　　　④ 240N

74 OECD 농용 트랙터의 표준시험 항목이 아닌 것은?

① PTO 성능시험

② 견인 서용시험

③ 소음시험

④ 강도 및 강성시험

75 폭발행정 때 회전 에너지를 저축하였다가 압축, 배기, 흡기 등의 행정 시에 공급하여 회전을 원활하게 하고 진동을 감소시키는 역할을 하는 것은?

① 조속기　　　② 머플러

③ 크랭크축　　　④ 플라이휠

76 자석의 역할을 하며, 자속이 통하기 쉬운 철심과 전자석을 만들기 위한 고정 권선으로 되어있는 3상 유도 전동기의 구성품은?

① 고정자　　　② 회전자

③ 정류자　　　④ 브래킷

77 트랙터의 앞바퀴를 앞에서 보았을 때, 앞쪽의 간격이 뒤쪽의 간격보다 좁게 되어 있는 것은?

① 토인

② 캠버

③ 캐스터

④ 킹핀 경사각

78 직류 전동기의 종류가 아닌 것은?

① 직권형　　　② 분권형

③ 권선형　　　④ 복권형

79 차륜형 트랙터의 조향장치와 관계없는 것은?

① 너클 암

② 서머스텟

③ 피트만 암

④ 드래그 링크

80 4행정기관은 크랭크축 몇 회전에 1사이클을 마치는가?

① 1회전　　　② 2회전

③ 4회전　　　④ 8회전

✧ **대표저자 약력 조기현(공학박사)**

- 현 경북도립대학교 자동차과 교수(자동차 전공 강의)
- 전 교육경력(밀양대학교, 창원전문대학, 상주대학교, 안동대학교)강의
- 전 국가기능올림픽대회 농기계수리직종(출제, 검토, 심사위원)
- 주요저서 : 자동차전자제어, 건설기계공학, 열역학, 자동차기관공학 및 내연기관
- 농업기계분야 : 기능사, 산업기사, 기사, 농업기계실기 외 다수
- 2004년 12월 대한민국 정부 훈장 받음(기능인력 양성 공로)
- 2004년 12월 한국 산업인력 관리 공단(이사장) 공로패 수상
- 주요특허 : 농업기계분야(22종 발명특허 취득)
- 저자 E-mail : keval@hanmail.net

농업기계 산업기사

정가 ▌ 27,000원

지은이 ▌조　기　현
펴낸이 ▌차　승　녀
펴낸곳 ▌도서출판 건기원

2022년 9월 1일 제1판 제1인쇄발행
2022년 9월 5일 제1판 제1인쇄발행

주소 ▌경기도 파주시 연다산길 244(연다산동)
전화 ▌(02)2662-1874~5
팩스 ▌(02)2665-8281
등록 ▌제11-162호, 1998. 11. 24

ISBN 979-11-5767-688-0   13550